アフリカ地域研究と農村開発

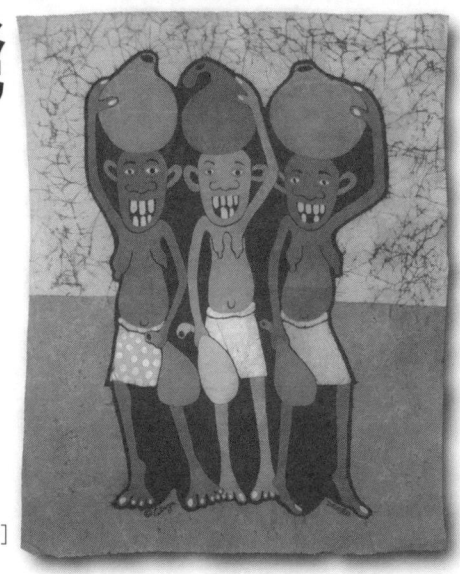

掛谷 誠・伊谷樹一［編著］

京都大学学術出版会

口絵1　タンザニア・トングウェ社会での呪医入門儀礼の一場面

儀礼は徹夜で続き，地面に白・赤・黒の粉で呪医への教えの絵柄が描かれていく．この絵柄は，呪医を守護する精霊群を示している．[序章]

口絵2　焼畑の火入れの状況を眺めるベンバの夫婦

ザンビアのベンバ社会では，焼畑農耕（チテメネ農耕）が人々の生活を支えてきた．樹上伐採した枯れ枝を集積し，その堆積に火を入れて造成するチテメネは，ベンバのアイデンティティの基礎である．[序章，第5章]

口絵3　タンザニア東部・ウルグル山麓の農村

ウルグル山の東斜面では，湿潤な気候を利用して屋敷の周りに香辛料・ココヤシ・バナナなどの商品作物を栽培する．この屋敷地の生産から得られる収益はルグルの人々の生活を支えてきたが，そこはなぜか「ごみ捨て場」と呼ばれている．[第1章]

口絵4　谷地耕作フィユング

タンザニア南部高原に暮らすベナは，乾季に谷地で野菜を栽培する．溝の向きや密度を調節して土壌水分を調整する．かつては休閑と火入れによって地力を維持していたが，今では化学肥料を取り入れて連作するようになってきた．[第2章]

口絵5　氾濫原の出づくり小屋で生活する老夫婦
タンザニア南東部を流れるキロンベロ川は最大幅65キロメートルにも及ぶ広大な氾濫原を形成し，そこではポゴロが稲作をしている．乾季になると，氾濫原に移り住んで鳥追いや収穫作業に従事する．［第3章］

口絵6　タンザニア・ボジ高原にひろがる季節湿地の焼畑イホンベ
乾季の中頃，湿地の表土を削り取り，それをマウンド状に積み上げていく．マウンドに含まれた有機物を2～3日かけて蒸し焼きにする．ニイハの人々はこのユニークな農法により湿地でシコクビエを栽培してきた．［第4章1節］

口絵7　林の中につくられたマウンド

ミオンボ林に暮らすニャムワンガは，マウンドをつくることで林床を覆っていた草本の腐植を促し，林の矮化にともなう焼畑の養分不足を補っている．焼畑に草の腐植を取り入れたこの農法は，エトゥンバと呼ばれている．［第4章2節］

口絵8　水田を牛耕する青年たち

近年，ルクワ湖畔の沖積平野では稲作が普及し，コメが地域の経済を支えるようになってきた．短い雨季に稲作と自給用のモロコシ栽培を両立するためには畜力が欠かせない．この地域では古くから牛耕がおこなわれていた．［第4章3節，第7章］

口絵 9　シコクビエの穂を刈る女性

シコクビエは，アフリカ原産の穀物で，ミオンボ林帯の焼畑で栽培されている．その発芽種子は地酒の醸造に欠かせない．［第4章，第5章］

口絵 10　伝統的なシコクビエ酒（チプム）を飲むベンバの男性

現在ではシコクビエの生産量が減少し，チプムを飲む機会はめっきり少なくなった．［第5章］

口絵11　マテンゴの在来農法ンゴロ
直径1メートルほどの小さな穴を畑全面に掘ることで土壌の浸食を抑えている．マテンゴは，この集約的な農法によって急峻な山岳地帯で高い人口密度を維持してきた．［第6章］

口絵12　コーヒー豆を天日干しする女性
マテンゴ高原はタンザニア有数のコーヒー産地として知られ，その生産は長年にわたって国家と地域の経済を支えてきた．マテンゴは，コーヒー栽培とンゴロ農耕を二本柱としながら社会の変化に対処してきた．［第6章］

口絵13　モンバ川で水を飲むスクマの牛群

1980年代以降，豊かな牧草地を求めて農牧民スクマがタンザニア南西部のウソチェ村周辺域に移り住んだ．彼らにとってウシは生産活動と社会の基盤である．数千頭ものウシを飼っている世帯も少なくない．[第7章]

口絵14　結婚式で踊るスクマの牧童たち

原野に暮らすスクマは，自分たちの伝統的な生活を堅持し，どこに移住しても生活スタイルを崩さない．牧童は，普段から派手な衣装や装飾品で身を包み，一目でスクマとわかる格好をしている．[第3章，第7章]

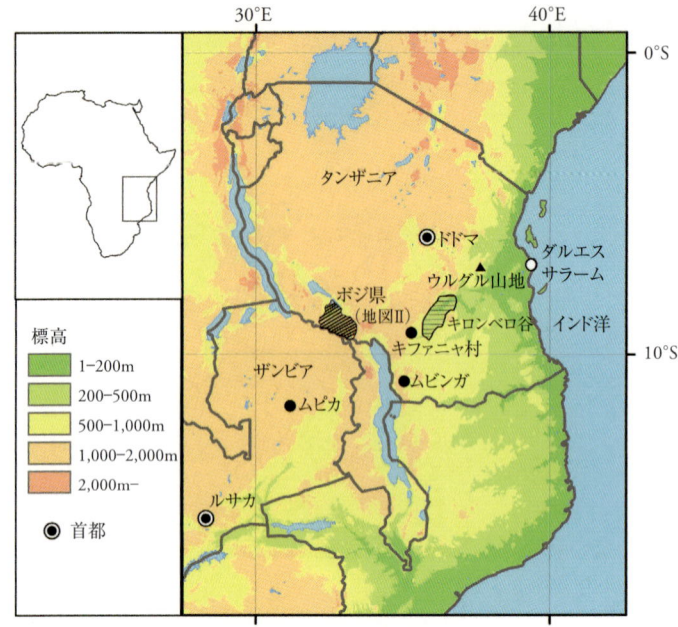

巻頭地図Ⅰ　調査地域の位置

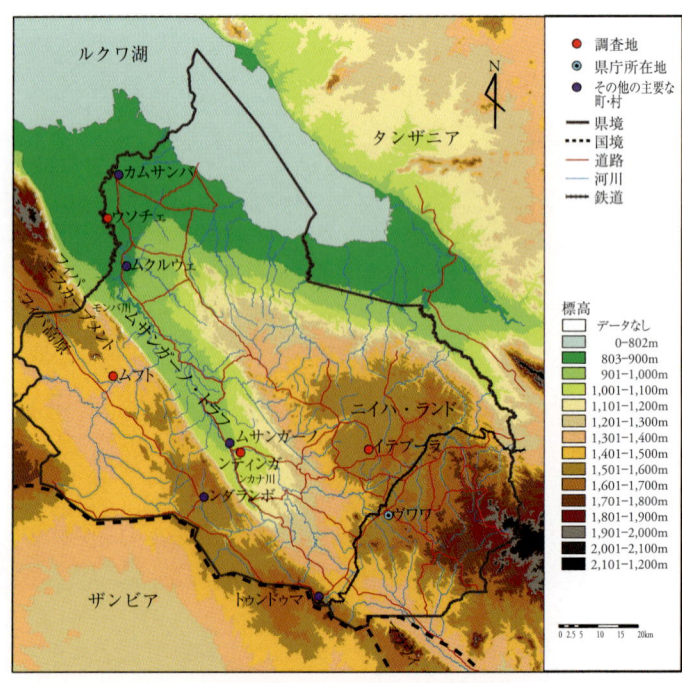

巻頭地図Ⅱ　ボジ県内の調査地

目　次

口　絵
巻頭地図

**序　章　アフリカ的発展とアフリカ型農村開発への視点と
　　　　アプローチ** [掛谷　誠] ──────────────── 1

　1　農村開発に挑む　3
　2　トングウェの生計経済　4
　3　変容するベンバの生活　6
　4　エキステンシブな生活様式と内的フロンティア世界　8
　5　「情の経済」と「モラル・エコノミー」　10
　6　アフリカ的な集約化と地域発展　12
　7　マテンゴ高地における開発実践　15
　8　アフリカ型農村開発へのアプローチ　18

第1部　多様な地域発展 ── 7ヵ村の事例研究

第1章　「ごみ捨て場」と呼ばれる畑 ─────────── 31
　　　　ウルグル山東斜面の事例
　　　　[樋口浩和・山根裕子・伊谷樹一]

　1　ウルグル山と商品作物　33
　2　タンザニア独立後の政策の動向と村の生活　35
　3　多様な生態環境　37
　4　ごみ捨て場ジャララの役割　43
　5　2つのジャララ　45

i

- 6 2種類の商品作物　50
- 7 慣習的な土地保有制度　53
- 8 慣習的な土地保有制度と永年作物栽培の普及　55
- 9 土地問題とジャララ　56

第2章　農村の発展と相互扶助システム ──── 61
タンザニア南部ンジョンベ高原のキファニャ村の事例から
［近藤　史］

- 1 互助労働と地域発展　63
- 2 地域の概要　64
- 3 ベナの農業　66
- 4 農業の改良を支える互助労働　72
- 5 農業の集約化と内発的発展　84

第3章　氾濫原の土地利用をめぐる民族の対立と協調 ──── 91
キロンベロ谷の事例
［加藤　太］

- 1 注目を集める湿地・氾濫原の利用　93
- 2 調査地の概要　95
- 3 キロンベロ谷の生態環境　97
- 4 稲作の特徴と変遷　100
- 5 土地利用の変遷と民族間関係　106
- 6 氾濫原におけるポゴロとスクマの住み分け・対立・協調　114

第4章　タンザニア・ボジ県の農村 ──── 121
［山本佳奈・伊谷樹一・下村理恵］

- 1 湿地開発をめぐる住民の対立と折り合い　123
- 2 ミオンボ林の利用と保全　146
- 3 水田稲作の発展プロセスにおける先駆者の役割　174

第5章　ザンビア・ベンバの農村 ——————————— 213
[杉山祐子・大山修一]

1　「ベンバ的イノベーション」に関する考察　215

2　ザンビアにおける新土地法の制定とベンバ農村の困窮化　246

第2部　農村開発の実践

第6章　タンザニア・マテンゴ高地 ——————————— 283
[伊谷樹一・黒崎龍悟・荒木美奈子・田村賢治]

1　ムビンガ県マテンゴ高地の地域特性とJICAプロジェクトの展開　285

2　「ゆるやかな共」の創出と内発的発展　300

3　住民の連帯性の活性化　324

4　マテンゴ高地における持続可能な地域開発の試み　348

第7章　タンザニア・ボジ県ウソチェ村 ——————————— 369
[神田靖範・伊谷樹一・掛谷　誠]

1　半乾燥地における水田稲作の浸透プロセスと民族の共生　371

2　ウソチェ村における農村開発の構想と実践　410

第8章　タンザニアにおける農村開発活動の実践についての一考察 ——————————— 449
日本における農業研究成果の生産現場への普及と比較して
[勝俣昌也]

1　研究成果と実践　451

2　SUAメソッドと日本における生産現場への普及の比較　453

3　タンザニアにおける実践活動の一構図　456

4　日本における農業研究成果の生産現場への普及の一構図　459

5　「内と外をつなぐ者」の存在　462

終　章　アフリカ型農村開発の諸相 ──────── 465
　　　　地域研究と開発実践の架橋
　　　　［掛谷　誠・伊谷樹一］
　　1　地域発展の諸特性　467
　　2　アフリカ農村の開発実践をめぐる諸特性　486

あとがき　511
索　引　515

序章

アフリカ的発展とアフリカ型農村開発への視点とアプローチ

掛谷 誠

1 | 農村開発に挑む
2 | トングウェの生計経済
3 | 変容するベンバの生活
4 | エキステンシブな生活様式と内的フロンティア世界
5 | 「情の経済」と「モラル・エコノミー」
6 | アフリカ的な集約化と地域発展
7 | マテンゴ高地における開発実践
8 | アフリカ型農村開発へのアプローチ

扉写真
タンザニア・トングウェ社会での呪医入門儀礼
徹夜の儀礼が明け，新米の呪医がヤギを屠って祖霊や精霊に捧げ，その加護を願う．私は，入門儀礼や呪医としての修行を通じて，アフリカ文化の奥深さを学んだ．この経験が，「アフリカ的発展」について考え，「アフリカ型農村開発」の実践を試みることにつながった．

序章　アフリカ的発展とアフリカ型農村開発への視点とアプローチ

1……農村開発に挑む

　本書は，基礎的なアフリカ地域研究と，農村開発に挑んだ実践経験を統合した研究の成果である．私たちは，「地域研究を基盤としたアフリカ型農村開発に関する総合的研究」というテーマを掲げて，2004年度から2008年度まで共同研究に取り組んできた．タンザニアとザンビアの農村地域の生活に深くコミットして，それぞれの地域発展の実態を解明する地域研究と連携しつつ，地域がもつ潜在力に根ざした「アフリカ型農村開発」の実践の可能性を追求してきたのである．

　私自身は1971年にはじめてタンザニアの地に赴き，焼畑農耕民トングウェの調査を始めた．その当時のアフリカ諸国は，1960年代の独立期を経て，経済発展や国民国家の確立に向けて動き出しており，アジア・ラテンアメリカの諸国とともに第三世界を構成し，開発途上国として共通の問題を抱えつつ，新しい世界秩序の形成を担う地域として認識されていたといってよい．それから40年近くが経過した今日，アフリカ（ここではサハラ以南のアフリカ）の諸地域は，アジアやラテンアメリカの諸地域と比較したとき，経済の停滞や低開発の状況が際だっており，とりわけ農業生産の停滞が目立つ地域として位置づけられている［川端1987；平野2002］．それを「アフリカ的停滞」と表現することもできる．アフリカのミオンボ林（乾燥疎開林）帯に住む焼畑農耕民トングウェの調査を通じ，自然の中に埋もれるようにして，つつましく生きる人々に魅せられた私は，「アフリカ的停滞」を負のイメージのみで捉える見解に抵抗感をもっていた．しかし，世界の政治・経済の大きな流れに翻弄され，生活が大きく変容し，貧困や干ばつ・饑餓，砂漠化や森林破壊，国内紛争や国家の崩壊などの困難な問題を抱える現代アフリカの一面にも無関心ではいられない．私は，「アフリカ的停滞」という地域特性の多面的な理解を踏まえつつ，後に詳述するが，「アフリカ的発展」を推し進める「アフリカ型農村開発」に挑む必要があると考えたのである．それは私にとって，アフリカとの長い付き合いが促した課題であった．

　この序論では，東南アジアなどの他地域との比較も念頭におき，「アフリ

図 序-1　調査地

カ的な停滞・発展」と「アフリカ型農村開発」へのアプローチの大枠について，これまでの私の研究を総括しつつ検討しておきたい（図 序-1）．

2 ……… トングウェの生計経済
最小生計努力と平均化の傾向

　私の最初の研究対象となったトングウェは，タンガニィカ湖の湖岸部から，その後背部に連なるマハレ山塊に住む人々で，その民族の形成史を考えると，山住みのトングウェが主流であったと思われる．トングウェの居住域の植生は，ミオンボ林と，その中を縫うようにして流れる河川沿いに発達した河辺林から成る．ミオンボ林は，ジャケツイバラ亜科（マメ科）の樹種で構成された疎開林であり，アフリカを代表する植生帯の1つである．トングウェは，1971年当時，せいぜい2～10戸，人口にして5～30人が，小さな集落をつくり，そのような小集落が距離をへだてて広大なミオンボ林帯に点

在していた．隣の集落まで，歩いて優に1日はかかるという例もまれではなかった．トングウェ・ランドは，1平方キロメートル当たり1人以下の低い人口密度の地域であった．トングウェは，ミオンボ林帯にある集落を拠点としつつ，トウモロコシやキャッサバを主作物とする焼畑農耕，先込め銃や罠による狩猟，湖や川での漁撈，蜂蜜採集など，強く自然に依存した生計を営んでいた．

　私はトングウェの居住域を，湖岸地帯，中高度地帯，山地帯の3つの地域に類型化し，各地域の村に小さな家を建て，定期的に村を訪れて調査を進めた．そして，それらの村の生活を比較検討して，彼らの生計経済は，「最小生計努力」の傾向性と，「食物の平均化」の傾向性に支えられていると結論づけた．

　トングウェの日々の生活は，例えば副食でいえば，湖岸地帯では湖の魚，中高度地帯では川の中流で獲れる川魚，山地帯では中型・小型のアンテロープ類を中心とした獣の肉に強く依存していた．畑での主食作物の生産は，集落単位でみると，住民の推定年間消費量ぎりぎり程度の収量を保持していた．それらは「身近な環境において，できるだけ少ない努力で，安定した食物を確保しようとする傾向性」，つまり「最小生計努力」の傾向性を示していた．

　このように食糧生産は自給を基本としていたのであるが，その食糧は，村を訪れる客人にも振る舞われた．トングウェは，洗練されたホスピタリティの文化を保持してきたのである．ある山村で調査した結果，客人に提供される食物は，集落での全食物消費量の40％近くに達するが，ほぼそれに見合う量の食物を，村人は他の村で食べていたのである．こうして，平常時の食物の生産と消費には，微妙なバランスが保たれていたが，そのバランスが崩れ，食物が欠乏した集落の人々は，近隣の集落へ行き，食物を分けてもらう．このような相互扶助の慣行が，村生活の存続の根底にあった．こうして，いわば，食物は常に各集落間を流動して平均化する傾向をもつことが明らかになった．

　「最小生計努力の傾向性」と「食物の平均化の傾向性」は，相互にそれぞれを前提とするように，密接に関係していた．そして，この生活原理を背後

で支えていたのが，祖霊や精霊，それに「妬み」や「恨み」に起因する呪いへの恐れであった［掛谷 1974, 1986a］．

　私は，ミオンボ林帯における人と自然の関係を，いわば経済的な下部構造の調査を積み上げていく生態人類学的なアプローチで解明するつもりであったが，そのようなアプローチからあぶり出されるようにして，彼らの精神世界を理解することの重要性に思い至った．そして，その精神世界の要の位置を占めると思われた呪医に入門し，その修行や，仲間の呪医から病などの治療について学ぶ過程で，改めて精霊や祖霊，人を呪う邪術者の存在が，人々の生計経済の原理に深く関わっていることを実感した［掛谷 1977a, 1977b, 1984］（口絵 1・本章扉写真）．

3……変容するベンバの生活
平準化機構の相反する機能

　1980 年代に入って，私は，トングウェ社会との比較を意図して，ザンビア北部の高原状のミオンボ林帯に住み，チテメネ・システムと呼ばれる特異な焼畑耕作を営むベンバの調査を始めた．トングウェもベンバも，同じくミオンボ林帯に住む焼畑農耕民であったが，トングウェ社会は父系制の親族集団のゆるやかな連合体であり，政治的な統合の弱い社会であった．しかしベンバは母系制の社会であり，19 世紀後半にはチティムクルと呼ばれるパラマウント・チーフを擁する強大な王国を形成していた．

　かつて強大な王国を形成したベンバではあるが，村レベルでは，トングウェとも共通する生活原理が働いていた．ベンバはミオンボ林を利用した，チテメネ・システムと呼ばれるユニークな焼畑耕作に従事していた．5 月から始まる乾季の間に，男たちはミオンボ林の木に登り，斧 1 本ですべての枝葉を切り落とす．女たちは，1 ヵ月ほど放置して乾燥させた枝葉を伐採域の中心部に運んで積み上げる．ほぼ耕地の 6 倍ほどの伐採域から，枯れた枝葉を集めるのである．10 月に入り，雨季が到来する直前に火を放って焼畑を造成する（口絵 2）．アフリカ起源の穀物であるシコクビエ栽培を根幹としつつ，

キャッサバやインゲンマメ・ササゲ・ウリ・カボチャ・トマトなどを混作し，ラッカセイ栽培などを含めた輪作を組み合わせて，4～5年間は作付けする．しかし毎年，新しいチテメネ耕地を切り拓く．週末などには，村人の多くが集団の網猟にでかけ，中型のアンテロープなどを狩り，乾季の終わりには川で魚毒漁を試みる．雨季の始まりの頃には，大好物のイモムシ採取に熱中する．西方のバングウェウル・スワンプから行商人が運んでくる乾燥魚も，重要な副食品である．

　チテメネとミオンボ林の恵みに依存したベンバの暮らしは，社会的な平準化機構によっても維持されてきた．それは，例えば食糧を多く「もつ者」が「もたざる者」に分け与えるという原則が社会化されたメカニズムである．この平準化機構は，直接的な相互扶助による食物の分与のほかに，特に女性世帯主がつくるシコクビエ酒の売買をめぐる社会経済システムが要の位置を占めていた．青壮年の世帯では大きなチテメネをつくり，男たちは余剰のシコクビエをスワンプ地帯の漁師の村に運び，乾燥した魚と交換し，その乾燥魚を売って現金を得る行商に励む．そして，青壮年の男たちは，女性世帯主が醸造したシコクビエの酒を，他の村人への振る舞い酒を含めて，行商で稼いだお金で購入する．こうして得たお金で女性世帯主は男を雇い，樹木の伐採作業を依頼し，自らのチテメネ耕地を確保するのである．女性世帯主は共同飲酒用のシコクビエ酒もつくり，村人に無料で提供する．自給指向のチテメネ耕作を基盤とし，また，妻方居住と母系制の矛盾などのため，夫のいない女性世帯も多い村で，すべての住民が，ほどほどに暮らしていける生活を平準化機構は支えていたのである [Kakeya & Sugiyama 1985；掛谷・杉山 1987]．

　しかし，1980年代半ばに，ザンビア政府の農業政策の転換に伴って，化学肥料を投入して商品作物のトウモロコシを栽培するファーム耕作が調査地に急速に普及し始めた．ここでも平準化機構が重要な働きをしていた．平準化機構は，平常時には人々の突出を押さえ，変化を抑制する機能をもつ．しかし，村内部の変化の動きに政策などの外因が同調したときには，一部の先駆者あるいは「変わり者」が始めた新しい農法（この場合にはファーム耕作）などのイノベーションを急速に村内に広め，促進するようにも働くのである

［Kakeya & Sugiyama 1987；掛谷 1986b, 1994b, 1996］．

4……エキステンシブな生活様式と内的フロンティア世界

4-1. エキステンシブな生活様式

　トングウェとベンバの研究の結果から，それまで焼畑農業を粗放農業と位置づけ，集約農業と対比させ，農業発展の段階の相違に結びつけて理解されてきた生活を，エキステンシブな生活様式（非集約的な生活様式）として捉え，インテンシブな生活様式との比較考察を試みた（表 序-1）．インテンシブな生活様式，あるいは集約的な生活様式は，西欧諸国の集約農業を基盤とした生活をモデルとして想定している［掛谷1998］．

　トングウェやベンバの焼畑耕作は，広大なミオンボ林と低人口密度のもとで，畑地の移動と植生の更新による地力の回復を基礎にし，広く薄く環境を利用する農法である．それは狩猟・漁撈・採集ともセットをなし，自然利用のジェネラリストの特徴をもつ．村を単位とした生計経済は自給のレベルを大きく越えることはなく，分配や相互扶助を組み込み，妬みや恨みへの恐れを背景としつつ，平準化機構が働いて世帯間の経済的な差異を最小化する傾向性をもつ．その社会は，人々の移動や移住を常態とし，遠心的な分散と分節化に向かう動態を内包しつつ維持されてきた．エキステンシブ（非集約的）な生活様式は，このような生態・社会・文化の複合体である．

4-2. 内的フロンティア世界

　伝承によると，トングウェ社会は150～200年以前に多地域から諸民族が移住し，混住して形成された．そして，各民族の子孫は小規模なクランとなり，ムワミと呼ばれる長をもち，親族集団のゆるやかな連合体として存続してきたのである．ベンバの伝承によれば，祖先はコンゴ河の上流域で栄えていたルバ帝国の後裔であり，彼らが17世紀頃に現在の地に移住してきたと

表 序-1　2つの生活様式

非集約的生活様式 (エキステンシブな生活様式)	集約的生活様式 (インテンシブな生活様式)
非集約的農業 (エキステンシブな農耕)	集約的農業 (インテンシブな農耕)
低人口密度型農耕	高人口密度型農耕
「労働生産性」型農耕	「土地生産性」型農耕
多作物型	単作型
移動的	定着的
共有的(総有的)	私有的
自然利用のジェネラリスト (農耕への特化が弱い)	自然利用のスペシャリスト (農耕への特化が強い)
安定性	拡大性
最小生計努力 (過少生産)	最大生計努力 (過剰生産)
平均化・レベリング	差異化
遠心的	求心的
分節的	集権的

いう．そして，19世紀の後半には，南部アフリカから侵攻してきたンゴニへの対抗や，インド洋岸のアラブやスワヒリとの長距離交易などを媒介として，広大な領土からなる王国を形成した．ベンバ王国は，村レベルの生計経済と，長距離交易などによる威信経済とが併存する社会であった．いずれの民族社会も，せいぜい150〜300年ほど前に，様々な理由によって異域に住む民族，あるいは民族群が現在の地に移住して形成されたと推定できる．そして，このような民族形成の特性は，サハラ以南の多くの民族社会に共通していると考えられるのである．

　内陸アフリカは，熱帯多雨林・疎開林・サバンナ・半砂漠と多様で広大な植生帯からなる．そして，低人口密度という条件も加わり，狩猟採集や牧畜，焼畑農耕などの移動性を属性の1つとしてもつ生業によって，多くの民族が暮らしを立ててきた．それらの民族社会は，基層部にエキステンシブな生活様式の特徴をもち，「分離原理と共存した集中原理で，全体がゆるやかに結ばれる，流動的な社会」［富川 1971：114］であり，「ある条件下では集中し統合するが，許される限りは，分散の原理を通して安定しようとする社会であ

る」[富川 1971：108]．そして，それらの社会の外縁部にはフロンティア，つまり人口の希薄地帯や政治的な空白地帯がひろがっていた．あるいは，そのようなフロンティアの存在が，エキステンシブな生活様式を温存させ，流動的な社会を再生産し続けてきたのである．その意味で，内陸部のアフリカは，内にひろがるフロンティアを前提とした世界であり，内的フロンティア世界であったといえる［掛谷 1994a，1999a，1999b］．

　内的フロンティア世界という概念は，コピトフ［Kopytoff 1987］による先行研究から多くの示唆を得るとともに，東南アジア研究者との地域間比較の研究を通じて次第に明確になってきた．東南アジアは，「『森林』とそれを取り囲む『海』という自然の構造のなかでの『小人口世界』という性格によって特徴づけられていた」．そして，中国やインド，イスラームなど，「この地域を取り囲む大文明の地域から絶えず働き掛けが行われてきた」［坪内 1999：6］．豊富な森林物産や南海物産に恵まれた地であり，東西貿易の中継地でもあった東南アジアは人々の移動を常態とする地域であり，重層性をもった文明流によるフロンティアが形成されてきた地域である．内陸アフリカと比較すれば，エクスターナル（外的）な刺激によってフロンティアが形成され，人々の移動が繰り返されてきた地域であり，相対的にではあるが，東南アジアは外的フロンティア世界であったといえる［高谷 1999］．

　近年の東南アジア地域のめざましい経済発展と「アフリカ的停滞」の背景には，外的フロンティア世界，内的フロンティア世界として歴史を築き上げてきた地域特性の相違が深く関与している可能性がある．

5……「情の経済」と「モラル・エコノミー」

　これまでの「アフリカ的停滞」に関する研究や議論の大きな流れの1つは，ゴラン・ハイデンによる「情の経済」論［Hyden 1980, 1983］をめぐって展開してきたといってよい．ハイデンは，主としてタンザニアを対象とし，植民地期から独立期を経て1970年代の社会主義時代までの農村の変容を分析し，アフリカの農民の生産と交換は「小農的生産様式」と「情の経済」に

よって特徴づけられることを指摘した．それは，家族労働を基本とし，家族の成員の生存に必要な生産，つまりサブシステンスの維持を優先した生産様式であり，親族関係や地縁的な関係などの社会的紐帯に基づく互酬的な交換関係を基礎とした経済である．「アフリカは，農民がほかの社会階級にいまだに捕捉されていない唯一の大陸である」[Hyden 1980: 9；鶴田 2007：52]と位置づけ，「情の経済」がアフリカの開発を阻み，「アフリカ的停滞」をもたらしていると，ハイデンは主張したのである．

1990年代に入って，東西冷戦の終焉後の世界では経済のグローバル化が勢いを増し，アフリカ諸国も経済の自由化・市場経済化の促進へと舵をとった．このような時代背景の中で，杉村和彦を代表者とするグループはハイデンもメンバーに迎え，「情の経済」論の現代的な意味を探るプロジェクトを立ち上げた．このプロジェクトは，20世紀の前半期に東南アジアでみられた農民による反乱を研究対象とし，農民の行動様式や価値観を分析したJ. スコットの，モラル・エコノミー論[スコット 1999]を視野に入れ，東南アジアとアフリカの地域間比較を中心的な課題の1つとしていた[杉村 2007]．メンバーの1人である鶴田[2007]は，この地域間比較の要点を的確に描き出している．ここでは，鶴田論文を参照しつつ，私たちの共同研究における「アフリカ的停滞」の捉え方を示しておきたい．

モラル・エコノミーは，農民の生存維持（サブシステンス）の権利の保障や，互酬性の規範を基礎とする経済的公正についての観念であり，共同体的なネットワークや価値に焦点をあて，サブシステンスの維持の重要性を認める点で，情の経済と共通している．しかし，モラル・エコノミー論は，共同体外部の権力による農民の搾取と，それに対する農民の怒りを主題としており，農民と上層階級の相互依存的あるいは相互対抗的関係という意味合いを強く伴う．一方，情の経済は，共同体内の水平的な社会関係に関わっている．「東南アジアではアフリカよりずっと以前から農民が国家や市場に『捕捉されて』おり，それら外部の制度やそれを人格化している中間権力者に対する防衛的，対抗的な動きを結集したのがモラル・エコノミーだった」[鶴田 2007：59]．一方，国家や市場に「捕捉されていない」，あるいは「捕捉の程度が浅い」アフリカ農民は，相対的にではあるが，自立の傾向が強く，「情

の経済」は,時に市場や国家から逃れるユニークな能力を示す.鶴田は,このような論旨を展開し,さらに互酬性とサブシステンスが今も密接な関わりをもち,その互酬性が超自然に対する信仰や呪いへの恐れに支えられている点に,アフリカ農民の経済の特質があることを指摘している.

　かつてザンビアの初代大統領のK.カウンダは,「我々の目的は,植民地主義者が全大陸を分割して作ったぶざまな加工品から,真のネイションを創り出すことである」と述べた[小田 1991：3].ぶざまな加工品という由来をもつアフリカの国家は,農民をしっかりと捕捉することができず,農民も国家からの恩恵を受けることが少なかった.エキステンシブな生活様式を基盤とした内的フロンティア世界に生きてきた多くの農民たちは,植民地期と,ぶざまな加工品の独立国家のもとで,小農的生産様式と情の経済によって生存維持を確保しつつ新たな生き方も模索していたが,総体としては「アフリカ的停滞」を再生産してきたことになる.

　タンザニアでは,1961年の独立後に,農民の集住化を基礎とした社会主義政策(ウジャマー村政策)を進めてきたが,1980年代初頭に至って社会主義政策は破綻し,1986年には世界銀行やIMFによる構造調整計画の勧告を受け入れ,経済の自由化・市場経済化を推し進めてきた.私たちは,混乱期を経て市場経済化が村々で受け入れられ始めたかにみえる時期に共同研究を始めたことになる.その大きな課題は,各地の農村が具体的に,どのように時代の動きに対処してきたかをたどり,地域発展につながる諸要因を見出し,それらと,これまで検討してきたようなアフリカ的な特性との関係についても考察を深め,地域研究とアフリカ農村の開発実践を架橋することであった.

6……アフリカ的な集約化と地域発展

　私のアフリカ研究は,東西冷戦の終焉後の世界とアフリカの大きな変化に心を揺さぶられ,ひそかに温めてきた「アフリカ的発展」というテーマの内実を求める方向へと転換していった.ミオンボ林帯におけるエキステンシブ

な生活様式の考察には，一方で，アフリカは西欧型とは異なった独自の農業の集約化と地域発展を模索するべきではないかという思いも込められていたのである．その転機の1つは，「タンザニアにおける農地の土地分級」という課題で，1992年にJICA（国際協力事業団，現在の国際協力機構）の専門家として派遣され，タンザニア南西部のミオンボ林帯で，ンゴロ農法という特異な在来の集約農業を継承しているマテンゴと出会ったことであった［掛谷2001］．私は，ミオンボ林帯で発達してきたユニークな在来の集約農業について総合的に研究することがきわめて重要であると考え，同僚とともに，タンザニアのソコイネ農業大学（Sokoine University of Agriculture：略称SUA）と共同して研究するプランを構想し，JICAの研究協力「ミオンボ・ウッドランドにおける農業生態の総合研究」を進めた．

マテンゴは海抜900〜2,000メートルの高地に居住している．マテンゴは，当初，山地林や山腹のミオンボ林を伐採して焼畑を切り拓き，1〜2年間はシコクビエを耕作し，その後の草地を利用してンゴロ畑を造成する．彼らは山地斜面の草を刈り取り，少し乾燥させた後に，干し草を束にして格子状に並べ，その格子の間の土を鍬で掘り起こし，草束の上に土をかぶせる．こうして，掘り穴と格子状の畝ができあがる．遠くからは，蜜蜂の巣のようにも見える．そして，短期の草地休閑をはさんで，インゲンマメとトウモロコシを2年サイクルで輪作する．この農法は，山地での土壌浸食を防止し，有機肥料を確保し，また雑草を防除するなどの複合的な機能をもった在来の集約的農法であった．

このンゴロ農法は，マテンゴの民族形成史と深く関わっている．マテンゴは，異域から移住してきた多くの民族の人々が混住して形成された民族であり，当初は小集団が分散して居住し，移動型の焼畑農耕を主生業としていた可能性が高い．しかし，19世紀の中頃に南部アフリカから好戦的な民族のンゴニが侵攻してきて，マテンゴはその襲撃から逃れるために急峻な山地に退避し，限定された山域内に多くの人が集住した．このような生活条件が，土壌浸食を防止する集約的なンゴロ農法を生み出し，発達させてきたと考えられる［Basehart 1972, 1973］．そして植民地期の1920年代に導入されたコーヒーの栽培が組み込まれ，現在のマテンゴの農業形態ができあがった

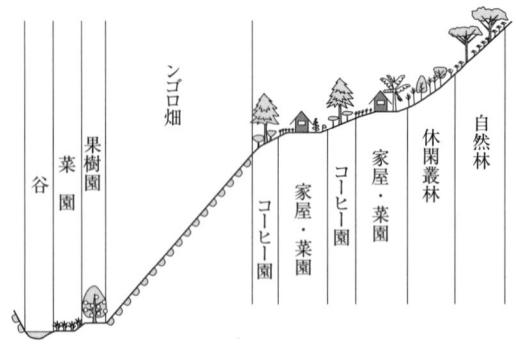

図 序-2　ンタンボの概念図

[Schmied 1988；掛谷 1993]．

　現在のマテンゴの農業形態は，ンタンボと呼ばれる地形的な単位とその利用を大きな特色としている．ンタンボは，川の支流などで区切られた山腹であり，「ひと尾根」とでも表現できる地形単位である．そこを1つの親族集団が占有し，生産・生活の社会生態的な単位となる．原型的なンタンボは，中腹の平坦地に家屋群と菜園・コーヒー園があり，斜面には一面のンゴロ畑がひろがり，谷底部には小規模な菜園や果樹園が散在する．ンタンボの一部にはブッシュ状の休閑地があり，山頂部にはミオンボ林が残る（図 序-2）．ンゴロ畑は，ンタンボ・システムの一部として存続してきたのである [JICA 1998；掛谷 2001]．このようなマテンゴの土地保有と利用のシステムの解明が，後のマテンゴ地域での開発プロジェクトにつながっていった．

　マテンゴのンゴロ耕作を通じてアフリカにおける在来の集約農業に関心をもった私は，タンザニア北西部に住むバナナ耕作民のハヤや，エチオピア南部で精緻なテラス耕作に従事するコンソの村を訪ねた．

　ハヤは，バントゥー系農耕民とナイロート系牧畜民の共住・混血によって形成された民族であり，バナナ耕作と牛飼養とが強く結びついている．ハヤの地は，バナナの森のように見える屋敷畑（キバンジャ）と草原から成る．キバンジャには，バナナのほかにロブスタ種のコーヒーやトウモロコシ，インゲンマメなど，様々な作物や樹木が混作されている．草原の草はウシの飼料となり，ウシの糞尿はキバンジャの肥料となる．また干し草を家の土間に敷

き詰め，使用後の干し草はキバンジャに投げ入れられ，堆肥になる．キバンジャ・ウシ・草原のセットと手間をかけた栽培管理によって，ハヤの集約的なバナナ栽培は維持されてきたのである［丸尾 2002］．

コンソは，アカシア林帯に分布する小山塊に居住しており，その周辺部はボラーナなどの遊牧民のテリトリーと接している．山上に数百の家屋が密集して集落をつくり，そこから標高差 1,000 メートルの低地の川辺まで石垣づくりの段々畑が同心円的に続いている．そして，段々畑でのモロコシやコムギ・トウモロコシ・ジャガイモ・キャッサバなどを含む多種多様な作物の混作と，ウシ・ヤギ・ヒツジなどの家畜飼養が複合した集約的な農業を営んでいるのである．それは，半乾燥地帯で遊牧民と接して生きるコンソが発達させてきた暮らし方である［篠原 2002］．

マテンゴ，ハヤ，コンソの事例は，アフリカの各地で独自の集約的農業が発達してきたことを示している．アフリカの農村地域の発展にとって，農業の集約化は 1 つの重要な課題であろうが，これらの事例は，アフリカ諸地域の在来性に根ざした独自の集約化の道があることを教えてくれているといってよいであろう．私は，JICA の研究協力での経験や，アフリカ在来の集約的農業の調査から，より一般的にいって，地域の在来性のポテンシャルに根ざした発展，それが「アフリカ的発展」につながると考えるに至ったのである．

7……マテンゴ高地における開発実践

マテンゴ高地での研究は，JICA のプロジェクト方式技術協力（ソコイネ農業大学・地域開発センター・プロジェクト，SCSRD プロジェクト）につながり，1999 年から 5 年間の計画で，持続可能な開発の道を探る活動が展開していった．それは，現場主義を基本とし，フィールドワークによる多面的・学際的な地域農村の実態把握を深め，住民の積極的な参加を促し，地域農村の「在来性のポテンシャル」を踏まえた地域の発展計画を構想し，実践することを目指していた．そのアプローチを，私たちは SUA メソッドと呼んだ．

「在来性のポテンシャル」は，ンゴロ農法とンタンボ・システムを生み出し維持してきたマテンゴの底力に着目して生まれた概念であり，地域農村の生態・社会・文化の独自性と，それらの相互関係の歴史的な累積体がもつ潜在力ということができる．「在来性のポテンシャル」は，時代性や歴史性を考慮しなければならないが，地域環境の利用・開発と保全を両立させる知恵の大きな源泉の1つである．また，それは地域発展の内発性と結びつき，住民の主体的な取り組みと連動しながら，地域住民のキャパシティ・ビルディングを強化していく可能性を秘めている．このJICAプロジェクトでは，研究者と農民の対話や適正技術の導入，農民間の交流などを媒介としながら，「在来性のポテンシャル」が活性化していくプロセスを重視していた．そしてプロセスそのものから学び，学んだことをフィードバックさせて開発内容を改良していく姿勢を基本とした．

　このようなプロセスを推し進める指針となったのは，開発の対象となる地域の焦点となる特性，つまり焦点特性を見出し，それを中心に据えた視座（パースペクティブ）を設定することであった．その視座は，「在来性のポテンシャル」を支える要素群と関係を明確にし，学際的なアプローチの準拠枠となり，村人と共有する開発計画の全体的なイメージを喚起し，プロジェクトの展開を支えた．

　マテンゴ高地での焦点特性はンタンボである，というのがプロジェクト・チームの見解であった．前述したように，ンタンボはマテンゴ社会を構成する社会生態的な単位であり，その特性を把握し，実践活動の指針とすることが重要であるという見解に基づき，「ンタンボの視座」という枠組みを共有することとなった（図 序-3）．「ンタンボの視座」は，ンタンボの環境と土地利用をモデル化した概念図であり，水と土と緑の3本の特性軸によって在来のンタンボ・システムの特徴を示している．例えば水の軸に沿っていえば，集水域の小さな谷から，土地の傾斜を利用して小規模な用水路を掘り，家の庭先まで水を引き入れて生活用水として利用する．また，コーヒーの果肉を取り除くときに大量に必要な作業水などとしても利用している．ンゴロ畑は，それ自身が巧みな治水のシステムであり，谷地では乾季でも湿潤な土地を利用して菜園などとして利用している．

序章　アフリカ的発展とアフリカ型農村開発への視点とアプローチ

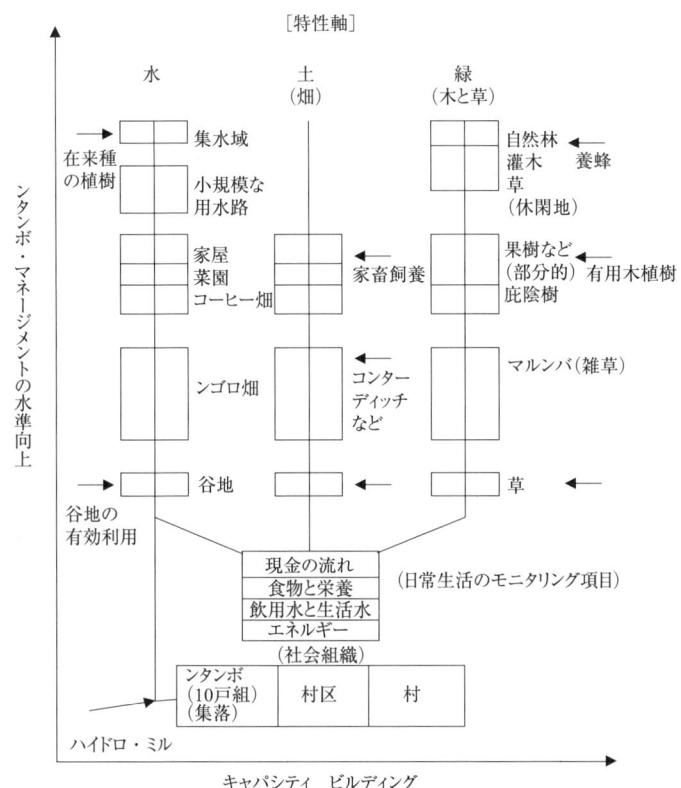

図 序-3　ンタンボの視座

「ンタンボの視座」は，このようなンタンボの利用と保全を図るために，ンタンボ・マネージメントの水準向上の軸と，ンタンボ内の親族集団から村レベルにいたる社会組織を視野に入れ，住民の主体的な開発への取り組みを重視するキャパシティ・ビルディングの軸を構成の骨格としている．横向きの矢印は，プロジェクト側から積極的に働きかけるアクション群を示している．1つのモデル村（キンディンバ村）では，治水をめぐる在来の技術・知恵の延長線上に小規模なハイドロミル（水力製粉機）を位置づけ，その設置を賦活剤として，プロジェクトを進めていった．もう1つのモデル村（キタンダ村）では，谷地の集約的な利用を試みる過程で，村人から養魚池を造成した

いとの提言があり，その提言を受け入れて養魚池・養蜂・植樹をセットとした農民グループの活動を支援した．5年間のプロジェクト期間中には，様々な紆余曲折がありはしたが，住民は主体的にハイドロミルの建設・管理・運営に取り組み，養魚池を核とした農民グループの活動は拡大し，内発的な開発実践が活性化したように思われた[SCSRD 2004]．

　マテンゴ高地でのJICAプロジェクトに積極的に関与してきた私たちは，その活動理念を引き継ぎ，より多くの地域発展に関する事例研究を積み上げる基礎的な地域研究と農村開発の実践を架橋する試みを通して，アフリカ型農村開発の理念と手法の構築に挑戦したいと考えたのである．

8 ……アフリカ型農村開発へのアプローチ
本書の構成

　当初に述べたように，本書に掲載した一連の研究は，タンザニアとザンビアの農村地域の生活に深くコミットし，地域発展の実態を解明する基礎的な地域研究と，農村開発の実践とを接合させることを大筋の方法と考えてスタートした．その成果は，第1部の「多様な地域発展」と，第2部の「農村開発の実践」としてまとめた．

8-1. 多様な地域発展 —— 7村の事例研究（第1部）

　長期にわたる調査の態勢を整えて社会の変化を追跡しつつあった村々を中心に，タンザニアの6村とザンビアの1村を対象にして，地域発展の実態を解明する調査に取り組んだ（巻頭地図Ⅰ・Ⅱ）．これらの村々は，これまでの広域調査や文献から，主として，独自の在来農業の存在と新たな農業の展開に着目して選択した．

　第1章のウルグル山地は，かつては斜面地での焼畑耕作が中心であり，植民地期にテラス耕作の導入に抵抗した地域[Maack 1996]という特性をもつ．JICAプロジェクトの実施母体であったソコイネ農業大学の地元というのも，

調査対象として選択した理由の1つであった．JICAプロジェクト時に果樹やバニラなどの導入を試みたが，その普及を支える地域特性のより深い理解と，都市近郊の山村における生活の変容を探るためにもインテンシブな調査が必要であると判断した．ウルグル山地では，湿潤な気候条件や大きな都市（モロゴロ，ダルエスサラーム）に近いという条件を生かし，古くから多様な作物が栽培され，近年には多くの作物が屋敷畑に集積されてきた．樋口浩和・山根裕子・伊谷樹一は，その現状と歴史的なプロセスを中心に，土地利用・農業システム・土地保有・食文化・域内の食物流通などの調査に力を注いだ．

　第2章のンジョンベ高原のキファニャ村では，独自の谷地耕作（フィユング）が存続してきたが，近年になって造林焼畑などの新たな農業を展開している．ウジャマー村政策による集住化を大きな契機として，谷地の耕作法が大きく変わり，また経済の自由化を背景として，外来種のモリシマアカシアの造林と，その林を対象とした焼畑耕作，つまり造林焼畑を創出していった．近藤史は，農業生態や住民の相互扶助システムを視野に入れ，その変化の過程をめぐり緻密な調査を積み上げていった．

　第3章のキロンベロ谷のイテテ村は，広大な氾濫原に位置する村であり，古くから稲作に従事していたが，近年になってトラクタによる水田稲作が展開した．また移住してきた農牧民スクマと地元住民との関係，および野生動物保護区をめぐる国家政策との関連などの現代的な課題にも直面しており，加藤太がインテンシブな調査を進めた．

　第4章では，今回の共同研究で新たな調査地域としたボジ県の3村を取り上げた．1節は，季節湿地での草地焼畑（イホンベ）という在来農法や植民地期に導入されたコーヒー栽培の存在などの特色をもつイテプーラ村を対象にした．山本佳奈は，この地域に広く分布する季節湿地の利用の変化に焦点を合わせ，その変化とコーヒー栽培・トウモロコシ耕作の拡大，および慣習的な土地利用規制との諸関係を探った．2節は，ミオンボ林における在来農業の多様な展開をめぐって，ムフト村の事例研究を中心としつつ，タンザニア南部とザンビア北部の在来農業を比較の視野に入れた考察である．伊谷樹一は長期にわたる住民との付き合いを基礎にして，ミオンボ林の利用と保全

をめぐり，作物生産を支える民俗概念やクラン・システム，祖霊・精霊など，彼らの精神世界にも踏み込んで調査を進め，持続可能な地域開発が取り組むべき基本的な課題を追求した．3節では，肥培効果をもつアルビダ（アカシアの仲間）林の農地利用を基盤としつつ，農村開発の実践対象としたウソチェ村と同様に，近年，急速に水田稲作が拡大したンティンガ村を取り上げた．後述するように，ウソチェ村では農牧民スクマの移住が契機となって水田稲作が拡大したのだが，ンティンガ村ではスクマの移住を拒否しており，水田稲作の展開過程はウソチェ村とは異なっている．ここでは特にウソチェ村との比較を意図して，下村理恵が水田稲作の発展過程を分析した．

第5章はザンビア・ムピカ県のベンバの村の事例研究である．このベンバの村では，1983年からチテメネ耕作を基盤とした生活の変容過程の研究を継続してきたが，杉山祐子（1節）はその研究蓄積を整理し，農法や生活様式の変化を住民によるイノベーションの動態的歴史として詳細に分析を試みた．また大山修一（2節）は，1990年以降の市場経済化・経済自由化がベンバの村の生活に及ぼした影響の調査を踏まえ，特に政府による土地制度の改変に焦点を置いて分析を進めた．それは，国家と農村・農民との関係について，各国の特性を視野に入れて考えることの重要性を提起している．

これらの比較研究は，アフリカ型農村開発の手法の構築に多くの示唆を与えてくれる．

8-2. 農村開発の実践（第2部）

農村開発に関しては，川喜田が提唱したW型の問題解決図式（図 序-4）[川喜田 1993：241]から多くを学び，またマテンゴ高地での開発実践の経験と反省を生かし，地域の実態把握・地域が抱える問題と原因の追求・問題解決の構想と実践，という3段階の枠組みを設定して取り組んだ（図 序-5）．JICAプロジェクトでは，キンディンバ村にハイドロミルを導入する活動が先行したが，その後にキタンダ村で活動を進めていく際には，実践のフェーズに移る前に，実験的な試行（当時はアクション・リサーチと呼んでいた）によって，住民のニーズと現実化の可能性，開発実践に対する住民の反応を知

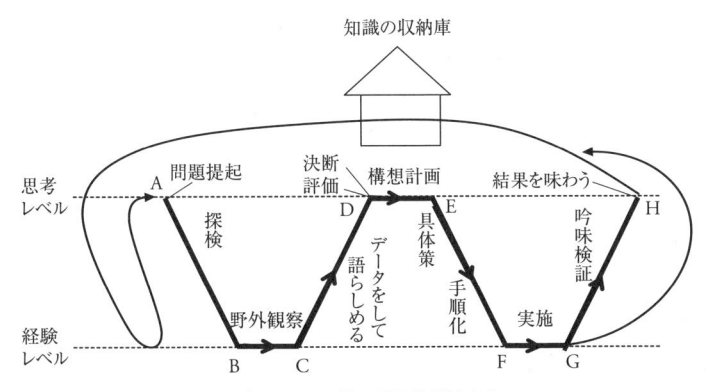

序章　アフリカ的発展とアフリカ型農村開発への視点とアプローチ

図 序-4　W 型の問題解決図式

[川喜田 1993：241，一部省略]

図 序-5　農村開発の 3 段階の枠組み

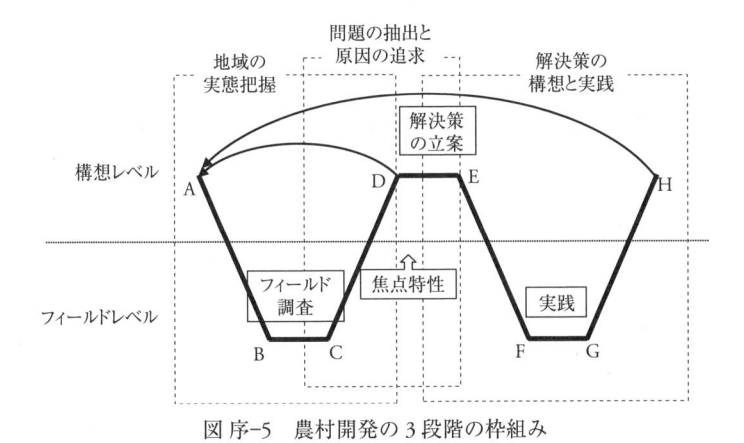

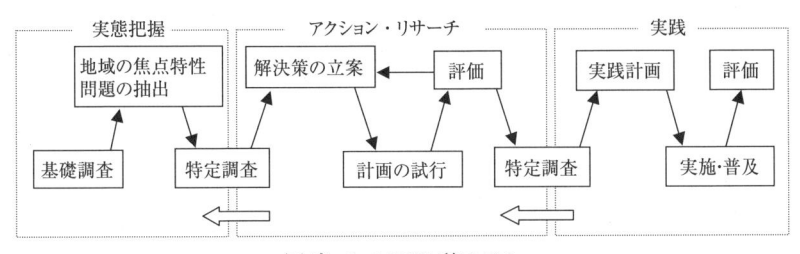

図 序-6　NOW 型モデル

り，開発計画にフィードバックするために，W型の派生型としてNOW型モデル（図序-6）を採用した．この共同研究でも，新たに開発実践に取り組む地域では，NOW型モデルを継承しつつ，現場主義のもとで，各フェーズ間のフィードバックを重視した柔軟な枠組みの運用と，他の農村地域での研究成果を参照することを基本的な方針とした．

具体的な開発実践を視野に入れた研究対象は，JICAプロジェクトで対象としたマテンゴ高地と，新たに加えたボジ県のウソチェ村の2地域に的を絞った（巻頭地図Ⅰ・Ⅱ）．

(1) マテンゴ高地（第6章）

マテンゴ高地では，すでにJICAプロジェクトで3段階の過程の試みを終えていたので，今回の調査・実践では，JICAプロジェクト以後に展開している村人たちの活動を支援しつつプロセス・モニタリングを進め，その成果を第6章でまとめた．1節では，伊谷樹一と黒崎龍悟が，マテンゴ高地の生態や農業をめぐる経済や社会環境の変化と，1999年から5年間にわたって実施したJICAプロジェクトについて，その特色を簡潔に整理した．JICAプロジェクトの中心メンバーであった荒木美奈子（2節）と，青年海外協力隊員として積極的にJICAプロジェクトに関わった黒崎龍悟（3節）は，プロジェクト中での諸活動や出来事の意味を改めて検証し，また住民のキャパシティ・ビルディングやエンパワーメントを視野に入れ，それらがどのように蓄積され，それらの力がどのような形で発現されるかを明らかにした．荒木はキンディンバ村に，黒崎はキタンダ村に焦点を当てて分析を深めた．また，JICAプロジェクトのフォローアップに従事していた専門家の田村賢治は，その経験をまとめた（4節）．それらは，3段階の構成と枠組みで展開された農村開発の内実を掘り下げた研究である．これらの調査は，青年海外協力隊員として村づくりの活動に携わっていた会田尚子・伊藤祐子とも密接に連携を取りながら進めた．

(2) ウソチェ村（第7章）

タンザニア北西部のボジ県・ウソチェ村では，掛谷誠と伊谷樹一，そして

序章　アフリカ的発展とアフリカ型農村開発への視点とアプローチ

神田靖範の3人が中心となり，他の研究者の協力も得ながら，農村調査と開発実践をつなぐ試みを進めた．ウソチェ村は，西部リフトバレーの一角を占めるトラフ（舟状盆地）の中にあり，アカシアやシクンシ科の樹木などのウッドランドがひろがる半乾燥地域にある．この村は約390世帯で構成されており，もともとの住民は農耕民のワンダであったが，1980年代の初頭から農牧民のスクマが移住し，現在は2つの民族が共存している．このウソチェ村では，半乾燥地帯を象徴するアカシア林の中に広大な稲作水田が開墾されており，その組み合わせに関心を持ち，調査対象地とした．

2004年の8月からほぼ1年間，神田は村に住み込み，地域の実態把握に力を注いだ．その成果は，第7章1節にまとめられている．神田は長年，国際協力・援助に携わり，マテンゴ高地でのJICAプロジェクトにも専門家として参画しており，地域研究を通してアフリカ型の農村開発について再考するため，私たちと共同して研究・実践を進めたのである．

タンザニアの独立以前，ウソチェ村ではシコクビエの焼畑耕作を中心とした生業システムであったが，徐々にウシの飼養と牛耕が浸透し始めていた．集村化を基本としたタンザニア独自の社会主義政策（ウジャマー村政策）が強力に推し進められた1974年頃に，牛耕によるモロコシの常畑耕作が広く受け入れられた．これが，現在もワンダの農業の基盤となっている．1982年頃から，広い放牧地を求めて農牧民スクマが移住してきて，ワンダが畑作には適さないと見なしていたアカシア林に住みついた．その地表近くには不透水層があり，雨季には雨水で冠水しがちな土地であった．スクマはウシに強く執着する人々であるが，一方で，古くから水田稲作を生業の一部に取り入れていた．移住してきたスクマはアカシア林を伐採し，畦畔を造成して苗を移植する水田稲作を始めた．ワンダの人々は，スクマの動きをつぶさに観察し，ときにはスクマに雇われて田植えなどの農作業に従事した．そして，ワンダ自身も水田の開墾を始め出した．この頃，タンザニア政府は構造調整計画を受け入れ，急速に経済の自由化を進めた．村人は商品作物としてのコメの重要性を再認識し，水田稲作は急速に拡大していった．

この間，スクマは他の人にウシを預ける民族の慣習を，ワンダにも適用してウシを貸し出し，ワンダの人々は親族や友人内でウシを都合しあって，拡

大する水田耕作に必要な牛耕を確保する態勢を整えていった．スクマは，いわば草の根のイノベーターの役割を果たし，ある種の平準化や相互扶助の機構も働き，新しい水田稲作が広く波及していった．

　神田の調査の結果を踏まえ，私たちは開発実践に踏み込んだ（第7章2節）．まず，村で報告会を開き討議を深めた．そして，村民会議は村の将来を考えるグループの設立を決め，メンバーを選んだ．メンバーたちは後に，このグループにカトゥウェズィーエ（*Katwezye*：失敗してもくじけない）という名前をつけた．ウソチェ村は現在，水田の拡大，ウシの放牧地や林の減少などが相互に関係し，村全体としての生業システムと自然環境はクリティカルな状況に直面していた．私たちは，村民グループのメンバーと，村が抱えている問題点について討議し，その打開の道を探る計画を立てた（2006年8月）．村民グループは雨季に入って（2006年11月），活動を始めたが，雨季前半は予想外の豪雨，後半は寡雨という異常気象で，グループの活動は最初の試練にさらされ，当初の計画は予定通りには進まなかった．私たちは翌年の5月に村を訪れ，グループの活動経過と現状を確認し，計画の立て直しを図った．そして焦点特性を明確化する必要性を痛感し，議論を重ねて，「疎林・ウシ・水田稲作の複合」と「民族の共生」をウソチェ村での焦点特性と見定め，その焦点特性を主軸として，村民グループとともに，村の生業システムや環境が抱える問題の解決に向けて新たな計画を練り上げ，活動を開始した．

　商品作物の多様化の可能性を探るため，村民グループのメンバーとともにゴマを栽培する村を訪ね調査した．また村人たちが，ウソチェのコメの味は格別においしいと誇らしげに語っていたので，私たちは，タンザニア各地のコメを買っていき，ウソチェ産のコメも加えて，コメの食味会を開いた．産地を伏せて，コメの食味テストを試みたのであるが，コメの味・香りともに，ウソチェ産のコメが最高得点を得た．村人が誇りにするウソチェ産のコメは，化学肥料や農薬をまったく使わない水田稲作の産物であるが，このようなコメの品質を支える条件などについて討議し，その条件を保持し，より安定し，また収量も増やすことができる方策や，予想が難しい降雨にも対応できる対策，伐採が進む疎林の保全につながる活動などについて，村民グルー

プの人々と話し合った.

　私たちはスクマの婚姻儀礼に招待されるなど，スクマの人々とも交流を深め，またスクマの職人に依頼して牛車をつくってもらい，村民グループとの共同活動の象徴の意味合いを込めて，また活動の賦活剤となることを願って，その牛車を村民グループに供与した．こうして，ワンダとスクマに私たち日本人が加わり，村レベルで「民族」の交流を深め，村の実態把握を踏まえ，調査と開発実践をつなぐ試みを続けた［掛谷 2008］．

(3) タンザニアと日本での農村開発実践の比較（第8章）

　勝俣昌也は，日本の農業試験研究機関に勤めているが，アフリカの農業・農村にも強い関心をもち，またその畜産についての専門知識を生かし，マテンゴ高地でのJICAプロジェクトに専門家として参画し，この共同研究でもウソチェ村の調査に参加した．彼はこのタンザニアでの開発実践の経験と，日本における農村開発（農村振興，あるいは農業研究の成果を生産現場に普及する活動）の試みを比較し，開発実践にとっての重要な要素について検討している．

　こうして，この共同研究は，「アフリカ的停滞」，「エキステンシブな生活様式と内的フロンティア世界」，「情の経済」や「国家や市場に捕捉されない（捕捉の程度が浅い）農民」など，サハラ以南のアフリカの地域特性を念頭におきつつ，タンザニアとザンビアの村々における地域発展の実態を解明するアプローチと，開発実践のアプローチとを統合し，アフリカ型農村開発の理念と手法の構築を目指したのである．終章は，その総括である．

引用文献

Basehart, H. W. 1972. Traditional History and Political Change among the Matengo of Tanzania. *Africa* 42(2): 87–97.

Basehart, H. W. 1973. Cultivation Intensity, Settlement Patterns and Homestead Forms among the Matengo of Tanzania. *Ethnology* 12: 57–73.

Hyden, G. 1980. *Beyond Ujamaa in Tanzania: Underdevelopment and Uncaptured Peasantry*. Berkeley and Los Angeles: University of California Press.

Hyden, G. 1983. *No Shortcuts to Progress: African Development Management in Perspective*. Berkeley and Los Angeles: University of California Press.

平野克己．2002．『図説アフリカ経済』日本評論社．

JICA. 1998. *Integrated Agro-ecological Research of the Miombo Woodland in Tanzania: Final Report*.

掛谷　誠．1974．「トングウェ族の生計維持機構―生活環境・生業・食生活―」『季刊人類学』5(3)：3-90．

掛谷　誠．1977a．「サブシステンス・社会・超自然的世界―トングウェ族の場合―」渡辺仁編『人類学講座 12　生態』雄山閣，369-385．

掛谷　誠．1977b．「トングウェ族の呪医の世界」伊谷純一郎・原子令三編『人類の自然誌』雄山閣，377-439．

掛谷　誠．1984．「トングウェ族呪医の治療儀礼―そのプロセスと論理―」伊谷純一郎・米山俊直編『アフリカ文化の研究』アカデミア出版，729-776．

掛谷　誠．1986a．「伝統的農耕民の生活構造―トングウェを中心に―」伊谷純一郎・田中二郎編『自然社会の人類学―アフリカに生きる』アカデミア出版，217-248．

掛谷　誠．1986b．「ザンビアの伝統農耕とその現在―ベンバ族のチテメネ・システムの状況―」『国際農林業協力』8(4)：2-11．

掛谷　誠．1993．「ミオンボ林の農耕民―その生態と社会編成―」赤坂賢・日野舜也・宮本正興編『アフリカ研究―人・ことば・文化―』世界思想社，19-30．

掛谷　誠．1994a．「アフリカ」矢野暢編『講座　現代の地域研究二　世界単位論』弘文堂，261-279．

掛谷　誠．1994b．「焼畑農耕と平準化機構」大塚柳太郎編『講座　地球に生きる 3　環境の社会化』雄山閣，121-145．

掛谷　誠．1996．「焼畑農耕社会の現在―ベンバの村の 10 年―」田中二郎・掛谷誠・市川光雄・太田至編『続　自然社会の人類学―変貌するアフリカ―』アカデミア出版，243-269．

掛谷　誠．1998．「焼畑農耕民の生き方」高村泰雄・重田眞義編『アフリカ農業の諸問題』京都大学学術出版会，59-86．

掛谷　誠．1999a．「東南アジアをどう捉えるか (5) ―アフリカ世界から―」坪内良博編『総合的地域研究を求めて』京都大学学術出版会，399-415．

掛谷　誠．1999b．「内的フロンティアとしての内陸アフリカ」高谷好一編『地域間研究の試み (上)』京都大学学術出版会，399-415．

掛谷　誠．2001．「アフリカ地域研究と国際協力―在来農業と地域発展―」『アジア・アフリカ地域研究』1：68-80．

掛谷　誠．2008．「民族関係と農村開発」『アフリカレポート』46：2．

掛谷　誠・杉山祐子．1987．「中南部アフリカ・開林帯におけるベンバ族の焼畑農耕―チテメネ・システムの諸相―」牛島巌編『象徴と社会の民族学』雄山閣，

111-140.
Kakeya, M. & Y. Sugiyama. 1985. *Citemene*, Finger Millet and Bemba Culture: A Socio-ecological Study of Slash-and-burn Cultivation in North-eastern Zambia. *African Study Monographs, Supplementary Issue* 4: 1-24.
Kakeya, M. & Y. Sugiyama. 1987. Agricultural Change and Its Mechanism in the Bemba Village of North-eastern Zambia. *African Study Monographs, Supplementary Issue* 6: 1-13.
Kakeya, M., Y. Sugiyama & S. Oyama. 2006. The Citemene System, Social Leveling Mechanism, and Agrarian Changes in the Bemba Villages of Northern Zambia: An Overview of 23 Years of "Fixed-Point" Research. *African Study Monographs* 27(1): 27-38.
川端正久.1987.『アフリカ危機の構造』世界思想社.
川喜田二郎.1993.『創造と伝統』祥伝社.
Kopytoff, I. ed. 1987. *The African Frontier*. Bloomington and Indianapolis: Indiana University Press.
Maack, P. A. 1996. 'We Don't Want Terraces!' In Maddox G., J. Giblin & I. N. Kimambo ed., *Custodians of the Land*. London: James Currey, Dar es Salaam: Mukuki na Nyota, Nairobi: E. A. E. P, Athens: Ohio University Press, pp. 152-169.
丸尾　聡.2002.「バナナとともに生きる人びと―タンザニア北西部・ハヤの村から―」掛谷誠編『アフリカ農耕民の世界―その在来性と変容―』京都大学学術出版会，51-90.
小田英郎.1991.「第一章　国家建設と政治体制」小田英郎編『アフリカの政治と国際関係』(アフリカの 21 世紀　第 3 巻) 勁草書房, 3-32.
Schmied, D. 1988. *Subsistence Cultivation, Market Production and Agricultural Development in Ruvuma Region, Southern Tanzania* (Ph. D. dissertation). Nurnberg: Erlangen University.
SUA Center for Sustainable Rural Development (SCSRD). 2004. *SUA Method Concept and Case Studies*. Morogoro: Sokoine University of Agriculture.
スコット，J. C. 1999.『モーラル・エコノミー：東南アジアの農民叛乱と生存維持』高橋彰訳，勁草書房.
篠原　徹.2002.「エチオピア・コンソ社会における農耕の集約性」掛谷誠編『アフリカ農耕民の世界―その在来性と変容―』京都大学学術出版会，125-162.
杉村和彦.2007.「アフリカ・モラル・エコノミーの現代的視角―序章　今日的課題をめぐって―」『アフリカ研究』70：27-34.
高谷好一編.1999.『地域間研究の試み(上)』京都大学学術出版会.
富川盛道.1971.「部族社会」小堀巖・矢内原勝・浦野起央・富川盛道編『アフリカ』(現代の世界 7) ダイヤモンド社，96-124.
坪内良博編.1999.『総合的地域研究を求めて』京都大学学術出版会.

鶴田　格．2007.「モラル・エコノミー論からみたアフリカ農民経済—アフリカと東南アジアをめぐる農民論比較のこころみ—」『アフリカ研究』70：51-62.

第 1 部

多様な地域発展
7ヵ村の事例研究

第 1 章
「ごみ捨て場」と呼ばれる畑
ウルグル山東斜面の事例

樋口浩和・山根裕子・伊谷樹一

1 | ウルグル山と商品作物
2 | タンザニア独立後の政策の動向と村の生活
3 | 多様な生態環境
4 | ごみ捨て場ジャララの役割
5 | 2つのジャララ
6 | 2種類の商品作物
7 | 慣習的な土地保有制度
8 | 慣習的な土地保有制度と永年作物栽培の普及
9 | 土地問題とジャララ

扉写真

屋敷林・屋敷畑に覆われたウルグル山の東斜面

インド洋から吹きつける湿った風はウルグル山の東斜面に湿潤な環境をつくる．ルグルの人々は，屋敷の周りに多種多様な永年作物を植えて畑の低い生産性を補ってきた．1990年代，近隣の村にバナナの定期市ができたことで，バナナは重要な商品作物として屋敷林・畑に仲間入りをした．彼らは生計の基盤であるこの屋敷林・畑をジャララ（ごみ捨て場）と呼ぶが，その呼称には昨今の市場経済の動きと，土地保有制度の変容が深く関わっていた．

第1章 「ごみ捨て場」と呼ばれる畑

1 ウルグル山と商品作物

　インド洋に面した商都ダルエスサラームから西に車を走らせると，はるか前方にウルグル山の蒼く霞んだ山並みが姿を現す．近づくにつれ，荒々しい尖峰と赤茶けた岩肌が目の前に迫ってくる．ウルグル山は，タンザニアの中東部にある独立連峰（最高峰 2,630 メートル）で，その北側山麓にはモロゴロ市街地がひろがっている（巻頭地図Ⅰ・図 1-1）．ダルエスサラームの西約 200 キロメートルにあるこの都市は，ザンビアへ続く幹線道路と首都ドドマへ向かう道路との交差点に位置し，古くから交通の要衝として栄えてきた．モロゴロ市近郊に暮らすルグルは，流通する品目の変化や市場価格の変動に触れる機会が多く，そうした動きに強い関心を持ちながら農産物の取引にも深く関わってきた [Ponte 2001]．人々は市場の動向をうかがいながら，小さなビジネスチャンスを見つけては少量の農産物を市場に運んで生計を立ててきた．モロゴロだけでなく，ダルエスサラームでも 40 年ほど前からルグルのコミュニティができており，ウルグル山地と市場との物流ルートを確立して，農産物の効率的な流通と販売を支えてきた [van Donge 1992]．痩せた斜面に暮らす彼らにとって，商品作物の栽培はサブシステンスを維持する上できわめて重要な生業なのである．

　インド洋から吹きつける湿った季節風はウルグル山にぶつかって雨雲となり，山域に多量の雨を降らせる．タンザニアの多くの地域は 1 年が乾季と雨季にはっきりと分かれるが，季節風の影響を直接受けるウルグル山，とくに東斜面では年間を通して雨が降る．雨に恵まれたこの地域では，標高に応じて多彩な作物が栽培されてきた（本章扉写真）．地域の経済を支えてきたのは，コショウやシナモンなどの香辛料が中心で，いずれも軽量で高値で取り引きされる作物である．その多くは国際市場でも取り引きされる産品であり，価格の年変動が大きいため収入の予想がつけにくく，各世帯は多種類の商品作物を少規模に栽培することで価格の変動に対処してきた．

　これらの作物は屋敷の周囲につくられた屋敷林や畑で栽培されてきたが，その作付け様式は社会経済の変動を反映しながら段階的に変化してきた．

第1部　多様な地域発展

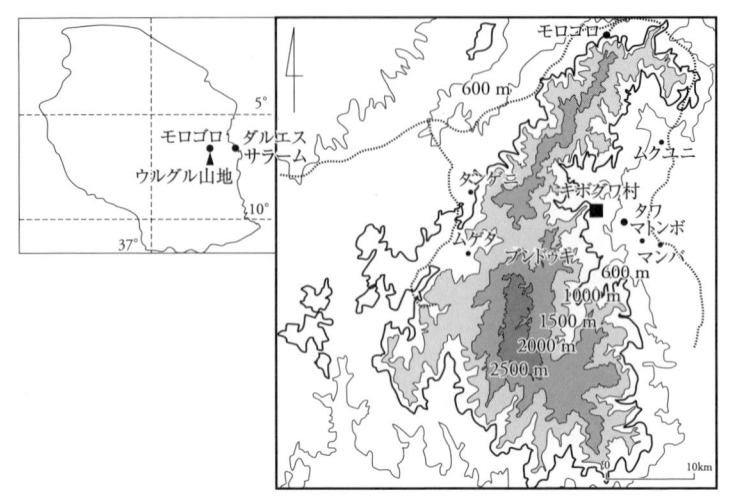

図 1-1　ウルグル山と調査地キボグワ村の位置

　1990 年代に入って，タンザニアでも急速に市場経済化が進み，都市での人口集中，市場の発達，道路の整備などによって，これまで市場性が乏しかった農産物までもが商品化していった．ウルグル山ではバナナが商品作物として普及し，今ではタンザニア東部の一大生産地となっている．
　村の慣習では，すべての土地の保有権は母系でつながったクランに帰属していた．そのためクランの成員であっても，原則として居住地や耕作地はクランから借りたものであって，その売買は許されず，子孫への貸与もクラン長が采配していた．一方，樹木などの永年作物はそれを植えた者が所有権を有するという慣習もあった．人がクランの土地に永年作物を植えると，土地を管轄するクラン長は土地保有権を行使しにくくなるので，畑での永年作物の栽植を拒んでいた．近年，急速にその重要性を増しつつあるバナナも，株元から次々に吸芽が出て増殖するために永年作物と見なされ，許可なくクランの土地に栽植することができなかった．それでも，村を取り巻く社会経済の情勢は，現金収入をもたらすバナナ栽培を拡大する方向へと進んでいった．
　本章では，市場経済の変動が都市近郊農村の栽培様式に及ぼす影響と慣習

的な土地制度との間に生ずる軋轢に焦点をあてながら，市場経済化する社会の中で人々がいかにして慣習法と折り合いをつけてバナナ産地を形成していったのかについて検討したい．

2……タンザニア独立後の政策の動向と村の生活

　タンザニアではこの半世紀の間に，植民地支配，独立，社会主義政策，経済の自由化，貧困削減政策など，政治経済の情勢が大きく揺れ動き，農村もそうした政策転換に翻弄されてきた．ここでは，タンザニアの村々の生活に大きな影響を与えてきた独立以降の政策の動向をまとめて概観しておきたい．

　タンザニアは1961年に独立を果たした後，1967年のアルーシャ宣言で社会主義路線を歩みはじめた．初代大統領ジュリアス・ニエレレは，アフリカ型社会主義を掲げ，農村改革の一環として集村化（ウジャマー村）政策を打ち立てた．それは，散居する小集落を行政が指定した村（ウジャマー村）に集め，共同農場の経営を軸にして食料生産と税収の基盤を築こうとするものであった．1969年から74年にかけて実施された第2次開発5ヵ年計画では，ウジャマー村への強制的な移住と共同農場の設置が実行に移された．1975年には「村およびウジャマー村法」が制定され，村の政治機関（村評議会）が主体となって村の領域内の土地を住民に配分することが定められた．村の行政を司る評議会は，ウジャマー村周辺の土地保有権を剥奪し，移住させられた村民に再配分していった［吉田1999］．また，従来の農産物流通を担っていた協同組合を解散し，行政の末端組織である村を単位協同組合と位置づけ，社会主義的な集団生産の実践を方向づけた．そして，解散した協同組合の資産を吸収した国家製粉公社（NMC）が，買い付けを独占することになった．

　1975年から82年には「全国メイズ計画」が実施され，イリンガ州をはじめとするトウモロコシ生産の重点地域では，化学肥料，融資，普及活動がパッケージ方式で提供された［池野1996；吉田1997］．このプログラムは農業の

近代化を推進しようとするものであったが，1970年代後半には干ばつが相継ぎ，またウガンダ戦争や第2次オイルショックなどによってタンザニアは深刻な経済危機に陥り，その目的は果たせなかった．ニエレレ政権は，1982年，独自の構造調整計画を発表し，1983年には共同農場よりも個人農園を重視する新農業政策を進め，1984年には国内農産物の流通規制を緩和した．1985年にニエレレ大統領が引退し，代わって大統領に就任したムウィニは，1986年に世界銀行や国際通貨基金（IMF）の勧告を受け入れて本格的な構造調整政策を打ち出し，経済の自由化を進めていった．そして，1987年には生産者価格の引き上げや農産物流通の改革を実施した．さらに，1989年に始まった経済・社会行動計画に沿って，1991年には価格統制を撤廃し，穀物流通を独占していた国家製粉公社を解体した．これによって穀物流通は完全に自由化され，民間商人が流通市場に参入してきた．

　地方の道路は整備され，民間業者が農家の庭先まで農産物を買い付けに来るようになると，様々な工業製品が農村にもたらされるようになった．一方，経済の自由化は，農業資材に対する補助金の撤廃，医療や教育などの公共サービスの利用者負担などの制度改革を伴い，農村の生活は市場経済との結びつきを強め，換金作物の栽培や余剰生産の方向へ農民を駆り立てていったのである．こうした政治経済の変動に対する農村社会の受け止め方は，地域の経済基盤や特産品の有無，立地条件などによって大きく異なり，それは地域間の経済格差をひろげていった．中央政府は，現場の事情に詳しい県が行政の中心的な役割を担うことで，きめ細やかなサービスを提供できるという発想に基づいて，1998年に地方分権化を推進するための『地方政府改革政策書』を発表し，そして2000年には貧困削減政策を導入した［池野2010］．

　これまで私たちは，様々な環境のもとで，変動する社会情勢に対処する人々の生活を見てきた．この章では，市場や政策の影響を受けやすい都市近郊農村を取り上げ，経済の変動を受け止めてきた農村社会の柔軟性について考えてみることにする．

3……多様な生態環境

　ウルグル山は，その地形的・地理的条件の違いから，地域ごとに様々な様相を見せる．1999 年に始まった JICA のプロジェクト「ソコイネ農業大学・地域開発センター（SCSRD プロジェクト）」は，ウルグル山域をモデルサイトの 1 つに定め，地域ごとの特性の把握に努めた．そして，ウルグル山東斜面の低地を拠点としてキボグワ村に基地を設け，諸活動を展開していった．プロジェクトが終了した 2004 年以降も毎年キボグワ村を訪れて調査を継続した．

　ウルグル山は，東西約 30 キロメートル，南北約 55 キロメートルに及ぶ長大な山地で（図 1-1），標高や斜面の向きによって生態環境は様々である．とくに，インド洋からの季節風の影響を直接受ける東斜面とその裏側の西斜面では，雨の降り方や雨季の長さ，降雨量が大きく異なっている．また，傾斜が急なために同じ村の中でも気温には大きな幅がある［Young & Fosbrooke 1960］．

　標高 1,500 メートル以上の主稜付近は森林保護区となっていて，鬱蒼とした湿性山地林に覆われている．西側斜面は，季節風が南北に走る主稜線に遮られて降雨量が少なく，全体にやや乾燥している．森林保護区の下方から標高 1,000 メートル当たりには集落が点在し，冷涼な気候を利用して温帯野菜や温帯果樹を中心とした多彩な作物を栽培している．

　東側斜面は降雨にめぐまれ，明瞭な乾季がない（図 1-2）．降雨量は微地形によっても異なるが，標高 700 メートル付近では年間約 1,500 ミリメートル，主稜線付近はいつも雲に覆われていてさらに多くの雨が降ると思われる．気温は標高が上がるにつれて低下し，1,000 メートル付近の年平均気温は約 20 度で，温帯野菜やインゲンマメなどを栽培している．標高 800 メートル以下の低地では高温多湿な環境を利用して，イネやキャッサバ，熱帯果樹，香辛料，ロブスタコーヒー，ココヤシなどを栽培している．

　キボグワ村の地形は複雑で，起伏が激しく，多数の尾根が複雑に村の中を走っている．最も大きな尾根は村をほぼ二分するように南西から北東に向

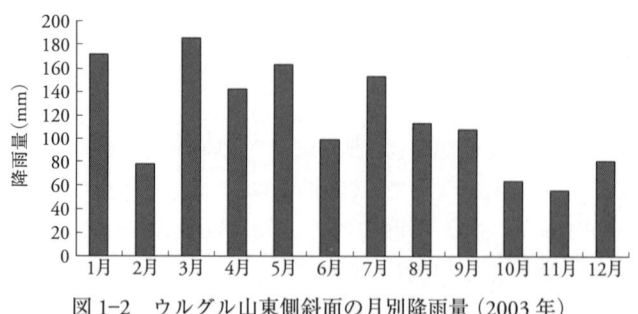

図 1-2　ウルグル山東側斜面の月別降雨量（2003 年）

かって延びていて，村の標高はこの尾根の南西の端で最も高い 1,400 メートルになる．村の北側を西から東に流れるブハ川付近の標高は 400 メートルほどで，村のなかで最も低い．集落や畑は標高 600〜1,200 メートルに散在している．

　キボグワ村は急峻なウルグル山東斜面の中腹に位置し，モロゴロ市の中心から 30 キロメートルほどしか離れていないが，アクセス道路が悪く，四輪駆動車でも 3 時間以上かかる．キボグワ村は 7 つの村区（キセネケ，チャンガ，ムンギ，ルデワ，キランバジ A，キランバジ B，ムヴレ）からなるが，私たちの調査では，標高差による生態環境の違いや村区成立の歴史的な背景を考慮して，4 村区（キセネケ，チャンガ，ムンギ，ルデワ）を選び，そこでの生活様式や生業形態を比較した（図 1-3）．町からの道路はチャンガ村区まで続いていて，そこは村の玄関口で，小学校や商店などもあり，人と物の流れの中継地点でもある．ルデワ村区はチャンガからブハ川に向かって少し下ったところに位置し，村区の中では最も標高が低く，谷筋から泉が湧き出す湿った環境である．ムンギ村区も標高が低く，ブハ川にそそぐ支流沿いにあり，湿潤で，道路にも近い．チャンガとムンギには 1970 年代の集村化政策によって移住させられた人が多く住んでいて，今なお彼らが耕す土地や居住地は，集村化当時に政府から分け与えられたものである．一方，キセネケ村区は標高 700〜1,200 メートルと高低差があり，面積が広く，人口密度は低い．集村化政策で多くの人が移出したキセネケでは，今もクランによる土地保有の体制が色濃く残っていて，大半の土地はクランに帰属している．

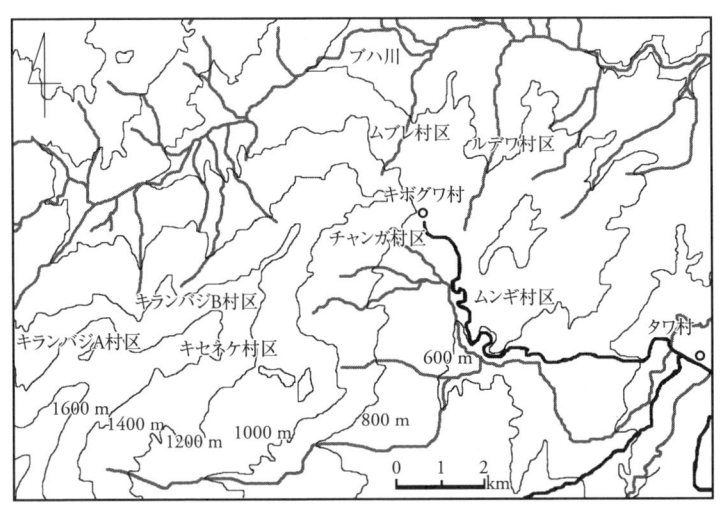

図 1-3 キボグワ村における村区の位置

　キボグワ村は，ウルグル山地の東側を走る周回道路から山に向かう枝道に入り，定期市の立つタワ村を抜け，山道を登った車道の終点にある．そこから上部への徒歩道は，主稜線を越えて西側の周回道路へと続いている．モロゴロ市からタワ村まではバスが毎日3往復しているが，タワ村からキボグワ村への定期便はなく，人々は曲がりくねった急坂を歩いて行き来しなければならない．タワ村では週に4回バナナの定期市が立ち，周辺の村々から農産物を頭に担いだ人々が集まり，それを売った現金で生活必需品や町から来た品々を買っては村に戻っていく．普段は物静かなこの山道も，定期市の日には様々な荷物を担いだ人々の往来でにぎわう．

　タワ村とキボグワ村の間に集落はなく，両村をつなぐ山道沿いには，ルグル語でルゴネラと呼ばれるブッシュや，ルビンゼと呼ばれる草原の休閑地がひろがっていて，キジィウという祖霊の宿る森を除いて，天然林はまったく残っていない．写真1-1は，1978年の空中写真と2005年の衛星画像で，チャンガ村区集落の同じ場所を比較したものである．2005年の写真では森がひろがっているように見えるが，ところどころに白く見えるのは家屋であり，森はそれを囲む屋敷林である．

39

第 1 部　多様な地域発展

写真 1-1　調査地付近の空中写真（上：1978 年）と衛星画像（下：2005 年）

表 1-1　世帯あたりのイネとトウモロコシの収量（2005，2006 年）

作物	収穫年（世帯数）	畑面積（acre）	収穫量（kg / 世帯）	収量（kg/ha）
イネ	2005 年（n = 40）	1.3	98.9	188.0
	2006 年（n = 84）	1.2	103.5	213.1
トウモロコシ	2005 年（n = 40）	1.5	135.6	223.4
	2006 年（n = 84）	1.3	97.1	184.6

　言い伝えでは，かつてこの地域でも奴隷狩りがおこなわれ，人々はそれを逃れて標高の高い場所に移り住み，下から人が登ってくると，主稜線を覆う密林のなかに身を隠したという．畑には作物が育っているのに，いつ来ても畑に人影がないので，いつしかそこは「ニャチロ（夜に耕す人たち）」と呼ばれるようになり，それは現在も村名として残っている．ニャチロ村には，ルグルの伝統的な居住様式を伝える石造りの家屋が今も各所に残っている．薄い石板を積み上げて泥で塗り固めた家屋は，木の乏しい生活環境を映し出している．70 歳前後の古老によれば，彼らが子供の頃（おそらく 1940 年頃）は山腹全域に小さな集落が散在していて，キボグワ周辺にもまだ深い森があったという．

　写真 1-1 の上は 1978 年の空中写真である．集村化政策が実施されたこの頃には，すでに天然林は失われていて，樹木として目につくのは，ドイツの植民地時代に植えられた道路沿いのマンゴーの大木だけで，屋敷の周辺にもほとんど樹木らしいものは見当たらない．キボグワ周辺が森で覆われていたという古老の記憶に従えば，1978 年以前の 30〜40 年間でそのすべてが伐開され，現在キボグワ村を覆う樹木のほとんどは，その後の 30 年ほどの間に人の手によって栽植されたことになる．

　ルグルの農業は，山斜面でのトウモロコシ・イネ（陸稲）・キャッサバの畑作と，屋敷林・畑での副食物や商品作物の栽培を基本としている．斜面地の土壌は極端に痩せていて土地生産性が低いため，屋敷林・畑における商品作物の栽培が生計の維持に重要な役割を果たしている．表 1-1 に，2005 年と 2006 年のキボグワ村におけるイネとトウモロコシの作付け状況と収量を示した．この 2 つの作物だけみても，各世帯は毎年 2.5〜2.8 エーカーの畑を

表1-2 トウモロコシとコメの世帯あたりの年間消費量と収穫量の収支(2005年)

村区	収穫量 (kg)		消費量 (kg)		収穫量 − 消費量 (kg)	
	トウモロコシ	コメ	トウモロコシ	コメ	トウモロコシ	コメ
ルデワ (n=4)	81.3	100.0	123.4	119.5	−42.1	−19.5
ムンギ (n=3)	0.0	82.7	124.6	116.4	−124.6	−33.8
チャンガ (n=1)	16.0	33.0	268.3	248.0	−252.3	−215.0
キセネケ (n=13)	146.6	69.0	126.1	120.8	20.5	−51.8

表1-3 自家消費用にトウモロコシ・コメ・キャッサバを購入した世帯数(2005年)

	調査世帯数	トウモロコシ	コメ	キャッサバ
世帯数	23	17 (73.9%)	16 (69.6%)	3 (13.0%)

耕作している．イネとトウモロコシの収量（籾ならびに穀粒）はともに1世帯当たり100キログラム前後であり，タンザニアの一般的な農家の収量と比べてもかなり低く，これは4〜5人の家族なら4〜5ヵ月で食べつくしてしまう量である．この低い生産性は主に地力の低さと無耕起という栽培方法に原因があると思われる．ウルグル山上部の急斜面は土壌が浅く，ルグルは斜面地に作付けする際，地表の草を鍬でそぎ取るだけで，耕起はしない．かつて植民地政府は，ウルグル山全域にテラス耕作を導入し，肥料を用いた常畑を定着させようとしたが，東斜面の農民はこれを頑なに拒み，斜面での無耕起農業を続けてきた［Maack 1996］．斜面地での無耕起農業は，土壌浸食を起きにくくするという点では理にかなっているが，生産性はどうしても低くなってしまう．この農法によってできるだけ多くの食料を得ようとすると，より広い面積に作付けしなければならなくなる．そのため，休閑期間が短くなり，1〜2年間耕作した後，2〜5年の休閑で再び作付けするのが一般的である．この短いインターバルが森林の再生を阻む要因となっている．

表1-2には，キボグワ村の世帯が1年間に消費したトウモロコシとコメ，およびそれらの収穫量を示している．この表に示した消費量と収穫量は，いずれも製粉されたトウモロコシと精米されたコメであり，製粉・精米の過程で3〜4割は重量が減っている．収穫量から消費量を差し引いた値をみると，

主食食材を自給できていないことが分かる．また表1-3は，ルデワ，ムンギ，キセネケの各村区において主食食材を購入した世帯数を示している．トウモロコシとコメについては7割の世帯が購入しており，キャッサバについても3割の世帯が購入している．すなわち，畑地における収穫量の低さは食料を購入することで補われており，その現金収入を生み出しているのが屋敷周辺の林と畑なのである．

　ルグルは，この屋敷林・屋敷畑のことをスワヒリ語でジャララと呼ぶ．ジャララとは，アラビア語起源の言葉で「ごみ捨て場」を意味し，タンザニアでも一般に屋敷の裏庭に掘られた生ごみを捨てる穴を指す．ところがこの地域では，ごみ捨て場だけでなく，屋敷に接する立派な林や広大な畑までも「ジャララ」と呼んでいるのである（口絵3）ルグルのジャララは，その規模の大きさからして，いわゆるホームガーデン［Kumar & Nair 2006］や屋敷畑，屋敷林とはかなりイメージが異なっている．人々のサブシステンスや生計の要ともいえる重要な畑が「ごみ捨て場」と呼ばれていることに，私たちは違和感を覚えた．調査を進めていく中で，ジャララは社会や経済の状況が変化するのに伴って，段階的に拡大し，その概念も拡大解釈されていったことが分かってきた．以下では，ジャララの構成作物と生態環境の関係を捉えつつ，ジャララに関する概念の変容過程を追いながら，ルグルがいかにして市場の変化に対応してきたのかを検討する．

4……ごみ捨て場ジャララの役割

　表1-4は，4つの村区の中から無作為に43世帯を選び，各調査世帯のジャララの面積，樹木と草本の各種数を示している．この表が示すように，ジャララの広さは世帯間でばらつきがあるものの，平均で0.66エーカー（= 2,670平方メートル）もあり，屋敷林・畑としてはかなり広い．そして，各世帯はそこに平均で木本を7種類，草本を5種類ほど植えているが，その組み合わせは多様で，43世帯が植えている植物（作物と若干の野生植物を含む）を総合するとじつに53種類にもなる．それらはいずれも販売用，食用，

表 1-4　世帯あたりのジャララ面積と構成作物種数

調査世帯数	作付面積 (acre)	非作付面積 (acre)	合計面積 (acre)	構成作物種数		
				木本	草本	合計
43	0.66	0.21	0.87	7	5	12

工芸用など，日常生活に密着したものであった．そして，収穫物を世帯間で頻繁に交換することで，それらはなかば共有されている．

　構成に変異はあるが，ジャララは木本を含む多種多様な作物を集約的に生産する場となっている．そして，木本のほとんどすべてが商品作物であり，このジャララが地域経済の要であることは間違いない．作物種の多様性は，市場価格の変動を反映しているが，それだけが原因ではなく，ルグルの食文化とも深い関わりがある．

　ルグルの食生活を知るため，4 世帯に食事内容を記録してもらった．そのうち，代表的な世帯の昼食と夕食の主食食材（でんぷん食品）を月別に示したのが図 1-4 である．食材に季節的な変動はあるものの，ルグルは 1 年を通して，じつに 10 種にものぼる主食食材を利用していた．この多彩な食生活の背景には，安定した主食食材がないという生産面での事情もあろうが，同じ主食食材が連続するのを嫌う，この地域特有の食習慣がある．昼食の中心はトウモロコシとキャッサバの固練り粥（ウガリ）で，夕食の中心が米飯であるが，毎回の食事を細かく見てみると，同じ主食食材が何日も続くことはほとんどなく，意識的に変化をつけているのがわかる．

　食材のバリエーションは，バナナ・パンノキ・イモ類・コムギ・モロコシなどによってつけられていて，その多くがジャララで栽培されている．またコムギとモロコシのすべてと，トウモロコシ・キャッサバ・コメの不足分もジャララでの生産から得た収入で購入している．バナナはほぼすべての世帯が栽培していて，ジャララの中でも最も大きな面積を占めている．しかし，その割にはあまり食べられていない．それは，この地域にもともとバナナを料理するという食文化がなく，おもに果物として食されてきたからである．ここでは示していないが，副食材として肉や小魚を頻繁に食べていて，朝食には紅茶や砂糖も使う．ルグルは家畜をほとんど飼わないし，漁撈も盛んで

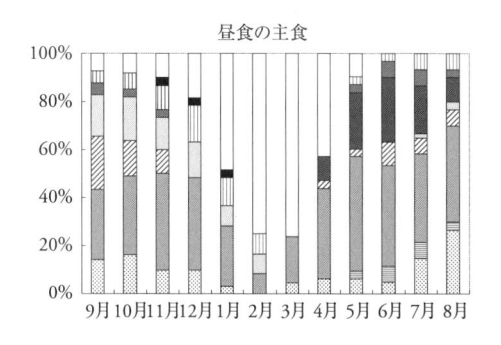

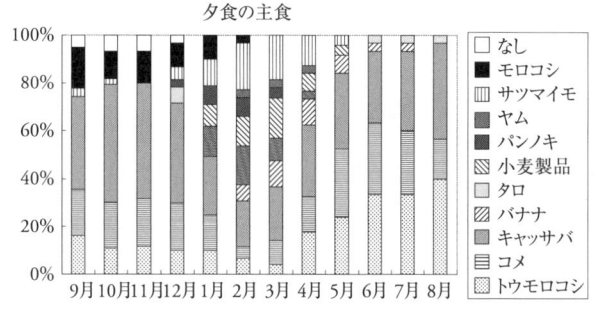

図1-4 ある世帯における昼食と夕食に用いられた主食食材の月別割合

はなく，こうした多様な副食食材はすべて村の商店や定期市で購入する．その他にも，石けんや衣類・燃料など，食品以外の日用品も購入しなければならず，彼らの多彩な食生活や生活自体を支える経済の源泉がジャララなのである．

5……2つのジャララ

現在，ジャララと呼ばれている畑には，明確に異なる2つのタイプがある．1つは樹木作物を中心とした多彩な作物や植物が様々な組み合わせで栽培されている林地（写真1-2）で，もう1つはバナナ畑（写真1-3），あるいは将来バナナ畑にしようとする畑地である．これら2タイプのジャララは，そ

第 1 部　多様な地域発展

写真 1-2　多彩な樹木を栽培するジャララ

写真 1-3　バナナのジャララ

第1章 「ごみ捨て場」と呼ばれる畑

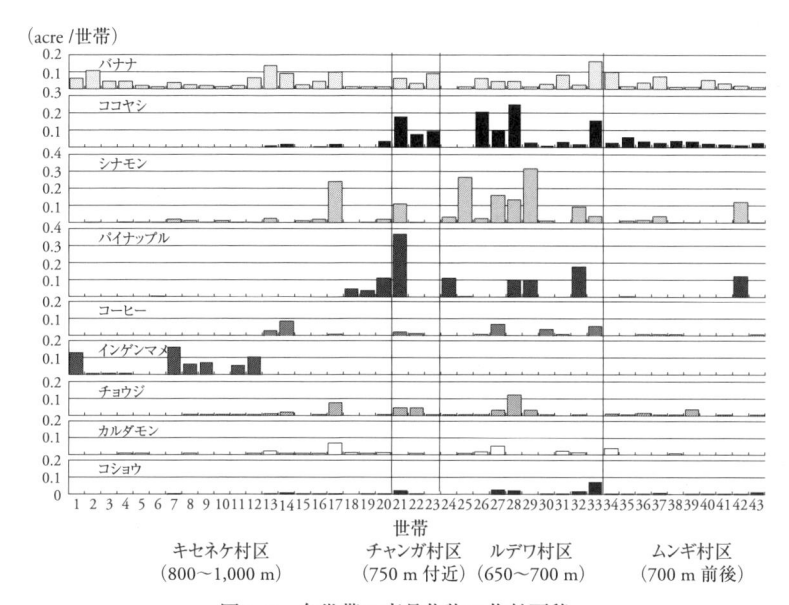

図1-5 各世帯の商品作物の作付面積
注）村区名の下に，世帯が集中する場所の標高を示した．

れぞれ異なる社会背景のもとで，異なる生態環境に展開してきた．また，両者を組み合わせたジャララも少なくないが，それもジャララの展開プロセスと関係している．

　ジャララの展開プロセスを示す前に，それぞれのジャララの特性について説明しておく．ジャララの構成種には場所によってはっきりとした傾向があり，標高との関係で見ると，低地には樹木が多く，高地にはバナナやインゲンマメなどの草本作物が多い（図1-5）．その境界線は，おおよそ標高約800メートルのところにあり，トウモロコシとインゲンマメは標高800メートル以下では栽培されない．シナモンは低地から800メートルよりもわずかに高いところまで栽培できるが，その他の香辛料や樹木作物・熱帯果樹などは標高800メートル以下でしか栽培できない．バナナはどの標高でも栽培でき，香辛料を栽培できない高地ほどバナナの占める割合が高くなる．

　図1-6は各村区の典型的なジャララを模式的に描写したものである．標高が低く，温暖で湿潤なチャンガ，ルデワ，ムンギの各村区のジャララで

第1部 多様な地域発展

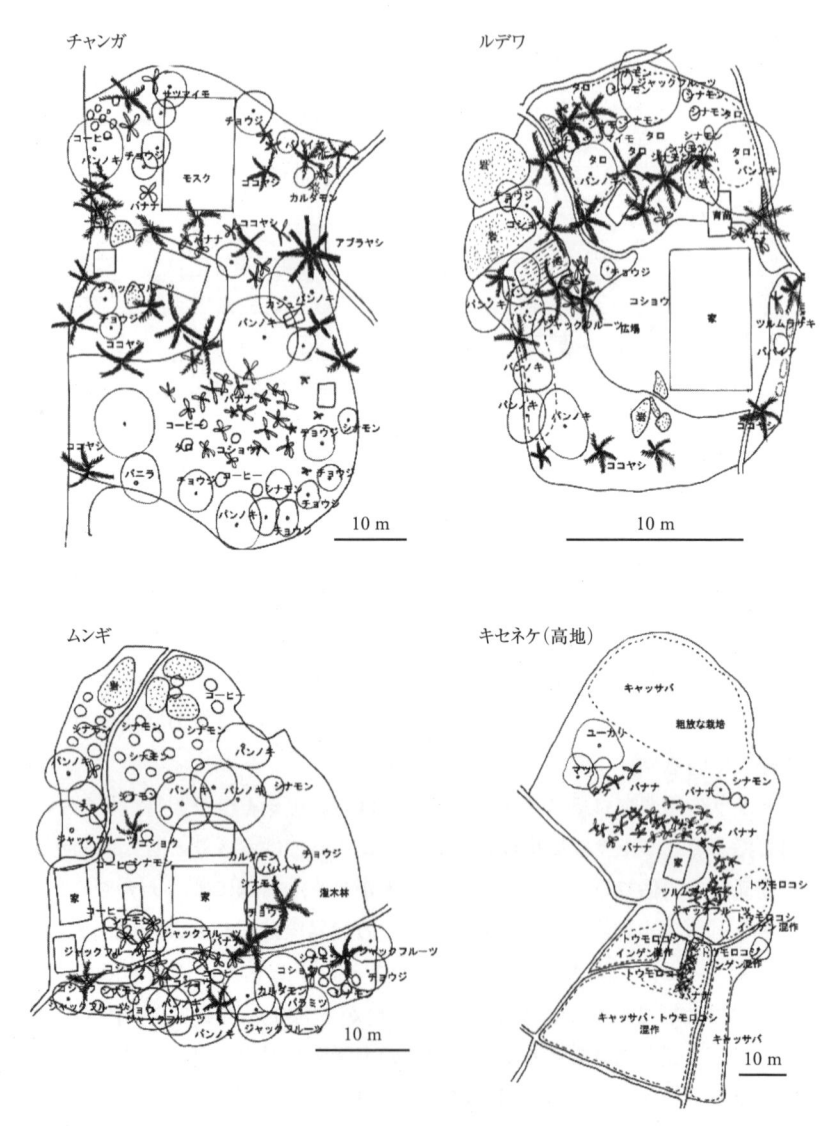

図1-6 各村区の典型的なジャララの模式図

は，コショウ・チョウジ・シナモン・バニラ・カルダモン・ココヤシ・ロブスタコーヒーなどのほか，パンノキやジャックフルーツといった大型の樹木作物を植え，またその林床にはタロやサツマイモを栽培するなど，多層的な構造となっている．これらの多くは，かつてこの地域の人々が出稼ぎに行ったザンジバルから持ち帰ったもので，年間を通して温暖湿潤な気候に適している．ジャララの構成には世帯の様々な事情を反映していて，例えば新たにジャララを造成した若者は，樹木作物が育つまでの間，キャッサバやパイナップルなどを栽培することもある．

　図1-6に示したキセネケ村区のジャララは，高地に見られるバナナ中心の例である．高地は冷涼で，傾斜がきついうえに土壌が浅く，高温を好むザンジバル由来の作物は適さず，多層的なジャララは形成されない．その構造は，標高が高くなるに従ってバナナを中心とした畑地へと移行していく．

　キボグワ村に香辛料が持ち込まれたのは1970年代といわれている．ザンジバルから帰村した農民がルデワ村区に香辛料を植え，それが低地に広まっていった．当時のタンザニアは，国家経済が悪化の一途をたどっていて，地域農村では出稼ぎに代わる現金収入源が求められていた．

　そうしたなか，ザンジバルからもたらされた香辛料は，ウルグル山東斜面の高温多湿な環境でよく育ち，同地域の重要な現金収入源となっていったのである．しかし，香辛料の市場価格は決して安定的なものではなく，人々は多彩な換金作物を植えることで収入の安定を図っていった．1980年代に入った頃から，タンザニア北部地域で主食とされてきたバナナが一般家庭の食材として全国的にひろまり，首都ドドマにバナナの市場が開設された．80年代後半から進められていた経済の自由化政策の後押しもあって，1990年頃にウルグル山の東側周回道路の町マトンボにバナナの集荷場がつくられた．これによってバナナは国内市場をもつ安定した商品作物となり，さらに市場価値の高い品種がタンザニア北部から持ち込まれると，バナナ栽培は急速にウルグル山地一帯にひろまっていった．そして，2002年にタワ村にバナナの集荷場が建設され，週4回の市が開かれるようになると，道路も整備され，ウルグル山東側斜面はバナナの供給地として広く知られるようになっていった．

バナナが商品作物として確立されたことで，それまで安定した収入源をもたなかった山奥の村にも市場への道が開かれることになった．しかし，バナナ畑はところかまわず拡大するのではなく，その栽培はジャララに限られていた．すでに香辛料のジャララをもっている者は，その中，あるいはその周辺にバナナを植え，香辛料のジャララをもたない者は家の周りにバナナ畑をつくって，そこもジャララと呼ぶようになっていったのである．

6……2種類の商品作物

バナナは商品作物であるが，収入のもたらし方という意味において，香辛料などの他の商品作物とは性格を異にしていた．タンザニア有数のコーヒー産地であるムビンガ県を調査した黒崎［Kurosaki 2007］は，コーヒーによる一時的な高額収入と日常的な少額収入は農民のなかで明確に区別されていて，コーヒー農家は多額の収入を日々の収入に振り替えるための投資先をいつも探していると報告している．キボグワで産出される香辛料はそれぞれ収穫シーズンがあるが，保存しておけば1年を通して好きなときに売ることができる．しかし，コショウ・チョウジ・カルダモンなどの香辛料の多くはイスラーム教の断食月に価格が高騰するため，農家はその年の収穫物をすべて断食月に売ってしまう．この収入は，借金の返済，家の増改築や衣類の購入などに充てられる．食料の不足分も補給されるが，雨の多い同地で多量の食料を保管しておくのは食品の腐敗・劣化のリスクを伴うため，食材の調達は適宜おこなう必要がある．銀行などのない農村では多額の現金を保持しておくのも大きなリスクであり，日常的にもたらされる少額の収入源が求められていたのである．

ジャララの中で，バナナに次いで作付面積が広いのはシナモンである．これは100%販売される．樹皮を収穫するシナモンは季節性がなく，成木を持っていればいつでも収穫・販売することができる．シナモンは植えてから収穫までに6〜7年を要するため日々の生活費というよりは，非常時用のストックとしての意味合いが強く，少しずつ出荷することはない．シナモンを収穫

表 1-5　各種作物を販売した世帯の割合（2006 年）

村区	世帯数（％）								
	バナナ	チョウジ	シナモン	コショウ	ココヤシ	コーヒー	パイナップル	キャッサバ	パンノキ
ルデワ (n = 22)	50	18	18	5	14	0	5	18	5
ムンギ (n = 18)	44	11	6	6	0	6	11	6	0
チャンギ (n = 23)	57	17	9	4	13	0	0	4	0
キセネケ (n = 21)	81	5	5	5	0	5	0	5	0

する背景には，家族の病気や子供の進学といった高額の出費を余儀なくされていることが多い．ココヤシもいつでも売ることができるが，かさばるので収穫して家に保存しておき，買い付け業者が車で村まで来るのを待って販売するため，ココヤシもまた季節性のある作物ということになるだろう．

　一方，バナナは収穫後の長期保存ができない反面，収穫期は特定の季節に限らないので，少しずつ周年に渡って収穫できる．年間を通して市場が開いているので，現金が必要なときにいつでも販売することができる．その点で，彼らの生計を安定させ，多様な食文化を根底で支える収入源となっているのである．表 1-5 に，キボグワ村の 84 世帯について，作物の販売状況に関する聞き込み調査の結果を示した．ジャララで栽培される作物の中で，最も多くの世帯が販売していたのがバナナであった．バナナは 1 本の偽茎に 1 つの房をつけ，市場では房単位で取り引きされる．バナナは，吸芽が発生してから収穫まで約 1 年かかる．収穫シーズンは雨の多い季節に若干偏るが，価格は乾季の方が高いので，収入の偏りは相殺されている．収穫シーズンをうまく調整することができれば，わずか 50 本ほどの株（偽茎）から 1 年を通して毎週収穫できるという計算になる．キボグワ村では，1 つの世帯が平均150 株のバナナをもっているので，周年出荷は十分可能である．村にはタワ村の市場までバナナを運ぶことを生業としている者もいて，村でそうした担ぎ屋に売れば，1 房 2,000 シリング，タワ村まで自分で運んでいけば 3,000 シリングで売ることができる．普通，1 回に 2 房ほど出荷するので，4,000 〜6,000 シリングの収入となるが，これは 1〜2 週間の食材や必需品を購入するに足る額である．

第1部　多様な地域発展

写真1-4　バナナを担いで定期市へ向かう人々

第 1 章 「ごみ捨て場」と呼ばれる畑

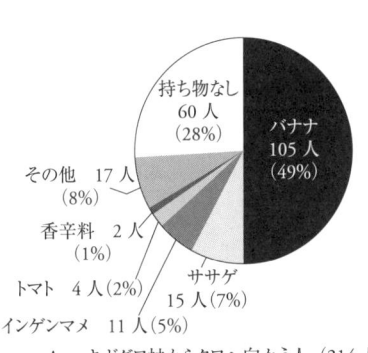

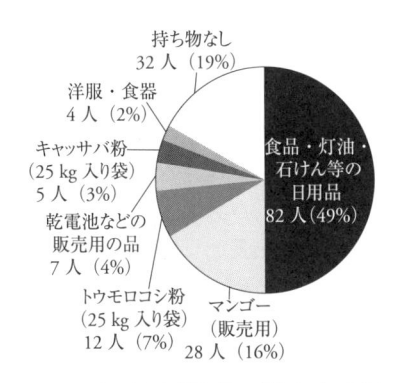

A. キボグワ村からタワへ向かう人（214 人）

持ち物なし 60 人（28%）
バナナ 105 人（49%）
その他 17 人（8%）
香辛料 2 人（1%）
トマト 4 人（2%）
ササゲ 15 人（7%）
インゲンマメ 11 人（5%）

B. タワからキボグワ村へ帰る人（175 人）

持ち物なし 32 人（19%）
洋服・食器 4 人（2%）
キャッサバ粉（25 kg 入り袋）5 人（3%）
乾電池などの販売用の品 7 人（4%）
トウモロコシ粉（25 kg 入り袋）12 人（7%）
マンゴー（販売用）28 人（16%）
食品・灯油・石けん等の日用品 82 人（49%）

図 1-7　定期市の日にキボグワ村とタワ村とを行き来した人々の持ち物の内訳

　タワ村に定期市が立つ日に，キボグワ村とタワ村を結ぶ道を往来する人々の荷物を調査し，物資の流通を調べた（図 1-7）．市へ向かう人の半数はバナナを担いでいて（写真 1-4），4 分の 1 は他の農産物を運んでいた．また，村へ戻る人々の約半数が日用品をもち，その他は，主食食材やキボグワ村での販売を目的とした果物・雑貨などを運んでいた．このことからもバナナがこの地域の流通の要として，日々の生活を支えているのがわかる．

7 ⋯⋯⋯慣習的な土地保有制度

　1990 年以降，バナナの流通が活発化したことで，ウルグル山の東斜面一帯にバナナ栽培が拡大していった．しかし，それは無秩序にひろまったわけではなく，ジャララのなかでだけ栽培され，ジャララの拡大と連動しながらひろまっていった．むしろ，バナナ栽培の普及がジャララの拡大を推し進めたと言った方が正しいかもしれない．そして，永年作物が植わるジャララの拡大は，この地域の慣習的な土地保有制度に大きな影響を及ぼしていった．
　ルグル社会では，子供は母親のクランを継承し，基本的に夫婦は妻方居住するなど，母系的要素を多くもつが，その一方で夫方居住も認められており，母制を基本としながら，そこに父系制が入りつつある社会だといって

よいだろう．土地保有に関しては，原則として個人保有の土地は存在せず，すべてクランの土地として母系の親族がその使用権を継承している．クランの土地を統括するのが，スワヒリ語でムジョンバと呼ばれる母系でつながった男性で，その社会的地位は叔父から彼の姉あるいは妹の息子，つまり甥に継承される．ムジョンバは夫方居住を基本とし，自分の生誕地に住み，クランの実質的な長として土地相続やクランに関わる一切の問題を采配する．

クランが通婚の単位となっているため，妻方居住の場合，母系出自を継承する子供たちはすべてムジョンバから居住地と耕作地が与えられる．しかし，夫方居住で母系出自を継承する場合，子供たちは婚入してきた母親のクランを継承するため，基本的には，自分の生まれ育った土地（父方クランの土地）の使用権を継承することができず，母親の出身地の土地（母方クランの土地）の使用権だけを相続することになる．妻方居住において妻が亡くなったり，夫方居住で夫が亡くなったりした場合には，残された配偶者はクランが異なるため，土地の継承者とはなれないが，ムジョンバとの人間関係や話し合いの中で，その後の土地使用の可否が決められることになる．

夫方居住するムジョンバの世帯では，ムジョンバの息子は母親のクランを継承することになるため，父の後を継いでムジョンバになることはできず，その社会的地位はムジョンバの姉か妹の息子の中から選ばれる．こうした夫方居住の場合，夫は自分が使用権を主張できる土地をもっているものの，それを子供たちに相続できないため，自分の老後を見てくれるはずの子供たちが婚出してしまうという不安定な状態におかれているのである．

結婚すると，夫婦はそれぞれのクランから与えられた畑と出身村の畑を耕すことになる．そのため，婚入してきた夫あるいは妻は，作付けシーズンになると，現在居住している村の畑を管理しつつ，耕起・播種・除草・鳥追い・収穫などのたびに出身村に戻らなければならない．これは，畑地の生産性が低いために，できるだけ広い畑面積を確保したいという思惑と同時に，自分の出身地の土地を使い続けることで，その使用権の継続を誇示することにもなる．キボグワ村では，村内婚や近隣村との結婚が非常に多いが，その要因の1つに，こうした出身村への通い耕作の習慣があると思われる．出身村が遠く離れていて耕作に行けないと，ムジョンバに土地の継承を放棄した

と見なされ，他者に分配されてしまうのを恐れているのである．

　ここでは，誰もが自分の帰属するクランの土地を耕すことができる．しかし，ジャララだけはそういうわけにはいかない．ジャララは「ごみ捨て場」であり，人が居住してはじめて存在しうるものである．自分の暮らしていない村にジャララを保有することはできず，1つの世帯は1つのジャララしかもてないのである．

8……慣習的な土地保有制度と永年作物栽培の普及

　1970年代前半に実施された集村化政策によって，クランの土地の一部が接収され，集住させられた人々に分与された．前述の通り，チャンガ村区に住む人たちの多くが政府からもらった土地として今もその保有権を主張している．

　また集村化当時，ザンジバルから帰村した人たちによって香辛料などの樹木作物が導入され，それは貴重な現金収入源として地域内に普及していった．集村化によって接収された土地以外は，すべてクランの土地であり，ムジョンバの裁量で土地をクランの成員に再配分していた．ところが，永年作物が植えられたことで，土地の返還と再配分のシステムは混乱していく．本来，作物の所有権はそれを植えた者や収穫者に付帯し，それが1年生作物であれば，ムジョンバはその収穫を待って土地のクランへの返還を求めることができた．しかし，永年作物ではそういうわけにはいかず，土地を取り戻そうとしても，その土地に植えられている永年作物の所有権が栽培者に残っているため，土地の実質的な使用権を変えることができないのである．もし土地の使用権をも取り戻そうとするならば，ムジョンバはその樹木の利用価値を値踏みしてそれ相当の額を所有者に支払わなければならない．それゆえムジョンバは，クランの土地に永年作物が植えられるのを嫌い，クランの土地に個人の使用権が発生するのを抑えようとしてきた．それでも，現金収入がますます必要となる社会情勢の中で，各世帯は家の周りを「ごみ捨て場（ジャララ）」と呼びつつ，ひそかに樹木作物を増やしていったのである．ムジョン

バも、ごみ捨て場に生える植物まで規制することはできず、それを黙認していったのであろう．今では家屋の周囲に永年作物を植えることを否定する者はいないが、そこは相変わらず「ごみ捨て場（ジャララ）」の名称をつけたまま、地域の経済を支えるようになっていったのである．

前述したように、すべての世帯がこの有益なジャララをもてたわけではなく、香辛料類の育たない高地では、依然としてインゲンマメなどを売って生計の足しにしていた．1990年代に入り、バナナの市場が確立されると、バナナは安定した商品作物となっていった．しかし、ここでも土地保有の問題が浮上してくる．バナナは草本作物で果実が完熟するとその偽茎は枯れるが、その生育中に次々と吸芽を発生するため、株自体は永年生であり、1度植えるとその使用権が継続する．そこで、彼らはバナナもジャララ内で栽培することにしたのである．

ジャララの意味が拡大解釈されたことで、バナナは急速に普及し、今では、ムジョンバを含むほとんどすべての世帯がバナナを栽培している．さらに、図1-6のキセネケ村区のジャララの模式図が示しているように、彼らがジャララと称する範囲には、キャッサバやトウモロコシ畑が含まれていることもある．これは、将来、この場所をバナナ畑にすることを宣言しているのである．こうしてジャララは、「ごみ捨て場」という本来の意味から離れ、「商品作物の畑」という独立した意味をもつようになっていったのである．

9 ……… 土地問題とジャララ

ルグルの主要な食料生産の場は斜面に造成された畑地であるが、その土は痩せているうえ、土地は急勾配で降雨量も多く、常に土壌浸食の危険にさらされている．脆弱な農地を持続的に使用するために無耕起での栽培を続けてきたが、農業の生産性は低く、他の生業からのサポートなしにサブシステンスを維持することは難しい．ルグルは、もともとウシなどの大型家畜を飼う習慣がなく、またキボグワ村では住人の大半がイスラーム教徒であるためブタを飼うこともない．彼らが生計を維持するためには、村のロケーションや

湿潤な気象条件を生かしながら商品価値の高い作物を育てて，市場経済との結びつきを強めていかざるをえなかったのである．このような状況のもとで，1970年代と1990年代に導入された香辛料やバナナは，耕起を必要とせず，また高い換金性をもち，この地域の生態環境にも適していた．

　ところが，土地の使用権が永続する永年作物の栽培は，導入当初，この地の慣習的な土地所有制度に抵触し，そのままでは村内に普及させることが難しかった．この地域の慣習では，クランがそれぞれ広大な土地をもち，ムジョンバがそこを管理しながら母系でつながったクランの成員に土地を分割・貸与していた．土地はあくまでもクランのものであり，個人が相続や譲渡・販売することはできなかった．ただ，その土地の一部は，ウジャマー村時代に政府が接収して個人に分与していて，そこだけは個人の保有権が認められていた．一方，ルグル社会は母系的な要素を多くもちながら，父方居住や父方クランの継承も許される双系的な社会であった．しかし，タンザニアの民族集団の大半が父系社会であり，最近ではルグル社会も父系化しつつあり，土地保有のあり方も，父親が耕作・居住していた土地を息子に相続させようとする傾向が見られる．タンザニア政府は国土の所有権が国家にあるとしながらも，土地の個人保有を認めつつ，その一方で地域の慣習的な土地制度を尊重するという，一見曖昧な政策をとってきた．さらに，1999年に制定された「村と村土地法」に従って，個人の土地を登記し，土地の私有権を承認・保護するとともに，土地の売買をも正式に認めようとしている．

　このようにキボグワ村では，クランが保有する土地のほか，正式あるいは実質的に個人が保有する土地が混在している．そこには，土地の父系相続を求める者，土地を購入した者，土地の既得権を主張する者，永年作物の使用権を堅持しようとする者など，様々な思惑が錯綜し，クランの土地を守らなければならないムジョンバと対峙してきた．政府が定める土地法と地域の慣習法は容易には両立せず，土地をめぐる衝突が頻発し，裁判に発展するケースもあった．すべての関係者が納得できる根本的な解決策や折衷案を見つけ出すのは難しい．とにかく当面の争いを鎮め，当事者が時間をかけて話し合い，ゆっくりと和解への道を探していかなければならない．そして，この当面の争いを鎮静化する方法がジャララであったと考えることができる．

ジャララには，人の暮らしに必ず付随する「ごみ捨て場」と，「永年作物を植えられる場所」という2つの意味がある．生ごみには，思いもよらない樹木作物の種子が含まれていて，それは勝手に生えてくるかもしれない．その可能性が，ジャララに生えている永年作物が勝手に生えてきたものなのか，恣意的に植えられたものなのかを分からなくしてくれる．ジャララのもつこの曖昧さが，永年作物を植えなければ生活が成り立たないという事情と，クランの土地に永年作物を植えてはならないという慣習の間の矛盾を曖昧にしているのである．ムジョンバは，クランの土地に永年作物を植えることを拒んできたが，ごみ捨て場から勝手に生えてくる植物まで咎めるわけにもいかず，それらは黙認されることになる．すなわち，ごみ捨て場に永年作物を植えても，勝手に生えてきたことにできるという逃げ道が用意されているのである．

　このように，土地の保有権を曖昧にしたままでも，人々は永年作物を植えることができるし，父は永年作物を子供に与えることで，実質的に土地を相続させることができる．この方便はムジョンバにとっても都合がよく，彼自身も香辛料やバナナなどの永年作物を植えなければ生計を維持できないという事情は同じであり，またそれは無益な裁判を回避するために，永年作物の植栽を見て見ぬふりをする格好の口実となっているに違いない．やがて，「ごみ捨て場は永年作物を植える場所」と解釈されるようになり，家屋周辺の土地をジャララと称して囲い込み，堂々と樹木作物を植えるようになっていったのであろう．この場合，売買の対象となるのは，そこに生えている作物だけである．

　母系制が弱体化し，世の中も私有地化の方向へ進もうとしている中で，土地の共有を前提とした土地保有システムは大きな転換を迫られている．私有地と共有地の間に境界線を引くのは難しく，キボグワ村の例をみても，ジャララが地域経済の要として定着・拡大することで，実質的なクランの土地は蚕食されている．ただ，現段階で私有地と共有地の境界を定めるために争っても，決着がつくとは思えない．土地の係争が裁判所にまで持ち込まれれば，いずれが勝訴したとしても，双方とも多くの時間と経費を浪費することになる．争いの根本的な解決策を求めるのではなく，現状で決着がつけられない

問題はあえて曖昧な状態にしながら,直面する争いが激化するのを回避する方法を模索するのは,社会を平穏に保つ上で,また刻々と変化するアフリカの社会情勢に対応する上でも,賢明な策であるといえる.ルグルが,生活の要ともいえる畑を「ごみ捨て場」と呼び続けるのには,当事者それぞれの立場や思惑を尊重しつつ,争いを回避するというしたたかさがあるといえるだろう.

引用文献

池野　旬.1996.「タンザニアにおける食糧問題―メイズ流通を中心に―」細見眞也・島田周平・池野旬『アフリカの食糧問題―ガーナ・ナイジェリア・タンザニアの事例―』アジア経済研究所,151-239.

池野　旬.2010.『アフリカ農村と貧困削減―タンザニア　開発と遭遇する地域―』京都大学学術出版会.

Kumar, B. M. & P. K. R. Nair. 2006. *Tropical Homegardens: A Time-tested Example of Sustainable Agroforestry (Advances in Agroforestry)*. Florida: Springer-Verlag. Press.

Kurosaki, R. 2007. Multiple Uses of Small-Scale Valley Bottom Land: Case Study of the Matengo in Southern Tanzania. *African Study Monographs, Supplementary Issue* 36: 19-38.

Maack, P. A. 1996. "We Don't Want Terraces!" Protest and Identity under the Uluguru Usage Scheme. In Maddox G., J. Giblin & I. N. Kimambo eds., *Custodians of the Land: Ecology and Culture in the History of Tanzania*. London: James Currey, pp. 152-169.

Ponte, S. 2001. Trapped in Decline?: Reassessing Agrarian Change and Economic Diversification on the Uluguru Mountains, Tanzania. *The Journal of Modern African Studies* 39: 81-100.

van Donge, J. K. 1992. Agricultural Decline in Tanzania: The Case of the Uluguru Mountains. *African Affairs* 91: 73-94.

Young, R. & H. Fosbrooke. 1960. *Land and Politics among the Luguru of Tanganyika*. London: Routledge & Kegan Paul.

吉田昌夫.1999.「東アフリカの農村変容と土地制度変革のアクター―タンザニアを中心に―」池野旬編『アフリカ農村像の再検討』アジア経済研究所,3-58.

第2章
農村の発展と相互扶助システム
タンザニア南部ンジョンベ高原のキファニャ村の事例から

近藤 史

1. 互助労働と地域発展
2. 地域の概要
3. ベナの農業
4. 農業の改良を支える互助労働
5. 農業の集約化と内発的発展

扉写真

共同労働（ムゴーウェ）の後に地酒を飲みながら談笑するベナの人々

ンジョンベ高原のベナ社会では，多くの村人が共同で農作業にあたる習慣がある．ムゴーウェは，単なる共同労働の機会を提供するだけでなく，様々な外部の技術や知識を試行・改良して，地域社会に取り入れる機能を持つ．ベナ社会に見られる個性的な農法は，このムゴーウェから創り出された．それはまた，偏在しがちな男性労働力を地域で共有して，女性世帯や老人世帯の生産を支え，地域の底上げ的な発展に貢献してきた．

第2章 農村の発展と相互扶助システム

1……互助労働と地域発展

　その日もトウモロコシ畑の片隅で，地酒の入ったヒョウタンを手にした一団が雑談に花を咲かせていた（本章扉写真）．タンザニア南部・ンジョンベ高原に住むベナの社会では，多くの人が共同で農作業をする習慣がある．彼らは，ムゴーウェと呼ばれる共同労働に参加していた人たちで，その日の作業を終えて地酒を飲みながら次の予定を話し合っているのだ．次は何日に誰それの畑だ，その前にうちの農作業を手伝ってくれないかしらと，和やかに調整が進んでいく．ムゴーウェは，焼畑の開墾や主食用トウモロコシ畑の耕耘といった多くの労働力を必要とするときにおこなわれるほか，家人の病気で滞っている農作業の遅れを取り戻さなければならない世帯を助け，高齢者世帯の家の屋根を修繕するなど，生活扶助のためにも召集される．

　ムゴーウェはいわゆる互助労働であるが，この地域の農業史を調べるなかで，それが農業の改良に重要な役割を果たしてきたことが分ってきた．この地域には，外部との交流を通して様々な技術や知識・モノが伝わってきた．そうした新たな情報に由来する個人の発想をもとに，ムゴーウェのメンバーたちが集団的に試行錯誤を繰り返し，いくつかの実用的な技術をつくり上げてきた．新たな技術は，地域に波及・定着し，ムゴーウェの仕組み自体を再編しながら，生態環境の循環的な利用と地域経済の向上を両立させ，村の発展に大きく寄与してきたのである．

　アフリカの農村では，現金経済との結びつきが強まるにつれて，農作業においても互助労働の慣習が廃れ，賃労働に置き換わった例が数多く報告されている［Berry 1993; Bryceson 1995; Ponte 2000］．その一方で，農耕体系が変化しても互助労働は目的や構造を変えながら根強く残り続ける例もある［杉山 1996］．このような互助労働は，それが活性化されれば，地域の内発的な発展の原動力となりうる．しかし，互助労働が地域の農業や経済の発展にどのような影響を及ぼしてきたのかについては，具体的な研究蓄積が少ない．

　この章では，ベナが自ら実践してきた農業改良を内発的な発展の事例として捉え，その長期的な展開プロセスにおける生態・社会・文化の相互関係を

総合的に記述・分析する．その中で，国家レベルの政策転換や市場の動向に照らしつつ，ベナが農業とムゴーウェをどのように結びつけながら，またそれらをどのように改良しながら厳しい社会経済の状況を生き抜いてきたのか，そのダイナミズムを明らかにしていきたい．

2……地域の概要

　タンザニア南西端のニャサ湖東岸にはリビングストン山脈が南北に走り，その東方にはタンザニア南部高地と呼ばれる標高2,000メートル前後の高原がひろがっている．調査地のあるイリンガ州ンジョンベ県は，この高原とそれを縁取る斜面からなる．県域は，標高1,200～2,700メートルの高地にあり，面積は10,668平方キロメートル，2002年の人口は約42万人であった［Tanzania, PC & NDC1997; Tanzania, NBS & PO, CCO 2003］．同県の主要な民族集団はバントゥー語系のベナと呼ばれる人々で，その居住域は県域とほぼ一致している．県庁所在地のンジョンベには，タンザニアの経済的な中心都市ダルエスサラームとルヴマ州都ソンゲアを結ぶ幹線道路が走っている．県の北部には，ダルエスサラームと隣国ザンビアのカピリムポシを結ぶタンザン鉄道が通っていて，ンジョンベの街から幹線道路に沿って北東約50キロメートルのところにあるマカンバコ駅は，南部高地一帯における農林産物の積み出し拠点となっている．

　調査地のキファニャ村（巻頭地図Ⅰ）は，ンジョンベからソンゲアに向かう幹線道路を50キロメートルほど南下したところにあり，標高は1,700メートル前後である．1年は雨季と乾季に分かれ，雨季には1,000ミリメートルを越える雨が降る．雨季の前半（11～2月）には雷を伴う比較的激しい雨が断続的に降り，後半（3～4月）には霧雨状の雨が連日長時間降り続く．標高が高いため，平均気温は年間を通して15度前後と低く，最高気温が25度を超えることはまれである．乾季には夜間の最低気温が10度を下回り，毎朝霧がたちこめて，大量の夜露がおりる．1年のうち最も冷え込む6～7月には霜がおりることもある．

第2章　農村の発展と相互扶助システム

写真 2-1　調査地の遠景

写真 2-2　丘陵の稜線部につくられたモリシマアカシアの植林地

　村の一帯には，なだらかに起伏する丘陵（比高 50〜100 メートル）がひろがっている．この地域の景観を特徴づけているのは，イネ科草本が覆う荒涼とした丘陵と，その稜線部に点在するモリシマアカシア（*Acasia mearnsii*）やパツラマツ（*Pinus patula*）の植林地である（写真 2-1，2-2）．これらは，いずれも植民地期に持ち込まれた外来樹である．1955 年に撮影された空中写真によれば，その当時から天然林は渓谷の源頭部に見られるだけで，これを除いた全域にはすでに草原がひろがっている．ンジョンベ郊外の森林保護区には鬱

蒼とした山地林が残っており，かつてはこうした森が丘陵地全体を覆っていたのであろう．しかし，その情景を記憶する者はおらず，村の一帯が草地化してから相当な歳月が経っている．また，丘陵の谷部には至るところに湧水地があり，その水を集めた小河川が谷底をゆるやかに蛇行し，その両岸に小さな湿地を形成している．ここでは，この河岸湿地を「谷地」と呼ぶことにする．

キファニャ村の村域は東西 19 キロメートル，南北 15 キロメートルのひろがりをもち，村の中を南北に貫く幹線道路が通っている．そして，幹線道路の両側約 1 キロメートルの範囲内に約 800 世帯，3,350 人が密集して住んでいる [Tanzania, NBS 2005]．この居住形態は，タンザニア政府が 1974 年に実施した集村化（ウジャマー村）政策の名残である．

ベナという民族名は，「（シコクビエを）穂刈りする」を意味する動詞 *hu-bena* に由来するとされ，かつてシコクビエを主食としながら焼畑で生計を立てていたと考えられているが [Culwick & Culwick 1935]，今では主食がトウモロコシに代わり，化学肥料の施用も普及している．シコクビエは，地酒の材料として小規模ながら栽培が続けられている．また，冷涼な気候を利用して温帯性マツの植林も普及している．出稼ぎも盛んで，県内には植民地時代から続くヨーロッパ資本の大規模プランテーションがあり，そこでは茶やモリシマアカシアの栽培とその加工がおこなわれており，多くの人が雇用されている．

3……ベナの農業

この地域の農業は，ミグンダと呼ばれる斜面地耕作とフィユングと呼ばれる谷地耕作に大別できる（写真 2-3）．ミグンダでは主として主食用の穀物やサツマイモを，フィユングではおかずの食材を栽培し，各世帯はこの 2 つの畑からの生産でほぼ自給できる状況にある．世帯当たりの耕作面積はミグンダが約 2 エーカー，フィユングが約 1 エーカーである．それぞれの一般的な作付け体系を図 2-1 に示した．ミグンダでは 10〜11 月にトウモロコシを

写真 2-3　谷地耕作フィユングと斜面の畑ミグンダ（2000 年　乾季撮影）

	(月)	雨季						乾季					
		11	12	1	2	3	4	5	6	7	8	9	10
ミグンダ	シコクビエ									開墾(伐採・整地)			
		▲	播種		除草				収穫				
		火入れ											
	トウモロコシ	耕耘・播種			除草								収穫
フィユング	インゲンマメ								草刈り・整地		耕耘・播種		
			除草	収穫									

図 2-1　調査地の主な作付け体系

注1) シコクビエのミグンダでは，樹木を伐採する際，畑の周囲に幅 1.5〜2 メートルの防火帯を設ける．
注2) トウモロコシのミグンダの作付け体系は，造林焼畑 2, 3 作目，常畑のいずれも共通している．造林焼畑 2 作目は無施肥で栽培できるが，3 作目では膝高期に施肥をおこなう．常畑では基肥と追肥を施す．基肥は TSP (Triple superphosphate，三重過リン酸石灰) または尿素を 1 エーカー当たり 50 キログラム施用し，膝高期には，TSP または CAN (Calcium ammonium nitrate，硝酸アンモニア石灰) を 1 エーカー当たり 50 キログラム施用する．
注3) インゲンマメのフィユングでは，整地の際に表土を深耕・反転させる．その後 1 ヵ月ほど放置して土塊が乾燥したら耕耘をおこない，土塊を鍬で壊しながら畝の表面をならしていく．

収穫し，フィユングでは 12〜2 月にインゲンマメを収穫する．季節外れのインゲンマメは高値で取引され，この地域の安定した現金収入源となっている．

　かつてこの地域では，上記 2 つの畑で草地休閑による焼畑がおこなわれていた．しかし，1974 年には社会主義に基づく集村化政策によって［本書第 1 章］，散居していた住民は幹線道路沿いに集められ，集住生活を余儀なくされた．また 1985 年には村を通る幹線道路の舗装，さらに 1986 年に始まった構造調整政策など，人々の暮らしは様々な社会経済の変化にさらされながら市場経済に巻き込まれていった．揺れ動く社会情勢の中で，ベナは外部の要素を在来農業に取り入れながら新しい農耕システムをつくり上げていった．以下で，農業の変容を概説しておく．

3-1．フィユング（谷地耕作）

　水源が豊富にあるンジョンベ高原一帯では，古くから谷地を利用した乾季作のフィユングが続けられてきた．フィユングは，湿地の水が少なくなる乾季の中頃に耕起を始め，インゲンマメやアブラナ科の葉菜類を中心に，エンドウマメ・ジャガイモ・カボチャ・トウモロコシなど，多彩な作物を混作する．そこはインゲンマメの供給畑であるとともに，乾季の終わりから雨季のはじめに新鮮な葉菜を提供する「おかずの畑」としてベナの生活には欠かせないものとなっている．

　谷地は平坦に見えても川筋に向かってわずかに傾斜していて，川に近づくにつれて湿潤になる．川沿いの土地では水が滞留していて，作物が湿害を受けることもある．また，冷涼で過湿なため土壌には多量の有機物が分解せずに堆積し，それは作物養分の供給源になる反面，土壌を酸性化してアルミニウム障害を引き起こす原因にもなる．

　フィユング耕作は，谷地の豊富な水とそれに由来する様々な問題を克服する技術に支えられている［近藤 2003］．その最も顕著なものが畝立てと排水技術である．フィユングの畑に入ってみると，排水路が縦横無尽に巡らされているが，それはでたらめに造られているのではない．ベナは微地形や自生

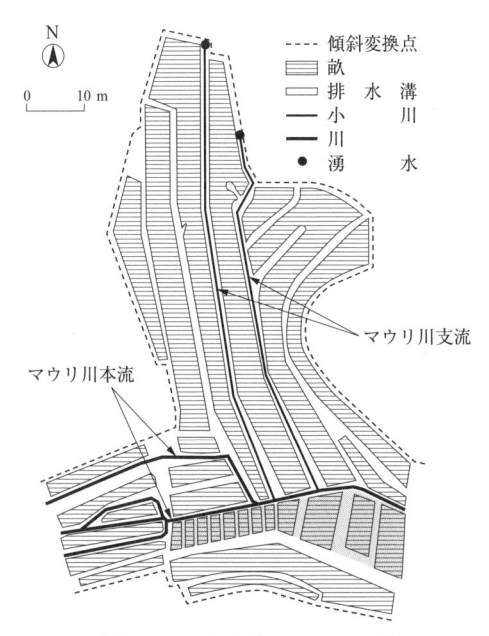

図 2-2 マウリ谷のフィユング

注）図中の灰色の部分は，排水をよくするために大きな畝を細かく分割した場所．

している草種のわずかな違いによって谷地内の水環境を把握し，それに応じて排水溝の向きや密度・深さ・幅を調節している（口絵4）．例えば図2-2で示したように，川沿いの平坦で排水の悪いところでは，傾斜方向の排水溝を増やすと同時に，畝を高く盛り上げて作物が湿害を受けにくいようにする．

　従来のフィユング耕作では，地力を回復させるために畑を休閑していたが，現在では土地に余裕がないので，休閑の代わりに化学肥料を使って連作している．図2-3にフィユング耕作の工程を模式的に示した．従来の焼畑フィユングでは，3年以上の休閑期間を設け，休閑中に繁茂した草を刈り，土を盛り上げて土中の有機物を蒸し焼きにしていた．これに対して現行の連作フィユングでは，畝に生えた草を刈って燃やし，鍬で表土を反転して，土塊に含まれる有機物が分解したら，トウモロコシと蔬菜類の種子を播き，化学肥料を施す．

　湿地では有機物が分解されにくいので，土壌は強い酸性を呈することが多

〈従来の休閑農法〉

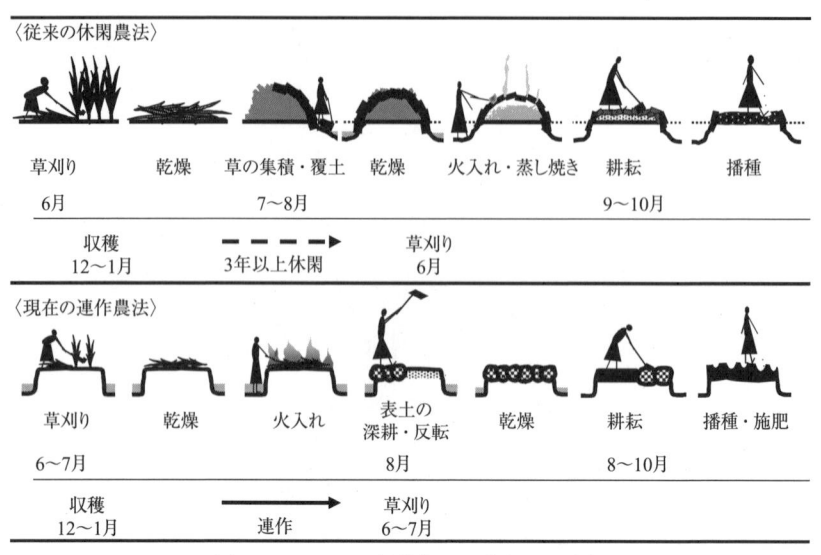

草刈り	乾燥	草の集積・覆土	乾燥	火入れ・蒸し焼き	耕耘	播種
6月		7〜8月			9〜10月	

収穫　12〜1月　→　3年以上休閑　→　草刈り　6月

〈現在の連作農法〉

草刈り	乾燥	火入れ	表土の深耕・反転	乾燥	耕耘	播種・施肥
6〜7月			8月		8〜10月	

収穫　12〜1月　→　連作　→　草刈り　6〜7月

図 2-3　フィユング耕作の工程とその変化

い．湿地で作物を育てるには，湿害と同時にこの酸性による障害（アルミニウム過剰障害など）の問題を克服しなければならないが，現行の連作フィユングでは，燃やす草が少なく，灰の添加だけでは酸性を矯正することができない．そこで，表土を深耕・反転することで土を乾かして土壌有機物の分解を促すと同時に，リン酸カルシウム肥料の施用によって土壌の pH を上げてアルミニウムの溶出を抑えている［近藤 2003］．ベナは，在来の知恵と外来の技術を組み合わせて谷地での連作を可能にし，フィユング耕作を拡大していった．

3-2. 造林焼畑

斜面地耕作のミグンダでは，雨季のはじめに耕起し，主食となるトウモロコシや，シコクビエ・サツマイモなどを栽培する．シコクビエは，主食がトウモロコシに代った今では，地酒の醸造用として小規模に栽培されている．サツマイモはウガリに代わるでんぷん食として主食に変化をつけ，トウモロ

コシの節約に一役かっている．トウモロコシの畑では，おかずや調味料としてヒマワリ・ウリ類・インゲンマメ・エンドウ・ササゲ・キマメ・アブラナ科の葉菜類などを少量ずつ混作している．

　かつてはミグンダでも草地休閑されていたが，フィユング同様，農地が不足して十分な休閑期間をとることができなくなった．谷地では化学肥料を取り入れた連作フィユングがおこなわれたのに対して，斜面地耕作では外来樹モリシマアカシアを植林し，その林を製炭や焼畑など多目的に利用するシステムがつくられていった．

　モリシマアカシアは，オーストラリア原産のマメ科常緑樹で，生長が速く，用途が多岐にわたることから，アフリカや南アメリカ，ヨーロッパで植林に広く使われている．樹皮に含まれる多量のタンニンは，古くから皮なめしに，最近では耐水性の接着剤の原料として輸出され，調査地でもイギリス委任統治領時代にタンニン抽出を目的として持ち込まれた．また，木材は製紙パルプに利用されるほか，製炭も可能である [Sherry 1971; Duke 1981]．さらに，根には根粒菌が着生して窒素を固定することから，肥料木としても用いられる [Berenschot et al. 1988]．熱帯では冷涼で湿潤な標高の高い地域にひろがり，発芽から約10年で樹高6～20メートルに生長する [Jøker 2000]．また繁殖力が強く，樹齢5～6年で多量の種子を生産するようになる．

　ベナは，モリシマアカシアを植え，樹木の間伐や枝打ちなどによって林を適正に管理しながら，樹間での作物栽培と良質な薪炭林の育成を組み合わせ，循環的な焼畑システムをつくり上げた．私はこの農法を「造林焼畑」と名付けた [近藤 2007]．

　造林焼畑では，まず樹齢10年程度のモリシマアカシア林を伐開し，太い幹を切りだして薪や建材として利用するほか，炭を焼いて販売する．伐開地では，残った枝葉を集めて雨季の直前に火を入れる．その際，延焼を防ぐために，畑の周囲の土を削って幅1.5～2メートルの防火帯を設ける．焼畑1年目にはシコクビエを栽培し，2年目と3年目にはトウモロコシを中心にしてアブラナ科の葉菜類やウリ類・マメ類・ヒマワリなどを混作する．焼畑の養分がなくなる3年目には少量の化学肥料を追施することもある．

　モリシマアカシア林の火入れには，畑にミネラルを含んだ灰を添加する効

果のほかに，林の再生を促す作用もある．モリシマアカシアは毎年多量の種子をつけるが，その種子は加熱することで発芽が促される．そのため，林床に火を入れると地上に堆積した種子が一斉に発芽してくる．そのまま放置すれば樹木が密生してしまい，作物の生育を妨げるだけでなく，樹木自体の生長も悪くなる．そこでベナは，畑の耕起や除草のたびに余分な稚樹を間引き，樹木を適切な間隔で残して，その樹間で作物を栽培する．生長が速い株は陰をつくって作物の生育を妨げるため積極的に間引き，2年目の収穫期でもモリシマアカシアの樹高はトウモロコシよりも低く抑えられている．3年目には，モリシマアカシアが3～5メートルの間隔で整然と配置されて，その樹間で作物を栽培する．そして4年目には地力が低下し，またモリシマアカシアが大きな陰をつくるようになるので栽培をやめて休閑する．

　休閑中は，薪の採取を兼ねた間伐と枝打ちを繰り返しながら幹の肥大生長を促す．こうして火入れから10年も経てば，幹は炭焼に使えるまでに生長するので，再び林を伐開して焼畑を造成する．手間と労力をかけて樹木の再生を促し，さらに作付けと造林を併行させて地力の回復にかかる時間を短縮するなど，農業と林業双方の利益を最大限に引き出すように林が管理されているのである．

4……農業の改良を支える互助労働

　フィユングでは，従来の排水技術を改良し，また化学肥料を積極的に組み入れるなどして，湿地における栽培上の問題を克服しながら谷地を隈なく利用できる連作農法が形づくられていった．この農法は，外部との接触を通して創出され，経済状況の変化と連動しながら普及し，耕地不足の問題を軽減して食料生産と現金収入の確保を可能にした．

　穀物の流通が活発化する過程で，主食生産に化学肥料が取り入れられ，自給用の生産システムにも市場経済が入り込んでいった．しかし，その後の肥料価格の高騰によって農法のさらなる改変が迫られる中で，ベナは植民地期に導入されたモリシマアカシアを育て，その植物学的な特性と在来の焼畑や

育林の技術とを融合させることで，人工林を循環的に利用する造林焼畑を創出した．

　こうした農業改良を支えてきたのが，冒頭で述べたムゴーウェという互助労働システムであった．ムゴーウェは血縁や地縁関係の社会的紐帯を基盤とした共同労働の慣習であった．集村化以降，住居の密集，現金経済の浸透，さらには出稼ぎによる男性労働力の減少という状況で，相互扶助に基づくムゴーウェも，労働の量的な交換という側面が強調されるようになった．しかし，労働のやりとりは決して厳密なものではなく，地域の社会や文化にも配慮したゆるやかな制度として，村内における労働力の平準化や技術改良に貢献してきた．農業とムゴーウェは密接に関連しあいながら発達してきたのである．以下では，社会の変動を踏まえながら，ベナの農業がどのように変化し，ムゴーウェがそれにどのように関わってきたのかを検討する．

4-1. 独立後の社会変容と連作フィユングの創出

　本書第1章で説明されているように，1974年以降，タンザニア政府はウジャマーと呼ばれる集村化政策を実施し，政府が指定する村に住居を集め，共同農場や集団農場の経営を軸にして食料生産と税収の基盤を築こうとした（表2-1）．キファニャ村周辺にあった集落は，1974年に幹線道路沿いにつくられたウジャマー村（現在のキファニャ村）へ強制的に移住させられた．そして政府は，もともと幹線道路近くに居住していた世帯（以下，地主世帯）から土地を接収し，トウモロコシを生産する共同農場と集団農場を開設した．共同農場は収穫物を村で管理し，納税や公共事業の原資に充てた．これに対して集団農場は，共同農場と同様にすべての村民が共同で農作業するが，農場内を小区画に分けて，収穫物の処分権を村民一人ひとりに割り振っていた．実質的には移住させられた世帯（以下，移住世帯）に地主世帯の農地が分け与えられたことになる．しかし，それ以外の土地についてはそれまでの土地保有が継続していたため，地主世帯と移住世帯とが保有する面積には大きな差があった．

　1975年から1982年には「全国メイズ計画（National Maize Project）」が実施

表2-1　植民地期以降のタンザニアおよびキファニャ村でのできごとと農業の展開

時代	できごと	谷地耕作の変化	斜面地耕作の変化
植民地化以前		草地休閑型焼畑	草地休閑型焼畑
植民地期	人頭税の導入		モリシマアカシア植林の導入
1949	タンニン抽出工場の設立（ンジョンベ）		
1953	モリシマアカシア樹皮の買取り		モリシマアカシア林がゆっくりと拡大
1961	独立		
1967	ウジャマー村政策	堆肥を用いた連作の試み	
1969	第二次開発五カ年計画		
1974	集村化	化学肥料の導入による連作の試み	モリシマアカシアを植えて土地保有権を主張し，その林で焼畑（1年で放棄） トウモロコシ栽培の普及
1975	村およびウジャマー村法 全国メイズ計画		トウモロコシ栽培の定着
1978	谷地の接収・再配分（1）	冠水地の耕地化 連作の定着	
1981	道路の舗装		
1983	新農業政策		
1984	農産物価格の規制緩和 仲買商人によるインゲンマメの買付け	インゲンマメの商品化	
1986	谷地の接収・再配分（2）	連作フィユングの波及	製材用マツの育林技術を応用して造林焼畑を創出
1994	インゲンマメの買付価格高騰		
1995	化学肥料の価格高騰		造林焼畑の定着，波及
1996	谷地の接収・再配分（3）	連作フィユングの拡大	

され，イリンガ州をはじめとするトウモロコシ増産の重点地域では，廉価な化学肥料と，その購入を可能にするための融資や普及活動がパッケージ方式で提供され［池野 1996；吉田 1997］，この時期にトウモロコシの栽培とそれを主食とする食習慣が定着していった．政府は副食の生産には配慮しなかったため，移住世帯は何時間もかけて元の居住地に通い，フィユングでインゲンマメや野菜を栽培して副食を補わなければならなかった．そうした状況のもとで，数人の女性がトウモロコシ栽培用に供給される化学肥料に目をつけ，地主世帯からわずかな谷地畑を借り受けて，そこに化学肥料を使いながらフィユングの連作を始めた．

　当時の様子を，集村化によって遠方から移住させられたＡ夫人の事例で紹介しよう．この地域では，ヨーロッパ人のもとで堆肥を使った農業を経験したＢ氏と教会のシスターＣ氏が，1967 年頃から牛糞堆肥や豚糞堆肥を使ってフィユングの連作を試みていた．Ｂ氏は，調査地で最初にラジオの修理技術を身につけた人物であり，当時から多くの人が彼の修理工房に壊れたラジオを持ち込んでいたが，その工房から彼のフィユングが一望できた．またシスターＣ氏は，日曜日の礼拝後に，近隣の若い女性を集めて教会のフィユングでキャベツなどの外来野菜の連作を指導しており，Ａ夫人をはじめとする多くの人々が，この新しい試みを見聞きしていた．しかし移住前には，Ａ夫人は十分な広さのフィユングをもっており，また堆肥の入手が困難なことや表土の反転が重労働であったため，自分の畑で連作フィユングを試みることはなかった．

　集村化の翌年にＡ夫人は，ある地主世帯からフィユング耕地を借り受けた．そこはイロロと呼ばれる谷地で，乾季でもその大部分が水没しているため作付けできる面積が非常に限られていた．そこで，かねてから教会で見知っていた堆肥を使った連作にならって，水没地に排水溝を数多く設けながら耕地を拡大し，堆肥の代わりに化学肥料を使ってインゲンマメの栽培を試みた．この年は湿害でほとんど収穫できなかったが，夫人は翌年以降も同じ場所で排水溝をさらに深く掘り下げ，畝を高く盛り上げた．そして，畝の表土を深耕・反転して土の乾燥に努めた．こうして耕地の相対的な水位を下げながら，化学肥料を使ってインゲンマメを連作し続けたところ，3 年目から

ようやく湿害を受けなくなった．排水溝の造成は重労働であったが，それを請け負ったのがムゴーウェであった．

現行の連作フィユングは，いったん十分な深さの排水溝を設けてしまえば，後は女性1人でも畑を維持・管理できる．A夫人と同時期に，何人かの女性が同様の試みを始め，彼女らもムゴーウェに作業を依頼していた．連作フィユングの試みはムゴーウェを通じて地域全体に周知され，その普及を推し進めていった．フィユングの連作が成功したことで，元の居住地にまでフィユング耕作に通っていた女性たちは集落に近い谷地の分配を求めるようになり，村評議会は1978年に集落内の谷地をすべて接収して，15歳以上の男女に0.25エーカーずつ配分した．写真2-4は集村化以前の1956年乾季に撮影されたイロロ谷の様子で，写真2-5はその30年後の1986年乾季に撮影された同じ場所の写真である．これらを比べると，独立前の1956年には谷は水没し，その水が光を反射して白く写っているのに対し，1986年には谷の中央部まで多数の排水溝が設けられ，谷地がすべて耕地化されているのがわかる．

1985年に村の中心を通る幹線道路が舗装され，また1986年から食物の流通規制が緩和され始めたことで，都市の食物流通業者が農産物を買い付けに村まで来るようになった．とりわけ，フィユングで栽培される乾季のインゲンマメは，端境期の貴重な副食として高値で取引され，当地の生活は否応なく市場経済に巻き込まれていった．経済の自由化は肥料価格を上昇させたが，谷地のインゲンマメは競合する産地が他になかったため大きな利益をもたらした．人々は自給用だけでなく，販売用としてもインゲンマメを生産するようになっていったのである．

連作フィユング農法が確立したことで，村評議会は1986年と1996年の2回にわたって集落から遠く離れた谷地まで接収し，初回と同様，すべての世帯にフィユング用地を配分した．女性たちは谷地に排水溝を設け，すべての谷地を耕地化していった．こうして村が市場の需要に応え続けたことで，キファニャ村は端境期のインゲンマメ産地として広く認知され，毎年多くの商人が訪れるようになり，その収入は世帯の生計の基盤に据えられていった．

水没地を耕地にするには，多数の深い溝を設け，掘った土を畝に盛り上げ

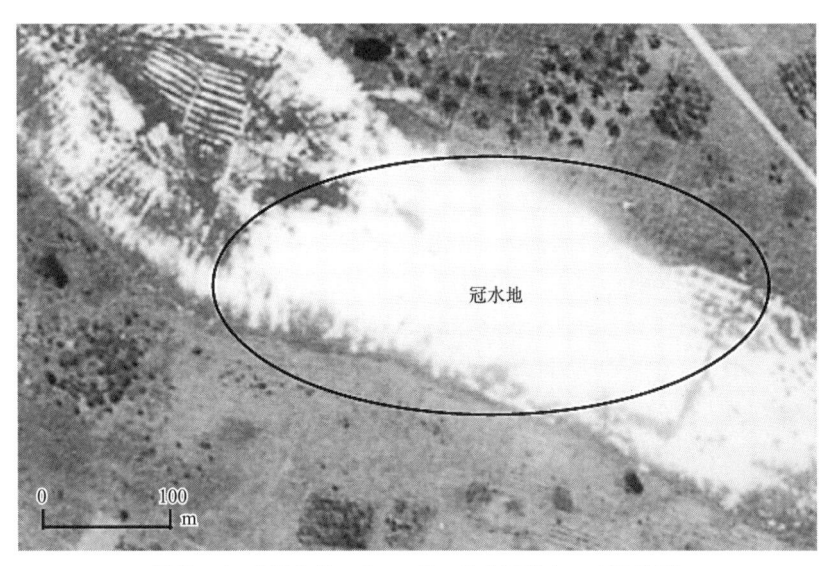

第 2 章　農村の発展と相互扶助システム

写真 2-4　集村化前のイロロ谷の空中写真（1956 年 乾季）

写真 2-5　集村化後のイロロ谷の空中写真（1986 年 乾季）

て排水しなければならないが，湿地の土壌は粘土質なうえ多量の水分と有機物を含んでいて，作業には強い筋力を必要とする．ところが，経済の自由化に伴って農村での日常生活にも現金が必要となり，多くの男性が村外へ出稼ぎに行くようになっていた．そこで，男性労働力のなくなった女性世帯はムゴーウェに依頼して排水溝を掘るようになったのである．仕事の後に酒を振る舞って労をねぎらう習慣は古くからあったが，それは自由参加のムゴーウェに男性を惹きつける効果があった．女性たちはせっせと地酒を醸造して，村に残っている男性や出稼ぎから一時的に帰村している男性をムゴーウェに引き寄せ，その労働力を村全体で共有していったのである．

今では，すべての谷地に排水溝が整備され，フィユング造成のためにムゴーウェが使われることはなくなり，フィユングはもっぱら女性だけが耕す畑となっている．女性たちはフィユングで栽培したインゲンマメを販売し，1年間の生活費をまかなうようになっていった．フィユング耕作は，男性の力を借りなくてもおこなえることから女性の安定した現金収入源となっており，「ママの畑」とも呼ばれているが，こうした連作フィユングの形成と女性世帯（世帯主が女性）の自立はムゴーウェなしには起こりえなかったのである．

4-2. 共同労働ムゴーウェの特徴とその変化

ムゴーウェはもともと，親族内の礼節や隣人の間の信頼関係を紐帯としながら，近隣に住む世帯同志が相互に農作業を手伝うという，ベナ社会で古くから見られた互助労働の慣習であった．しかし，タンザニアの政治経済の状況が変動する中で，この互助労働も農耕体系と連動しながら形を変えていった．1974年，キファニャ村には共同農場と集団農場が設置され，すべての村民が共同で農作業に当たることになった．この共同労働もムゴーウェと呼ばれ，それに参加しなかった者には罰金や道路整備などへの労役が課された．つまり，不参加は債務（スワヒリ語で「デニ」と呼ばれた）として扱われるようになったのである．こうして，互助労働であったムゴーウェに債務の概念が持ち込まれ，共同労働が義務づけられていったのである[1]．

1970年代後半，タンザニアは深刻な経済危機に陥り，政府は政策転換を模索し始め，ウジャマー村での定住は強制力を失い，1983年には農園の個人経営を重視する「新農業政策」が発表され，共同農場や集団農場は解体された．キファニャ村では，共同農場は公立中学校の用地に転用され，集団農場は割り当てられていた区画を引き継ぐかたちで個人に土地保有権が与えられた．人々はウジャマー村での集住規制が解かれた後も，もとの居住地に戻ろうとはせず，都市との連絡がよく，小学校や診療所などのインフラが整備された集村に留まり，また男性は家族を村に残して都市へ出稼ぎに行くようになっていった．男性労働力が村外に流出していく中で，村に残った者たちは集団農場などで使われていたムゴーウェの体制を踏襲しつつ，経済自由化の動きにあわせてそれを再編しながら現在の体制を築き上げていった．

現在のムゴーウェには3つの特徴がある．1つ目は，集団農場などにおける共同労働への参加を義務づける目的で持ち込まれたデニの概念を，住民が主体となったムゴーウェでも継承していった点である．集団農場の場合は，デニを現金や労役として村に返済しなければならなかったが，新しいムゴーウェでは，労働の貸借は1対1の世帯間で交わされる．例えば，ある世帯Zが自分の農作業を手伝ってもらうためにムゴーウェへの参加を募り，10人が集まったとすると，世帯Zは10人全員に対して1つずつ，合計10個のデニを負うことになる．原則として，ムゴーウェで負ったデニはムゴーウェの参加によって返済されるので，世帯Zは，仕事を手伝ってくれた人の世帯のムゴーウェに参加してデニを1つずつ返していくことになる．

デニを負う単位は世帯であり，出稼ぎや学校に行っていた家族が一時的に帰郷したときには，積極的にムゴーウェに参加させて，世帯が抱えるデニを返済してもらう．労働力に余剰があるときは，できるだけ多くのデニを他の世帯に貸し，労働力をムゴーウェのなかに貯蓄しておけば，それを病気などの不測の事態や，何か新しい試みを始めるときにまとめて引き出すことができる．労働を量的に捉えることで，ムゴーウェは労働力の銀行のような機能をもち，世帯内で変動する労働力をならす，あるいは貯蓄する役割を果たすようになっている．

2つ目の特徴は，デニなどという堅苦しい言葉を使う割には，そのやりと

りは非常にゆるやかな制度の中で運用されているという点である．キファニャ村M村区では，80世帯が1つのムゴーウェ・グループを組織していて，村区民はムゴーウェへの参加・不参加を自由に決めることができる．2003年11月10日から12月24日までにおこなわれたムゴーウェ全22回のうち，参加者を特定できた20回では，延べ44世帯が参加し，平均すると毎回20世帯前後から女性15人，男性6人程度が参加していた．このように，各世帯は何十もの世帯と労働を交換するので，デニの貸借関係はかなり複雑になる．しかし，デニの貸借は一切記帳されず，その返済期限も負債者の都合次第で，特に定められていない．農作業は複数の世帯が共同でおこなうため，ムゴーウェには作業の日程などを調整する世話役が1人いるが，その世話役もデニのやりとりには関与しない．デニのやりとりは，すべて当事者間の記憶に任されているのである．また当事者間でもデニの返済を求めることはなく，その返済・未返済は暗黙のうちに了解されている．しかし，デニの返済をあまり怠ると，自分のムゴーウェに人が集まらなくなるので，どの世帯もムゴーウェには積極的に参加し，デニの返済をめぐるトラブルはほとんど聞かない．ムゴーウェでは毎回，一対多の世帯間で新たな労働の貸借関係が生まれ，常にデニの発生と返済が重複的に繰り返されるため，ムゴーウェ・グループの中でデニがなくなることはない．デニが交錯していくことで，労働交換の関係が継続し，いつでも労働力のやりとりができるようになっているのである．

　3つ目として，ムゴーウェがもつ福祉的な機能がある．ムゴーウェでは，働き手の性別や年齢による労働の質や量，および農作業の時期や内容にかかわらず，労働はすべて等価とみなされ，1回のムゴーウェに1人が参加すれば1デニが発生する．力のない老人がムゴーウェに参加して軽作業しか手伝わなかったとしても，1デニを他世帯に貸すことができ，ムゴーウェに頻繁に顔を出しておきさえすれば，後で多くの労働力が返ってくる．地域全体で高齢者を扶養する体制がとられているのである．またムゴーウェには，社会的な礼節に基づいた無償の労働奉仕もある．妻方，夫方の双方でクランの長老や祖父母，両親[2]，兄姉，オジ，オバのムゴーウェに参加したときには，「私たちは（デニを）数えない（*hatuhesabiana*）」関係であることを伝え，相手に敬

意を払う．ムゴーウェにおける労働交換の中で，このような無償の労働提供がじつに半分を占めている[3]．住民主導のムゴーウェでは，信頼関係に基づく相互扶助の精神が重視されているのである．

　ムゴーウェはウジャマー時代の集団農場でその名が使われ，その枠組みが継承されたことで規模が拡大した．その結果，ムゴーウェの実施範囲と行政の枠組みがほぼ一致し，各行政村区に1つないしは2つあるムゴーウェは，地理的な範囲が明確な共同労働の組織となっていった．そして，ムゴーウェの規模が大きくなったことで，少ない男性や若者への労働負担が軽減し，相互扶助の意味合いを強くもった，大規模な互助労働システムが誕生したのである．

4-3. 共同労働と造林焼畑の展開

　先にも触れたように，ンジョンベ県においてモリシマアカシアが植林されるようになったのは，イギリス委任統治領時代であった．この地域の冷涼で湿潤な気候がモリシマアカシアの生育に適していることを確認したイギリスの民間企業 TANWAT (Tanganyika Wattle Company) は，1949年にンジョンベの町にモリシマアカシアの植林地とタンニン抽出工場を開設した [Giblin 2005]．TANWAT はタンニンの増産を図って，住民にモリシマアカシアの植林を奨励し，1953年からは樹皮の買い取りを始めた [Nickol 1959][4]．

　一方，村のカソリック教会では，1930年代から敷地内に製材用のユーカリやスギを植林して村びとにもこれを勧めていたが，生長が遅く，苗の移植や枝打ちに手間がかかるので，これらの樹木を熱心に植える者はほとんどいなかった．1958年にパツラマツがもちこまれて，育林期間が15〜20年に短縮されても製材用の植林は活発化しなかった．

　村で最初にモリシマアカシアの植林を手がけたD氏は，1940年代に出稼ぎ先のアルーシャで生長の速いモリシマアカシアを目にし，薪材や建材として利用するために種子を持ち帰ったという．またD氏は，種子を炒ることで発芽率が高まることを知り，屋敷や畑の周囲に種子を撒き，徐々にその林を拡大していった．1950年には，天然林を使った在来の焼畑農業にならっ

て，モリシマアカシア林での焼畑を試みるため，その林の伐開をムゴーウェに依頼した．そして，その焼畑でシコクビエがよく育つことを確認すると同時に，火入れでもモリシマアカシアが旺盛に自生してくることを発見した．さらに TANWAT による樹皮の買い取りがはじまると，モリシマアカシアの植林は D 氏の子どもに引き継がれ，この地域一帯に少しずつひろまっていった．建材用樹種の植林に消極的だったベナがモリシマアカシアを受け入れたのは，その植林の容易さに加え，枝や幹が不足がちな薪や建材として利用でき，樹皮が現金収入源になるなど，生活に密着した多彩な用途が見込まれたためであった．

　しかし，モリシマアカシア林が焼畑用地として広く利用されるようになるのは，それから 30 年ほど経ち，1986 年以降に経済が自由化されてからのことである．ウジャマー村政策では，集団農場の設置と移住世帯への土地の配分を目的として，地主世帯が保有する広大な土地を接収していったが，その際，植林地は接収の対象から外された．そこで，地主世帯は，土地の接収を逃れるため自分の土地にモリシマアカシアを植えるようになり[5]，その林は急速に拡大していった[6]．天然林が乏しいこの地域では，醸造用のシコクビエはもっぱら草地休閑の焼畑で栽培されていたが，人口密度が高まった集落の周辺では，焼畑に適した草地も少なくなっていたため，モリシマアカシア林が焼畑用地として使われ始めた．そして，その開墾作業にムゴーウェが利用されるようになっていった．

　薪炭の経済性を重視した現在の造林焼畑が確立されるのは，調査地が市場との結びつきを強めていく 1980 年代のことである．1983 年に化学肥料を廉価で供与する制度が廃止されたことで化学肥料の施用量が減り，常畑におけるトウモロコシの収量は著しく減少した[7]．そこでベナは，トウモロコシに代わる新たな現金収入源として，パツラマツの植林に着手するようになった[8]．その際，樹木を一定の間隔で植えて，間伐と枝打ちによって幹を早く太く育てる技術が培われ，やがてそれをモリシマアカシア林にも応用し，樹間を適正に管理しながら製炭に適した太い幹を育成するようになっていった．樹間の適正管理は，シコクビエの収穫後に樹間でトウモロコシを栽培することとも関係していた．そして 1990 年代半ばには，化学肥料の価格が急

騰して，その使用量のさらなる削減が余儀なくされた．その結果，造林焼畑は化学肥料を節約できる農法として，また地酒や炭の販売による現金収入の手段として，この地域に定着していった．集村化時代に，地主世帯が土地の保有権を主張するためにつくったモリシマアカシア林が，変動する政治経済の影響をうまく緩衝する機能を果たしたのである．

　集村化の際に移住させられた世帯は，集落の周辺に広い土地をもっておらず，ましてモリシマアカシアの林も所有していないため，造林焼畑をすることができなかった．そこで移住世帯は，薪炭材を戻すことを条件に，地主世帯からモリシマアカシアの林を1年間だけ借りてシコクビエを栽培するようになっていった．シコクビエは醸造のスターターとして使うだけなので，1年間栽培すれば，だいたい3年間の醸造に必要な分が得られる．

　この造林焼畑を支えてきたのがムゴーウェであった．不足がちな男性労働力をムゴーウェに取り込み，腕力の必要な伐採作業を手伝ってもらうことで，女性世帯でも焼畑をおこなうことができたのである．ムゴーウェで振る舞われる酒は，作業を楽しく進めるための潤滑剤であり，仕事を手伝ってくれる人々への謝意の表れでもあるが，できるだけ多くの男性に来てもらうための不可欠な条件でもあった．村でブラブラしている男性は酒に惹き寄せられ，特に出稼ぎから一時的に帰郷している男性は，普段はあまり農作業に従事しないのだが，酒につられてムゴーウェに参加する．彼らは，話題提供者として歓迎されるとともに，旧交を温めて，普段とは違う農作業を楽しんでいるようでもある．2003年11～12月に調べた20回のムゴーウェでは，参加者の約1割がこのような男性で占められていた[9]．農外就労者や村外就学者には青壮年男性が多く，村の貴重な労働力となっているのである．

　酒の醸造に欠かせないシコクビエは，焼畑の1年目でしか栽培できない特殊な生理特性をもった作物であるが，その焼畑には男性の労働力が必要であり，シコクビエからつくられる酒はムゴーウェに男性を惹きつける．シコクビエを媒介とした造林焼畑とムゴーウェのこうした関係が，この地域における労働集約的な農耕体系の基盤を支えているのである．ベナは，集村化時代に共同労働を強制するために持ち込まれたデニの概念を読み替え，親族の枠を越えた労働交換のネットワークを発達させていった．特に造林焼畑の普及

を通して，ムゴーウェは男性労働力の共有という実質的なまとまりを強めていったのである．

5……農業の集約化と内発的発展

5-1．キー・パースンとしてのムゴーウェ

　連作フィユングや造林焼畑の創造は，ベナ社会の内発的発展を示す代表的な例といってよいだろう．こうした展開には，キファニャ村が幹線道路沿いにあり，ベナの人々が様々な外部のモノ・情報に触れる機会や，農作物の流通および交通へのアクセスに恵まれ，新たな試みを発想し実践することが可能な条件が整えられていったことが背景にある．そのような条件が，新たな試みを実践できる人的・時間的・空間的・労働的な余剰を生み出す機構へとムゴーウェをつくりかえていったことに，より大きな意味があったことを強調しておかなければならない．集村化に伴う人口集中は，ムゴーウェに動員可能な労働力の範囲を拡大し，近隣住民の互助組織であったムゴーウェを，村区レベルの共同労働組織に発展させたことで，社会的な労働力の余剰をつくりだしやすくした．さらにデニ制度の確立によって，そうした余剰の労働力をムゴーウェに蓄積し，必要なときにそれを引き出せる体制が整い，ムゴーウェを通して様々な試みを実践しやすい環境がつくりだされていったのである．ムゴーウェが地理的な範囲をもち，生態的な環境と社会的な環境を共有する人々の集まりとなり，さらにそれが行政の枠組みとも重なり合うことで，情報の伝達は確実に向上している．その結果，新たな技術を創造する機能は以前よりも強化されて，地域レベルでのイノベーションの活力が高まっていることは間違いない．

　ムゴーウェによる試みの実践には，地域社会の中で，それに関する知識や経験の共有を促すという効果もある．ムゴーウェに参加したメンバーは，新たな試みの意味を理解するとともに，その後の経過を詳細に観察することによって，あるいは自分でもそれを模倣してみることによって，そのやり方を

身につけ，様々な工夫を付け加えていく．ムゴーウェはそうした経験を蓄積・継承する母体としても機能し，累積された知識や経験は次なる発想の源泉になると考えられる．

　私は，ベナの農業展開に関する聞き取り調査を進める中で，連作フィユングと造林焼畑のどちらの場合においても，その先駆的な試みに着手した人物は特定できたのだが，現行農法そのものになると，誰もが「皆で一緒に始めた」と答え，最終的な農法を考案した人物にいきつくことができなかった．今から思えば，ムゴーウェの活動を通して多くの人が共同で試行錯誤を繰り返し，様々な試みが累積した結果，より実用的なものとして現在の農法がつくり上げられていったのであろう．彼らは，問題の解決に至ったプロセスや試みを成就したという経験をも共有していたのである．こうした試行錯誤のプロセスや成功の経験は，それが個人で実践された場合，その人の移住や死亡によって失われてしまうかもしれないが，ムゴーウェという共同労働の組織が実践を担うことによって，そのプロセスはただちに地域社会全体で共有され，確実に継承されていく．

　鶴見［1999］は，地域の社会構造や価値観・技術などの伝統の革新的な再創造，すなわち内発的発展に当たって，新しい理論の発想と実践を担う主体となるキー・パースン[10]の重要性を指摘するとともに，それが常にごく少数の，固有名詞で語られる個人であったことを示した[11]．ベナによる農業展開の主体を考えてみると，そこには，デニの貸借関係を基盤としながら，新たな試みを共同で実践する，実践的キー・パースンとしてのムゴーウェの存在があった．そして，ムゴーウェの中で継承・蓄積された経験が，外部のモノや技術を用いてさらなる発想を生み出していくことは想像に難くない．ベナ社会の展開は，平等性が重視されるアフリカの農村社会において，こうした互助労働組織が発想と実践を担うキー・パースンとなって地域の内発的な発展を牽引していく可能性を示す事例といってよいだろう．

5-2. 労働集約化とムゴーウェ

　ベナが始めた連作フィユングと造林焼畑はいずれも，単純な有用技術の組

み合わせや，在来技術から近代技術への置き換えではなく，外部のモノや技術と在来農法が混じり合う中で創り出された新しい農法であるといってよい．これらの農法の創造には，それが創出されるよりずっと以前に，外部のモノや技術が村に伝わり，創造的に模倣され，前駆的な技術が考案・試行される段階があった．この前駆的な技術は地域社会の動きと連動しながらゆっくりと改良が加えられ，外部の社会経済的な流れに乗って顕在化していった．

キファニャ村では，新たな農法が顕在化するまでの過程で，農村をとりまく様々な要素が複雑に関係し合い，実施条件が整えられていった．その1つがムゴーウェであった．そこでは，集団農場への労役を義務づける目的で持ち込まれたデニが，住民が主導する互助労働システムの中で読み替えられ，出稼ぎや離農の増加によって生じた労働力の不足や偏在を平準化する相互扶助の機能をもつようになっていった．また，デニは地域の中でしか通用しない「地域通貨」のような働きをする．それは，各世帯が提供した労働力が村の内部で循環することを意味し，限られた労働力を確実に地域内の生産活動に向かわせ，労働を集約化する機能を果たしたのである．

連作フィユングや造林焼畑の創造は，農業の集約化と考えてよいであろう．その過程でベナが目指していたのは，食料自給と現金収入の確保であり，それは市場へのアクセスに優れた幹線道路沿いの，人口密度の高い集落で生活を続けることが前提となっていた．アフリカ農業の集約性をめぐるこれまでの議論において中心的に検討されてきたボズラップ［Boserup 1965］の学説は，農業の集約性・非集約性が人口圧の高・低と密接な関係にあると説明している．無論，ボズラップ自身も言及しているように，農業の集約化を人口圧との関係のみに還元して論じることはできないが，キファニャ村における農業の集約化が人口圧と連動していることに疑う余地はない．強制的な定住化政策が解かれた後も，人々は外部経済との安定的な関わりを求めて自ら道路沿いに集住することを選んだ[12]．その結果，人口圧の高い状況が維持されたまま，市場経済の渦に巻き込まれ，土地不足，労働力の不足や偏在などの問題が生じてきたのである．限られた土地の中で生産性を向上させざるを得なかった状況において，土地や労働力を集約的に使おうとする傾向性が育ま

れ，ムゴーウェという形で顕在化していったのである．

注

1) 一方で，前述した連作フィユングにおける排水溝の造成には，住民の自主的なムゴーウェが実施された．いわば，この時期には行政主導のムゴーウェと，住民主体のムゴーウェが併存していたといえる．
2) アフリカでは，婚資の支払いや婚資労働の提供に代表されるような，妻または嫁の親世帯に対する便宜供与が広くみられる．ザンビアの農村で調査をおこなった杉山 [1988] は，母系制妻方居住を原則とするベンバ社会の中で，寡婦世帯や高齢者世帯の農業経営において，娘の夫によって提供される婚資労働が重要な役割を担っていることを指摘している．
3) 敬意を込めた無償の労働提供を受けとる世帯が，相手世帯のムゴーウェに参加する場合も，無償の労働提供として数えた．
4) The Bena Wattle Scheme と呼ばれるこの買い取り計画自体は，タンニンの国際価格が下落したことによって成果を上げられなかったが，これがモリシマアカシアがンジョンベ県内で広く自生するきっかけとなった [Amend 2002]．
5) 造林の方法は，モリシマアカシアの種子を撒いてから火を入れるか，あるいは炒ったり茹でたりした種子を休閑地に撒くというものであった．
6) 一部ではパツラマツも植えられたが，生長の速さと野火への抵抗性という観点から，モリシマアカシアが優先的に植えられた．
7) 化学肥料の施用量が減ったもう1つの要因として，常畑の地力が低下した結果，化学肥料を多用してもそれに見合った増収が見込めなくなったことがあげられる．
8) その際，販売用のトウモロコシを栽培していた常畑の一部がパツラマツ林に転換された．
9) このような男性労働力をムゴーウェに投入した世帯は44世帯中7世帯（16％）であった．
10) キー・パースンという言葉は，哲学者の市井三郎 [1963，1971] による造語である．市井は，キー・パースンを，歴史の転換期における変革の担い手として構想し，発想的キー・パースンと実践的キー・パースンに分けた．
11) これとよく似た指摘は経済学の分野でもなされてきた．シュムペーター [Schumpeter 1912] は『経済発展の理論』の中で，「起業者のおこなう革新」を経済発展の根本現象とし，革新＝新結合をおこないうる起業者は少数であることを強調した．
12) 集落には小学校や中学校，診療所，商店などがあり生活に便利なことも，人々がそこでの生活を望む1つの理由である．

引用文献

Amend, J. D. 2002. Risk and Coffee Production in Mhaji, Tanzania. Master Thesis, Michigan Technological University.

Berenschot, L. M., B. M. Filius & S. Hardjosoediro 1988. Factors Determining the Occurrence of the Agroforestry System with *Acacia mearnsii* in Central Java. *Agroforestry Systems* 6(1): 119-135.

Berry, S. 1993. *No Condition is Permanent: The Social Dynamics of Agrarian Change in Sub-Saharan Africa*. Madison: The University of Wisconsin Press.

Boserup, E. 1965. *The Conditions of Agricultural Growth*. Chicago: Aldin.（ボズラップ，E. 1991.『農業成長の諸条件』安澤秀一・安澤みね訳，ミネルヴァ書房）.

Bryceson, D. F. 1995. *Women Wielding the Hoe: Lessons from Rural Africa for Feminist Theory and Development Practice*. Oxford: Berg Publishers.

Culwick, A. T. & G. M. Culwick 1935. *Ubena of the Rivers*. London: George Allen & Unwin LTD.

Duke, A. J. 1981. *Handbook of Legumes of World Economic Importance*. New York: Plenum Press.（デューク，A. J. 1986.『世界有用マメ科植物ハンドブック』星合和夫訳，雑豆輸入基金協会）.

Giblin, J. L. 2005. *A History of the Excluded: Making Family a Refuge from State in Twentieth-Century Tanzania*. Ohio: Ohio University Press.

市井三郎．1963.『哲学的分析』岩波書店．

市井三郎．1971.『歴史の進歩とはなにか』岩波新書．

池野　旬．1996.「タンザニアにおける食糧問題―メイズ流通を中心に―」細見眞也・島田周平・池野旬『アフリカの食糧問題―ガーナ・ナイジェリア・タンザニアの事例―』アジア経済研究所，151-239.

Jøker, D. 2000. *Acacia mearnsii* De Wild. *Seed Leaflet* 4: 1-2.

近藤　史．2003.「タンザニア南部高地における在来谷地耕作の展開」『アジア・アフリカ地域研究』3：103-139.

近藤　史．2007.「タンザニア南部高地における造林焼畑の展開」『アジア・アフリカ地域研究』6(2)：215-235.

Nickol, D. A. 1959. The Bena Wattle Scheme, Njombe District, Tanganyika. *The East African Agricultural Journal* 25: 53-58.

Ponte, S. 2000. From Social Negotiation to Contract: Shifting Strategies of Farm Labor Recruitment in Tanzania Under Market Liberalization. *World Development* 28(6): 1017-1030.

Schumpeter, J. 1912. *Theorie der wirtschaftlichen Entwicklung*. Leipzig: Duncker & Humblot.

Sherry, S. P. 1971. *The Black Wattle (Acacia mearnsii De Wild)*. Pietermaritzburg: University of Natal Press.

杉山祐子．1988.「生計維持機構としての社会関係―ベンバ女性の生活ストラテジー―」『民族学研究』53(1)：31-57.
杉山祐子．1996.「農業の近代化と母系社会―焼畑農耕民ベンバの女性の生き方―」田中二郎・掛谷誠・市川光雄・太田至編『続　自然社会の人類学―変貌するアフリカ―』アカデミア出版会，272-303.
Tanzania, NBS (National Bureau of Statistics). 2005. *2002 Population and Housing Census: Village and Street Statistics*. Dar es Salaam.
Tanzania, NBS & PO, CCO (National Bureau of Statistics and President's Office, Central Census Office). 2003. *2002 Population and Housing Census General Report*. Dar es salaam.
Tanzania, PC & NDC (Planning Commission and Njombe District Council). 1997. *Njombe District Socio-economic Profile*. Dar es Salaam.
鶴見和子．1999.『鶴見和子曼荼羅4　環の巻―内発的発展論によるパラダイム転換―』藤原書店．
吉田昌夫．1997.『東アフリカ社会経済論―タンザニアを中心として―』古今書院．

第 3 章
氾濫原の土地利用をめぐる民族の対立と協調
キロンベロ谷の事例

加藤 太

1 | 注目を集める湿地・氾濫原の利用
2 | 調査地の概要
3 | キロンベロ谷の生態環境
4 | 稲作の特徴と変遷
5 | 土地利用の変遷と民族間関係
6 | 氾濫原におけるポゴロとスクマの住み分け・対立・協調

扉写真
キロンベロ谷の河畔平原に広がる稲作水田
キロンベロ谷周辺を居住地とするポゴロは古くから氾濫原に流れ込む小河川の洪水を利用して稲作をおこなってきた．彼らは在来の栽培技術にトラクタ耕作を取り入れながら農地を拡大してコメの生産を向上させてきた．1980年代，農牧民スクマがウシの大群をつれてこの地に移住してくると，湿原の利用をめぐってポゴロとスクマが対立するようになっていった．しかし，ある年の天候不順を契機に，民族間の協力関係が築かれようとしている．

1……注目を集める湿地・氾濫原の利用

　アフリカでは一部の大河川を除いて，湿地や氾濫原はあまり利用されてこなかったが，最近になって様々な利用価値が再認識されるようになってきた［半澤ら 1994；廣瀬・若月 1997；山本・樋口 2007］．
　本章で対象とするタンザニアのキロンベロ谷（巻頭地図Ⅰ）も，湿地利用への多様な思惑が重なっている地域である．この地域は，キロンベロ川の周辺にひろがる河畔平原とそれを取り囲む山地からなり，雨季には中心の氾濫原が水没し，巨大な湿地が出現する．キロンベロ谷の河畔平原ではポゴロと呼ばれる人々がイネを栽培し，コメを主食の1つとしてきた［Jatzold & Baum 1968］（本章扉写真）．キロンベロ川一帯は独立以前から稲作地帯として知られていたが，経済の自由化以降，栽培面積が拡大し，現在では年間約12万トンのコメが生産され，国内生産量の約10％を占めるコメの大産地になっている［Tanzania, MA & FS 2004］．1980年代以降，ここに農牧民スクマが移住し，河畔平原を放牧地として利用しながら水田を拡大している．一方，キロンベロ谷は，国内に38ヵ所ある狩猟制限区の1つでもあり，ゾウ・ライオン・バッファローなどの大型のほ乳類が数多く生息している．なかでもプク（アンテロープの1種）は，アフリカでの生息数の76％がキロンベロ谷に集中しており［East 1998］，自然保護の観点からもキロンベロ谷は重要な地域とされている．しかし，そこでも放牧地や稲作地の拡大によって野性動物の生息域が脅かされているという報告もあり［Corti et al. 2002］，政府は同地域の湿地保全を積極的に進める姿勢を見せるようになってきた．
　近年，湿地開発が進み，とくに稲作が大きく拡大している．アフリカではこの20年間でコメの生産量が約2倍に増えている［FAO 2004］．タンザニアでは古くからアジア稲が栽培されていて，コメはトウモロコシやキャッサバにつぐ基幹食材とされてきた．1986年以降，穀物流通の自由化に伴ってコメの流通も活発になり，国内市場をもつ貴重な商品作物として広く栽培されるようになっていった．FAOの統計によれば，タンザニアにおける2003年のコメ生産量は，1980年と比べると2.7倍に増加している［FAO 2004］．

2003年の生産量は約130万トンで，アフリカ有数のコメ生産国となっている [Tanzania, MA & FS 2004]．タンザニアにおける稲作地の内訳をみると，灌漑設備を備えている水田は作付面積のわずか5％にとどまっており [Kanyeka et al. 1994]，生産量の増加は在来稲作の増大によることがわかる．こうした在来稲作は主として湿地に拡大している．国内生産が拡大しているにもかかわらず，コメの輸入量も増加を続けており [FAO 2004]，今後も湿地の水田化が進むと推察される．

　アフリカの湿地はもともと，耕作地よりも放牧地として利用されてきた．アフリカにおける家畜が，単に食料や貯蓄財として重要なのではなく，高い社会的価値を有することはよく知られている．タンザニアの農牧民スクマもウシに高い価値をおき，牛群の拡大を強く志向している．スクマは農耕にも熱心で，畜力を用いて大規模に田畑を耕し，そこから得た収益でも家畜を殖やしていった．彼らは，もともとタンザニアの北部地域を居住域としていたが，人口増加による土地不足や土壌劣化，プランテーションの拡大などによって放牧地が狭くなると [Lugeye 1999]，一部のスクマは広大な草原を求めて各地に移住するようになっていった．大規模な牛群を連れて移動するスクマは，移住先の農耕民との間で農地と放牧地の競合を引き起こし，多くの地域で湿地の利用をめぐって，農耕民と農牧民の争いが頻発している [古澤 2002]．湿地は，在来稲作を拡大する農耕民と，放牧地として利用する農牧民との土地争いの舞台となってきたのである．

　民族間の紛争は，現代アフリカが直面している今日的な問題である．アフリカにおける民族の対立について，松田 [1997] は，植民地期以前から頻発していたものの，現代では政治や貧困問題などの諸要因が絡み，より複雑な様相を呈するようになってきており，このような関係が地域の持続的な発展を制限する要因になっていると指摘している．しかし，アフリカの民族間の関係は対立ばかりが強調されがちであるが，もちろんそこには互恵的・協調的な関係もある．アフリカ熱帯雨林の狩猟採集民と農耕民は，共生的な協力関係を構築しているし [寺嶋 2001；竹内 2001]，セネガルのフルベとウォロフのように牧畜民と農耕民の間でも相補的な共生関係が成立している [小川 1998]．タンザニアでも，移住してきたスクマと農耕民との間に協調関係が

構築され，それが地域農業の発展に大きく寄与している事例が，本書の第7章1節で報告されている．異なる民族集団の接触には様々な相互の交流があり，その関係の分析には，外部環境も踏まえながら長期的，総合的に捉える視点が必要である．

　湿地は多くの野生生物の生息地でもあり，近年の開発によって湿地の生物多様性が急速に劣化していると指摘されていて［Walter 2002］，その利用については環境保全の観点からも検討していかなければならない［Naiman *et al.* 1997］．また，アフリカ諸国では野生動植物が観光資源としても大きな価値をもつようになり，観光業が外貨獲得の中心的な産業となっている国も少なくない．タンザニアでも野生動物の保護政策が積極的に進められてきたが，湿地における農地や放牧地の拡大は，観光重視の政策と対立の度を深めている．湿地の利用が多様化するなかで，様々な立場の間で複層的な軋轢や対立の構造が露呈し始めてきたのである．

　現在，キロンベロ谷でも稲作地，放牧地，野生動物の生息地が競合するようになり，湿地利用のあり方が大きな課題になっている．本章では，湿地の生態環境，生業形態，文化や価値観，土地の利用状況の変遷，環境保護政策のインパクトなど，湿地利用をめぐる様々な問題の実態を捉えるとともに，ポゴロとスクマの民族関係の変化を明らかにしながら，民族の接触の諸相について考えてみたい．

2……調査地の概要

　キロンベロ谷は，タンザニア中東部にあるモロゴロ州の南部に位置する渓谷で，その谷底に全長約250キロメートル，幅約65キロメートル，面積約11,600平方キロメートルの広大な平原を形成している．谷の中心部を流れるキロンベロ川は，雨季に氾濫して河畔に約8,700平方キロメートルの湿原をつくる［祖田1996］．この大平原の北側にはグレート・ルアハ・エスカープメント，南側にはマヘンゲ山がそびえ，そこに降った大量の雨が無数の河川や季節河川となってキロンベロ川本流に流れ込む．

第 1 部　多様な地域発展

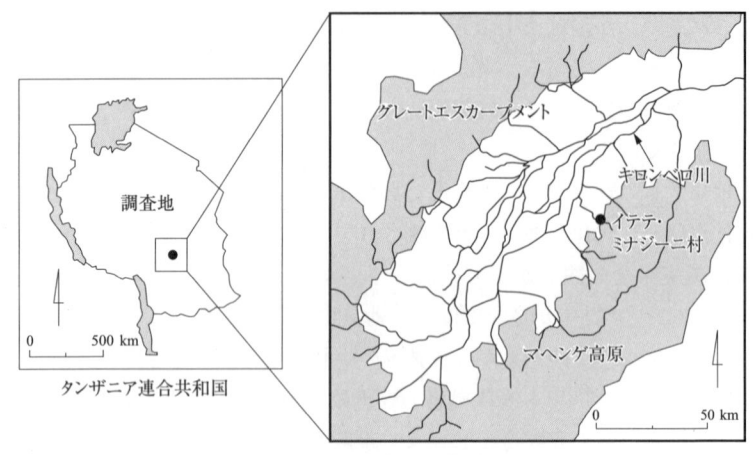

図 3-1　調査地の位置

　キロンベロ谷は雨季に氾濫するため，集落は山と平原との境界線に沿って分布している．調査地のイテテ・ミナジーニ村（以下，イテテ村）もこうした村の1つで，キロンベロ谷の東南端，マヘンゲ高原の麓に位置する（図3-1）．世帯 1,200 戸，人口 7,215 人（2005 年）の村である．
　調査地の年間降雨量は 1,000 ミリメートルから 1,500 ミリメートルであるが，年によって変動が大きく，2,000 ミリメートルを超えることもある．タンザニア中南部の季節は，1月上旬から3月上旬までの小乾季，3月上旬から5月上旬までの大雨季，5月上旬から11月下旬までの大乾季，11月下旬から1月上旬までの小雨季に区分できる．ただし，小乾季の時期や期間は不規則で，明瞭な小雨季がない年もある．大雨季の3，4月の降雨量は 500 ミリメートル以上になる．この時期にインド洋から流れ込んだ湿った風が，エスカープメントやマヘンゲ高原などの山地にぶつかって上昇気流となり，山域に大量の雨を降らせる．キロンベロ谷は谷底の海抜が 250 メートル前後と低く，年平均気温は約 27 度もある．雨季は高温多湿であるが，夜間や乾季の前半は山から冷気が下りてくるため，良質なユメの栽培には非常に適した気候であるといえる．
　イテテ村一帯にいつごろから人が住むようになったのかは定かでないが，

19世紀前半にはすでに谷の北側にンダンバが，南東側のマヘンゲ山麓にはポゴロが住んでいたとされている．これらの民族集団のほかにも，ンゴニ・ベナ・ヘヘ・ンギンドゥなどの民族集団がその後に移住してきて，現在では多様な民族集団が混在する巨大村落が形成されている．これらの民族集団は，先住していたポゴロと同じ生業を営みながら徐々に同化していった．そこで，本章では彼らをまとめてポゴロと呼ぶことにする．

一方，1988年以降に移住してきた農牧民スクマだけは例外で，ポゴロ社会とは一線を画して独自の生業を営んでいた．多くの牛群を従えて移住してきたスクマは，河畔平原のなかのわずかな凸地に居を構え，ポゴロが利用してこなかった土地に農地を拡大していった．1990年代後半にはスクマの移住が加速し，未利用の草地が次々と農地に変えられていった．こうしたスクマの大量移住が可能であったのは，両民族集団の生業形態や生活様式がまったく異なっていたからであった．

ポゴロは山の裾野に大集落を構え，山の斜面でトウモロコシを育てながら，河畔平原で稲作を営んでいる．いずれも通い耕作であるため，イネの鳥追いなどで忙しい時期には，河畔平原に建てた出づくり小屋で何ヵ月も生活する．かつては，氾濫原やキロンベロ川で野生動物や魚を捕獲することができたので，家畜を飼う習慣がなく，放牧地は必要としていない．一方，スクマは多くのウシを飼っているため，イテテ集落からは遠く離れた河畔平原のなかにムジと呼ぶ小集落をつくり，それを中心に拡大家族の家屋が周囲に点在する居住形態をとる．畑作も，稲作同様に河畔平原のなかでおこなう．稲作の方法はポゴロとスクマで大きく異なっているが，それについては4節で詳述する．イテテ村の人口比率は，ポゴロをはじめとする農耕民が約80％，スクマが約20％となっている．

3……キロンベロ谷の生態環境

平坦なキロンベロ谷もその内部の生態は一様ではなく，場所によって微地形や水環境，植生が異なっている．キロンベロ谷を調査したJatzoldとBaum

第 1 部　多様な地域発展

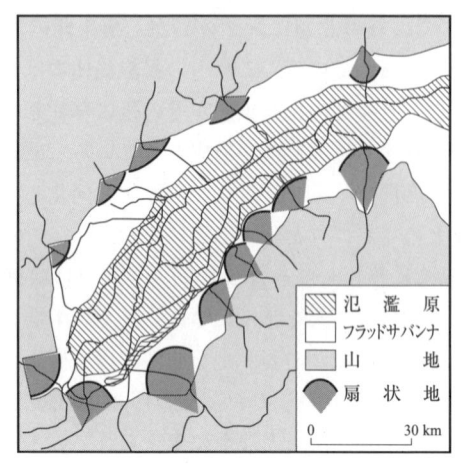

図 3-2　キロンベロ谷の地形植生区分の分布

［1968］は，キロンベロ谷をキロンベロ平原と周辺の山地に区別した上で，微地形と植生によってキロンベロ谷を合計 10 の地形・生態区分に分類しているが，この研究では，土地利用の形態に基づいてキロンベロ平原を氾濫原・扇状地・フラッドサバンナの 3 つに大別することにする（図 3-2）．

氾濫原は，キロンベロ川本流とその自然堤防，後背湿地，小河川が網目状に流れる湿原を含み，キロンベロ谷の中心に位置している．雨季になるとキロンベロ川の上流で水があふれ出し，自然堤防を除くすべての場所が水没する．この洪水のため樹木は一切生育せず，エレファントグラス（*Pennisetum purpureum*），ギニアグラス（*Panicum maximum*），屋根葺き用の草（*Hyparrhenia rufa*）など，大型の水生イネ科草本に覆われている．大型野生動物もここを主な生息域としている．

氾濫原の外側には，エスカープメントやマヘンゲ山から流れ出るキロンベロ川の支流によって形成された扇状地が分布している．扇状地の植生は，イネ科草本が優占する草原であるが，点在するアリ塚の上にパルミラヤシ（*Borassus* spp.）やフェニックス（*Phoenix* sp.），イチジク属の植物（*Ficus sycomorus*），ソーセージツリー（*Kigelia africana*）などの木本が生育している．扇状地でも洪水が起こるが，それはキロンベロ川本流ではなく，支流の増水に

98

写真 3-1　扇状地における支流の洪水

由来している．大雨季の終わりには，氾濫原は水没し一面の湿地になるが，地形がわずかに傾斜しているため扇状地までは及ばない．しかし，氾濫原が水没することで，扇状地の支流の流れも悪くなり，大雨が続いて支流の水かさが増すと支流の水もあふれ，あたり一面が水没する（写真 3-1）．この扇状地の洪水は水深が浅く（50 センチメートル程度），水没している時間も短い．氾濫原の洪水は短くても 2 ヵ月は続くが，扇状地では雨季に 3 回ほど 4〜5 日程度の洪水が起こるだけである．ただし，支流から少し離れた場所には洪水が及ばないので，次に述べるフラッドサバンナによく似た植生が見られる．

　フラッドサバンナは，キロンベロ川本流の洪水も支流の洪水も届かない場所，すなわち扇状地と扇状地の間や扇状地と氾濫原の間などのわずかな凸地に分布している．Jatzold と Baum [1968] はここをフラッドサバンナと名づけているが，厳密には洪水が及ぶことはなく，雨水が表流水となって流れるだけである．植生はイネ科の草本が優占しているが，洪水が起こらないため，扇状地のアリ塚で見られるような樹木に加え，アフリカンブラックウッド（*Dalbergia melanoxylon*）やシクンシ科樹木（*Combretum adenogonium*）などがまば

表3-1　キロンベロ谷における地形植生区分と土地利用

地形植生区分	雨期の水環境の特徴	植生	土地利用	
			ポゴロ	スクマ
氾濫原	本流の洪水が発生（長期間）	草原（樹木なし）	（漁撈・狩猟）	放牧地
扇状地	支流の洪水が発生（短期間）	草原（樹木あり）	稲作	
	土壌表流水が出現	草原（樹木あり）	稲作・畑作・放牧地	
フラッドサバンナ	土壌表流水が出現	草原（樹木あり）	稲作・畑作・放牧地	
山地		ミオンボ林	畑作	

らに生えている．フラッドサバンナでは，雨季になると周囲に降った雨水が集まって小さな流れができる．小雨季には雨水はすぐに土にしみこんでしまうが，大雨季には断続的に水が流れるようになる．水量は少ないが（水深2～3センチメートル），この表流水は乾季のはじめまで続くため，フラッドサバンナは長期にわたって水が存在する場所だといってよい．

　キロンベロ平原の外側はマヘンゲ山やエスカープメントに続く丘陵地となっていて，そこにはマメ科ジャケツイバラ亜科樹木のミオンボ林が形成されている（表3-1）．

4……稲作の特徴と変遷

4-1．河川の氾濫を利用したポゴロの稲作 —— 支流の扇状地

　イテテ村に暮らすポゴロは，ニワトリやアヒル以外の家畜をほとんど飼わず，副食もカボチャやオクラなどの野菜をごくわずか栽培しているにすぎない．彼らは扇状地での稲作（約1.3ヘクタール/世帯）と山斜面でのトウモロコシの畑作（約0.4ヘクタール/世帯）に特化していて，とくにコメは彼らの主食であるとともに，唯一の現金収入源であり，副食や生活必需品もコメか

らの収入で購入している．稲作はポゴロにとって最も重要な生業であるが，その水田は集落から10～15キロメートルも離れた扇状地のなかに分布している．かつては集落の近くで栽培していたが，キロンベロ谷の中心部に向かって徐々に水田を移動させていった．水田の遠隔地化は，彼らの農法と経済状況の変化，さらには稲作へ特化していった動きとも密接に関係している．

ポゴロの在来稲作は，扇状地を流れる支流の氾濫を利用するもので，稲作地は支流に沿ってひろがっている．雨季のはじめにトラクタで耕し，そこに籾を直播する．ポゴロ稲作の特徴の1つは，この播種時期にある．支流の氾濫は雨季終盤の限られた期間に集中しているが，雨季のはじめに播種することで，支流の氾濫とイネの穂ばらみ期を一致させることができる．穂ばらみ期は出穂直前の生育段階で，イネが最も水分を必要とするステージである．この時期に支流からあふれた水が水田に入り，イネは一斉に出穂するのである．そして，この洪水に合った中晩生型の品種が選択されている．もし洪水が起こらないと，大幅な減収につながる．支流の河畔には砂が堆積しており，畦を造成しても水を溜めることができないため，ポゴロの稲作には畦畔がない．川筋が変わったり，自然堤防ができて氾濫する場所が変化したりすれば，水田も移さなければならないが，その場合も氾濫した水が届く範囲内での移動に限られている．イテテ村でも過去にそうした地形の変化があり，稲作地帯を何度か下流域へ移動させている．

1980年代後半以降，穀物の流通規制が緩和されたことで，コメの流通が活性化し，コメの買い取り価格も上がっていった．この状況を受けて，キロンベロ谷一帯の農業はますます稲作に傾倒し，扇状地の支流に沿って遠方まで稲作地帯がひろがっていった．最も下流の稲作地帯は本流の氾濫原と接しており，そこに新田を開いた農家は，往復20～30キロメートルの距離を通わなければならなくなった．稲作地帯はしばしば水につかるため，イネ以外の作物には適さず，彼らはますます稲作への特化を余儀なくされていったのである．

イネは出穂から約2週間で乳熟期を迎えるが，この時期に鳥の被害を最も受けやすい．同地域ではハタオリドリ（*Plocevs* spp.）やコウギョクチョウ（*Logonostica senegala*），セイキチョウ類（*Uraeginthus bengalus, U. angolensis*）の害鳥

写真 3-2　イネの脱穀

が大群で飛来して，イネに甚大な被害をもたらす．彼らはアリ塚の上にリンゴと呼ばれる高床式の出づくり小屋を建て（口絵 5），そこに寝泊まりしながら，日の出から日の入りまで鳥を追う．出づくり小屋での生活は，その後の収穫や脱穀（写真 3-2）など，稲作に関わるすべての作業が終わるまで 3 ヵ月ほど続く．収穫後，彼らは籾を集落まで持ち帰り，自宅に貯蔵して適宜販売する．籾の運搬にはトラックを利用している．ポゴロの稲作は，支流の洪水という自然の力に依存しつつ，稲作地の拡大や遠隔地化は，トラクタ，除草剤，トラックなどの近代的な技術に支えられているのである．

4-2. トラクタと稲作

ポゴロの稲作に必要不可欠なトラクタについて言及しておく．キロンベロ谷では，1960 年代にインド人が綿花を栽培するためにトラクタをこの地にはじめて持ち込んだ．このトラクタが稲作に利用されることはなかったが，

写真 3-3　トラクタによる水田の耕起

1970年代に入るとキリスト教会がトラクタを導入し，教会の畑を耕すかたわら，村人の水田耕起を請け負うようになった．1980年代に入ると，イテテ村の評議会もトラクタを購入して，有償で個人の水田を耕すようになっていった．

2000年以降，コメの市場価値が高まると，都会の富裕層がコメの産地にトラクタを持ち込み，自ら大規模な水田を開墾していった．彼らは，町でトラクタの交換パーツを仕入れて自分たちで修理するだけでなく，1人で少なくとも10ヘクタール以上の広大な水田を保有し，コメの売却益でトラクタを安定的に維持管理していた．トラクタの台数が開墾の制限因子となっていたイテテ村では，トラクタ所有者の移住を歓迎し，彼らに水田の開墾・耕作を依頼するようになっていった（写真3-3）．トラクタの賃耕代は村人の年間

粗収入の約18%を占めていたが，遠隔地の水田に生活のすべてを依存しているポゴロにとって，それは不可避の出費であった．トラクタの所有者としても，賃耕代を得られ，また籾の運搬などで地元民に便宜をはかる見返りとして，収穫などの農作業を担う労働力を手に入れることができた．そして，トラクタ所有者が増え，彼らが新田を求める村民と協力することで，集落から遠く離れた扇状地の下流域に大規模な稲作地帯が開かれていったのである．

住民の中にも稲作地をひろげることに成功し，かなりの富を得る者も現れ，世帯間の格差が拡大する傾向にある．しかし，大きな富を得た者には，邪術者の疑いがかけられ，場合によっては他の村人から疎外されることもある．イテテ村では，多くの富を得て商店などを始めるようになった人は，ビビと呼ばれる老女の呪医のもとを訪れ，その霊力で邪術者でないことを証明してもらい，その証として頭髪を剃ってもらう風習が存続している．トラクタ耕作の普及は，稲作の発展に大きく寄与したが，それは様々な社会的な問題とも連動していることを指摘しておきたい．

4-3. スクマの水田稲作 —— フラッドサバンナの利用

スクマはタンザニア最大の民族集団で，北西部のムワンザ州やシニャンガ州をホームランドとする人々である［Malcolm 1953］（口絵14）．彼らは農耕と牧畜を営んでいるが，家畜，とくにウシに高い社会的価値をおき，それを経済的な基盤ともしながら，ウシの増加を強く志向し，数千頭ものウシを飼っている世帯も珍しくない（写真3-4）．彼らは農耕にも熱心で，イネやトウモロコシ・モロコシ・サツマイモ・マメ類・葉菜類などを手広く栽培している［Meertens 2003］．キロンベロ谷に移住してきたスクマも，コメを主な収入源としながら，食料のほとんどを自給している．

ポゴロは扇状地を稲作地としているが，スクマはフラッドサバンナですべての農耕も営んでいる．各地を転々と移動してきたスクマは，牛耕や苗の移植，畦畔などの稲作に関する技術に習熟し，様々な環境にも適応できるように多彩な品種も持っている．彼らは，豊富な畜力を使って，ポゴロが利用し

写真3-4 フラッドサバンナでウシを放牧するスクマの牧童

てこなかったフラッドサバンナをまたたく間に耕地に変えていった．フラッドサバンナには砂質層がないので，畦畔をつくれば地表を流れる雨水を溜めることができた．水田に水が溜まっていれば，苗の移植が可能である．移植には多くの労働がかかる反面，コメの収量が上がり，除草を軽減でき，畑作との労働競合を回避できるなど，多くの利点がある．

　イテテ村のスクマは，平均して約7.8ヘクタールの水田と約2.3ヘクタールの畑地を耕作しており，これはポゴロの5倍以上の面積である．この大規模な耕作を可能にしているのが豊富な畜力で，ポゴロが出費するトラクタの賃耕代，除草代，運搬代はスクマには不要である．表3-1に，ポゴロとスクマそれぞれの土地利用を地形・生態区分ごとに示した．この表が示す通り，両者が利用する生態環境はほとんど重なっておらず，うまく使い分けているのがわかる．1980年代に移住してきたスクマが，ポゴロと競合することなく住みつくことができたのは，様々な環境に適応できる農耕技術と畜力をもっていたからに他ならない．

　スクマは，広大な水田から得た収益でさらにウシを買い足す．スクマの世帯が飼育する家畜の正確な頭数は不明であるが，イテテ村でも約2,000頭のウシを飼っている世帯がある．このように多数のウシを持つスクマは敬意を込めてスクマ語でサビンターレと呼ばれる．一般的な世帯では100〜300頭，

105

小規模に飼育している世帯でも 10〜50 頭のウシは持っていて，この村だけでも相当な数のウシがいる．彼らは散在して居を構え，主に住居周辺のフラッドサバンナや扇状地上の洪水が起こらない草原でウシを放牧している．家畜が多い世帯は，氾濫原の中に家畜キャンプを増設して放牧することもある．牛群を維持しながら大規模な農地を耕作するには，ポゴロの集落から離れたサバンナに住まざるをえない．そのため，サバンナのなかに日用品を売る店舗や製粉所・精米所・酒場・穀物の集荷場などが集まる「センター」と呼ばれる場所が，イテテ村だけでも数ヵ所ある．

5……土地利用の変遷と民族間関係

5-1. 住み分けから対立へ

　スクマがキロンベロ谷に移住していた当初は，前述したように，ポゴロとスクマが隣り合いながらも競合せずに，ともに水田を拡大し続けていた時代であった．ただ，この頃でもウシの水飲み場をめぐって若干の小競り合いはあった．イテテ村には多数の河川があるが，そのほとんどは雨季だけ水が流れる季節河川で，1 年を通して水が流れているのはポゴロの稲作地に挟まれた河川だけであった．乾季になると，スクマはウシに水を飲ませるために毎日ポゴロの稲作地帯を横切らなければならなかった．ウシがイネを食べてしまえば，ポゴロは破格の罰金を要求するが，スクマはそれをいつも無視するので，両者の間には小さな衝突は常にあった (図 3-3)．

　しかし，最近になってポゴロが稲作地を扇状地の先端部や氾濫原にまで拡大したことで，スクマの放牧地とポゴロの稲作地が重なるようになってしまった．このような土地の競合は，それまで互いに干渉することが少なかった両者の関係を悪化させていった．両者の対立関係を象徴する乱闘事件が 2006 年 12 月に起った．この乱闘騒ぎは，約 80 人のポゴロが，すでにスクマが放牧地として利用していた扇状地に稲作地を開墾しようとしたことによる．ポゴロはウシを飼わず，また牛耕することもないので，ウシの価値や放

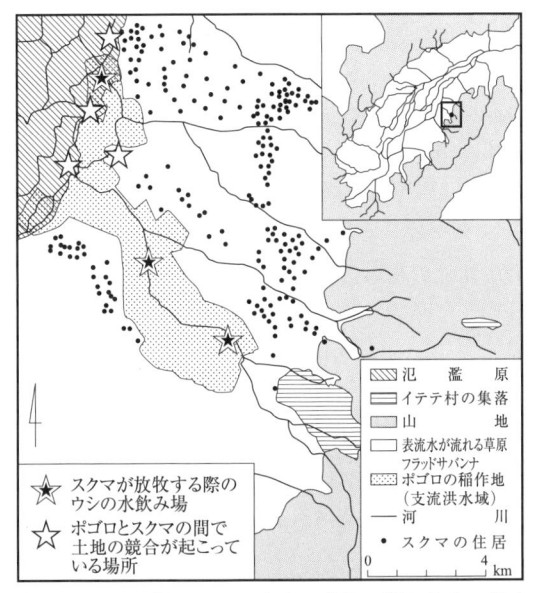

図3-3 イテテ村における家畜の水飲み場と土地の競合

牧に対する理解が薄く、放牧地を未利用の草地とみなしていたことに原因があった。ポゴロたちは共同で1台のトラクタをチャーターし、およそ100ヘクタールの土地を耕起しようとしたところ、40人ほどのスクマがそれを妨害した。最初、開墾の是非について代表者同士が話し合っていたが、話が決着しないうちに、一部のポゴロがトラクタで耕起を始めてしまったため、乱闘が始まってしまったのである。4人のポゴロが骨折などの大怪我をして入院した。この乱闘騒ぎを重く見た県庁は、イテテ村に警官隊を派遣して事態の収拾に乗り出し、また村の行政官を県庁に出頭させて事情を聴取し、乱闘の首謀者とみなされた1人のポゴロが逮捕された。

しかし、ポゴロとスクマの対立関係はこれだけでは収まらなかった。乱闘による負傷者はポゴロ側だけだったにもかかわらず、スクマは1人も逮捕されなかったことに不満を抱いたポゴロの若者が、集落に買い物に来るスクマに対して集団で無差別に暴行を加えるようになっていったのである。ポゴロの若者によるスクマへの集団暴行は、時間の経過とともに減少していったが、

土地争いの舞台となった場所は，事件の裁判が終わっていないため，現在も双方とも利用することができない空白地帯となっている．乱闘が起きた場所は扇状地であったが，ここ以外にもスクマがすでに放牧地として利用しているにもかかわらず，ポゴロが新たに稲作地を開墾しようとしている土地が氾濫原や扇状地に点在している（図3-3）．これまで土地を使い分け，住み分けてきたポゴロとスクマは，それぞれの生業を維持・拡大する過程で，湿地，とくに氾濫原や扇状地の利用に関して激しく対立するようになっていったのである．

5-2. 土地の利用計画に関する条例

スクマとポゴロが土地争いをしている頃，タンザニア政府は「土地の利用計画に関する条例」（以下，土地の利用計画）を定め，キロンベロ谷の各村内に野生動物の生息域や森林保護区などを設置する計画を進めていた [Tanzania 2007]．

計画では，スクマの放牧地の大部分とポゴロの稲作地の一部が野生動物の保護区となり，実施されれば彼らの生産活動は大幅に制限されることとなる（図3-4）．また土地の利用計画書には，スクマによる過放牧が同地域における環境破壊の元凶であるとした上で，1世帯がもつことができるウシは5頭まで，イテテ村で飼養できる全頭数を675頭に制限するとしていて，この条例に従わない者は即座に移住させるとも書かれていた．現在イテテ村で飼われているウシの正確な頭数はわからないが，少なく見積もっても1万頭は下らないだろう．それを675頭まで減らすというのは，ウシの飼育が禁止されたのに等しい．イテテ村に移住してきたスクマは，水田適地と放牧地を求めて移住を繰り返してきた人たちであり，キロンベロ谷ほど水と草に恵まれた土地が他では得られないことをよく知っている．彼らがキロンベロ谷を追い出されれば，現在のようなウシに囲まれた豊かな生活を送ることができなくなるのは自明であり，彼らはこの条例に強い危機感を抱いていた．原野で牧畜を営むスクマの多くは，いつでも移住できるように丸太と藁葺きの屋根でできたカンビと呼ばれる簡易な家屋に暮らす．しかし，キロンベロ谷で

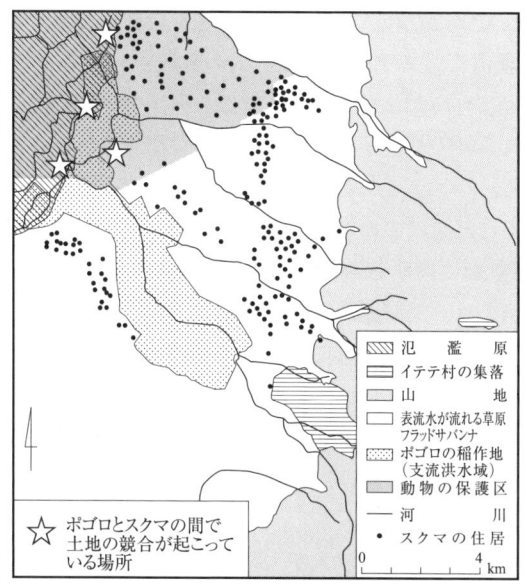

図3-4 イテテ村における野生動物保護区

は多くのスクマがレンガづくりの家を建て，なかにはトタン屋根を葺いた家もある．それは，彼らの多くがキロンベロ谷に定住する意思をもっていることを示している．また，一部のスクマは政府の指導に従って敷地内に木を植えたり，住居の周辺の林を伐採せず残そうともしていて，これもスクマが定住しようとする態度の表れであろう．

イテテ村のスクマがおかれている厳しい状況はこれだけではなく，観光産業との対立も浮上してきた．タンザニア政府は環境保護とともに観光産業の振興も政策の大きな柱としており，イテテ村にもスポーツハンティングを目的とした狩猟区が設置されている．政府が進める環境保護政策とスポーツハンティングは，一見矛盾するようにも思えるが，狩猟頭数を確実に制御すれば野生動物の保護と狩猟は両立できるとして，土地の利用計画書においても，動物保護区での外国人客によるハンティングを認めている．イテテ村にも外国人客を対象にしたハンティング経営会社があり，地域住民はその狩猟区に立ち入ることが禁止されている．しかし，スクマはこうした狩猟区に

度々ウシを入れていたため，ハンティング経営会社は狩猟対象の野生動物が逃げることを理由に，スクマに狩猟区での放牧を止めるように通告してきた．再三の警告にもかかわらず，スクマは狩猟区での放牧を続けたため，ハンティング経営会社の社員がスクマのウシを殺傷する事件が頻発するようになってきている．ハンティング経営会社は，スクマの追放を求める陳情書を政府に提出することをほのめかしている．

「土地の利用計画に関する条例」はポゴロの生活にも影響を及ぼし始めている．この条例では，氾濫原だけでなく現在稲作をおこなっている扇状地の一部までも動物の保護区にすることが提案されていて，そこでの稲作を禁止する方向で計画が進められている．具体的には，イテテ村の稲作農家は1世帯当たり1.3ヘクタールから0.5ヘクタールまで水田を縮小し，保護区の候補地に水田を持つ農家は，集落周辺の代替地を開墾するように提案されている．

稲作の規模を縮小すれば，収入が大幅に減少し，トラクタ代などを捻出することができなくなる．ポゴロだけでなく，扇状地の端と氾濫原に広大な水田を開いたトラクタ所有者も，トラクタとともにイテテ村を去ってしまうだろう．そうなれば，コメの産地自体が消滅してしまう可能性もある．

さらに，環境保護の強化はポゴロの食生活にも大きな影を落としている．1964年，キロンベロ谷に狩猟制限区が指定されて以来，そこでの漁撈と狩猟にはライセンスが必要となった．ライセンスの取得には煩雑な手続きと旅費などの多額の経費が必要であり，ほとんどの住民はライセンスをもたずに狩猟や漁撈を続けてきた．しかし，2003年以降，県庁は，このような密猟が環境破壊につながっているとして，各地域に動物保護監視員を置き，ライセンスを持たない者の狩猟や漁撈を厳しく取り締まるようになった．肉や魚の供給を狩猟や漁撈に頼っていたポゴロ社会には家畜を飼う習慣がなく，監視の強化によって村では動物性タンパクがまったく手に入らなくなってしまったのである．

コメの売却益に強く依存してきたポゴロは，環境保護政策の影響だけにとどまらず，その生計様式そのものが行き詰まりを見せ始めている．コメの買い取り価格は，他の産地の作況によって変動するが，全国的に見れば需要が

供給を上回っているので,コメは安定した収入源であることに変わりはない.しかし,前述の理由で肉や魚の値段が上昇しているが,ポゴロにとって最も深刻なのが原油価格の上昇であり,それに連動してトラクタ耕作賃とトラック輸送費が値上がりした.2003年から2006年の3年間にトラクタ代は1.75倍に,トラック代は2倍以上に上昇し,膨れ上がった農業経費が彼らの生計を圧迫している.また,すべての食品や工業製品の価格も上がった.コメからの収入は天候によって毎年変動するが,原油価格が上がり続ければ,生計は安定せず,不作年には主食すら確保できない状況に陥る危険もある.

5-3. サイクロンの発生と民族の協調

　ポゴロとスクマは,氾濫原の利用をめぐって対立していたが,環境保護政策が施行されれば,両者ともこれまでどおりの生業を営むことができなくなる状況に追い込まれる.この共通の問題を抱える中,異常気象をきっかけとして両者の対立関係が好転する兆しを見せ始めた.

　2006 / 2007年度の雨季も,ポゴロは例年通りトラクタによる稲作地の耕起を予定していた.彼らは,水田雑草の繁茂を極力抑えるため,最初の雨が降って雑草が出芽した後にトラクタによるハロー耕を始めることにしていた.ところが,例年であれば少しずつ降り始める雨が,マダガスカル島の北方で発生した巨大なサイクロンの影響を受け,雨季のはじめから豪雨に見舞われた.図3-5は,2006 / 2007年度における12月から7月までのキロンベロ谷の降雨量の変化を,過去の年平均値と比較したものである.2007年1月までに降雨量が600ミリメートルを超えているが,これは1年のうちで最も雨が多い3月や4月の降雨量に近い量である.例年ならば3月末から4月にかけて発生する支流の氾濫が,2007年は1月に起こってしまい,稲作地やそれへのアクセス道路が水につかり,トラクタによる耕作ができなくなってしまったのである.

　ポゴロはトラクタによる耕作を断念し,鍬で耕し始めた.ポゴロの稲作では,イネの穂ばらみ期に洪水期を重ねることで期待した収量が望めるが,そのためには1月中,遅くとも2月のはじめには播種を終えておく必要があ

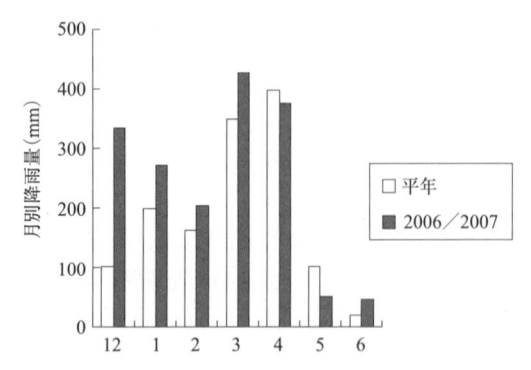

図3-5 キロンベロ谷における降雨量（平年・2006/2007）

る．しかし，トラクタ耕作を断念した時点から，鍬による耕起を始めたのでは，2月のはじめまでに播種を終えることは不可能であった．稲作の豊凶に1年間の生活がかかっているポゴロは，かなり切迫した状況に追い込まれてしまったのである．

こうした状況のもと，スクマと友好的な関係を保っていた一部のポゴロのなかで，スクマに頼んで牛耕してもらう者が現れた．ウシは農道が水没していても歩けるし，水没した水田でも耕すことができる．表3-2は，2005/2006年と2006/2007年におけるポゴロの耕起方法を示している．2005/2006年は，すべてのポゴロがトラクタで耕起しているが，2006/2007年にはトラクタで耕作できた世帯はわずか10％にとどまった．スクマに牛耕を依頼した世帯は15％であり，残りの75％は鍬による耕起を余儀なくされた．鍬で耕起した世帯は播種の遅れを恐れて耕作地全体を耕すのを断念し，結局，作付面積は半分以下になってしまった．牛耕を依頼した世帯は例年どおり稲作地すべてを耕作することができ，これまで牛耕を遅れた技術と考えていたポゴロは，ここにきて牛耕の意義を強く認識することになったのである．スクマに牛耕を依頼した世帯は15％にとどまったが，この時期はスクマにとっても農繁期であり，自分の農地を耕起するだけで手いっぱいであった．それにもかかわらず，土地をめぐって対立していたポゴロのために牛耕を引き受けたことは注目に値する．

スクマがポゴロの耕作を支援したことが契機となり，両者の関係は少しず

表3-2 ポゴロの耕起手段 (n=55)

	2005/6	2006/7
トラクタ	100%	11%
牛耕	0	15
鍬	0	74

つ改善に向かい，両者はいろいろな局面で交流するようになっていった．例えば，2000年以降，ポゴロの集落では，狩猟取り締まりの強化によって動物性タンパク質の供給が極端に減少していたが，スクマは週に一度はポゴロの集落で牛を屠殺し，肉を販売するようになった．ポゴロは，この牛肉販売によって，少ないながらも再び肉を口にすることができるようになった．スクマが肉を売り始めると，ポゴロが殺到して1時間もしないうちに売り切れてしまう．スクマからの肉の供給は，ポゴロの食生活にとって必要不可欠なものになりつつあった．

他の村々でもポゴロとスクマの関係に同様の傾向が見られた．イテテ村から20キロメートルほど西にあるウサングーレ村では，サイクロンに見舞われる数年前から，8世帯のポゴロが牛耕用のウシを飼育し始めていた．これまでウシ飼育の経験がまったくなかった彼らには，スクマの協力・援助が必要であったが，スクマは家畜の病気の診断や薬の処方に関する知識を教え，ポゴロのウシが犂を引けるように訓練し，放牧を請け負ったりもしていた．サイクロンの後，こうした関係がさらに深まったことは容易に察しがつく．

また，両者が交流する場として，スクマの経済活動の拠点である「センター」が重要な役割を担うようになった．スクマの経済力を象徴するように，フラッドサバンナには「センター」が増えていった．ポゴロも稲作地での出づくり小屋で生活する間は「センター」に出入りするようになり，ポゴロとスクマが接触する機会が多くなった．2003年にはポゴロとスクマが「センター」で顔を合わせても，ほとんど会話することはなかったが，2007年にはふつうに会話を交わし，酒場で一緒に酒を飲むことも常態化していた．このような関係が深まり，ポゴロは牛耕を引き受けてくれる友好的なスクマを探し，スクマは集落でのコメの価格の動向や，環境保護をめぐる政府の動き

などの情報を教えてもらっていた．個人的に親しくなったポゴロとスクマがイネの品種を交換し合い，その品種が各民族内に行き渡るようになり，良質な在来品種をポゴロとスクマがともに栽培するようにもなった．また，フラッドサバンナと扇状地の境界部で稲作する一部のポゴロが，スクマから稲作技術を学び，畦畔をつくり，苗床で育苗して，水田に移植するなど，ポゴロの稲作にも変化が起こり始めている．

6……氾濫原におけるポゴロとスクマの住み分け・対立・協調

　1年のなかで水環境が大きく変化する氾濫原は，人にとって漁撈以外にあまり利用価値のない場所であった．ところが，社会・経済の状況が変わってくると，そこに様々な価値を見出す人々や集団が現れ，それぞれの価値観を主張するようになる．キロンベロ谷においても，コメの経済価値の高まり，トラクタやトラックによる農地の拡大，家畜の放牧，環境保護，観光産業の振興といった変化によって，多様な価値観が錯綜するようになっていった．氾濫原に対する価値観が多元化するなかで，ポゴロとスクマの2つの民族集団は，ともに河畔平原のなかで生業を営みながら，住み分け，対立し，協調していった．ここでは，両民族がたどった3段階の関係に着目しながら，その展開のプロセスを分析してみたい．

　最初の動きは，キロンベロ谷へのスクマの移住がもたらした変化に対応している．スクマは，広大な湿地で家畜を放牧しながら，それまで利用されてこなかったフラッドサバンナに水田を造成していった．それは，この地域への新たな技術の伝播でもあったのだが，ポゴロは扇状地での支流の氾濫と，トラクタによる耕起に依存した稲作に特化していたため，ポゴロとスクマの間で農耕技術に関わる交流はなかった．また，異なった生態条件の地で，それぞれの生業を営むことによって土地利用をめぐる競合もなく，互いに干渉せずに住み分けて暮らしていたのである．

　しかし，経済の自由化に伴って流通が活性化し，両者がそれぞれの活動範

囲を拡大していく過程で，ポゴロの稲作とスクマの放牧とが土地をめぐって競合するようになり，両者の関係は対立の様相を強めていった．これが2段階目の動きである．この対立の根底には，ウシに対する価値観と依存度の相違がある．スクマにとってウシは高い社会的価値をもつと同時に，経済と農業労働の基盤でもあった．これに対してポゴロは，農業労働をトラクタやトラックに依存していたため，ウシにまったく関心がなく，放牧地の価値を認めることもなかったのである．ポゴロがウシに対して関心を示さない別の要因として，彼らの「発展観」が関係しているかもしれない．独立以降，タンザニア政府は農業の近代化政策を進め，キロンベロ谷は常にその最前線を走っていた．ポゴロの中では地域の発展と農業の近代化が強く結びついていて，それが近代的な技術への強い憧憬とそれに携わることへの自負につながっていたと考えられる．多くのポゴロは牛耕よりトラクタのほうが進んだ技術であり，牛耕への志向は発展への道を逆行すると感じているように思える．

　3段階目は協調への動きである．湿地帯の野生動物を保護する政策が拡大・強化され始め，ポゴロとスクマの生活に大きな影響が及ぶ可能性が現実味を帯び，危機感をもった両者は協力関係を模索し始めた．この時期は，トラクタによる稲作に特化していたポゴロが，原油価格の高騰などもあり，これまでのような生業・生活が続けられるかどうか不安を抱え始めていたときでもあった．そして2006/2007年度にサイクロンに襲われ，トラクタに依存した稲作の脆弱性が露呈したが一部のポゴロはスクマに牛耕を依頼して急場をしのぐことができた．一方，政府による動物保護や観光産業を振興する政策は，ポゴロには農地の縮小を，スクマには放牧地の没収を意味し，とくにスクマにとってはキロンベロ谷からの追放も含意していた．スクマは追放を免れるため，政策の動きに関する情報を求め，また村民の大多数を占めるポゴロとの関係を深めておく必要があった．湿地に野生動物保護区を設定・拡大する政策は，キロンベロ谷での土地利用を一層複雑にするものであったが，ポゴロとスクマが共通の難局に直面することで，ともに歩み寄り，協力関係を築き始めたのである．

　対立から協調に移行する契機についても触れておきたい．ポゴロとスクマ

の乱闘事件は，厳しい自然環境の中で生き抜くための争いでもあった．一連の事件は法廷にまで持ち込まれたが，結局，所有者のいない土地争いを裁判で解決することはできなかった．この抗争を和解に向かわせる契機となったのは，皮肉にもサイクロンという自然現象であった．ヒートアップする両者に冷や水をあびせ，先の見えない争いを治めるには絶好の機会であった．厳しい環境のなかで，人が争っている場合ではなかったのである．

今後の両者の関係とイテテ村での生業について展望するとき，とくに注目したいのは，ウシ飼育と牛耕の展開である．原油価格に連動して，トラクタにかかる経費も常に上がり続けている状況下で，ポゴロがウシの飼育と牛耕を拡大していくかどうかは注目に値する．ウシに高い社会的価値をおき，その頭数を増やすことに執心するスクマの活動が，ポゴロとの対立や政府の環境保護規制の強化につながったのは事実である．しかし，それをきっかけとしてスクマとポゴロの協力関係が強化され，スクマのもつ余剰の畜力が地域内で有効に利用されることになれば，地域の経済力も底上げされることになるだろう．

Seppala [1998] は，開発途上国における農民のリスクに対する戦略が，現金を得る手段や土地の利用法，世帯構成員の労働配分など，様々な側面において多様化する傾向にあることを指摘している．アフリカの小農について，廣瀬 [1998] は，現金収入の必要性が増大する時代状況の中で，家畜飼養を導入して生業の多様化を図り，また牛耕や牛糞の利用を取り入れることで，栽培できる作物や栽培方法，播種のタイミングなどの選択肢を増やすことができた農家の事例を報告している．イテテ村の場合，ポゴロは稲作に特化せざるをえない状況におかれているが，スクマとの協力関係が深まれば，牧畜を取り入れた複合的な農耕体系の創出や生業内容の多様化が進む可能性がある．

最近では，ウシ飼育や牛耕を始めたポゴロもおり，相互の交流が深まってイネの品種を共有する動きもある．なかには両者の農法を折衷した稲作方法を試みる者もおり，新たな技術や環境利用の展開にもつながりうる状況が生まれつつある．ポゴロとスクマの関係は，民族の住み分け的な共住から，一時的な対立の時期を経て，相互に利益をもたらす共生へと転換する過程にあ

るのかもしれない．

　一方，政府の環境保護政策の内容と実施の方法如何では，ポゴロとスクマの協力関係が再び悪化する可能性があることも指摘しておかなければならない．戸田［1994］は，現代の環境問題や，それをめぐる政策は，まず社会的弱者に負の影響を及ぼす傾向があることを指摘している．キロンベロ谷の野生動物保護区の設定・拡大については，住民による意志決定を考慮に入れるプロセスが組み入れられてはいるが，政治的な力をもたないポゴロやスクマは，結局，政府の方針に従わされ，否応なしに生活の基盤が切り崩されてしまう可能性もある．野生動物の生息環境の保全が，生物多様性の維持と，湿地環境の持続可能な利用に実質的につながるなら，イテテ村の住民が参加する保護活動が構想されることにも意味がある．しかし鵜飼［2002］が警告しているように，住民参加型の開発や環境保全の方式は，往々にして政策決定者の意向を正当化するための方便にすぎないことが多く，イテテ村の場合も一部の指導者の意見だけが恣意的に重用されて，住民参加の体裁だけを整える方向に動いているようにみえる．そして，その政策は，スクマに大きな負担を強いる内容になっている．ケニアとタンザニアで，移住者の牧畜民と地元の農耕民との関係を調査したHomewoodら［2004］は，教育や医療の受益，村の評議会での発言権などで，移住者と地元民が平等に恩恵を得られる政策の策定・実施が，両者の対立を沈静する上で重要であることを指摘している．それは，政策が及ぼす負の影響についても同様であろう．キロンベロ谷での環境保護政策がそのまま実施に移されれば，ポゴロとスクマの関係は悪化し，再び対立的な関係に陥る可能性もある．また，スクマが追放されればウシもいなくなるので，農牧複合の動きも消えてしまうかもしれない．

　アフリカの多くの地域で農民と牧畜民の争いが頻発し，なかには民族紛争にまで至った例もある．しかし両者が歩み寄り，協調して問題に対処し，共生の道をたどれば，新たな技術の創造や，地域経済の活性化が促進することもありうることを，イテテ村の事例は示唆している．実態調査を踏まえ，農民と牧畜民の民族関係がもつ正のポテンシャルが顕在化する条件を探ることは，アフリカ地域研究の大きな課題の1つである．

引用文献

Corti, G., E. Fanning, S. Gordon, R. J. Hinde, & R. K. B. Jenkins. 2002. Observations on the Puku Antelope (*Kobus vardoni* Livingstone, 1857) in the Kilombero Valley, Tanzania. *African Journal of Ecology* 40: 197-200.

East, R. 1998. African Antelope Database. 1998. *IUCN/SSC Antelope Specialist Group Report*. IUCN, Gland, Switzerland & Cambrige.

FAO. 2004. *Production year book vol. 57*. Rome: FAO.

古澤鉱造．2002．「岐路に立つ牧畜民と窮状打開への模索―タンザニアの事例―」草野孝久編『村落開発と国際協力：住民の目線で考える』古今書院，89-104.

半澤和夫・島田周平・児玉谷史郎．1994.「ダンボの土地利用と農業生産，ザンビア・チネナ村の事例」『開発学研究』4：31-40.

廣瀬昌平・若月利之．1997．『西アフリカ・サバンナの生態環境の修復と農村の再生』農林統計協会．

廣瀬昌平．1998．「農耕様式の多様化とその変容過程」高村泰雄・重田眞義編『アフリカ農業の諸問題』京都大学出版会，117-158.

Homewood, K. E. & C. M. Thompson. 2004. In-migrations and Exclusion in East African Rangelands; Access, Tenure and Conflict. *Africa* 74-4: 567-610.

Jatzold, R. & E. Baum. 1968. *The Kilombero Valley, Characteristic Features of Economic Geography of a Semihumid East African Flood Plain and Its Margins*. Dillingen: Weltforum Verlag Munchen.

Kanyeka, Z. L., S. W. Msomba, A. N. Kihupi & M. S. F. Penza. 1994. Rice Ecosystem in Tanzania. Characterization and Classifisication. *KATC Newsletter. Rice and People in Tanzania*. Vol. 1.1 1995.

Lugeye S. 1999. The Implication of Farmer's Indigenous Knowledge for Sustainable Agricultural Production in Tanzania. In Forster, P. G.. and S. Maghimbi eds., *Agrarian Economy, State and Society in Contemporary Tanzania*. England: Ashgate Publishing Ltd., 126-135.

Malcolm, D. W. 1953. *Sukumaland: An African People and Their Country*. London: Oxford University Press.

松田素二．1997.「近代化の矛盾」宮本正興・松田素二編『新書アフリカ史』講談社，537-554.

Meertens H. C. C. 2003. The Prospects for Integrated Nutirient Management for Sustainable Rainfed Lowland Rice Production in Sukumaland, Tanzania. *Nutrient Cycling in Agroecosystems* 65: 163-171.

Naiman, R. J. & K. H. Rogers. 1997. The Ecology of Interfaces: Riparian Zones, *Annual Rev Ecology System 28*: 621-658.

小川　了．1998.「牧畜民フルベ社会での農耕―「伝統的」生業体系の再考―」高村

泰雄・重田眞義編『アフリカ農業の諸問題』京都大学出版会，87-113.

Seppala, P. 1998. *Diversification and Accumulation in Rural Tanzania*. Uppsala: Nordiska Afrikanistiutet.

祖田　修．1996．『タンザニア・キロンベロ盆地の稲作農村―自然の循環と共生装置の形成および展望―』国際農林業協力協会．

竹内　潔．2001．「彼はゴリラになった―狩猟採集民アカと近隣農耕民のアンビバレントな共生関係―」市川光雄・佐藤弘明編『森と人の共存世界』京都大学出版会，223-257.

Tanzania, MA & FS (Ministry of Agriculture and Food Security. 2004. *Basic Data, Agriculture Sector 2003/2004*. Dar es Salaam.

Tanzania (United Republic of). 2007. *Land Use Planning Act*. Dar es Salaam.

寺嶋秀明．2001．「地域社会における共生の論理―熱帯雨林と外部世界の交渉史―」和田正平編『現代アフリカの民族関係』明石書店，223-243.

戸田　清．1994．『環境的公正を求めて』新曜社．

鵜飼行博．2002．『社会開発と環境保全』東海大学出版会．

Walter, K. D. 2002. *Fresh Water Ecology*. San Diego: Academic Press.

山本佳奈・樋口浩和．2007．「タンザニア高原地帯における季節湿地の農業利用―ムボジ高原の事例―」『熱帯農業』51(3)：129-137.

第4章
タンザニア・ボジ県の農村

山本佳奈・伊谷樹一・下村理恵

1. 湿地開発をめぐる住民の対立と折り合い
   [山本佳奈]
2. ミオンボ林の利用と保全
   [伊谷樹一]
3. 水田稲作の発展プロセスにおける先駆者の役割
   [下村理恵]

扉写真

地溝帯の底部にひろがる稲作水田

アフリカ東部を南北に縦貫する大地溝帯は，タンザニア南部のボジ県に起伏に富んだ複雑な地形をつくりだした．コーヒー産地として知られる県東部のボジ高原では，近年，季節湿地の開発が進みつつある．県西部にひろがるミオンボ林の高原では，生態環境にあわせて多彩な農耕が営まれている．東西2つの高原の間にはムサンガーノ・トラフと呼ばれる舟状盆地があり，その底部の沖積平野では水田稲作が急速にひろがっている．

1……湿地開発をめぐる住民の対立と折り合い
ボジ高原イテプーラ村の事例

[山本佳奈]

1-1. 畑に残された小さな森

　タンザニア南西部のボジ高原には雨季に水浸しになる湿地がひろがっている．この湿地は，古くから放牧地として利用されていたが，1990年代に入り社会経済の状況が変化したことで，またたく間にトウモロコシ畑へと変えられていった．高原湿地の真ん中にあるイテプーラ村でも湿地開発が急速に進み，2005年頃までに放牧地は見渡す限りのトウモロコシ畑に変えられてしまった．ただ，その中に，小さな森が1つ，ぽつんと残されていた（写真4-1）．そこは，地域の人々が「アハシトゥ・アハピーナ（孤独の森）」と呼ぶ，土着信仰の対象とされてきた森であった．トウモロコシ畑がひろがる以前，実はこの森のすぐ隣にもう1つ同じような小さな森があり，そこも祖霊の宿る森として信仰の対象になっていた．2つならんでいた「孤独の森」のうち，1つが伐採され，もう1つが残されたのである．これらの森は，揺れ動く社会情勢の中で，住民の様々な思惑が衝突し，和解していった経緯を象徴していた．

　この地に暮らすニイハは，湿地の草原を共同の放牧地として利用しつつ，草本を利用した焼畑耕作もおこなっていた．この焼畑では，毎年草原を開いて新たな畑を造成し，収穫後はそこを放棄して再び共同の放牧地に戻していた．つまり，湿地では，農耕にしても牧畜にしても，土地の使用者は固定されず，あくまでも「共有地」[1]として利用されてきたのである．ところが，コーヒー産地として知られるボジ高原では，市場経済が深く浸透するなかで，食用作物の畑にコーヒー園が拡大し，食糧生産を圧迫していった．その結果，広い土地をもたない住民が湿地を開墾してトウモロコシの常畑を造成するようになっていったのである．それは共有地であった湿地の私有地化を意味し，イテプーラ村ではその是非をめぐって村人同士が数年間にわたって激しい対

第 1 部　多様な地域発展

写真 4-1　季節湿地に残された「孤独の森」．森の周辺は耕地化されてトウモロコシ畑となっている．

立を繰り返していた．最終的には湿地の大部分が耕地化されることになったのだが，一部の放牧地と小さな森だけが残されることになった．

　タンザニアでは，近年，農村をとりまく社会経済の変化に対応する形で湿地を耕地化しようとする動きが各地で見られる［Madulu 2005；本書第 3 章・第 4 章 3 節・第 7 章 1 節］．湿地開発は，土地不足の解消や増収など，農家の生計にプラスの効果をもたらす一方で，生態環境や社会環境に一時的あるいは不可逆的なマイナスの影響を与える可能性もある．加速する湿地開発の中で，人々が湿地という資源をどのように認識し，それがどのように変化してきたのかを理解することは，これからの湿地の利用と保全を考えていく上で重要である．

　タンザニア各地に分布する湿地の多くは，その地域を治めるチーフや首長によるゆるやかな監視のもとで，主に放牧地として住民たちが共同で利用し

てきた．しかし，植民地期以降，伝統的な管理者の力が形骸化する中で，湿地はその利用に関するルールや住民の合意が形成されないまま放置されてきた．ボジ高原の湿地も，明確な規則や合意がないまま共有されてきたため，耕地不足が深刻化する過程で個人主義的な利用が拡大することになった．この拡大は住民同士の対立を引き起こし，結果的に共有地の大半が私有地化することになった．しかし，それは単なる共有地の崩壊ではなかったように思う．様々な思惑がぶつかり合う中で，人々はそれぞれの主張や立場を理解し，折り合いをつけていったのである．

　この節では，イテプーラ村の季節湿地が草原からトウモロコシ畑へと変わっていった過程を追いながら，どのような立場の住民が，それぞれどのような思惑をもって対立したのか，最終的にどのように折り合いをつけていったのかについて，当事者の社会的・宗教的な立場を踏まえながら分析する．そして，資源利用に関する問題を住民自ら解決していった過程を，アフリカ農村の内発的な展開と捉えて，その観点から考察を加える．

　現地調査は，ムベヤ州ボジ県イテプーラ村で2004年から2009年まで計6回，18ヵ月間おこなった．季節湿地の利用変化をめぐる対立の実態を明らかにするために，当事者に聞き取りをおこなうとともに，区[2]の役場に残されていた裁判の記録文書や調停文書を調べた．また，対立の背景を明らかにするために，イテプーラ村の6村区の1つ，M村区（2005年当時，127世帯）で生業や土地利用に関する定量的なデータを収集した．

1-2. 調査地の概要

(1) イテプーラ村

　イテプーラ村はタンザニア・ボジ県の南東部にひろがるボジ高原の中央部に位置し，標高は1,500〜1,600メートルである（巻頭地図Ⅰ・Ⅱ，図4-1）．季節は12月から4月の雨季と5月から11月の乾季に分かれ，年間降雨量はおよそ1,300ミリメートルである．ボジ高原にはなだらかに起伏する丘陵地がひろがり，その低地部は雨水が集まる季節湿地となっている（図4-1）．この季節湿地は一面をイネ科草本が覆っており，この地域の主要な民族であ

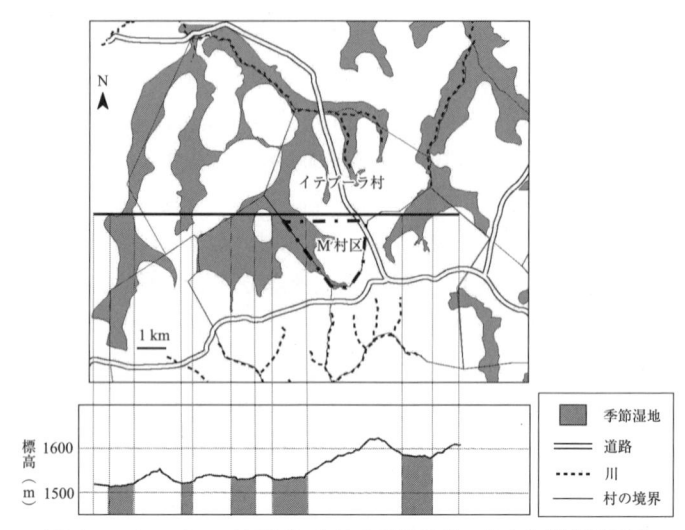

図 4-1　イテプーラ村周辺における季節湿地の分布と標高断面図

るニイハの言葉でイホンベ（スワヒリ語ではブガ）と呼ばれている．また，調査地一帯はミオンボ林帯に属し，かつては湿地を取り囲む丘（以下，アップランド）をマメ科ジャケツイバラ亜科の樹木やクリソバラヌス科の樹木（*Parinari curatellifolia*）が覆っていたが，現在ではそのほとんどが伐採されてしまった．

　イテプーラ村の人口は，1978 年には 1,723 人 [Bantje 1986] であったが，2002 年の人口統計では 3,009 人（645 世帯）と 1.7 倍に増加している．村の面積（21.6 平方キロメートル）から，2002 年当時の人口密度を計算すると 139 人／平方キロメートルであり，県平均の 53 人／平方キロメートルに比べてかなり高い [Tanzania, NBS & MRCO 2003]．また，同じ統計に，村で飼養されるウシの頭数は 230 頭と記録されていた．

　調査地に古くから住んでいた民族はニイハであるが，1930 年代以降，ヨーロッパ人が経営するコーヒー農園に雇われてニャキューサやンダリといった近隣の民族集団が移り住むようになり，1980 年にはニャキューサとンダリがイテプーラ村の人口の 14％ を占めていた [Bantje 1986]．

(2) 政治体制の変遷 —— チーフ権力の衰退

19世紀後半，ニイハの住むボジ高原は，12人のチーフがそれぞれ統治する12の領域に分かれていた [Knight 1974]．当時チーフは，それぞれの領土の統治者であるとともに，そこに住む人々を庇護する立場でもあった．チーフは人々から税を徴収し貢物を受ける一方で，食糧不足のときには，自分の穀物倉の食糧を人々に分け与えていた．また，チーフは土地の分配・処分に関わる権限を持ち，彼の意向で人々を他の土地へ移住させることもできた [Brock 1966]．その後，チーフを頂点とした政治体制は，イギリス委任統治領時代には間接統治に利用され，地方政治の末端に組み込まれたが，タンザニアの独立後には地方政治から締め出されることになった．現在の村の行政組織は，村の成員から選ばれる村評議会員25人と県議会が指名する村行政官から構成される．本節で村評議会と記述する場合には，村行政官も含む村の行政組織を指す．村評議会はかつてのチーフに代わる村内の土地の管理者でもある．村内の土地のほとんどは個人が利用する耕地や屋敷地となっており，このような土地は，実質的には世帯主の采配で自由に利用・貸借・売買がなされている．それ以外の土地，例えば季節湿地の草原や山頂付近の林など，個人の土地となっていないところは，村評議会の管理下に置かれている．山頂付近の林を開くことは中央政府によって禁止されてきた．一方，季節湿地については，1990年代に耕地が拡大し始めるまでは，利用に関する明確な規定はなかったようである．また，人々は湿地に耕地が拡大する以前は，「季節湿地は誰の土地でもなかった」と語る．それは，一応チーフや村評議会の管理下にあって，特定のクランや個人に属するものではないということを意味している．

いくつかの村から構成される区には監督役として区行政官がおり，複数の村が関わるの問題や区全体の問題を処理している．また区には，数名の住民が役員を務める調停議会が設置されており，土地やその他の争いごとの解決をはかっている．

独立後，チーフは政治の舞台から退いたが，その後もチーフの地位は維持されて，特定のクランの成員が継承している．現在，チーフやその重臣たちは村評議会の決定や方針に助言することもあるが，村評議会の決定を覆すほ

どの権限はもっていない．現在のチーフと重臣の主な役割は，呪術や慣習にまつわる問題を調停し，厄除けや雨乞いの儀礼を遂行することである．

チーフによる儀礼は，祖霊に対する慰撫であり，その目的はチーフダム全体に関わる災難を鎮めること，あるいは利益を導くことである．チーフは儀礼を通して，祖霊と人を仲介する役目をもつ [Brock 1966]．一方，ニイハは個人的に各クランの祖霊を信仰してきた．彼らは一族の祖霊が家族の幸福や災いに深く関わっていると信じており，畑を開くときや結婚するときなど，重要なものごとの前には親族の祖霊に祈願した．また，家族に災いがあったときには，原因を呪医に占ってもらい，それが祖霊であるとされれば，祖霊に生贄を供えて祈願することもあった [Brock 1966]．

一方，調査地は19世紀末からキリスト教の影響も受けてきた．1899年にボジ・ミッションを創設したドイツのプロテスタント系教会のモラビアン派を始め，20世紀には，数々のキリスト教宗派が伝えられ，近年キリスト教に改宗するものが急増している．キリスト教徒の割合が増えた今日，祖霊信仰に関わる儀礼はなりをひそめ，チーフの執りおこなう儀礼ももはや地域全体の関心事ではなくなっている．

(3) 農業と牛飼養

村のほぼ全世帯が換金作物のコーヒー，主食のトウモロコシ，副食のインゲンマメやラッカセイを栽培している．コーヒーはボジ・ミッションを創設したドイツ人宣教師によって20世紀初頭にこの地域にもたらされた [Fiedler 1996][3)．ボジ高原に住む人々は，ボジ・ミッションやヨーロッパ人経営の大農園で賃金労働に携わるなかで，コーヒー栽培の技術を学び，自分たちのコーヒー園を開くようになり [Knight 1974]，コーヒーはしだいに人々の生計を支える重要な収入源となっていった．現在，コーヒー栽培には化学肥料の投入と農薬の散布が不可欠であるが，適正に管理すれば大きな利益につながる．

トウモロコシ・インゲンマメ・ラッカセイについては，自家消費分を確保しつつ，余剰分は販売している．これらの販売によって得られる現金は，コーヒーからの収入ほどではないにしても，日用品や衣服の購入費，学費などをまかなうための重要な収入である．トウモロコシ畑にも化学肥料を施し，イ

ンゲンマメあるいはラッカセイと輪作するのが一般的である．

インゲンマメやラッカセイの畑は鍬で畝立てするが，平地で栽培するトウモロコシの畑では，2頭のウシに犂を引かせて耕起する．牛耕の技術も，コーヒーと同じくモラビアン派の宣教師によってもたらされた．1エーカー[4]を耕すのに，鍬で作業した場合，1人で2週間ほどかかるのに対して，牛耕を利用すれば2～4日ですむ．2005年のイテプーラ村M村区の72世帯を対象に実施した聞き取りでは，牛耕可能な役牛を2頭以上所有していた世帯は14世帯（19％）であったが，牛耕していた世帯は59世帯（82％）にのぼった．これは，役牛を所有していない世帯でも，親族や友人からウシと犂を借りたり，近隣の世帯に賃金労働を依頼するなどして牛耕しているからである．

もちろんウシは，労働力として以外にも様々な用途・価値を持っている．肉や乳は食用や販売用として利用するほか，牛糞からつくった厩肥をコーヒー園に投入する．ウシを婚資として新婦の親族に贈る慣習もある．しかし，肉や乳は一部の世帯を除けば利用頻度は少なく，厩肥もコーヒー園の面積に対してウシの頭数が少ないため，需要をはるかに下回っている．また，婚資として贈られるウシの頭数も近年減少する傾向にある[5]．この地域におけるウシは，特に耕作用の労働力として重要であるといえよう．

1-3. 湿地の利用と認識

調査村では，ウシは主に放牧によって飼育されてきた．1960年代には，アップランドにまだ林が残っており，その林床は雨季の放牧地として利用されていた．しかし，1970年代になると，その林も常畑の開墾などで次々と切り開かれ，今では耕作に不向きな山地や保護林以外では，原植生を見かけなくなった．林に代わって，主な放牧地として利用されるようになったのが，一面を草本に覆われた季節湿地である（写真4-2）．水深が深くなる場所はあまり利用されないが，水深の浅い場所や湿地周辺の草地で放牧され，乾季になると畑の刈跡で放牧される．作物の残渣も尽きてくる乾季の後半には，季節湿地が再び重要な放牧地となる．このような放牧地の季節的な使いわけは昔も今も基本的に変わっていない．

写真 4-2　季節湿地で牛を放牧する少女

　前述のように1970年代以降，アップランドの常畑化が進んだことで，雨季の放牧地として湿地が利用されるようになったが，水深の深い場所では放牧できないので，ウシの許容頭数には限界があった．また1970年代はじめに実施されたウジャマー村政策によって各村に小学校が建設され，それまで牧童としてウシを追っていた子どもたちが小学校へ通うようになって，牧畜に携わる労働力が減少してしまった．こういう状況の中で，人々はウシの頭数を減らしていったのである．現在40歳代以上の人たちに，彼らの父親が1960年代や70年代に飼養していたウシの頭数を尋ねると，だいたい10頭から20頭，なかには50頭と答える者もいた．現在は平均3頭ほどであり，10頭以上のウシを飼っている世帯はごくまれであり，以前に比べると世帯ごとの飼養頭数が大幅に減っていることがわかる．また，M村区全体で飼養されている頭数にかんしても，Bantje [1986] のデータをもとに推定した1980年の頭数は247頭であったのに対し[6]，2005年の現地調査では107頭であり，4割近くまで減少したことになる [2009 山本][7]．

1970年代以降，イテプーラ村周辺では放牧地の減少に対応してウシの頭数を制限してきたが，その際，牛耕に使う雄牛と去勢牛を優先的に残して，雌牛や子牛の頭数を減らしていった．雌牛や子牛の頭数が減れば，域内での繁殖が難しくなり，牛耕に必要な役牛を更新することもできなくなる．この問題を克服していたのが，家畜商の存在であった．家畜商は，県内の山岳地帯にあるウシの産地から子牛を仕入れ，地域で飼養されている老牛と子牛2頭を交換し，手に入れた老牛を屠殺して肉を売るか生きたまま他の家畜商に転売することで利益を得ていた．このような家畜商の営みは1970年代からすでに始まっていたというが，これによってウシの持ち主は，雌牛や子牛を飼わなくても，老いた役牛を更新することができた［山本 2009］．このような家畜商によるウシの更新システムが確立されたことで，ウシの総数を減らすことができたのである．

　季節湿地では，ユニークな焼畑耕作もおこなわれてきた．この農法は季節湿地と同じイホンベという名で呼ばれている．湿地に生える草を表土ごと鍬ではぎとり，それを積み上げてマウンドをつくる（口絵6）．マウンドの内部に火をつけてゆっくりと蒸し焼きにし，その灰を畑にならした後シコクビエを散播する．シコクビエは1作しか栽培せず，収穫跡地は再び放牧地として利用される．収穫後は少なくとも3年以上の休閑期間をおく．

　また，湿地とアップランドの境界付近には，湧水地が点在していて，その周辺では湧水を利用したビリンビカと呼ばれる灌漑畑が開かれ，トウモロコシやマメ類，野菜類などを周年栽培している（写真4-3）．ビリンビカではベッド状の畝が並び，その畝間が水路（雨季には排水溝）になる．ビリンビカがひろがっているところは，もともと湿生の樹木が生えていて，現在でも「川」や「森」といった開墾前の状態で呼ばれることも多く，季節湿地とは明確に区別されている．

　彼らは，季節湿地を「ウシのための土地」として認識してきた．その根底には，幼い頃に1日中，季節湿地でウシを放牧していたという経験が強く影響しているようだ．現在30歳代〜50歳代の男性なら誰でも牧童の経験があり，朝から晩まで季節湿地で放牧していたという思い出を語ってくれる．また湿地でおこなわれるイホンベ耕作については，湿地の一時的な利用であり，

第 1 部　多様な地域発展

写真 4-3　ビリンビカでの水やり

シコクビエの残渣がウシの飼料として好ましいなどの理由から，放牧地の利用形態の 1 つとみなされてきたのである．何人かの村人は，かつてチーフが季節湿地を放牧地として維持するために，イホンベ耕作以外の農耕を禁止していたと記憶しており，このことも人々の「季節湿地＝ウシの放牧地」という認識と関係しているようだ．

　ウシの頭数が減少するにつれて，湿地の放牧地としての実質的な価値は下がっていった．ただ，湿地が「ウシのための土地」という感覚は多くの人のなかに依然として根強く残っており，放牧地としての湿地が必要以上に存在していることを認識している人は少なかった．

1-4.　季節湿地の耕地化をめぐる住民間の対立とその背景

　季節湿地の耕地化をめぐる対立について説明するまえに，湿地で耕地が拡大するに至った背景を手短に述べておこう．

(1) コーヒー経済の変容と土地利用の動向

　ボジ県が属するムベヤ州におけるコーヒー豆の生産量は，1997年以降，それまで国内最大の生産地であったキリマンジャロ州の生産量を抜いて国内第1位となった［Tanzania Coffee Board 2006］．

　タンザニア国内におけるコーヒー産地の経済状況には，国際あるいは国家レベルの社会経済的な動向が深く関係する．1980年代以降，コーヒーは世界的な生産過剰の状態にあり，国際市場の価格は下落傾向にあった．一方，1986年にタンザニア政府は世界銀行やIMFの勧告に従って構造調整計画を受け入れ，経済の自由化を進め，1994年にはコーヒーの流通を自由化した．ところが，意図に反してコーヒー豆の販売価格は上がらず，また政府が化学肥料への補助金の一部を撤廃したため，コーヒー農家の経済的な負担はむしろ大きくなった［辻村 2004］．

　このような状況下で，キリマンジャロ州や北部の諸地域では多くの農民がコーヒー栽培をやめて他の換金作物の栽培などに転換し［Ellis 2000; Larson 2001］，コーヒーの生産量は減少していった．ところが逆に，ムベヤ州ではコーヒーの生産量が上昇していたが，その生産を担っているのがボジ高原であった[8]．

　ボジ高原の中央部に位置するイテプーラ村では，近年，多くの農家がコーヒーの栽培面積をひろげていた［山本 2009］．近隣の農村でも同様の傾向がみられ，これがムベヤ州の生産量を増大させてきた要因であると考えられる．コーヒー栽培の拡大の背景として，以下の3点をあげることができる．①ボジ県はキリマンジャロ州のように都市との政治経済的結びつきが薄く，また周縁に位置しているため，コーヒー産業以外の現金稼得業への移行が容易ではなかった．②ボジ県の協同組合は堅実な経営によって自由化以降もコーヒー農家をサポートしていた［Mhando 2005］．③一部の農民たちは，コーヒー販売の自由化に応じて，農民グループを組織し，コーヒー豆を直接オークションに持ち込み，民間業者に売るよりも高い価格で販売するようになった．現金の必要性が高まるなかで，人々はコーヒーを第一の収入源として，それへの依存度を強めていったのである．

　1980年代までに常畑化が進み，未利用地や休閑地がほとんどなくなった

イテプーラ村周辺では，コーヒー生産を拡大するために主食であるトウモロコシの畑をコーヒー園に転換するようになっていった．一方，子孫への相続などによって土地の細分化が進み，アップランドのトウモロコシ畑はますます縮小されていった．

このような状況のもとで，自分たちが保有する畑だけでは十分な食料を生産できない世帯がでてきた．その多くは，広い土地を相続できなかった独立したばかりの若者や，他地域からの移住者であった．若者や移住者は狭い土地しかもたないにもかかわらず，現金収入源を維持するためにコーヒーの栽培を拡大していき，トウモロコシの栽培面積が減少していったのである［山本 2009］．土地の値段や借地料は高く[9]，その結果十分な食料を確保できない世帯が増えていった．

イテプーラ村在住のN氏も，土地をもたない若者の1人だった．彼は同村で祖父に育てられ，1980年代に独立したときには，祖父からわずかな土地を相続している．N氏は土地不足に苦労した末，季節湿地の開墾を始め，後には湿地開発を急進的に進める中心人物となっていく．以下では，彼が季節湿地で耕作を始めるに至った経緯をみていくことにする．

(2) 土地不足に悩む若者

N氏は1963年にイテプーラ村で生まれたが，しばらくして父方の祖父に引き取られた．祖父は厳格な呪医であり，祖霊を信仰し，薬にも精通していて薬草採集や患者の治療に多くの時間を当てつつ，農業にも従事していた．N氏は祖父の仕事を手伝いながら，その生き様をみて育った．祖父からは，一所懸命働くことが良い生活につながると教えられたという．しかしその一方で，「祖父のように呪医の仕事をして薬草を探し回るのは時間の無駄であり，そのようなことに関わっていてはいつまでたっても貧乏から抜け出せない．祖霊信仰や呪術に関わるのはやめようと決心した」とも語っていた．

彼が自分の畑を持って農業を始めたのは，小学校を卒業した1984年であった．このとき祖父から1エーカーの土地を与えられたが，その土地は，彼が現在に至るまでに相続した土地のすべてであり，それはM村区で調査した同世代の男性（5人）が親から相続した土地面積（2.5～5.5エーカー）と比べて

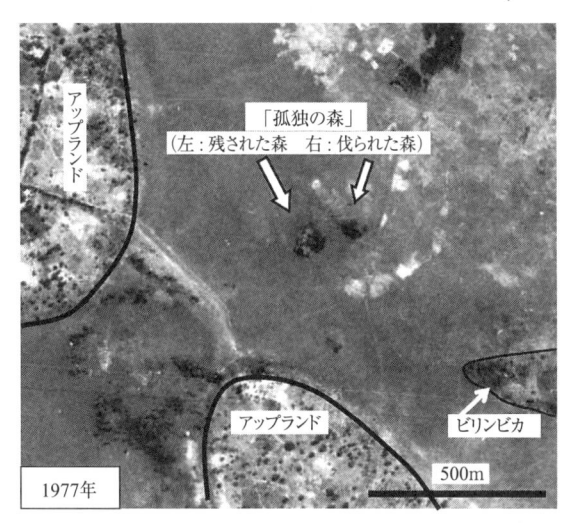

写真 4-4　季節湿地のなかに2つ並んだ「孤独の森」(1977年の空中写真)

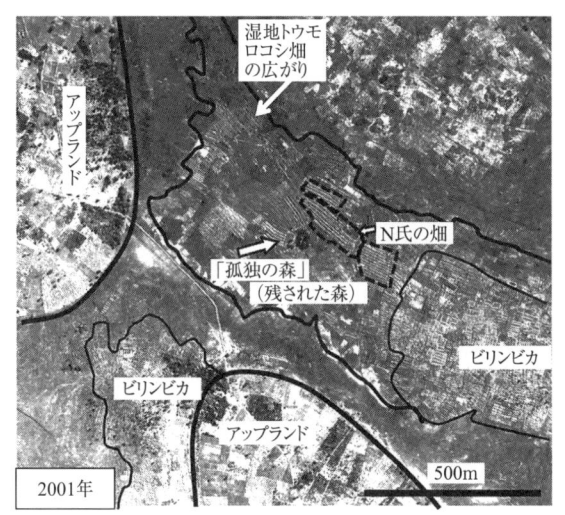

写真 4-5　季節湿地にひろがった湿地トウモロコシ畑のなかに1つ残った「孤独の森」(2001年の空中写真)．もう1つの森は開墾された．

注) 黒い部分 (写真 4-4 の右上を除く) は樹木および森である．1977年には季節湿地の湧水地の周囲に湿生林が点在していたが (写真 4-4, 左下)，2001年には切り開かれてビリンビカとなっている (写真 4-5, 左下)．写真の右上方は，季節湿地の中でも比較的水はけの良い場所で，いずれの年でも在来農耕イホンベの畑がみられる．

もはるかに小さいものであった．N氏はその土地の一部でコーヒーを育て，収穫物を売って食料を買い，余剰分で少しずつ土地を購入してコーヒー園をひろげていった．

N氏の生活は決して楽ではなかったが，1992年に友人のI氏の誘いで，キリスト教に改宗したことが人生の転機となった．N氏が教会で出会った牧師は1980年にイテプーラ村に移住してきた人で，民族はンダリであった．移住した当初，彼も十分な土地を持つことができず，季節湿地の周辺の湧水を利用してビリンビカを耕作していた．耕地を拡大したいと考えた牧師は，ビリンビカの周囲にひろがる季節湿地の草原に目をつけた．そこは泉から遠く，雨季には水が多すぎて，耕作に不向きな土地であったが，彼は深い排水溝をめぐらすことで湿害を回避し，季節湿地におけるトウモロコシの雨季栽培を成功させた．このトウモロコシ栽培は，湧水に依存するビリンビカとは異なり，季節湿地のどこででもおこなうことが可能であり，また火入れと休閑を繰り返すイホンベ耕作とは違って連作することも可能であった．

この地域では，収穫後の畑には誰でもウシを放牧することができ，作物の残渣を自由に給飼させることができる．しかし，作物が生育する畑に家畜を近づけることは固く禁じられているので，湿地トウモロコシ畑が拡大すれば，耕起の始まる乾季後半の10月から収穫の終わる6月ごろまでの間，放牧地として利用できる場所が制限されることになる．

牧師から湿地トウモロコシ畑に関する情報を得たN氏は，さっそく湿地の開墾にとりかかった．彼が開墾地に選んだのは，M村区の季節湿地のなかで小さな森が2つ並んでいるところであった（写真4-4, 4-5）．彼はその場所を「森があるので肥沃だと思った」という．彼はたった1人で2つの森のうちの1つをすべて伐採し，火をつけて焼き払ってしまった．このN氏による森の伐採が，季節湿地の耕地化をめぐる対立の引き金となった．

(3) 対立の発生

M村区の季節湿地のなかに2つ並んでいた「孤独の森」[10]の1つには，不思議な泉があった．古老たちによると，その泉の色は青・黒・白とさまざまに変化するという．また，常に水が湧き出しているにもかかわらず，泉の外

に水があふれ出すことはない．この森にはかつて大蛇が住んでいて，その大蛇が雨をもたらす力をもっていたと，ある古老は語っていた．強い霊感を持ち，「もう1人のチーフ」と呼ばれていたA氏は，雨乞い儀礼に使う水をこの泉から汲んでいた．もう一方の森にも泉があり，A氏らはこの森に棲んでいる祖霊に祈願し，そこで魚を獲っていた．誰でもこの森に入ることができたが，そこでの儀礼はA氏以外には許されていなかった．

　N氏が伐採した森はA氏らが魚を獲っていた方の森であった．N氏が森を伐採したときには，すでにA氏は亡くなっており，2つの「孤独の森」では祖霊信仰に関わる儀礼はおこなわれなくなっていた．しかし，A氏の死後も，チーフの重臣たちを含む祖霊を信仰する古老たちが，この森を神聖視していることに変わりはなく，古老たちにとって森の伐採は到底許される行為ではなかった．それは同時にチーフや重臣たちの威厳に関わる重大な問題でもあった．N氏は「そこが肥沃だと思ったから」という理由で開墾地を選定したというが，彼がその森の存在意義を知らなかったはずはなく，その上での伐採行動は，祖父を反面教師とする祖霊信仰への反発や，古い伝統にしばられたくないという意志の表れであったと考えられる．また，N氏はかなり進取の気性に富んだ人物でもあった．彼は小学校を卒業したばかりの頃，友人I氏とともに村で最初の喫茶店を始めている．村評議会がトウモロコシのF_1種子を試験的に配布したときも，その栽培に率先して取り組んでいた．彼のこうした心情や性格，そして前述したキリスト教との出会いなどが，慣習を打ち破ってまで季節湿地を開墾しようとした行動と深く関係していることはまちがいない．

　N氏の行為に激怒したチーフの重臣たちは，もう1つの森も伐採されてしまうことに危機感を抱き，N氏に季節湿地の耕作をやめるように迫った．彼は重臣たちの前では従うふりはするものの，酒を飲んで酔っ払っている重臣たちの目を盗んでは湿地の耕作を続けていった．

　このことに気づいた重臣たちは再び警告したが，N氏はいっこうに耕作をやめなかったため，彼らは村評議会に季節湿地の耕作を禁止するよう求めた．一方，このとき季節湿地ではN氏以外にも何人かが湿地トウモロコシ畑の耕作を始めていたので，重臣たちは村評議会と協力してすべての開墾を

第1部 多様な地域発展

表4-1 季節湿地の開墾反対派と急進派の信仰と民族

		湿地開墾の反対派			湿地開墾の急進派		
		信仰・宗教	民族		信仰・宗教	民族	
チーフの重臣	B	祖霊信仰	ニイハ	N	キリスト教	ニイハ	
	C	〃	〃	牧師	〃	ンダリ	移住者
	D	〃	〃	I	〃	ニイハ	
	E	〃	〃	J	〃	ンダリ	移住者
	F	〃	〃	K	〃	ニャキューサ	移住者
村評議会メンバー	G	―	〃	L	〃	ンダリ	移住者
	H	―	〃	M	〃	ニイハ	
				O	―	〃	

注)―は特定の宗教を信仰していないことを意味する．

取り締まり始めた．重臣たちは彼らが開墾している畑まで行って，鍬を取り上げ，村の役場まで持っていった．鍬を取り返しに行った人たちは役場で反省文を書かされ罰金を払わされた．

　当時，季節湿地での湿地トウモロコシ畑の開墾を阻止しようとした人々に，その理由を尋ねてみた．すでに亡くなっている人も多いが，当時のチーフの重臣5人（B・C・D・E・F）と村評議会メンバー3人（F・G・H；Fはチーフの重臣であるとともに村評議会のメンバーでもあった）の7人（表4-1）から話を聞くことができた．彼らは，村行政官のH氏も含めて全員がイテプーラ在住のニイハだった．チーフの重臣たちのうちF氏をのぞく4人は，「『孤独の森』の伐採を危惧した」という共通の理由のほかに，B氏とC氏は「放牧地の縮小を危惧した」，またD氏は「季節湿地で深い排水路を張りめぐらすことによって，季節湿地が乾燥してしまうのを危惧した」と答えた．また，E氏は「季節湿地の全体が儀礼に関わる場所である」という理由で耕作に反対したという．ジンバブエでは，季節湿地が祖霊の宿る土地，あるいは祖霊の所有する土地として神聖視されており，祖霊を畏れて耕地利用を控えるという事例が報告されており［Scoones & Cousins 1994］，調査地においても湿地自体が祖霊と関係づけられていた可能性もある．一方，チーフの重臣たちに協力する形で耕地化を取り締まることになった村評議会のうち，村評議会の代表である村長のG氏は「季節湿地の環境劣化」を，村行政官のH氏と評

議会メンバーのＦ氏は「放牧地の縮小」をその理由としてあげた．

湿地開発に反対する理由は，「放牧地の維持」，「環境保全」，そして「祖霊信仰の保守」という三つに大別することができる．儀礼の森の保全は，「環境保全」の問題としてではなく「祖霊信仰の保守」として語られていた．放牧地の維持についても，環境保全の文脈とは切り離されて，放牧地の縮小という現象そのものが問題とされていた．

確かに，多くの住民は放牧地の縮小を危惧していたようである．ほとんどの世帯は牛耕に依存しており，若い頃の牧童の経験や，チーフたちが季節湿地を放牧地とするために耕作を規制していたという記憶が，「季節湿地はウシのための土地」という感覚を支えていた．一方，開発を推進する人たちは，土地不足を解消するために季節湿地でトウモロコシを栽培することにこだわり，放牧地の開放を訴え続けた．

「環境保全」に関しては，最近になってラジオや環境省の役人などの頻繁な呼びかけによって住民にも強く意識されるようになっていて，反対派は当時の自分たちの言動を正当化するために，それを後付けの解釈として持ち出してきたのではないかと思われる．ただ，住民たちが，湿地の乾燥化に対して，本気で心配していたかどうかは疑問が残る．実際にＮ氏ら開発推進派が村評議会に呼び出されたときには，湿地の開墾に対して「放牧地の維持」だけが争点となり，湿地の乾燥化は持ち出されなかったという．

また，儀礼の森の保全も，村評議会による取り締まりの場で争点とはならなかったが，それは信仰の問題が絡んでいたからであった．聞き取りのなかで，開墾者のうち村評議会に呼び出された人物として名前があがったのは，Ｎ氏・牧師・Ｉ氏と他5人の計8人であり（表4-1），そのうちの7人がキリスト教徒であった．現在，村の成員の半数がキリスト教の信者であるといわれているが，1990年代には，現在ほどキリスト教徒は多くなかったので，季節湿地の開墾者たちにキリスト教徒が多いことは1つの特徴といえる．チーフが湿地の利用を規制していたという記憶が多くの人々のなかにあり，かつ湿地耕作をチーフの重臣たちが反対しているという状況において，チーフの権威や祖霊信仰を否定できるキリスト教徒だからこそ湿地耕作を継続できたのかもしれない．もともとチーフの重臣たちが祖霊信仰の対象を守ろう

とした動きであったが，村評議会が協議の場で儀礼の森の保全に言及しなかったのは，キリスト教徒が増加している社会の中で，祖霊信仰を前面に出すのは得策ではないと判断したのであろう．

結局，N氏・牧師・I氏，J氏ら同じ教会に通う4人は，放牧地を攪乱したということで，村評議会に呼び出され，さらに区の行政官にも出頭を求められた．彼らは村評議会や区行政官の前で，これ以上湿地を開発しない旨の謝罪文を書き，罰金を払って釈放された．しかし，開墾した畑が没収されることはなく，彼らは村に帰ると再び季節湿地での耕作を続けたのである．

(4) 対立から折り合いへ

この状態に業を煮やした村評議会は，1996年，湿地のなかに耕地と放牧地を分ける境界線を設定した．それまでに開墾された湿地トウモロコシ畑については耕作の継続を認める一方で，それ以外の場所の開墾を改めて禁じ，そこを放牧地と明確に指定したのである．この決定が後に思わぬ展開を引き起こすことになる．表向きには放牧地の縮小を阻止することを目的としていたが，当時の村行政官によると，この提案は，チーフの重臣たちが「孤独の森」を守るために村評議会に要請してきたのだという．そこには，季節湿地の利用について対立したままにしておくよりも，湿地耕作を一部認めつつ，境界線を定めて，開墾から森を守ろうとする重臣たちの思惑があったと考えられる．

ところが，これまで全面的に禁止していた湿地のトウモロコシ耕作を村評議会が部分的とはいえ認めたことで，かえって開墾に拍車がかかることになってしまった．その2年後の1998年には，N氏は境界線を越え放牧地に指定された領域にトウモロコシ畑を開いた．このときも村評議会はN氏を呼び出して厳重に注意したが，しばらくすると彼は耕作を再開した．そして2001年には，さらに大胆な行動に出た．今度はトラクタを使って放牧地を1エーカーも開墾したのである．このときN氏は村評議会だけでなく区行政官にも呼び出され謝罪文を書かされた．区の役場には，2001年11月19日付けのN氏の謝罪文が残っていた．

> 私は，放牧地に指定された湿地1エーカーをトラクタで耕したことを認めます．再びこの土地を耕すようなことがあれば，村評議会によって裁判所あるいは県長官のもとへ送致されても仕方ありません．

　ここでN氏は自分の非を認めて，2度と耕作しないと明言しているが，これも上辺だけでの謝罪であった．彼は今まで何度もこれと同様の謝罪文を書き，罰金を払っては釈放されて耕作を続けてきたのである．
　その1ヵ月後には，M村区在住の2人が，N氏と同様に，放牧地に指定された場所を開墾したことで区行政官に呼び出され謝罪文を書いている．この頃になると，さらに多くの住民が湿地トウモロコシ畑を耕作するようになり，もはや季節湿地での耕地拡大を抑えることは難しくなっていた．翌年2002年の1月にはイテプーラ村の村行政官が28人もの開墾者を区の調停議会に起訴した．そのなかには，これまで季節湿地の開墾を取り締まっていたチーフの重臣B氏やその息子も含まれていた．B氏は妻4人，子供18人（2002年当時）という大所帯の世帯主で，家族の食料をまかなうために広い畑が必要であり，次々と独立する息子たちに土地を分割するうちに耕地不足に陥っていたのである．そのため，湿地耕作に反対してきた当事者でありながら，村評議会によって禁止されている場所で開墾を始めたのであった．B氏を含む5人は起訴を受けて調停議会に赴いたが，他の開墾者はその呼び出しをも無視した．湿地開墾への需要が高まり，村評議会による取り締まりに対して，人々は聞く耳を持たなくなっていたのである．
　このように季節湿地における耕地としての需要が高まった結果，同じ年の11月8日に村の全体集会が開催され，村にある季節湿地の大部分で耕作が正式に認められた．その際，湿地耕作者は湿地の使用料を毎年村評議会に支払うことになった．これに先立って，村評議会のメンバーは，多くのウシを飼っている人やチーフの重臣と一緒に季節湿地を見て回り，放牧地としてどれくらいの土地を残す必要があるかを検討した上で，耕地と放牧地の境界線を設定していた．その際，重臣たちも耕地が不足している現状を受けとめ，「孤独の森」をそのままにすることを条件に，湿地の大部分を耕作することに合意した．
　これを機に，湿地トウモロコシ畑を耕作する世帯が急増した（図4-2）．こ

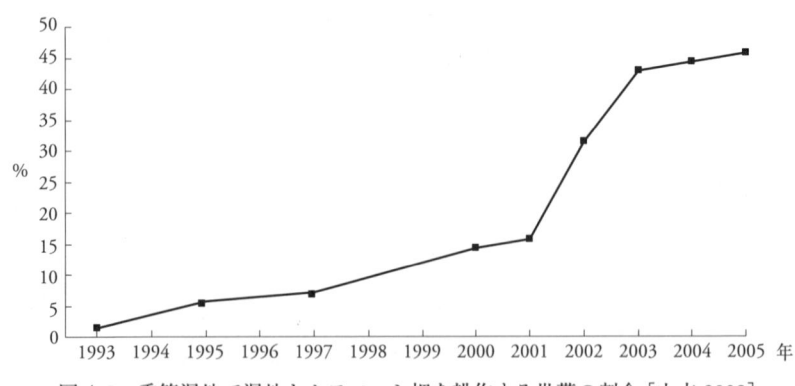

図 4-2　季節湿地で湿地トウモロコシ畑を耕作する世帯の割合［山本 2009］

（イテブーラ村 M 村区の 70 世帯）

の中には，村評議会のメンバー，チーフの重臣たちとその家族も含まれていた．村行政官や M 村区の村区長は，湿地の耕地化が認められるやいなや，N 氏が耕作している畑の近くを開墾した．チーフの重臣 B 氏は，取り締まりを受けた畑での耕作を再開するとともに，その畑に隣接する土地を村人から購入して，耕地を拡大していった．B 氏は N 氏のことについて「彼は私たちを空腹から救ってくれた救世主だ」と語ったことがあった．N 氏が粘り強く開墾を続けたことで慣習が打ち破られ，立場上，反対はしていたが，湿地の耕作が許可されたことで救われた者は少なからずいたであろう．

　N 氏自身も，自分が湿地耕作を継続してきたことは正しかったと自負している．彼は 1 エーカーの土地しか相続できなかったにもかかわらず，2007 年には，少なくとも 8 エーカーの湿地トウモロコシ畑と 4 エーカーのコーヒー園を保持しており，トウモロコシの余剰分とコーヒーを販売して得た収入で立派な家を構え，村でも裕福な世帯となった．彼のことを「成功者」とたたえる声もある．N 氏とともに湿地開発を推進してきた I 氏は「自分たちのやってきたことは『発展』につながると信じていた」と語る．

　耕地が広がった季節湿地でも，トウモロコシが収穫される 6 月ごろから次の耕作準備が始まる 10 月ごろまでは，刈り跡放牧が自由におこなわれている．雨季には，以前に比べて放牧できる面積が縮小し，一部では放牧圧に

よって草本の再生が遅れている兆候も見られた．このような環境変化については継続的な観察が必要であるが，今のところ牛飼養や生態環境に大きな影響は出ていない．

1-5. 対立がもたらした湿地利用の内発的展開

　以下に，湿地開発をめぐる対立のプロセスを簡単にまとめておく．ボジ高原では，市場経済化や土地不足を背景に，湿地の耕地化が求められていた．季節湿地は主にウシの放牧地として共有されていたが，1990年頃から，土地不足に苦しむ若者や移住者らはそこを開墾してトウモロコシを栽培するようになった．イテプーラ村では，湿地開発の推進者が祖霊信仰の対象であった森を伐開してしまったことで，チーフの重臣たちの怒りをかい，森林伐採の是非をめぐって住民が激しく対立するようになっていった．信仰と生活苦の対立は，村評議会や多くの住民を巻き込みながら，やがてその争点は「森の保全」から「放牧地の維持」に移っていった．村評議会は開墾を厳しく取り締まったが，湿地の開墾は繰り返されていった．開墾者が増え続ける状況下で，村評議会は湿地の中に耕地と放牧地の境界線を引いて耕地のさらなる拡大を抑えようとした．ところが，部分的に湿地の耕作を認めたことが，かえって開墾に拍車をかける結果となってしまった．ついに村評議会は村民会議を開き，祖霊信仰の森と湿地の一部を放牧地として残すことを条件に，湿地での耕作を全面的に認めたのである．

　これは，土地利用に関わる地域の慣習を住民自らが打破し，土着信仰や他の生業にも配慮しつつ，土地利用のあり方を現在の社会経済情勢に合う形に改変していった事例である．そのプロセスには，アフリカ農村における土地利用の内発的な展開を論じる上で，いくつか検討すべきポイントが含まれている．

(1)　キー・パースンとしての集団

　まず，村評議会に拒まれながらも，粘り強く開墾を続けた集団の存在である．彼らの多くはキリスト教徒で，特に中心的な人たちは同じ宗派に属して

いて，日曜礼拝や平日の会合の度に顔を合わせていた．同宗派の牧師は，この地域に移住してきたために十分な耕地をもっておらず，耕地拡大への切実な思いから，湿地でトウモロコシを栽培できる排水技術をこの村にもたらした．牧師と同じ境遇の移住者や若者たちはすぐにこの技術を取り入れ，湿地に耕地を開いていったのである．一神教であるキリスト教は祖霊信仰を認めていないため，祖霊信仰にまつわる慣習にとらわれる必要がなかった．再三の妨害に抗しながら，結局，湿地耕作の権利を勝ち取ったのである．彼らはまさに湿地開発のキー・パースンであったと言えるが，その粘り強い行動を支えていたのは，土地不足という同じ悩みを抱える者が同一宗派で結束するという連帯感であったのであろう．

(2) 争点の変化

次に，湿地利用のあり方に関する争点が「森の保全」から「放牧地の維持」，そして「放牧地の量的な妥当性」へと移り変わっていったことに注目したい．湿地開発が問題になったそもそものきっかけは，N氏が湿地を開墾する際に，チーフやその重臣たちが神聖視する「孤独の森」を伐採してしまったことにあった．チーフの重臣たちはこれに激怒し，残されたもう1つの森を守るためにN氏の活動を阻止しようとしたのである．村評議会は湿地開発を取り締まったが，その議論のなかで，祖霊の森の保守が持ち出されることはなく，もっぱら放牧地の縮小が非難の対象となっていた．それは，信仰と食料生産に優劣をつけられないということは誰もが承知していたからであろう．

放牧地の縮小を招くとして，湿地開発はその後も規制され続けた．実際には，1970年代からアップランドでの常畑化が進み，雨季の放牧地が狭まるとともに，学校教育の普及で牧童も減少していた．それに伴ってウシの飼養頭数は減らされ，1990年頃にはすでに季節湿地の放牧地としてのニーズは低下していたのである．それにもかかわらず，放牧地を依然として耕作しようとしなかったのは，人々の間に「季節湿地はウシのための土地」という古くからの認識が根強く残っていたからであった．

湿地開発の推進派は，数少ないウシの放牧よりも食料生産を優先させるべ

きだと主張し，何度警告されても湿地の耕作を止めなかった．やがてこの強硬な推進派の態度に村評議会が譲歩したことで，湿地開発の動きは一気に加速し，若者や移住者だけでなく，耕地が足りない多くの村人が湿地耕地に加わっていった．最終的に，村評議会は一部に放牧地を確保しながら大部分での耕作を認め，また湿地耕作者は湿地の使用料を毎年村に支払うことで合意し，この対立は終局を迎えた．

こうして，暗黙のうちに守られてきた慣習的な土地利用や概念が打ち破られ，より現実的な道が選択された．しかしそれは，市場原理が農村社会を席巻するなかで，地域の伝統的な資源利用のあり方が否定されたというよりも，地域住民が，新しい動きによって生じる問題について具体的に考え，その被害を最小化しつつ，可逆的な打開策を創出したと捉えるべきであろう．そのことは，一部の放牧地と小さな森が残されたという事実と，湿地畑の使用料を徴収するという形をとりながら村が湿地の保有権を維持したということにも表れている．

(3) 象徴としての「孤独の森」

最後に，季節湿地のなかに放牧地と「孤独の森」が残された意味について考えてみたい．ウシの数が減ったとはいえ，ほとんどの世帯はその限られたウシに耕作を依存していることに変わりはない．開発を推進していた人たちのなかにも古くからウシを飼っていた人はいるし，N氏自身も対立の始まった頃から牛耕用の去勢牛を飼い始めていた．湿地の耕地化を主張してきた推進派でさえ，ウシの重要性を否定する人はいないであろうし，湿地から放牧地がなくなってもよいと考えていた人もいないだろう．放牧地が確保されたことは[11]，いわば必然的な結果であったといってよい．

こうして残された放牧地は，対立以前のそれとはかなり存在意義が異なる．季節湿地はかつて，その全体が放牧や焼畑に利用される共有地であった．そこは，個人的な保有を回避するような傾向がみられたものの，利用に関するきちんとした合意やルールがあったわけでも，意図的に耕作しなかったわけでもなく，むしろ耕作に不適な土地を放牧地や焼畑として利用していて，「ウシのための土地」という概念も後から付けられた可能性もある．土

地不足が深刻化するなか，排水技術が持ち込まれて耕地としての価値が高まると，その大部分が耕地化されることになった．その過程では，放牧地と耕地をめぐる住民同士の激しい対立が顕在化した．そして，当事者がそれぞれの境遇や考えを理解し，住民の合意に基づいて，放牧地が意図的に残された．それは，耕作不適地であるがゆえの放牧地ではなく，耕地としての利用価値がありながらも維持された，いわば「つくられた放牧地」なのである．

そして，対立と折り合いの末，祖霊を崇拝する人々への配慮から，トウモロコシ畑のなかに「孤独の森」がぽつんと残された．住民の対立が鎮まってしばらく経ったある日，N氏が「孤独の森」について「この森が雨を呼んでくれるので私の畑には雨がよく降る」と語り，実は森の存在意義を認めていたことを明かした．また，他の人はあの森には祖霊がまだちゃんと住んでいると語る．森の近くで雄鶏をみかけるという噂を聞いたが，その雄鶏は祖霊が飼っているものなので決してつかまえられないのだという．広大な畑のなかに残された「孤独の森」は，今でも人々にとって重要な意味をもっている．そして，その孤独な姿は，湿地開発をめぐる対立と折り合いの経過を人々に喚起させながら，季節湿地が放牧地と耕地と祖霊の土地であることを主張しているかのように見える．

2……ミオンボ林の利用と保全
在来農業の変遷をめぐって

［伊谷樹一］

2-1. 農業と生態

アフリカ中央部の熱帯多雨林帯の南側および東側には，マメ科ジャケツイバラ亜科の樹木を主要構成種とするミオンボ林がひろがっていて（写真4-6），そこでは古くから焼畑がおこなわれてきた．ミオンボの樹種は根を抜かないかぎり，いくら枝葉を切ってもすぐにまた芽を出してくる（写真4-7）．畑を除草する農家にとってはやっかいな存在だが，この再生力がミオンボ林

写真 4-6　ミオンボ林

写真 4-7　焼畑に再生するミオンボの稚樹．ミオンボ林には，根から萌芽する樹種が多い．

での焼畑を支えてきたのである．この林に暮らすニャムワンガの男性は「ミオンボの根を抜くのは骨が折れる．でも，もし根を抜いてしまったら，そこにはもうミオンボは生えてこない．ほとんどの種子は発芽しないからね」と言う．私も長年ミオンボ林を歩いてきたが，ミオンボの実生は見たことがなかった．ミオンボの種子をいろいろ拾い集めて，実験室で長時間水に浸したり，煮たり，炒ったり，種皮に傷をつけたりもしてみたが，一部の樹種を除いてはほとんど発芽しなかった．発芽力がないわけではないのだろうが，旺盛に種子繁殖するとは思えない．彼が言うように，一度失われたミオンボ林が再生するのは難しいのかもしれない．

　タンザニア南部，ザンビアとの国境付近に位置するンダランボ郡のムフト村（巻頭地図Ⅰ・Ⅱ）で，私は在来農業の調査を続けてきた．そこで暮らすニャムワンガは，強靱さと脆弱さをあわせもつミオンボ林を維持しながら，長年にわたって焼畑を耕作してきた．その焼畑耕作に秘められている，ミオンボと共存するための深い知恵の一部が，最近になって少しずつ明らかになってきた．一方，焼畑を中心とした生活スタイルは，タンザニアが独立してからの半世紀の間に大きく様変わりし，周縁の地でも現金の必要性が高まり，自給を基盤としながらも農産物の販売が生計を支えるようになってきたのである．

　先進国における現代農業では，水・養分・温度・光などの諸条件を科学技術によって制御し，作物生産の向上と安定を図ることができる．しかし，農業の近代化が定着しなかったタンザニアの多くの農村では，在来の知識や技術を駆使し，自然環境を循環的に利用しながら生産性を維持してきた．ところが，人口増加や市場経済化に伴う商業作物の増産によって農地がひろがり，農業の基盤となる生態系への負荷が高まってきた．川喜田 [1989] は，こうした社会の変化と従来の環境利用との間に生ずる不均衡を「生態系のズレ」と呼び，それが環境破壊の要因になってきていると指摘した．アフリカにおいても，環境との調和を保ってきたはずの在来農業は，急速な社会経済の変化についてゆけず，いつしか環境破壊の一因とみなされるようになってきたのである．

　在来農業は決して不変的なものではなく，変動する社会や自然環境にもま

れ，様々に変化しながら形つくられてきた．ところが，近年の急速な社会変化は在来農業に新たな経済システムに順化するいとまを与えず，地方に暮らす農民は，農地を拡大し，天然資源をひたすら消費することでそれに対処せざるをえなかったのである．「生態系のズレ」を克服するためには，新たな社会環境に適するように農業を改良する必要がある．しかし，在来農業を近代農業に置き換えることだけがその方策ではないことは，植民地期以降のアフリカ農業史をみても明らかである．揺れ動く社会情勢の中で生態環境と共存していくためには，やはり自然の利用と回復のバランスを基礎とした在来農業からの展開が本道なのであろう．

　それは，在来農業の単純な復興ではなく，地域の在来性に根ざした新たな農耕体系の創造として展開していくのではないだろうか．外部社会からの刺激，つまり新しい技術や知識の伝播はその契機となる．外部の技術や知識は，地域社会の人々が実用化に向けて試行錯誤を繰り返し，その有益性が実証されれば，ゆっくりと在来の生業システムに組み込まれ，地域社会に内在化していくだろう．農村開発は，こうした創造と内在化を意図的に進めようとするプロセスである．農業の改良を通して地域経済の向上と環境保全の両立をはかろうとするならば，外部の開発関係者は，地域社会の動向を正しく捉えるとともに，在来農業に関する深い見識をもって農業の全体像を把握しておく必要がある．しかし，アフリカの大地で独自に育まれてきた在来農業の全体像は，科学的な解釈を断片的につなぎ合わせても理解できないであろう．農業は人々の自然観と強く結びついた営みであって，自然現象に対する人々の認識や社会の規律を知らずして在来農業を理解することはできない．

　この節では，ムフト村での調査結果を中心に据え，タンザニア南部からザンビアにひろがるミオンボ林を舞台に展開する在来農業と比較しつつ，作物生産に関わる3つの要素（養分・光・水）を人々がどのように認識し，変わりゆく環境の中でそれらをどのように獲得・利用してきたのかを検討する．また，近年の社会経済の動向に照らしつつ，環境の認識と利用を関連づけながら，現代アフリカにおける環境管理のあり方について考察を試みたい．

2-2. 在来農業と自然観

(1) 養分の獲得

　ミオンボ林帯は，長年にわたって洗脱された強風化土壌で覆われ，そこに暮らす農耕民は，植物相から養分を集めながら痩せた大地から生活の糧を得てきた．ここでは，そうした養分獲得にまつわる人々の営為と自然観との関係について考えてみたい．

1) 林の伐開と維持

　ザンビア北部のミオンボ林帯に暮らすベンバは，チテメネというユニークな農法を発達させてきた［本書序章・第5章］．チテメネは焼畑農耕であるが，林を開く際に木を幹から切り倒すのではなく，木にのぼって枝だけを切り落とす．木が疎らにしか生えていないミオンボ林はバイオマスが小さく，切り落とした枝葉を集めないとうまく焼けないため，ベンバは畑の何倍もの広さの林から枝を集め，それを1ヵ所に積み上げて燃やす．乾季の終わりに乾いた枝葉の山に火をつけると，轟音とともに燃えあがって地面を焦がし，その焼け跡には白い灰が厚く積もる．チテメネではこの焼け跡で主食となるシコクビエを栽培し，そこにキャッサバ・カボチャ・ササゲ・オクラなどを混植する．2年目にバンバラマメやラッカセイを栽培し，3～4年目にはキャッサバを収穫していく．そして，4年目の後半から，キャッサバの収穫跡地に畝立てしてインゲンマメを栽培し，その後に畑を放棄する．

　チテメネ農法の特徴の1つは，樹上での枝の伐採である．彼らがわざわざ木にのぼるという危険を冒してまで樹上で伐採するのにはそれなりの理由がある．労働面からいえば，太い幹を切り倒すのは体力のいる仕事で，それよりも木にのぼって枝だけを切り落とす方が楽だと彼らは言う．チテメネ農法では，枝を伐採地の中央に運んで積み上げるが，丸太は重すぎて運べないので，切り倒した幹から枝を切り取らなければならない．幹の下敷きになった枝は切りにくいし，木にのぼることさえできれば，同じ木を2度切るという余分な仕事をしなくてすむというわけである．

　また，チテメネ農法にとって，樹上での伐採は梢の再生を促すという意味

でも重要である．ベンバは，木を低い位置で切り倒すと幹の中の水が下に落ちて幹が枯れてしまうと考えていて，何らかの理由で木を地上で切り倒す場合でも，できるだけ高い位置で切ろうとする．木を幹から切り倒しても切り株から新芽が出てくるが，垂れ下がった新梢が野火に焼かれてしまうので木の再生は遅れる．主幹を残しておけば，高い切り口から萌芽した新梢は焼けることもなく，林は速やかに再生していく．伐採位置によって林の再生する速度には大きな差がでてくるのである．

　樹上での伐採は，労働の軽減や木の再生に有効な手段である一方で，彼らの社会や文化とも密接に関わっている．調査助手を務めていたベンバの青年は，自動車の板バネでつくった斧を肩にかけ，傍らの木にのぼって1本の細い枝を切って見せた．木からおりてきた青年は「ベンバの男なら誰だってできるさ」と胸を張った．枝打ちを見たいという私の要望に応えてくれたのだが，この実演は，自分がすでに一人前のベンバの男であることを示すかのようであった．一人前の男として樹上伐採ができることは，母系制のベンバ社会では特に重要である．例えば，この樹上伐採は婚資労働の重要な一部であり，うまく樹上伐採ができないと婚約者の親に結婚を許してもらえないという切実な事情がある．

　樹上伐採はチテメネを造成するときにしかおこなわない．この地域のミオンボ林では，雨季の直前にチプミと呼ばれるヤママユガ科の幼虫が大発生する．このイモムシはベンバの大好物で，発生シーズンにはすべての仕事を放り出してチプミとりに没頭する．ベンバ語でムトンド (*Julbernardia paniculata*) と呼ばれる木はこの地域のミオンボ林に多い樹種で，チプミはこの木の葉を偏食する．ある家族とチプミとりに林へ出かけたとき，夫はムトンドの大木にチプミが群がっているのを見つけると，何のためらいもなくその大木を切り倒してしまった．それまでベンバに対して「木を大切にする人たち」というイメージを抱いていた私は大変驚いたのだが，木を切り倒した男性は「チテメネを開くわけではないのだから樹上で伐採する必要はない」と言い切った．つまり，樹上での伐採は，チテメネ耕作に特異な作業なのである．ベンバは，林を祖霊の領域，畑を人の領域と区別していて，樹上伐採は祖霊の領域である林を人の領域に変えるために祖霊の許しを得る工程なのである［杉

山 1998]．厳密には，積み上げた枝葉を燃やすことで領域の転換がなされるのだが，その前段階として祖霊に火の使用を告知する必要があり，すべての枝を失った幹が天をつく針山のような景観は，火の使用を祖霊に伝えて許しを乞う過程なのである．

　ベンバは，枝がすべて切り払われた木々を「美しい」と表現するが，この景観は祖霊への礼儀をわきまえた，勇気ある男性の労働成果を象徴しているのである．こうした，生態・社会・文化の要素の複合が，チテメネでの樹上伐採と深く関わっており，それが結果的に林を保ち，枝葉の再生を早めてチテメネ農法の存続を支えてきたのである．

　タンザニアのムフト村に住むニャムワンガも，チテメネと同様に木の枝を積み上げて焼くンテメレという農法をおこなっている．彼らもまた樹上で伐採するが，それに対する社会・文化的な背景はベンバよりも希薄で，もっぱら労働の軽減をその理由としている．彼らは，樹上での伐採が木の再生を早めることを認めつつ，樹上で伐採された大木の樹皮を環状に剥いだり，切り落とした枝を株元に集めて火をつけたりして，積極的に大木の幹を枯らそうとする（写真 4-8）．これは，ニャムワンガがおこなうエトゥンバ農法と深く関係している［伊谷 2002］．

　エトゥンバ農法については後で詳しく説明するが，林床を覆う草本の腐植と切り倒した木々を燃やす焼畑とを組み合わせた農法である．ミオンボ林には根から芽を出して増殖する樹種が多く，大木の周りにはこうした稚樹が生長の機をうかがっている．ニャムワンガが環状剥皮や株元での火入れによって大木の幹を枯らすと，陽光が林床にまで届いて稚樹や草本が一斉に生長を始め，草で覆われた矮性林になっていく．「ンテメレこそわれわれの最も古い農法だ」と古老は言うが，今ではンテメレはエトゥンバに適した矮性二次林をつくり出すための暫定的な開墾手段となっている．ンテメレには 20 年以上の長い休閑が必要である．しかし，草と矮化した林を利用するエトゥンバは 10 年足らずの休閑でもよく，土地や林の不足がンテメレからエトゥンバへの移行を促してきたのである．

　ザンビア北部に暮らすマンブウェは，ミオンボ林の過度な利用によってその生態環境が劣化していく過程で，農法をチテメネ耕作から草地でのマウン

写真4-8　エトゥンバの畑．林床を耕し樹上で伐採した枝葉を木の株元に集めて焼く．

ド耕作へ移行させていった［Watson 1958］．後述するフィパやマンブウェによる草原でのマウンド耕作の拡大は，チテメネのようなウッドランドで育まれた焼畑農耕システムが，林の劣化に伴って衰退していく様子を示している［Stromgard 1989］．ニャムワンガにおける農法の変化も，社会経済的な変容とそれに伴う環境の変化に対処する過程の産物なのである．

2) 火入れと腐植

ベンバの男性が切り落とした枝を，女性が伐採地の中央に運んで積み上げていく．この枝の集積がチテメネ農法のもう1つの特徴で，これによって土壌表層を高温で熱することができる．多量のバイオマスを集めて焼くこの方法について，これまでにもいくつかの農学的な研究がなされてきた［荒木1996など］．土壌肥料学的な効果としては，土壌中の有機物を熱によって無機化する焼土効果や，土壌を乾燥させることで微生物の活性を促す乾土効果，灰の添加に伴うミネラルの供給と土壌pHの矯正などがある．また，野草の

根が多く残る土壌では，シコクビエの発芽が極端に悪くなり，発芽したとしてもほとんど生長しない．しかし，野草を完全に焼き払えばこのような発芽障害は起こらない．火入れには野草の根から分泌される有毒物質を除去する効果もあるのだろう．また，1年目のチテメネではわずらわしい除草作業を必要としないし，虫害もほとんどない．火入れによって土がやわらかくなるので，畑を耕す必要もない．高温で焼かれた表土は団粒構造を失い，そこに灰が混ざって一時的にふかふかの状態になり，小さなシコクビエの種子に覆土するには都合がよい．

　一方，ベンバは灰を作物の養分として認めておらず，それが畑に供給される効果を期待していない．灰の多くが風で飛散してしまっても誰も気にかけないし，ニャムワンガに至っては多すぎる灰の有害性すら主張する．もちろん，多量の必須元素を含んだ灰が作物にとって無益なわけはないのだが，それが厚く堆積している必要はなく，夜露や小雨によって土壌にしみ込む量だけで十分その効果は得られているのであろう．ニャムワンガ・ランドでは乾季の中ごろに「芽吹きの雨」と呼ばれる短期的な降雨があり，ンテメレに積もった灰はこの降雨で取り除かれることを前提としていて，その前に火入れを済ませるのが望ましいという．

　他地域で見られる，木を切ってただ焼くだけの焼畑と比較しても，チテメネやンテメレによるシコクビエの生産性は明らかに高く，多量の燃焼材を使って土壌を高温で熱することの有益性は疑う余地がない．それでは，彼らはその作用をどのように認識しているのだろうか．ベンバに，なぜこのような焼き方をするのか尋ねると「火入れによってムフンド (*mufundo*) が土に入るからだ」と答える．この概念は，ザンビアからタンザニア南部にかけての広い地域で使われている．ニャムワンガはそれをムヴンド (*mvundo*) と呼び，「作物の養分や，それが蓄積した土壌の状態」を指し，それが *vunda* のように動詞として使う場合は「(ムヴンドによって) 作物が繁茂する」という意味になる．また，エトゥンバ農法の中の *vundika* という農作業は，土壌がまだ湿ってやわらかい乾季のはじめにおこなう「(草の) 鋤込み」を指し，土とともに反転させた草が乾季の間に腐植することを意図している．すなわち，有機物の腐植もまたムヴンドに含まれるのである．

ムヴンドはどの作物にも必要と考えられているわけではない．シコクビエやカボチャはムヴンドを特に必要とする作物であるが，キャッサバやトウモロコシ・モロコシ・マメ科作物にとってはさほど重要でないと考えている．何らかの理由で乾季のはじめまでに草の鋤込みができなかった場合，その畑はエトゥンバではなく，「眠ったまま」を意味するシンデウラーレという別の名で呼ばれる．シンデウラーレではムヴンドが十分できないため，あくまでも非常時の農法であって，収量の期待できないシコクビエを諦めてトウモロコシやゴマを栽培する．また，化学肥料や家畜糞はムヴンドではないので，シコクビエ栽培に用いることはない．林や草原という自然の中でつくられた有機物は，火入れや鋤込みという人間の関与によってはじめてムヴンドとなり，シコクビエを生育させることができる．こうした連鎖の中で，林と火とシコクビエは強く結びつけられているのである．

(2) 光と熱

ベンバにとって「熱さ」と「冷たさ」は，ものの生成に関わる重要な概念である．彼らは，生産の場である畑が火や陽光によって熱せられることは生産プロセスの起点であって，火が土壌を極度に熱することでムフンドが入り，雨で土が冷める過程で作物の栽培条件が整っていくと考えている［杉山1998］．ニャムワンガも「熱さ」と「冷たさ」に関して同様の認識をもっているが，彼らは火による極度の高温に加えて，陽光による継続的な加熱と風雨による冷却が繰り返されることの重要性を強調する．ニャムワンガの古老は「陽光は養分のようなものだ．陽光は熱をもたらし，熱は土にムヴンドをもたらす」と説明する．

エトゥンバ農法は，陽光と火によってムヴンドをつくり出す農法である．まず，乾季のはじめに林床の表土を削り取って，それを反転させながら直径1メートルほどのマウンドに積み上げる（口絵7）．マウンドをつくり終えると，畑の中の木を伐採し，それを畑の所々に積み上げて乾季の中ごろに燃やし，雨が降り始めるとマウンドを崩してそこにシコクビエを散播する．エトゥンバは，ミオンボ林が矮化し，木本のバイオマスが少ないために広い面積を焼くことができなくなっていく過程でつくり出された農法である．火を

入れられない場所にマウンドをつくり，土の表面積を増やして地温を上昇させる．火入れよりも時間はかかるものの，暖められたマウンド内では草が分解してムヴンドがつくられていく．

さらに古老は「作物の種子を播いてからも，ムヴンドは継続的につくられなければならない．陽光は熱をもたらし，陰はそれを妨げる」と語る．光→熱→ムヴンドという連鎖を認識しておけば，光エネルギーを使って炭水化物が合成されるメカニズムなど知らなくても，冷たさをもたらす陰は取り除かれ，畑には常に陽光が降り注ぐ状態が維持されるのである．

古老は続けて「しかし，土が熱すぎるのも作物にとってはよくないので，ときどき雨が降って冷まされなければならない」，「高熱にうなされているマラリア患者が水浴して身体を冷やすように，日照りが続いて萎れた作物も雨によって熱を冷まさなければならない」と付け加えた．

一方，ベンバにも光と作物に関わる興味深い話がある．前述した通り，チテメネは枝の再生を前提とした農法であり，枝を切り落とされた幹はその後すぐに再生してくる．ところが，枝を積んで焼いた場所（畑）だけはそういうわけにはいかず，燃え跡に立つ幹は真っ黒に焦げ，地上部は立ち枯れて幹からはもはや萌芽しない．畑跡地での林の再生は非常に遅れることになるが，畑に陰ができないことは作物の栽培にとって都合がよい．ベンバは，焼けた幹から新葉が萌芽してこない状態を，陰ができないからよいのではなく，アマラカシがないからよいのだと説明する．アマラカシとは，雨上がりに木の葉から滴り落ちる雨の雫のことで，それが落ち葉をたたく音がラカ，ラカ，ラカと聞こえることに由来する名称である．この雨の雫がシコクビエの生長を阻害するというのである．これについて，ある古老は「シコクビエが出穂するまでは雨が必要だが，毎日降るのはよくなく，2，3日降れば，畑の中を風が通って土が乾燥しなければならない．雨水が地下へしみこんでいくときに，アマラカシによって土が濡れてしまうのは好ましくない」と言う．またある女性は，「アマラカシには作物にとって有害な物質が含まれていて，それが葉にあたると生育が悪くなる」と説明する．アマラカシの解釈は違っても，それが作物の生長に有害であると認識しておけば，光を遮る障害物は取り除かれ，それはチテメネにおける強い火力で畑を焼くという工程を支持

している．

　また，ベンバとニャムワンガはともに，作物にはそれぞれ発芽に適した「土の熱さ」があると考えている．ここでいう「熱さ」とは，温度計で測れるような地温のことではなく，彼らの自然観を基礎にした表象である．乾季の後半になると徐々に気温が上がり始め，9〜10月の熱い時期に畑は火入れされる．11月の中ごろになって雨が降り始めると，火入れや陽光によって熱せられた土は雨が降る度に冷やされ，雨季の終わりには最も冷めた状態になっている．実際には火や陽光で上昇した地温が雨によって低下し続けるわけではないが，彼らは，この土の「熱さ」に応じて各作物の植え付け時期を決めている．カボチャやササゲなどは「熱い土」が必要で，雨が降り始める前に播種することもある．トウモロコシ・オクラ・トマト・インゲンマメなども比較的「熱い土」を好み，雨が降り始めるとすぐに播種し，キャッサバは「熱さ」には鈍感なのでいつでも植えることができる．一方，シコクビエは比較的「冷たい」土を好み，雨季に入って1ヵ月ほど経ってから播種する．しかし，シコクビエの早生種だけは例外的に「熱い」土を好み，雨と同時に播種する．この早生種は端境期の貴重な食料となるが，次に示す穂発芽の問題があるため，大規模に栽培することはない．

　「シコクビエは熱い土を好まない」と認識しておくことで，その減収のリスクを少なくすることができる．シコクビエの作季は品種によって異なるが，ニャムワンガで一般的な品種は播種から収穫まで4ヵ月ほどかかる晩生種である．当地では雨季が約5ヵ月間あるため，雨季の到来とともに播種するとまだ雨が降っているうちに収穫期を迎えることになる．シコクビエ種子の休眠期間は短く，完熟した穂が雨に濡れると穂のまま発芽してしまい，大きな減収となる．播種を1ヵ月遅らせると乾季に入ってから登熟するため，穂発芽の心配はない．乾季のはじめは涼しくて土がすぐに乾くことはなく，またシコクビエも登熟期にはあまり水分を必要としないため土壌に残留する水分だけで登熟することができる．

(3)　水

　タンザニアでは在来農業のほとんどが天水に依存していて，降雨の多寡や

時期は農業生産に大きく影響する．ミオンボ林帯における各地の気象データをみると，収量の年格差が大きい割には，年による年間降雨量の変動はそれほど大きくない．むしろ降雨時期の不規則性や局所性が農業生産の豊凶の鍵を握っているといってよい．例えば，雨が降って播種を終えた直後から雨が降らなくなって苗がすべて枯れてしまい，再び雨が降り始めたときには播く種子がなかったとか，水分状態にセンシティブな受粉期に日照りや長雨が続いて不稔種子が増えたとか，収穫期に雨が降って種子が発芽してしまったとか，隣村では雨が降ったのにここでは降らなかったなどという事態は，毎年どこかで耳にする．ニャムワンガの居住域も雨の降り方が安定せず，雹や竜巻に襲われることも珍しくなく，天候による収量の変動が非常に大きな地域である．彼らは，このきまぐれな天候はチーフの祖霊と精霊が操っていると考えている．

　ニャムワンガにはムフムと呼ばれるパラマウント・チーフがいて［Wills 1966］，それは代々シヤメというクランの中から選ばれる．シヤメはニャムワンガの創始者ムシャニの血統で，このクランの者が死ぬとヘビに化身するといわれている．このヘビは普通のヘビと違っておとなしく人を襲うことはないが，誤って殺してしまったりすると，供養をしなければ村に災いがおこるとされる．チーフは死ぬと大蛇になって岩窟などに住まう．調査地のムフト村の周辺では，隣村にあるマリンガ山の岩窟と，村の近くを流れるモンバ川の大滝にある岩屋に，それぞれ1匹ずつの大蛇が住んでいて，そのあたりは人を寄せつけない深い林に覆われている．

　チーフの祖霊は水を支配していて，とくにマリンガ山に住む大蛇は強い霊力をもつ．その住処の一帯はシカペンバという呪術師が守っている．この役職は，代々シムワンザ・クランによって継承される．マリンガ山の岩窟の近くには小さな泉があって，そこは大蛇の水飲み場であった．あるとき，それを知らない若者が泉周辺の林を切り開いて泉を涸らしてしまったため，その年は雨季になっても一滴の雨も降らず，慌てたシカペンバが穴を掘って新たな水飲み場をつくったところ雨が降り始めたという逸話が残っている．ニャムワンガは雨の兆候を，風向きの変化，モンドリにかかる魚の量や種類，ミオンボの新葉が朱色から黄緑色になる変化，食用イモムシの発生，セキレイ

の鳴き声など，様々な自然現象から知る．例年であれば11月中旬に降り出す雨が，12月末になってもその兆候が見られないと，村の長老たちは大蛇への供物として黒いヒツジと白いニワトリをシカペンバに託し，シカペンバはこの供物をマリンガ山の岩窟に生きたまま放り込んで雨乞いの祈りを捧げる．黒いヒツジは雨雲を意味しているのだという．これまで岩窟から出てきたヒツジやニワトリはなく，すべて大蛇が食べてしまったらしい．チーフの祖霊は水にまつわる一切を操っているため，儀礼は干ばつのときだけでなく，モンバ川で不漁が続いたときにもおこなわれる．こういった災いは，チーフの祖霊への畏敬をおろそかにしていたためと考えているのである．

　一方，精霊もまた天候を左右する．精霊は，アマジーニ，ムワワ，カタイなどと呼ばれ，様々な怪奇現象を引き起こし，また人々に災いをもたらすとして恐れられている．誰も見たことはないのだが，人間に化身するときは決まって，逆立った長い髪，血走った目，長身で長い手足，そして指の先には長い爪がとぐろを巻いている，という容姿のイメージを人々は共有している．多くの場合，災いの原因は人間がつくり出していると考えていて，精霊はただ忌み嫌われる存在とはなっていない．ミオンボの深い林を住処とする精霊は，天然資源の乱獲や自然の撹乱に対して警鐘を鳴らす．例えば，この地域にはアモウングと総称される食用のイモ虫と毛虫が7種類いて，いずれも彼らの大好物である．これらはときに大発生することがあり，そういう年は村中がイモ虫とりに沸く．しかし，夜，村人たちが夢中になってイモ虫を食べていると，「おまえたちはアモウングをとりすぎた」という精霊の叫び声が闇夜に響き渡るのだという．

　モンバ川でとれる魚は人々の重要な副食材であり，タンパク源でもある．彼らは，急流に円錐形のモンドリを仕掛け，インシパと総称されるコイ科の小魚，ティラピア，ナマズなどをとらえる．これらの魚は，ムフト村周辺の深みで乾季を過ごし，水量が増え始めると源頭部の季節湿地に遡上して産卵・う化し，減水とともに川を下ってくる．ムフト村では，毎年4月終わりの数日間に，川を埋め尽くすほどの魚群が村を通りぬけるので，村人は至る所にモンドリを仕掛けてできるだけ多くの魚をとろうとする．ところが，大漁を喜んでいるとまたしても「おまえたちは魚をとりすぎた」と精霊が叫ぶ

第1部　多様な地域発展

写真 4-9　精霊が宿るアカヴーア

のである．大規模に林を切り開いても同様のことがあるという．これまでに精霊の警告を無視したことで干ばつが起きたり，竜巻や雹，雷に見舞われたりしたことが何度もあったらしく，誰かが精霊の叫びを聞くと，それはたちまち村中に伝わり，彼らは自粛を強いられることになる．

　日照りが続き，農作物がいよいよ萎れ始めると，長老たちは村の呪術師に頼んでその原因を占ってもらい，それが精霊によるとなれば，雨乞いの儀礼をとりおこなう．まずイロンブウェと呼ばれる長老女性たちが双子の父親に命じて儀礼の準備にとりかかる．双子の父親はシンテンブワ，あるいはシチャワと呼ばれ，村での特別な仕事を託されている．その一つが雨乞いの準備で，シンテンブワは村内の特定の場所（ムフト村では6ヵ所）に精霊の家アカヴーアを建てる．アカヴーアは，木の枝を地面に突き立て，イネ科の草で屋根を葺いた，高さ1メートルほどの簡素なもので（写真4-9），普通は小径の交叉点に建てる．この雨乞いの儀礼は女性が中心となって進め，男性はシンテンブワだけがアカヴーアに食物や酒を供える役として参加する．イロン

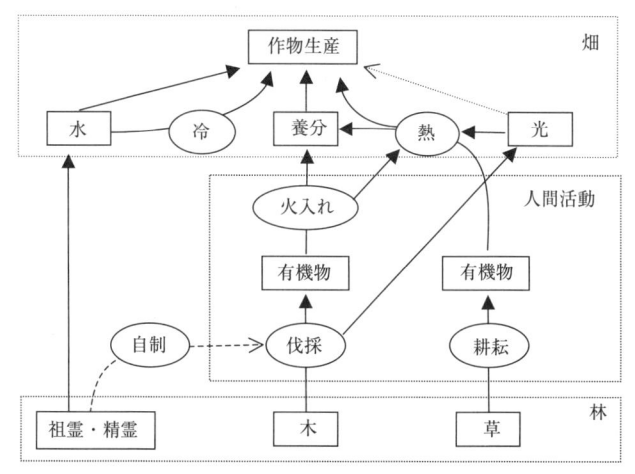

図4-3 ニャムワンガの農耕に関わる基本的な概念

ブウェを中心に，村のすべての女性が手に小枝を持って踊り歌いながらアカヴーアを巡って村を練り歩く．このとき，できるだけ大声を張り上げ，コミカルに踊らなければならないが，それは精霊を笑わせて怒りを鎮めることを意図している．雨乞い儀礼は，雨―精霊―林という関係を人々に喚起させながら，天然資源の過度な利用に対して自制を促すのである．

(4) 在来農業と自然観

ザンビアとタンザニアの国境付近では，11月頃に雨が降り始め，2月頃に2週間から1ヵ月ほどの小乾季があり，その後再び雨が強まって大雨季になる．4月に入ると雨の降らない日が徐々に増え，季節は乾季へと移行していく．その頃から気温が下がり始め，6，7月には1年で最も涼しい時期を迎える．8月になると気温が上がり，10，11月にはますます日射しが強くなって，暑さがピークに達したところで雨が降りだし，気温が下がっていく．毎年繰り返されるこうした季節の移り変わりは，彼らが抱く自然界における生産プロセスのイメージと深く関わっていて，そのプロセスに従いながら作物を生産してきたのである．

図4-3にニャムワンガの農耕に関わる基本的な概念をまとめた．林を構

成する草木は，伐採や耕転によって土に還元され，それは火や太陽の熱によって作物の養分に変わる．一方，雨は熱くなりすぎた大地を冷ましながら作物に水分を供給する．この雨を支配しているのが，林を住処とする祖霊と精霊である．時折，崩れかかったアカヴーアに小さな食物片が置かれている．漁や狩りに出かける者，新たな畑を開こうとする者，家族に問題を抱える者などが災厄を祓除するために自分のクランのアカヴーアに食物を供えるのだという．人は，生活の糧を得るために林を切り開かなければならない．しかし，林の無秩序な破壊は祖霊や精霊の怒りを買い，天候不順や生活の様々な災いを引き起こす原因となる．

　原野の住人は，あらゆる面で自然の恵みを受けながら暮らしている．雨はすべての生命の源であり，雨を支配する祖霊や精霊への畏敬と恐れを忘れては生きていけない．それが林の乱伐を制し，そして林を維持することで恒常的に養分を得るという循環系を成り立たせているのである．

　人間活動に比べて自然が豊富にあった時代は，自然の再生力と利用の間のバランスが保たれていた．ところが，人口圧が高まり，また市場原理が農村の暮らしに深く入り込んで余剰の生産が求められるようになると，眼の前の経済的な利益が優先され，農地が拡大されて自然環境への負荷が高まっていった．調査地の周辺でも，この半世紀の間に林はずいぶん失われたと人々は語る．

　しかし，人々は自然の劣化をただ手をこまねいてみていたわけでもない．自然の恵みに強く依存する社会は，前述したような自然観のもと，荒廃していく生態環境にあわせて農法を変化させつつ，自ら環境の乱開発を規制するような仕組みもつくっていった．以下では，独立期以降の農業の変遷を追いながら，環境保全に向けた秩序が形成される過程をみていくことにする．

2-3. 在来農業の変遷と慣習的な土地保有

(1)　社会の変化と農業の変遷

　1961年に独立を果たしたタンザニアは，1967年のアルーシャ宣言によりアフリカ型社会主義政策を打ち立て，1970年代初頭からウジャマーと呼ば

れる集村化政策を実施していった［本書第1章］．ムフト村周辺では，1974年に，それまで原野に散在していた小集落が政府の定めた居住区に集められ，人々は家屋が近接するウジャマー集落で暮らすようになった．

当時，ムフト村周辺はまだ高木のミオンボ林で覆われていて，人々はンテメレ耕作でシコクビエとキャッサバを栽培して生計を立てていた．集村化政策によって集められた各世帯には，居住区内の土地が均等配分され，その土地の中に家を建て，自給用の常畑をつくった．タンザニア政府は，こうした行政村にトウモロコシの種子・化学肥料・農薬を供給することで農業の近代化を進め［Birch-Thomsen 1999］，同時に常畑化によって自立的な経済基盤と環境保全の体制を築こうとしたのである．しかし，深刻化する財政難や干ばつ，交通網の未整備などの理由で，翌75年には農業資材の配給が滞り，この計画はわずか1年で頓挫してしまった．それでも農民は居住区での生活を余儀なくされ，トウモロコシやインゲンマメ・キャッサバの常畑での栽培が定着していった．化学肥料などは手に入らないので，ときどき常畑を休閑して地力を保つ必要があったため，ンテメレでのシコクビエ栽培も継続されていた．

ところが，砂漠化の拡大を危惧する国際的な世論に押され，タンザニア政府は1970年代の終わりになって，高木の伐採を禁止した．一般にシコクビエは高木林を開いた焼畑で栽培されていたため，国内生産量は落ち込み，その反動でシコクビエは高値で取引されるようになっていった．安定した現金収入源のないムフト村では，かえってシコクビエ栽培が盛んになり，二次林はますます矮化していった．

矮化した林ではもはやンテメレを継続することができず，彼らは，北西側の草原に暮らしていたフィパの草地休閑農法［Willis 1966］を模倣するようになっていった［Itani 2007］．フィパ・マウンドという名前で知られるこの在来農法は，先に紹介したエトゥンバ農法の原型で，作業工程などはほぼ同じだと考えてよい．ただ，ニャムワンガの居住域はミオンボ林で覆われていたため，畑に陰をつくる木々を切り払うという作業が付け加わり，それによってできた小さな焼畑とマウンド耕作が組み合わさってエトゥンバ農法ができあがったのである（口絵7）．

写真 4-10　牛耕エトゥンバ．乾季のはじめにミオンボの林床をウシで耕す．

　草本バイオマスを利用するエトゥンバは休閑期間が短くてすみ，二次林を循環的に使える有効な農法ではあるが，マウンドの積み上げに多くの労力を必要とするため広い面積を耕すことができなかった．そこで，ウシを所有する一部の農家は，マウンドを積み上げる代わりに林床を犂で荒起こしするようになっていった（写真4-10）．この牛耕は下草を犂込んで腐植させる意味においてマウンドづくりと同じ効果があり，これもエトゥンバと呼ばれた．これによってマウンドづくりに要していた時間と労力が大幅に軽減されることになった．ただ，牛耕によるエトゥンバはウシを所有する世帯に限られ，ウシをもたない多くの農家は依然としてマウンドのエトゥンバを続けていた．

　1985年10月に初代大統領のニエレレが引退すると，政府はIMFの勧告を受け入れて経済の自由化に乗り出した．1990年代に入ると穀物を自由に売買できるようになり，民間の流通業者が村々をまわって農産物を買い付けるようになっていった．一方，ムフト村は，幹線道路までの7キロメートル

の道が季節河川によって所々寸断されていたため，食物流通が自由化されても買い付け業者が村まで来ることはほとんどなかった．1994年に県庁所在地ヴワワに拠点を置くNGOが支援して季節河川に橋がかけられ，大型トラックが庭先まで買い付けに来られるようになると，ムフト村の農業は大きく変わっていった．それまで，農産物を売るためには一袋ずつロバや自転車に乗せて幹線道路まで運ばなければならなかったが，道路の開通によってその必要がなくなった．その結果，村ではシコクビエを多くつくれば収入が増えるという状態になり，役牛をもつ農家は牛耕によって畑の規模を拡大し，シコクビエの生産量を飛躍的に伸ばしていった．役牛をもたない世帯は，牛耕した畑の伐採，・除草，・収穫を手伝うことで労賃を稼ぐようになった．

1997/1998年の雨季，エルニーニョがタンザニア全土を襲い，穀物生産は壊滅的なダメージを受け，政府は国民に対して乾季に向けたキャッサバ栽培を奨励し，これを機にムフト村でもキャッサバの栽培が急速に増えていった．

隣国のザンビアでは，2001年以降，洪水や干ばつが相次ぎ，厳しい食料不足に陥っていた［National Climatic Data Center 2001; FAO 2005］．タンザニアの民間業者はトウモロコシを買い集め，価格の高いザンビアに輸出するようになったため，タンザニア南部のトウモロコシの価格が急騰した．ムフト村での調査では，2001年8月に1袋（90キロ）のトウモロコシは庭先価格で7,000シリングであったが，2003年の同月には35,000シリングにまで跳ね上がっていた．この価格の高騰によって，ムフト村の住民はキャッサバを食べながら，自給用のトウモロコシをすべて販売に回すようになっていった．トウモロコシはシコクビエよりもはるかに優れた商品作物となり，エトゥンバの休閑地ではミオンボの根が取り除かれてトウモロコシの常畑が造成されていった．しかし，この景気も長くは続かず，ザンビアの天候が落ち着いた2006年には，トウモロコシの価格は2001年の水準にまで低下した．経済自由化以降，他国の作況がムフト村のような周縁農村の作付けにまで直接影響を及ぼすようになってきたのである．2008年以降，タンザニア政府は自国の自給率を上げるため，他国への農産物販売を禁止し，トウモロコシの生産者価格は今も低い水準で抑えられている．

(2) 牛耕の普及

　常畑の拡大は林に不可逆的な変化をもたらし，その後の牛耕の普及は生態環境の広範な劣化を招くことになった．ニャムワンガは古くからウシを飼っていたが，ンダランボ郡で牛耕が普及し始めたのは集村化以降のことで，それまでは婚資のほか，冠婚葬祭や非常時の収入源として飼われていた．牛耕技術をニャムワンガに伝えたのはムサンガーノ郡の村ムクルウェ（巻頭地図Ⅱ）に建てられた教会で，1930年代後半にムサンガーノに住んでいたアリナニというチーフがニャムワンガではじめて牛耕を取り入れたといわれている［本書第4章3節］．ンダランボ郡に牛耕を持ち込んだのは，1950年頃にインド洋岸で盛んにおこなわれていたサイザル・プランテーションでの出稼ぎから帰村した者たちであった．ムフト村では，1955年，1人の若者が出稼ぎからの帰途に立ち寄ったムクルウェ村で牛耕を目にし，出稼ぎで稼いだ金のほとんどを注ぎ込んで鉄製の犂を購入して村に持ち帰った．しかし，当時のムフト村周辺はまだ大きな林に覆われていて，シコクビエ栽培を目的とした焼畑耕作が農業の主流であったため牛耕はほとんど普及しなかった．牛耕の有効性が認知されるようになったのは，1974年の集村化によってトウモロコシの常畑栽培が定着してからのことであった．

　その後，経済の自由化と道路の整備によって牛耕の需要は高まっていったが，2001年の段階で役牛の所有世帯は全体のわずか16.7％であり，農業に牛耕を用いている世帯[12]も22.2％にすぎなかった（表4-2）．ウシの社会・経済的な価値は高く，安定した収入源をもたない調査地域においてウシや犂の入手は容易でなく，それが牛耕の普及を阻む最大の原因であった．また，アフリカの他の民族と同様，ニャムワンガにおいても婚資はウシで支払われる．家族の病気といった非常時にウシを売ってしまうこともあり，ウシが1つの世帯に留まらないのも牛耕がなかなか定着しない要因となっていた．

　穀物とウシの値段の季節変動には相反する関係がある．穀物が収穫期を迎える乾季のはじめから中頃は穀物の値段が最も下がる時期である．その後少しずつ値段は上がるが，次の雨季に，雨に濡れて穀物が腐敗したり，道路がぬかるんで買い付けトラックが来なくなるのを恐れ，多くの農家は乾季の終盤までに貯蔵していた穀物を市場に出す．そのため，一時的に値段が下がる

表 4-2 ウシの所有世帯数と牛耕の実施状況

	世　帯							
	ウシ所有者				牛　耕			
	役牛	雌牛のみ	子牛のみ	合計	ウシ所有者	労働交換	賃耕	合計
2001	27	0	0	27	27	9	0	36
(%)*	(16.7)	(0.0)	(0.0)	(16.7)	(16.7)	(5.6)	(0.0)	(22.2)
2006	41	4	5	50	41	23	5	68
(%)*	(21.5)	(2.1)	(2.6)	(26.2)	(21.5)	(12.0)	(2.6)	(35.6)

＊全世帯に対する比率：2001 年（n = 162），2006 年（n = 191）

が，雨が降り始めると再び値が上がり，高値のまま次の収穫期まで推移する．これに対してウシの値段はほぼ逆の動きをする．穀物の収穫期には誰もが金にゆとりがあるので家畜を売りたがらず，値段が上がり，その後は徐々に下がっていく．雨季の前半は何かと出費が多く，食料も不足がちで誰もが現金を必要としているのでウシの値段は下がる．売り手も買い手も農家なので当然の関係ではあるが，現金を貯蓄する手段のない農村の事情からすれば，ウシを買いにくい状況にあることは確かである．

　トウモロコシとウシの実際の値段を比べてみると，最も安い乾季のトウモロコシは 1 袋（90 キログラム）が約 7,000 シリング（2006 年 8 月）であった．一方，子牛は成牛の半額以下で買えるが，それでも同時期に 1 頭 12～15 万シリングもしている．ムフト村でのトウモロコシの収量は 1 エーカーあたり 4～7 袋程度しかなく，一般に 4～5 人の家族であれば 1 年間にトウモロコシを 8 袋ほど消費するので，毎年 2 エーカーの畑を耕したとしても子牛の購入費を捻出する余裕などまったくない．犂は子牛よりも少し安いが，2 頭の役牛と犂をそろえようとすると相当しっかりした収入源をもっていないと難しい．

　2002 年以降のザンビアの食料不足は，タンザニア南部の地域経済に大きな影響を及ぼした．トウモロコシ価格の高騰によって，ムフト村の多くの世帯がトウモロコシ用の常畑を拡大するため，エトゥンバの休閑地でミオンボの抜根をしていった．そして，より広い面積を耕作するために，牛耕を用い

表4-3 2001年と2006年におけるトウモロコシとシコクビエの耕作状況

	世　帯			
	トウモロコシ		シコクビエ	
	牛　耕	手鍬耕作	牛　耕	マウンド・エトゥンバ
2001 (%)*	36 (22.2)	126 (77.8)	25 (15.4)	10 (6.2)
2006 (%)*	68 (35.6)	123 (64.3)	53 (27.7)	0 (0.0)

＊全世帯に対する比率：2001年（n＝162），2006年（n＝191）

表4-4 ウシの入手方法ごとの世帯数（2001年から2006年までの間にウシを入手した世帯）

ウシ所有世帯	相続	婚資	購　入			
			トウモロコシ	シコクビエ	コメ	その他
23	1	5	9	5	1	2

る農家が増えていった（表4-3）．その中には，ウシをもたない世帯も含まれていて，彼らはウシ所有者への労働提供の見返りとして牛耕を依頼し，また借金までして牛耕する者も現れた（表4-2）．このトウモロコシからの多額の収入によって多くの世帯がウシを買い，ウシ所有世帯が増加するとともに牛耕がひろまっていったのである（表4-3）．トウモロコシ価格の高騰は他の作物の価格も引き上げ，牛耕エトゥンバによるシコクビエ栽培も盛んにおこなわれた．その一方，手鍬によるマウンドのエトゥンバは減り，2006年にはとうとう1世帯もおこなわなくなっていた（表4-3）．

　私がはじめてこの地を訪れた1993年から現在までの間に村では牛耕が普及し，それに伴って農地が拡大していった．この15年余りの中で，集落中心部では確かにトウモロコシの常畑が目立つようになったが，周辺部にはミオンボの二次林が残っていて，エトゥンバ耕作が続けられている．農地が拡大する一方で，村の指導者たちは劣化し続ける林に危機感を覚え，環境利用

に関する秩序を取り戻そうとしていたのである．

(3) 環境を保全する社会

　ムフト村は1974年に集村化によってつくられ，その後，村の下位行政区としてムフト村区とチポマ村区ができ，2005年にはムフト村区からウガンダ村区が分離して現在は三つの村区で構成されている．2001年8月に調査したときの世帯数は162であったが，2006年12月には191世帯に増えていた．増加した世帯の多くが村の若者の結婚・独立によるもので，この村に移住してきた者はほとんどいなかった．191世帯のうち，小学校教諭ら4世帯を除く187世帯の家長はすべてニャムワンガである．普通，ニャムワンガの村は多数のクランで構成されているが，どの村にも集村化以前からその地に在住していた地主クランがあって，彼らが土地の大半を保有し，村の人口に占める割合も多い．2006年当時，ムフト村にも20のクランが存在していたが，家長の半数以上が4つの地主クランで占められていた．そして，地主クランは古くから姻戚関係でつながっており，彼らの意向が村の方針に強く反映されてきた．

　ニャムワンガの土地は，行政上の区分とは無関係に，小河川や稜線といった地形的特徴を境界にして細かく区分けされていて，それぞれに地名がつけられている．集村化政策によって，村の中心部にあった地主クランの土地の一部が村評議会に接収され，「村の土地」として全世帯に分割・配分された．その際，村内の土地の保有権が確認されたが，4つの地主クランは自分たちがかつて開墾した土地の既得権を村評議会に認めさせ，引き続き広大な土地を保有することになった．ニャムワンガ社会では，原則としてすべての土地はクランに帰属するとしているが，その境界が明確に定められたのはこのときであった．個人には土地の用益権だけが与えられるという形をとるが，用益権は父から息子へと引き継がれるので，実質的には土地は相続されることになる．

　クランが保有する土地は，クランの最年長者（以下，クラン長）が管理している．クラン長は，クラン内で新たに所帯を持った若者やもっと広い耕地を必要としている者などに土地を配分する役を担っている．土地を与えられた

クランの成員は，その土地の使用方法を個人の裁量で決めることができるが，生態環境を著しく損ねたり，クラン長の許可なしに売却してしまったりすると，クラン長はその者への土地の分配や使用を許可しなくなる．クランの成員は土地の用益権をもってはいるが，そこはクラン長の監視下に置かれていて，無秩序な開墾にはある程度の歯止めがかかっているのである．

ニャムワンガにとってシコクビエはきわめて重要な食材であるとともに，現在では希少な商品作物であるが，この作物はエトゥンバあるいはンテメレの1年目の畑でしか栽培されないので，継続的な生産には広い林（休閑地）が必要となる．広大な林を個人で保有する者はこの村にはおらず，シコクビエを栽培するときは地主クランの土地を借りることになる．土地をもたないクランの世帯は，家族が増えるなどして畑が足りなくなると，やはり地主クランから土地を借りなければならない．クランの土地を借りて耕作するときも，クラン長やその代理人の許可が必要となる．こうしたクラン間の土地の貸借に金銭が媒介することはほとんどないが，土地は基本的に1年だけの約束で貸借され，別のクランの者に同じ土地を長期間貸すことはない．これは既得権が生じるのを避けるためで，自給用の畑が不足している者は毎年のように畑を移動しなければならない．そして，限られた村域の中で焼畑を継続するには，クラン長のような生態環境に目を光らせている者の存在が重要な意味をもつ．

以下に，クラン長の存在意義を示す例をあげておく．クランXは集村化のときにムフト村に移住してきた．彼らは多くのウシをもち，地主クランAの広大な林の中で毎年大規模な牛耕エトゥンバを繰り返していたため，その区域には草地が目立つようになってきていた．クランXが他のクランの土地を自由に耕作できたのは，クランAと同じクラン名を名乗っているためであった．ニャムワンガ社会では系譜の詮索は礼を逸する行為とされているため，それまでクランXの系譜は明らかにされてこなかったが，自分たちの林が著しく劣化しているのに不安を感じたクランAの長老たちが，クランXの系譜を確認した．その結果，この2つのクランに血縁関係のないことが発覚したのである．クランXがこの地に移住した際，耕地を確保するために広大な林を保有するクランAの名前を偽ったのだという．クランA

はほとんどウシをもっておらず，クランXのウシにも依存していたこともあって，この偽名事件がクラン間の対立に発展することはなかったが，この問題が発覚して以来，クランXの耕していた土地はクランAの管理下に戻され，クランXが開墾する面積は確実に小さくなってきている．クランXの暴走は，彼らが林を統制するクラン長をもっていなかったことに由来していたのである．

2-6. 二次林の利用と保全

(1) 在来農業における林の利用と保全

　林の利用には，木の実や果実・キノコの採集のように林の木を切らずに利用する場合と，畑の造成・炭焼き・建材採取などのように木を一時的に伐採して利用する場合がある．保全が問題となるのは後者であるが，これまで述べてきたように，ミオンボ林帯に暮らす人々にとって，林の利用は食料生産や生計維持と深く関わっていて，林の伐開を禁止することはできない．人と自然が共存するためには，林の伐開を前提としながら，再生と利用の循環をいかに維持するかを考えることが現実的である．一時的とはいえ，林を破壊するわけであるから，生態系への短・長期的な影響は避けられない．そのことを十分理解した上で，農耕を含む社会システム全体が，いかにして破壊された林の再生の可能性を確保できるかを検討する必要がある．林が持続的に利用されている生態系には，破壊された状態から様々なステージの再生過程の状態が連続的に存在していなければならない．林を利用しながら保全するために重要なのは，林を利用する際，そのダメージを極力小さくし，また再生のために時間的・空間的な余裕を十分に確保することである．

　ベンバやニャムワンガがおこなってきたチテメネやンテメレは，伐採の際に幹を残し，また火入れの面積を小さくすることで林への影響を最小限にして，再生への移行を円滑にする農法であるといえる．しかし，伐採地や畑跡地が林全体の中で占める面積の割合と再生するのに要する時間とのバランスを保たなければ，この農法を継続することはできない．人口が増え，林が多目的に使われるようになった現在，その条件を維持することは難しくなって

きている.

　ミオンボ林を構成するほとんどの樹種は，水平方向に伸びた根から萌芽する性質をもっていて，畑が開かれた直後から再生が始まる．ニャムワンガは，ミオンボ林の旺盛な萌芽・再生力に依存しつつ，焼畑に草地休閑を組み込んだエトゥンバ農法によって，休閑期間の短縮に対処し，二次林の維持と食料の需要と供給のバランスを保つことに成功したのである.

　一方，中央アフリカの熱帯多雨林では，焼畑跡地を覆う先駆樹木の二次林を利用した焼畑もある．四方 [2004] は，カメルーンの熱帯多雨林帯におけるプランテイン・バナナの栽培について記述し，そこに暮らす農耕民バンガンドゥが二次林に卓越するムサンガ（*Msanga cecropioides*）林での焼畑を持続的に営んでいると報告している．また，タンザニアの高地で調査した近藤 [本書第 2 章] によると，農耕民ベナは，再生の遅い在来樹の代わりに，生長の早い外来樹モリシマアカシア（*Acacia mearnsii*）を植林し，その人工林での循環的な焼畑システムをつくり上げた．いずれも生長が早い樹木や旺盛な再生力という特性を巧みに利用した持続的な焼畑である．これらの事例は，1つの生態系の中に循環的な農耕システムが確立されることで一次林への負荷を軽減し，地域全体でみれば環境を利用しながら保全していると考えることができる.

　すなわち，林のバイオマスに依存する農業にとって，二次林をいかにして循環させるかが生態環境の持続的な利用の鍵を握っているといってよい．持続可能な農業システムは，二次林の再生を可能にする時間的・空間的な余裕と，それを保つ社会的な規律を備えている必要がある.

　一方，農村にはこの均衡を崩そうとする力も常に働いている．人口増加や市場経済の浸透などは，環境利用を強めるであろうし，人間活動を排斥するような環境保護政策は住民の生活を圧迫し，局所の過度な利用によってかえって不可逆的な環境劣化を招きかねない．しかし，様々な外圧にさらされながらも，生態環境の利用を基盤とする社会には，農耕形態や規律をそのつど改変しながら環境の利用と保全のバランスを保とうとする力も存在する.

(2) 環境利用と保全の均衡を立て直す力

　集村化以前，ニャムワンガは広大な林を背景に農地や住居を転々と移動させながらンテメレ焼畑でシコクビエを栽培していた．自然界と農業の間には，図4-3で示したような，祖霊・精霊，天候，林，ムヴンド，シコクビエをつなぐ複層的な関係が存在していた．その頃は，林や土地に「所有」という概念がなく，林は天からの授かり物で，林を開いた者がその土地を一時的に使用し，収穫後は自然に戻すことを繰り返していた．土地を保有するという概念が生まれてきたのは，集村化のときだといわれている．当時はまだ広大な林が残っていて，土地を保有するクランは存在するものの，林の利用に規制はなく，人々は社会・経済の状況に応じて思い思いに農地を開いていた．その結果，常畑の拡大，穀物の商品化や価格の高騰，牛耕の普及などによって農地が急速に増大し，林は劣化していった．

　林が劣化していくのを憂慮したクラン長たちは，若い林の利用や大規模な開墾を規制するようになっていった．クラン長たちは林の利用を制限するにあたり，自然界と農業をつなぐ彼らの自然観を根拠にして，昨今の天候不順と林の劣化を結びつけながら人々を説得していった．そして，林を開くときには，たとえそれが親から譲り受けた土地であっても，クラン保有地全体を統括するクラン長の許可を求めるようになったのである．規制は厳しいものではなかったが，クラン長の説明を無視するわけにもいかず，大規模な開墾や無秩序な常畑化には歯止めがかかるようになっていった．前述したクランXの事例では，クランの中に個人の経済活動を制御する機構をもたなかったことで，牛耕による広大な二次林の開墾が繰り返され，環境の著しい劣化を引き起こしてしまったのである．こうした環境の利用と保全の均衡が崩れたことが，新たな社会秩序がつくり出される契機となったといってよいだろう．

　クラン長は，クラン保有地をある種の共有地として管理し，二次林の循環的な利用に貢献してきたとみることができる．もしクランの土地が個人に分配されていたならば，昨今の経済偏重の動きの中で，二次林の多くが常畑に変えられていたかもしれない．最近，タンザニア政府は，農家の資産を保護する目的で，土地を登記して実質的な私有地化を進めようとしているが[Tanzania 1999]，それは土地の使用者と慣習的な土地保有者との齟齬を露呈

させることになり，曖昧にしておくことで成り立っていた土地の利用と保有の関係に新たな問題が生じ始めている．また，その土地法では，土地を担保にして借金することも認めており，不在地主の増加や農家の小作化も危惧される．単に土地を私有化するのではなく，ムフト村の事例が示すように，個人の土地も村の環境の一部であるとみなし，村全体が管理する社会的な慣習の保持や規制の導入も必要なのではないだろうか．

3 ……… 水田稲作の発展プロセスにおける先駆者の役割
ムサンガーノ郡ンティンガ村の事例

［下村理恵］

3-1．数人の先駆者の存在

　この共同研究では当初，新たな開発実践を試みる対象として，ボジ県のウソチェ村を調査地に選んだ．本書の第7章1節で詳述されるが，このウソチェ村では，1982年頃に農牧民スクマが移住してきて水田稲作を始め，その後に村全体に水田稲作が普及していった．一方，ウソチェ村周辺の広域調査で，ウソチェ村とは異なったプロセスで水田稲作が拡大・発展していった村々があることが明らかになった．ムサンガーノ郡の村々であり，これらの村々ではスクマの移住を拒絶してきた．私はウソチェ村との比較を意図して，ムサンガーノ郡のンティンガ村を調査地に選び，そこでの水田稲作の発展プロセスを研究の課題とした（写真4-11）．調査が進むにつれて，数人の先駆者が水田稲作の拡大・発展に大きな役割を果たしていることがわかってきた．この節では，これらの先駆者と地域共同体としての村との関係，そしてそれらが水田稲作の発展のプロセスやメカニズムにどのように関わっているのかについて，生態的・社会的な条件を踏まえて解明したい．

　イギリスの地理学者のナイト［Knight 1974］は，1966年から1967年にかけて，ボジ県東部の高地に居住するニイハを対象とし，農村生活の変容について調査した．ボジ県は隣国ザンビアと国境を接しており，ルクワ地溝帯の

第4章　タンザニア・ボジ県の農村

写真4-11　イネの脱穀．刈り取ったイネを地面にたたきつけて脱穀する．

一部を占める（巻頭地図参照）．現在のボジ県における農業は，自給作物のほかに，高地ではコーヒー［Bantje 1986］，ムサンガーノからカムサンバにかけての低地では水稲が換金作物として盛んに栽培されていることが大きな特徴である．高地のニイハ・ランドでは1966年当時すでに，コーヒーを換金作物とした農業システムが発展していたという．これに対し，低地のムサンガーノでは，換金作物としてのゴマの栽培や，売買を目的とした牛飼養がひろがり始め，また西部高地のンダランボでは，換金作物のタバコが徐々に栽培され始めていた程度であった．ニイハ・ランドでは，コーヒー豆の集荷などのために道路の開通が進んだが，低地や西部高地では道路の整備は進まず交通の便が悪く，換金作物の生産・流通は，いずれも小規模な展開がみられたのみであった．

現在では，ボジ県の県庁所在地であるヴワワからムサンガーノまでの道路は整備され，雨季でも問題なく通行できる．ムサンガーノからヴワワまでは，毎日1台以上のランドローバーが走っており，所要時間は3時間程度

である．またコメの収穫期になると大型の買い付けトラックが多数行き来する．ナイトが調査をした 1960 年代から 40 年ほどの間にムサンガーノでは，大きな変化が起こったのである．

3-2. 調査地の概況

(1) ムサンガーノ郡の位置と民族

　ムサンガーノ郡は，ボジ県のほぼ中央部に位置する．ここには，バントゥー語系のニャムワンガが居住している．ちなみにニャムワンガはタンザニア国内では，標高の低いトラフ（舟状盆地）内と標高の高い西部高地の，標高差のある 2 つの地域に住んでおり，1 つの民族集団として社会的なつながりを保持しているが，大きく異なった農業を営んでいる．西部高地のニャムワンガについては，伊谷が前節で詳述している．

　ニャムワンガは伝統的には首長制をとっており，現在のチーフは 25 代目である．このチーフとサブチーフは，トラフ内と西部高地の間で交互に選出される．チーフやサブチーフになることができるのはシヤメと呼ばれるクランに所属する男性に限られている．伝承によると，ニャムワンガの人々はもともと狩猟採集生活を送っていたという．そこへビサの国からやってきたムシャニが，製鉄と農業の技術をもたらしたという．ムシャニはシヤメのクランの創始者である．その後，このムシャニが初代チーフとなり，それ以来，シヤメのクランがチーフの系統になったとされている［Willis 1996］．チーフは，民族の行事がある場合には，チーフのみに許された帽子を被り，チーフの権威を象徴する木製の杖を持って参加する．現在，チーフやサブチーフに挨拶する場合には，伝統に従って，ひざまずき，拍手を打って敬意を表する．チーフの存在は儀礼的な意味合いが強いが，現在も村人たちから一目おかれている．

(2) ムサンガーノ郡ンティンガ村

　この研究では，ムサンガーノ郡ンティンガ村を対象とし，2005 年 8 月から 2006 年 6 月までの約 11 ヵ月間，住み込み調査をおこなった．県庁所在

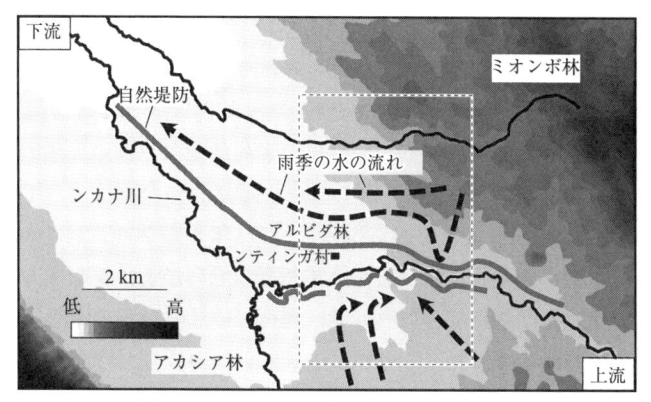

図 4-4　ンティンガ村の地形と水の流れ

注）図中の点線の囲みは図 4-5, 4-7 の範囲を示す．

　地のヴワワから 45 キロメートルほど西に位置するムサンガーノは，周囲をリフトバレーに囲まれた広大なトラフ内にあり，標高は 1,000 メートル前後である．ムサンガーノ郡を取り囲んでいるリフトバレーの高地部には，マメ科ジャケツイバラ亜科に属する樹種が優先するミオンボ林がひろがっている．

　図 4-4 に，20 メートル間隔の等高線に沿って，調査地を中心とした地域（東西 15 キロメートル・南北 10 キロメートル）の地形と植生の特徴を示した．調査村は標高 1,000 メートル前後にあり，アカシア林が優占している．しかし標高 1,100 メートルを超えると，植生はミオンボ林に変わる．調査村区および水田は標高 1,000 メートル前後に集中しており，ほぼ平坦な地域にある．後述するが，この平坦な地域内には様々な微地形が分布しており，その微地形を巧みに利用して水田が開墾されてきた．

　ムサンガーノ郡は 4 つの村で構成されており，郡内を流れるンカナ川を挟んで北側にムサンガーノ村とンティンガ村，南側にムニュジ村とチンディ村がある．ムサンガーノ村には病院や役所などがあり，郡の中心地として機能している．ンティンガ村はこのムサンガーノ村から 4 キロメートルほど南に位置している．ンティンガ村の中心域には小学校や中学校，飲み屋や雑貨店がある．2003 年に実施されたセンサスによると，村内に居住する人口総数

は3,479人で,男性が1,669人,女性が1,795人であると報告されている.

　気候は,11月頃から4月下旬頃までの雨季,5月頃から10月頃までの乾季に明瞭に分けることができる.乾季は5月から7月までの冷涼期と8月から10月までの暑熱期からなる.年間の平均降雨量が750〜800ミリメートルの半乾燥地である.11月下旬ごろから降り始めた雨は,4月下旬頃まで降り続く.しかし,調査をおこなった2005年から2006年にかけては降雨が遅れ,状況が例年と異なっていた.例年なら12月から1月にかけて最も降雨量が多いのであるが,調査年には,遅れて2月頃から本格的に雨が降った.この降雨の遅れは,農作物の作付けに大きく影響し,村内で食糧不足を引き起こす結果となった.

　今回,インテンシブな調査対象としたのはンティンガ村の中心に位置するC村区であり,村内にある7つの村区(村の下位区分)のうちの1つである.C村区は,タンザニア独自の社会主義政策(ウジャマー村政策)によって1974年から1975年に人々が集住させられた地域である.人々が保有する耕地は,家の周囲から隣接する村区,およびンカナ川の対岸にまでひろがっている.C村区内には,100世帯が居住していた.

(3) ンティンガ村の生活

　ンティンガ村に居住する人々は,学校の教員や地方行政府の役人を除いて,すべての世帯が農業によって生計を立てている.人々の現金収入源は,農作物と家畜の販売である.近年ではコメを売って得る現金収入が増え,多くの世帯がトタンを購入して屋根を葺き,現在では,藁葺き家屋の世帯と半々程度である.またウシ・ヤギ・ブタ・ニワトリ・ハト・アヒル・ホロホロチョウなどの,家畜や家禽を飼養する世帯が多い.農作業に不可欠なウシを除いて,特にブタやヤギは販売を主な目的として飼養しており,これらの家畜の買い付けに,多数の商人が都市からやってくる.

　村の生活に大きな影響を与えているのが,村と平行するように流れているンカナ川である.この川の水は人やウシの飲み水,洗濯や水浴びに利用されている.通常は,飲料水は村に数個ある井戸から汲み上げているが,井戸が頻繁に壊れたり枯れたりするため,川の水は人々の生活に欠かせない.

村では，大多数の人々がキリスト教を信仰している．ローマカトリック，ペンテコスタ，モラビアンなど多数の宗派があり，宗派ごとに教会が建設されている．同じ世帯の成員であっても異なる宗派を信仰する例もみられた．週1回，日曜日のミサでは，音楽やダンス，オークションなどが催され，娯楽の機会にもなっている．少数ではあるがイスラーム教の信者もいる．

(4) 食生活 ── 主食はトウモロコシとモロコシ

村人は農業から得る収穫で自給的な食生活をしている．彼らの食事は，基本的に昼と夜の2回である．朝食は，農閑期や金銭的に余裕がある場合には，コメを炊き，砂糖の入った紅茶とともに食することがある．昼食と夕食の主食は，トウモロコシやモロコシを製粉し熱湯で練り上げたウガリが中心であり，年間を通してトウモロコシとモロコシを食べわけている．村内では，トウモロコシよりもモロコシのウガリの方が，腹持ちがよく味がよいとされ好まれている．しかし，トウモロコシとモロコシの収穫量は毎年変動するため，両作物を栽培することで，主食作物を安定して確保している．コメも食べてはいるが，回数は多くなく，食生活の主要部分を占めてはいない．

副食の中心はインゲンマメと葉菜類である．乾季の間は，保存していたインゲンマメや，インゲンマメにオクラやニセゴマの葉を混ぜて調理する．肉や魚はハレの日でなければ，口にしない．これらに加えて重要なタンパク源となっているのが，牛乳を発酵させた酸乳である．牛乳や酸乳は売買されることはなく，雌牛を所有する世帯で食されている．また，人々は降雨が始まるとすぐに，アマウングと呼ばれる黒色をしたイモムシの採集にでかける．このイモムシは，油で炒めてから天日干しにし，雨季の間の保存食として貯蔵しておく．雨季には，様々な野草，カボチャやインゲンマメの葉など，葉菜をよく食べる．本格的な雨季が到来すると，水田内や川で釣れる生魚，キノコなどが加わり，副食のバラエティが豊かになる．

3-3. ンティンガ村の農業

(1) 牛飼養

　農業について詳述する前に，まず牛飼養について説明しておきたい．ンティンガ村では，田畑はすべて牛耕で耕起する．ウシは村内の農業において重要な位置を占めているのである．

1) 牛耕の歴史

　ムサンガーノにおける牛飼養の歴史は長い．1966 年のナイト [Knight 1974] の調査によれば，当時すでに相当数のウシが飼養されていたことが確認されている．ンティンガ村とムサンガーノ村に住む 60 代以上の老人などからの聞き取り調査をもとにして，牛飼養と牛耕の歴史を以下で概観しておきたい．1900 年代前半までウシは，主に牛乳・肉の食用や婚資財として飼育されていた．1940 年前後に，当時のニャムワンガのチーフが，ウシに犂を引かせる技術（牛耕）を導入したという．彼の名はアリナーニといい，22 代目のチーフだった．彼が牛耕の技術をどこで学んだのかは定かではないが，タンザニアに隣接するマラウイ国（当時はイギリス領のニャサランド）という説や，ボジ県の東に位置するムベヤであるという説などがある．犂を持ち帰った彼はまず，モロコシの畑で牛耕を試みたという．これをきっかけに人々は牛耕に関心をもち始め，技術の普及が始まった．しかし当時，犂は非常に高価であり，ごく少数の世帯のみが所有することができた．人々は，ムサンガーノから 20 キロメートルほど北東に位置するイタカまで行き，インド人が経営する店で犂を購入していたという．

2) 共同放牧

　ンティンガ村の牛飼養の形態は，共同の日帰り放牧である．現在，C 村区と隣の S 村区のウシが，共同放牧されている．乾季にはハイエナや牛泥棒からウシを守るために，各世帯の家屋周辺に太い丸太を置き，それにウシをつないでおく．雨季になると，S 村区にある空き地に共同管理地を確保し，各世帯が丸太を運び入れ，夜間は，その丸太にウシをつなぎとめておく．降雨

が始まると，ウシは家の周辺からこの共同管理地に移動させる．耕作が始まった田畑に，ウシが侵入することを防ぐためである．

日中は，20歳前後の青年4人が，牛群を放牧に連れて行く．2つの村区のウシは，2群に分けられ，時間をずらして午前10〜11時の間に共同管理地を出発する．牧童2人が1つの群れを受け持ち，日帰り放牧を管理する．受け持つ頭数によって多少の違いはあるが，牧童は1年間で，85,000シル〜140,000シリング（タンザニアシリング，約8,500円〜14,000円）ほどの給与を受け取る．乾季には，各世帯の人がウシを共同管理地まで連れて行き，牧童は管理するウシを集めて共同管理地を出発し，村区の周辺域で放牧する．午後5〜6時に共同管理地に戻り，各世帯の人がそれぞれのウシを家まで連れて行く．雨季には，草を確保するために，10キロメートル以上離れたところまで牛群を連れて放牧に行く．

かつて，両村区では世帯ごとに放牧管理していたという．2001年に都市から移住してきた男性Z（ニャムワンガ）が生活費を稼ぐために，多くのウシを所有していた1世帯分のウシだけを放牧管理していたという．その後，共同放牧が村区内に広まり，現在では未婚で農地を持たない青年たちが賃金を得る機会になっている．

(2) 農業

ンティンガ村内では，換金作物のコメと，自給作物であるトウモロコシやモロコシなどが栽培されている．いずれの栽培においても化学肥料を用いることはない．ここでは，自給作物の栽培方法に注目して説明したい．稲作については3-4で詳細に述べる．

1) 村内の土地利用

村内の耕地は，大きく焼畑，常畑，水田の3つに分けることができる（図4-5）．土地利用は，地形や土壌，季節河川などの特性と深く関係している．

山際の土地ではシコクビエの焼畑耕作がおこなわれているが，C村区内では焼畑耕作に従事する世帯はない．ンカナ川沿いの自然堤防の上にはアルビダ（*Faidherbia albida*）の純林が発達しており（写真4-12），そこを開墾して造成

第1部 多様な地域発展

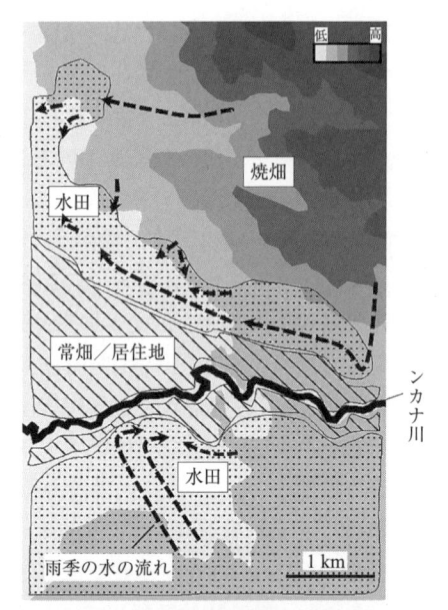

図4-5 ンティンガ村の土地利用図（原図：2001の空中写真）

写真4-12 アルビダ林とその林床の畑．アルビダは雨季に落葉し，乾季に葉をつける．

した常畑でトウモロコシやモロコシなどの自給作物を栽培している．水稲は，雨季になると水がたまる季節湿地に造成した水田で耕作してきた．現在では，ンカナ川を挟んだ村の対岸部のアカシア林においても，広大な水田稲作が営まれている．

2) 自然堤防とアルビダ林

ンカナ川は長い歳月をかけて，長大な自然堤防を形成した（図4-4）．小高い自然堤防は，雨季に山側から流れてくる水が，ンカナ川の本流に流れ込むことを阻んだ．そのため，雨水はンティンガ村から数十キロメートル下流に至るまで，本流に流れ込むことはない．この自然堤防は雨季の水の流れを複雑にし，その結果，村内に多様な微地形を形成した．そして多様な微地形は，ンティンガ村における水田稲作の形態や歴史的な普及のプロセスと深く関わっている．

　自然堤防は周囲より小高いため，水没することがない．そのため，自然堤防の上にアルビダ林が発達したと考えられる．アルビダは，乾季に着葉・結実し，雨季に落葉する特異な季節性（リバース・フェノロジー）を持った樹木である [Dharani 2006]．西アフリカのセネガルで調査をおこなった平井[2010] は，アルビダ・ウシ・作物が互いに相利的な3者関係にあると指摘している．雨季に落葉するアルビダの葉は，窒素などの無機養分を多く含んでおり，土地への肥培効果をもたらす．また乾季の葉や実は，ウシの良い餌となる．ウシがアルビダの周囲を餌場として利用することで，牛糞が堆積し土地が肥沃になり，作付けされたトウモロコシやモロコシなどの残渣はウシの餌となる．このように，3者がアルビダを中心に互いに影響を及ぼし合っているという．ンティンガ村でも，アルビダ・ウシ・作物が同様の関係をもっているといえる．村人は，このアルビダ林の地に常畑を拓き，トウモロコシやモロコシなどの主食用作物を栽培し，自給の基盤を保持してきたのである（写真4-12）．それは，換金作物の水稲の導入を可能にした大きな条件の1つである．

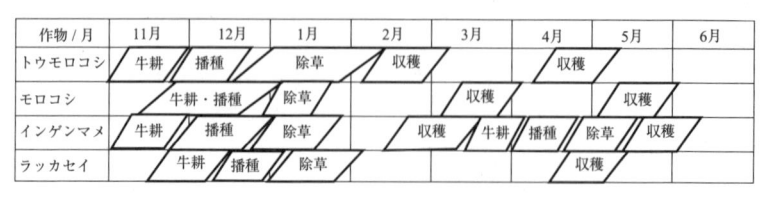

作物/月	11月	12月	1月	2月	3月	4月	5月	6月
トウモロコシ	牛耕	播種	除草		収穫		収穫	
モロコシ		牛耕・播種	除草		収穫		収穫	
インゲンマメ	牛耕	播種	除草		収穫	牛耕 / 播種	除草	収穫
ラッカセイ		牛耕	播種	除草		収穫		

図 4-6　ンティンガ村の農事暦

3) 農事暦と自給作物の耕作

　C村区では，ほぼすべての世帯がトウモロコシ・モロコシ・インゲンマメ・ラッカセイ・ジャガイモ・サツマイモを栽培している．これに加えて，酒用にシコクビエ，副食用にオクラやトマトを栽培している．

　主要作物の農事暦を図 4-6 に示した．ここではトウモロコシ耕作を取り上げ，自給作物の耕作の概要を記述・説明しておきたい．

　トウモロコシは，ウガリや酒として自家消費するほかに，少量ではあるが商品作物として販売したり，教会への布施に用いる．単作のほか，特に家屋の周囲の畑ではインゲンマメやカボチャと混作する．

　雨季が始まり村人が最初に耕作するのは，トウモロコシの畑である．人々は家屋の周囲に小規模な畑を持ち，さらにアルビダ林の地域に広い畑地を持っている．11 月に入り降雨が始まるとすぐに牛耕にとりかかる．牛耕には主として去勢牛を使用し，2 頭立てで犂を引く．牛耕は外側から内側に向かって，うずを描くように進める．この作業は，20 歳までの若年男性が担う農作業である．

　ンティンガ村では，主に 2 つの品種を栽培している．前年に収穫したトウモロコシの種子を保存しておき，それを播種している．畝は立てず，紐を張り，3〜5 人が 1 組となって，この紐に沿って小さい鍬で穴を掘り，2 粒の種子を播いていく．条間は約 60 センチメートルである．

　発芽後，最も大切な作業は除草である．除草の有無によって収量が左右される．そのため通常，収穫までに 2〜3 回は除草する．1 回目は，苗がふくらはぎのあたりまで成長した頃に除草する．その後，腰のあたりまで生育した頃に再び除草し，以後は雑草の繁茂の程度に応じて除草する．単作の場合，柄の長い鍬で除草するが，インゲンマメなどが混作されている場合には

植え付けのときと同様に小さい鍬を用いる．

　3月頃になると子供たちは，家の周囲にある畑から焼トウモロコシ用として実をもぎ出す．もいだ後の茎は折り倒していく．このような状態が1ヶ月ほど続き，トウモロコシ種子が十分に乾燥すると本格的な収穫が始まる．

3-4. 水田稲作の拡大プロセス

　現在，ムサンガーノからカムサンバにかけてはコメの大産地となっている．後に詳述するが，経済の自由化が進み，日常的にも現金の必要性が増大し，換金作物としての水稲の栽培は村人の生活にとってきわめて重要である．ここ40年の間に農業経営が大きく変化し，水田稲作が広まり，換金作物として重要な位置を占めるようになったのである．では，水田稲作はどのようなプロセスを経て普及してきたのであろうか．生態条件との関係と社会的なメカニズムに注目して，検討していきたい．

(1) 稲の栽培方法

　まず，現在の稲の栽培方法を説明しておこう．

　農作業の時期は，開墾された水田の位置と地形によって少しずつずれる．これは，水田内に水がどの程度たまるかの違いによる．本格的に雨が降り出す1ヶ月ほど前の11月，C村区を流れるンカナ川の対岸に水田を持つ人々が川辺に苗床を造成し始める．アルビダなどトゲをもつ木で柵をめぐらし，その中を鍬で耕起して苗床をつくる．耕起時には雑草を土中に鋤込む．土を盛り上げて苗床をつくることもある（写真4-13）．その後，籾を均一に撒き，鍬で覆土する．これらの農作業が終了すると，川からバケツで水を汲み，苗床に十分しみ込むまで水をかける．この灌水作業は，移植作業が始まるまで毎日続く．これに対し，村側に水田を所有している人々は天水に依存しており，降雨が始まってから水田の近くに苗床をつくる．

　雨が順調に降り，水田に十分水がたまると牛耕を始める（口絵8）．苗の生長が早い対岸部から牛耕が始まる．水田内を外側から内側へ向かって耕起していく．しかし，水田は粘土質で重く，細かく畦畔で区切られているため，

第1部　多様な地域発展

写真4-13　ンカナ川の対岸につくられた苗床

ウシを操るには体力と熟練した技能が必要で，水田での牛耕は技能を習熟した成年男子が担う．雑草の繁茂の程度によって，牛耕が1回であったり2回であったりする．

　通常，苗は1ヵ月ほどで移植に適した草丈に生長するが，それぞれの水田の水深にあわせて移植時期を調整する．調査年は降雨が不順であったため，苗が育成途中で枯れたり，逆に生長しすぎたりしていた．苗が枯れてしまった場合，再び播種しなければならず，移植時期が遅れる．苗が十分に育つと，苗床から苗を引き抜き，移植（田植え）を始める．伸びすぎた苗は，過剰な蒸散を抑えるために移植のときに葉をちぎって葉の面積を減らす．通常，苗の育ち具合に合わせて牛耕するため，牛耕と同じ日か数日内に苗を移植する．これと並行して，凹凸のある地面を均平にする．移植作業は家族労働や互助労働，賃金労働によっておこなわれるが，移植だけは子どもたちが大活躍する（写真4-14）．子どもの労働力は，水田稲作の重要な一翼を担っているのである．その詳細については，3-5で述べる．

写真4-14 田植え.農繁期の田植えでは子供が活躍する.

　調査年には,水が干上がって苗の生育が悪かったため,除草をしない世帯が目立った.平年であれば,栽培シーズンに1,2回の除草をおこなう.
　収穫には,イネの刈り取り作業,脱穀作業,運搬作業の3つの作業がある.収穫も植え付けと同様,畑によって時期にズレがあり,4月半ば頃に対岸の水田から始まり村内の水田に移っていく.収穫ではまず,三日月型をした鎌で稲を株元から刈り取る.稲刈りは,1度にたくさんの稲をつかんで刈り取ることができる大人の作業である.刈り取った稲は束にして,水田の一角にドーナッツ形に積み上げていく.その中央部の土の表面を粘土できれいにぬり固め,そこに稲の束を打ちつけて脱穀する(写真4-11).
　これらの作業が終わると,収穫した籾米を袋に詰め,家まで運ぶ.運搬には,牛車・自転車・人力の3つの方法がある.最も効率の良いのは牛車であるが,牛車を所有している世帯は少ない.

(2) 稲作農家戸数

C村区に居住する100世帯を対象に，所有する水田について全戸調査を実施した結果，100世帯中85世帯が水田を所有していた．水田を所有していない世帯15世帯のうち2世帯は，他の世帯から水田を借りて耕作していた．残りの13世帯に関しては，女性世帯主が9世帯を占めており，その半数が高齢の女性世帯であった．つまり村内の約90％もの世帯が水田稲作に従事しているのである．ここでは，水田農家54世帯を対象にした調査をもとに，この地域における水田稲作の展開プロセスについて説明する．

(3) 水田稲作の拡大過程

図4-7は2001年撮影の空中写真に，2005年の時点で水田化されていた場所を記したものである．図からもわかるように現在では，様々な微地形を利用して広範囲にわたって水田が拓かれている．このように水田が拡大する過程は，稲作農家数の推移（図4-8）に明瞭に示されている．

1) 1970年代以前の稲作 —— 沼地での稲作

聞き取り調査などで得られた情報を総合すると，現在の水田稲作を支える畦畔の造成や苗の移植の技術は，1970年以降に伝播したと考えることができる．それ以前に水稲を栽培していた世帯は少数であった．その頃の水稲は，スワヒリ語でブワワと呼ばれる自然の沼地で，小規模に種子を散播して栽培していた．ブワワは，図4-7に示した2ヵ所にみられた．そこはゆるやかな傾斜地と，小高い自然堤防上に発達したアルビダの純林に囲まれたくぼ地であり，古くから水稲が栽培されていた．当時，畑地では牛耕が普及していたが，沼地での稲作は規模が小さかったため鍬で耕作されていた．

2) 1970年代から1980年代前半 —— 水田稲作の受容期

1970年代に入ると，現在の水田技術の基礎となる技術が伝播してくる．畦畔，移植，稲刈りの技術である．また同時に，牛耕が水田稲作でもおこなわれ，農繁期に耕作可能な面積が増大した．

自然堤防の後背湿地はゆるやかに傾斜しているが，畦畔技術はそこでの耕

第4章　タンザニア・ボジ県の農村

【斜面地】
1988年に棚田耕作が
開始された場所

【沼地】
1970年代
以前に耕作
されていた
場所

【後背湿地】
1970年代に開
墾された場所

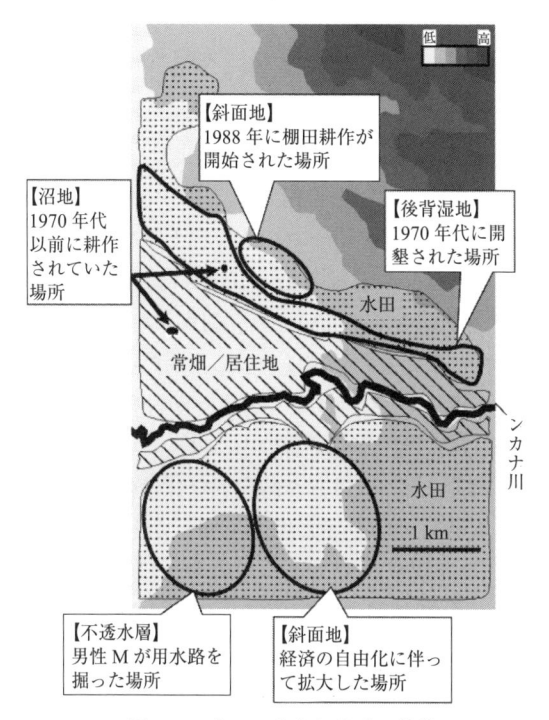

水田

常畑／居住地

ンカナ川

水田

【不透水層】
男性Mが用水路を
掘った場所

【斜面地】
経済の自由化に伴っ
て拡大した場所

図4-7　水田の分布と地形の特徴

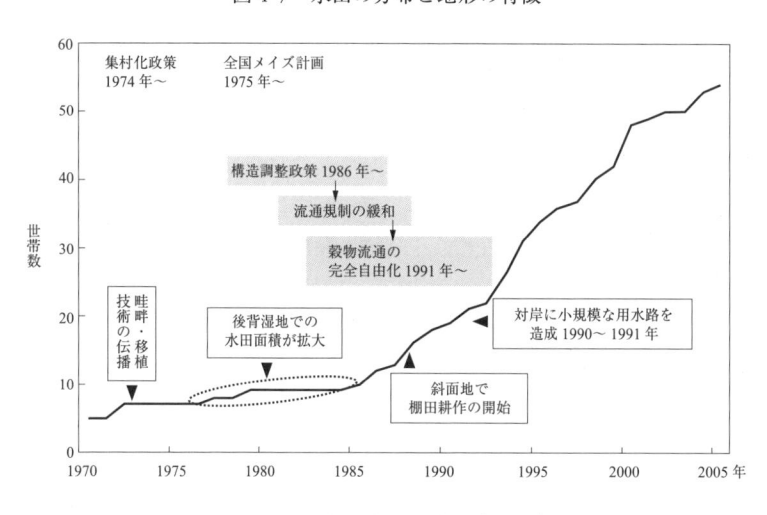

集村化政策
1974年～

全国メイズ計画
1975年～

構造調整政策 1986年～
流通規制の緩和
穀物流通の
完全自由化 1991年～

技術の伝播
畦畔・移植

後背湿地での
水田面積が拡大

斜面地で
棚田耕作の開始

対岸に小規模な用水路を
造成 1990～1991年

図4-8　稲作農家の世帯数（n＝54）

作を可能にし，水田面積が大きくひろがった．それまで利用価値のなかった低木の茂る後背湿地に，村人は畦畔を造成して水田を開墾していったのである（図4-7，図4-8）．

移植栽培は，植え付け期の延長や調整を可能にした．それによって，人々は畑の牛耕を終えてから，水田を耕起することができたのである．限られた数の雄牛で牛耕しているンティンガ村の人々にとって，植え付け時期の調整は大きな意味をもつ．また，移植栽培は直播栽培と比べて収量がよく［田中1990］，除草作業の手間がかからないという利点がある．

これらの技術が村に伝わった経緯について，明確な情報は得ることができなかった．しかし1960年代前半，多くの人々が村を離れタンザニア各地で出稼ぎに従事しており，出稼ぎ経験者の中には，このような形態の水田稲作を見聞したと語る人もいた．こうした時代的な背景のもとで，水田稲作の新たな技術をンティンガ村に伝播する役割を担ったと考えられる人物（以下，男性A）の存在が，聞き取り調査によって明らかになった．村人の多くは，当時の水田開墾について語るとき，同時に男性Aに言及した．男性Aは，1971年に政府から派遣された獣医であるが農業普及の役割も担っていた．彼は1985年までムサンガーノに居住していたという記録が残っている．彼は，古くからの稲作地であるキエラ県の出身である．キエラ県はマラウィ湖の北岸域に位置する．現在では，味や香りのよい高級米の産地として知られている．村人たちは，男性Aが1975年頃にンティンガ村で，自然堤防の後背湿地にある水田を計測したことを鮮明に記憶していた．当時，計測を手伝った村人によると，土地の所有者を耕地の境界に立たせ，その面積を計測するという方法をとったという．それは，ボジ県庁による水田の耕作面積および水田耕作の可能な面積を測るという政策の一環であったと考えられる．村人たちが水田稲作の技術と男性Aを関連づけて語ることから，彼が水田稲作の具体的な農作業を指導したと考えられるのである．

これらと並行して，政府内でも稲作を推進する動きが見られた．現在のボジ県庁の農業課に保管されていた1969年発行の公文書には，「県内で稲を栽培するにはムサンガーノやカムサンバが適しているけれども，稲作農家はごく少数しか存在していない」と記述されていた．また，1970年代に入って，

表4-5　国家製粉公社への作物別販売件数（1977年）

作物	件数
トウモロコシ	65
シコクビエ	27
ゴマ	23
インゲンマメ	6
モロコシ	4
コメ	3
合　計	128

県で種籾を購入していることもわかった．これらのことから，村への水田稲作の技術の伝播には，地方行政も関与していたといってよいであろう．

図4-8に示されているように，1985年まで稲作農家数は，あまり増加していない．しかし，この時期には，1970年代に自然堤防の後背湿地に水田を開墾し始めた世帯が，徐々に，その水田面積をひろげていったことが，聞き取り調査によって明らかになった．また，後背湿地の水田は，様々なリネージの人々が保有していたことに注目しておきたい．それは，もともとこの後背湿地をどこかのリネージが保有していたのではなく，水田稲作に関心をもつ個人が湿地を開墾し土地を取得していったことを意味している．この時期に，水田稲作がゆっくりと受容されていったのである．

当時は社会主義政策（ウジャマー村政策）が推し進められていた時代であり，農産物の流通も国家製粉公社（NMC）の管理下にあり，コメ市場がまだ確立されていなかったことが，稲作農家数が限られていた理由の1つであろう．また1975年からは，タンザニア全体の食糧自給率をあげることを目的とした「全国メイズ計画（National Maize Project, 1975～1982年）」が実施されている［池野 1996］．NMCが1977年9月の1ヶ月間にンティンガ村で買い付けた農作物リスト（表4-5）によると，トウモロコシやシコクビエは合わせて100件程度があげられているが，コメは3件にすぎない．このことから，当時はトウモロコシやシコクビエが換金作物として重要であり，水稲は自給作物として耕作されていたと考えられる．

3) 1980年代後半から現在まで —— 水田稲作の拡大期

自然堤防の後背湿地には水田がひろがり，新たに開墾できる土地がなかったことから，1988年，男性Bは，その北側に位置する傾斜変換点の上部の斜面地に水田を開墾した．彼は斜面地を流れる季節河川の水を利用して，傾斜の相対的にゆるやかな上方の場所に水田を開墾し，その後に斜面に沿って下部へ水田を拡大していったという．傾斜の角度は，水を十分に貯水できるか否かに大きく作用する．そこで彼は，等高線に沿って細長い水田を造成し，角度の急な斜面地でも水を十分にためることのできる棚田耕作を始めたのである．この棚田耕作は，おそらく斜面地の多いチンディ村で先駆的に開発され，男性Bが，創意工夫してこの土地に応用したのであろう．棚田耕作の技術は角度の急な斜面地での耕作を可能にし，またゆるやかな斜面地の開墾をも促進していった．

ほぼ同じ時期に，人々は村の対岸の土地に目を向け始めた．1980年代中ごろには，ンカナ川を渡った村の対岸地域に水田を開墾する人が現れ出した．この傾向は，村内の水田用地が十分でなくなった状況を背景としていたといってよい．しかし，この時期に水田が開墾されたのは，川の岸辺にある自然堤防と傾斜地との間にある季節湿地であった．

1985年以降に始まった対岸部の開墾は，1990年代に入って急激に増してゆき，現在では，対岸の土地はほぼすべて水田化されている．その過程について記述・分析を進めたい．

C村区の川を挟んだ対岸の土地は，アカシア（*Acacia tanganyikensis*）やアルビジア（*Albizia amara*）などの木々が優先する植生帯である．これらの植生の地表部のすぐ下には，村人がチパマと呼ぶ不透水層がある．村人は，チパマのある土地は畑には適さないと考えていたという．そのため農地として耕作されることはなく，不毛の地と見なされていたのである．

現在，この地には小規模な用水路が造成され，そこから供給される水を利用し，水田がひろがっている．この用水路は，C村区内に住む40代の男性Mが独力で，1990年から2年間をかけて造成したのである．

Mの両親はムサンガーノ郡のチテテ村の出身であった．そのため，両親はC村区内に水田を所有しておらず，Mは相続によって土地を得ることが

第 4 章　タンザニア・ボジ県の農村

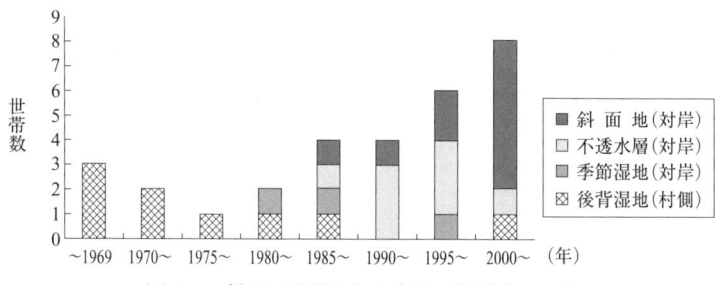

図 4-9　新たに開墾された水田の場所（n = 30）

注）55 世帯 78 筆中，開墾によって取得したと解答された 30 筆を対象．

できなかった．M は小学校卒業後の 1982 年に，タバコ売りも兼ねてウサングへ行った．ウサングはボジ県の北東部のバラリ県内にあり，現在は外国からの援助による灌漑施設を利用した稲作地帯となっている地域である．またそこでは近代的な灌漑施設のほかに，伝統的に小規模な灌漑用水路が使用されていた [Hazlwood & Livingstone 1982]．M はそこで，在来の小規模灌漑の用水路を目にしたのである．帰村後，結婚し数年間は義父の所有する水田を借りて耕作をしていた．しかし自らの水田を手に入れるため，1989 年に対岸に渡り水田耕作を試みた．このとき彼はまず，雨が降ると水が集まる川沿いの土地を選んだという．その結果，水田耕作は成功し，水を集め，畦畔を造成すればチパマ地帯でも稲が育つことが確認できた．そこで，かつて目にした用水路を掘ることを思いつき，チパマ地帯の特性に合わせて，翌年の 1990 年から 2 年間をかけて，1 人で 5 キロメートル以上の用水路を掘ったのである．用水路が完成した後，チパマ地帯でも畦畔で囲った田に水を引き込めば稲作ができることを知った村人たちは，次々に対岸に土地を求め，この用水路の付近を中心にして水田を拡大していった．

　図 4-9 は，30 筆を対象に，水田が開墾された年と場所の関係を筆数の変化で示している．この図から，用水路が掘られた場所への進出から少し遅れて，対岸の斜面地の開墾が始まったことが分かる．対岸へ渡ったけれど，用水路近くに土地を得られなかった人々が棚田耕作の技術を応用して，この土地の開墾を進めていったのである．しかし，対岸部の水田稲作は，村側の耕作よりも大きなリスクを伴う．例えば 2005 年度のように例年よりも降雨の

時期が遅れた場合，苗床を造成してから移植までの期間が1ヶ月以上あいてしまい，苗が育ちすぎたり，場合によっては枯れてしまう．さらに，川の水量によってウシや子供が対岸に渡ることができる時期が限定されてしまうのである．このようなリスクを伴う一方で，対岸部の水田は村側に比べて面積が広いため（平均2倍程度）に，降雨さえ順調で十分な水と良質の苗さえあれば村側の水田よりも大きな収穫がみこめる．人々は，村側の水田用地が十分でなくなってきたため，次々とリスクの高い対岸の土地へ進出していった．その傾向はタンザニアでの国レベルの政治・経済の動向と強く関連していたといえる．

タンザニアでは1986年にIMF主導による構造調整計画を受け入れ，経済の自由化が始まった［吉田2000］．農産物の流通機構の改革が進み，1991年には穀物流通を独占していた国家製粉公社（NMC）が解体され，穀物流通が完全に自由化された．そして流通部門に民間業者が参入し，コメを買い付けるトラックが村までやってくるようになった．こうして徐々にコメ市場が確立していき，コメの換金作物としての価値も上昇していった．この一連の自由化や市場の確立の動きと連動するように，ンティンガ村の稲作農家数は増加していったのである．

(4) まとめ

ンティンガ村では，農業普及員が新しい水田稲作の技術を導入し，その技術の効用を徐々に村人たちが認めるようになり，水田稲作が受容されていった．その後，新たな技術への関心と知識をもった先駆者が創意工夫して，それまでとは異なった地形条件の土地に水田を開墾し始めた．こうして村レベルでの内因の熟成と，国レベルの経済の自由化や，コメ流通システムの段階的な整備などの外因が同調し，コメの産地が形成されていったのである．

3-5. 水田稲作システムの現状 ── 水田普及を支える社会的要因

(1) 水田稲作の拡大に伴う問題

前述したように，現在，C村区では全100世帯中85世帯が水田を所有し

ている．それらの水田は，ンカナ川を挟んで村側と対岸部にひろがっている．図4-10は，村側と対岸部に分けて，それぞれの土地に水田を所有する世帯数の分布を示している．村側と対岸部の両方に水田を持つ世帯を含めると，53世帯（63%）が対岸部に水田を所有している．これは，それまで利用されていなかったチパマ地帯での水田稲作や，対岸部の斜面地での棚田耕作がひろがっていったためである．しかしこのような対岸における水田の拡大は，M氏がチパマ地帯に用水路を掘り終えた1991年以降から始まり，15年ほどの間に起こった現象である．

　対岸部の水田耕作には，人やウシがンカナ川を渡ることができるかどうかが重要な要因として関わっている．上流で降雨が始まると，村内で降雨していない場合でも川の水位はあがり水が濁る．しかし，人々が対岸の水田へ行くためには，迂回して川の下流にある吊り橋を渡るよりも，川を横切る方がはるかに距離は近い．また，ウシは吊り橋を通ることはできず，牛耕をするためには川を渡ることが必須の条件であるといえる．その際，村人たちは次の3つのことに留意しなければならない．まず，成人男性の胸の高さ以下の水位でなければ，ウシと犂を渡すことができない（写真4-15）．それは，ウシが川の流れに飲み込まれず，さらに人間が犂をかついで川の中を歩ける限界の高さであるという認識に基づいている．次に，午前中に出発する共同放牧に間に合うようにウシを村に戻さなければならない．水田のみならず全ての農地における牛耕の終了時間の目安は，この共同放牧の出発時間と関係している．最後に，川の水位は上流の降雨に大きく影響されるため，常に増水に気をつけていなければならない．川を渡った時点で水位が低くても，作業終了後に水位が倍増し戻れなくなることがしばしば起こるからである．これは，牛耕後の苗の移植を担う子供たちが，川を渡ることができる水位でなければならないということにも大きく関わっている．以上の条件を満たすために，川が大きく増水する前の12月中に，対岸部の水田で牛耕と苗の移植を終えていなければならない．それゆえ対岸に水田を持つ人々は，雨季が始まる前の11月初旬に川辺に苗床を造成し苗づくりを急ぎ，12月に移植できるように準備するのである．こうして，結果的に対岸部での水田耕作が先行し，村側での水田稲作は約1ヵ月遅れて始まる（図4-11）．それによって牛

第 1 部　多様な地域発展

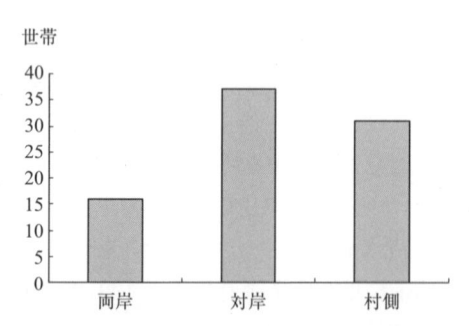

図 4-10　稲作農家が保有する水田の場所（n = 85）

写真 4-15　ンカナ川の渡渉．早朝，水田を牛耕するために対岸へ向う．

耕や，苗の移植に要する労働力の分散が可能になったのである．

　しかし，12月はトウモロコシ・モロコシ・インゲンマメなどの畑の耕起と，対岸部の水田の牛耕・田植えが重なり，非常に多忙な時期である．畑地での播種や除草，田植えと，農作業が重複し作業に必要な人手が不足しがちになる．牛耕ができる去勢牛や雄牛の頭数は限られており，労働時期の集中は，ウシの絶対数の不足を引き起こす．それゆえ，適切な時期に労働投入す

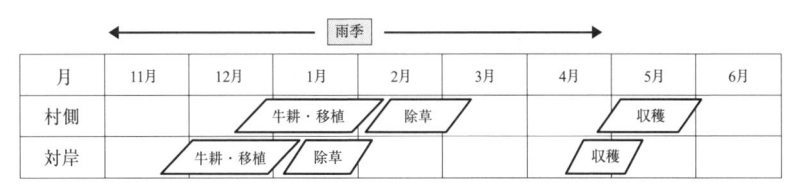

月	11月	12月	1月	2月	3月	4月	5月	6月
村側		牛耕・移植		除草			収穫	
対岸		牛耕・移植		除草		収穫		

（雨季：11月〜5月）

図4-11 ンティンガ村における稲作の農事暦

るためには，これらの問題を克服しなければならない．この農繁期への対処に，ンティンガ村の水田稲作を支える社会的な条件の諸特徴があらわれており，ここでは特に苗の移植と牛耕に注目して，記述・分析を進めたい．

(2) 苗の移植

まず苗を移植する労働力の確保をめぐり，人々が主にどのような労働形態を利用しているのかについて，述べておきたい．

1) 家族労働：親族内の互助労働

水田の保有者とその家族が，自らの水田に苗を移植するのが，最も基本的な労働形態である．この家族内労働には，親や祖父母といった直系の親族内の高齢世帯に対する扶助も含む．その場合，子供や孫たちが土日にかけて，移植を手伝う．

2) ウラリクエ：村人との共同労働

親族や友人などによる共同労働のシステムをウラリクエという．例えば，誰かが大きな水田の移植作業を効率的に進めたいとき，事前に数件の世帯（主に近しい親族と友人）に声をかけ，共同作業を依頼する．作業ができる子供から世帯主の妻まで，労働可能な人はすべて参加する．通常，1日か2日の短期間の作業で広い面積に苗を移植し，残った面積は世帯員のみで移植する．ウラリクエの大きな特徴は，返礼として食事を供与しなければならないことである．ウガリまたは米飯と肉料理，さらに酒やジュースを振る舞う．肉料理を提供するために，飼っているヤギやブタを1頭つぶすことが多い．

しかし，ウラリクエを利用した苗の移植を，調査年には2件しか確認する

ことができなかった．ウラリクエは衰退の途をたどっているようであった．酒を造ったり，家畜を屠殺し料理の準備などに手間をかけるよりも，賃金労働者を雇う方が手軽で安くつき効率的だと，村人の多くは語る．

3) 賃労働：子供たちによる移植作業

ムサンガーノでは，腰をかがめて苗を水田に移植する農作業は，背丈の小さい子供が担うことができる作業であり，その労働力は不可欠であると位置づけられている．これは①や②とは異なり，水田の保有者が賃金を支払って子供に移植を依頼するシステムである．移植の時期になると，雇用主は苗を移植する日時を近所の子供たちに連絡する．この情報をもとに，村内の子供たちはアルバイトができる水田を探す．雇用主は，耕作規模と予算に応じてアルバイトの人数を決める．そのため，子供たちは様々な場所の水田を回り，彼らと交渉して労働賃金を決めていく．

苗の移植作業では，従来からおこなわれてきた家族労働を基本としつつ，ウラリクエに代わって，子供の賃労働を組み込むようになった．農作業の最も忙しい12月は，小学校の学年末休みに当たり，子供の労働力を田植え作業に活用することで，水田の拡大に伴う労働量の増加に対応することが可能になった．また，水田内の収穫時期をそろえるために，田植えは短期間に終えなければならない．そのため，水田の保有者は面積当たりの歩合制で賃金を支払うことで，他の共同労働よりも効率的に，田植えを終えることができるようになった．

(3) 牛耕をめぐる状況
1) ウシの飼養頭数

すべての世帯が，牛耕で耕起しているC村区において，どの程度の世帯が役牛を飼養しているのだろうか．聞き取り調査の結果，1頭から25頭までの幅で，100世帯中44世帯が役牛を飼っていた（図4-12）．水田耕作をしている87世帯中での比率も50％程度の飼養率でしかない．C村区内で飼養されているウシは，去勢牛120頭，雄牛33頭，雌牛107頭，子牛27頭で

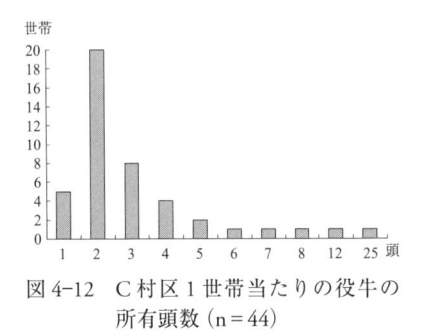

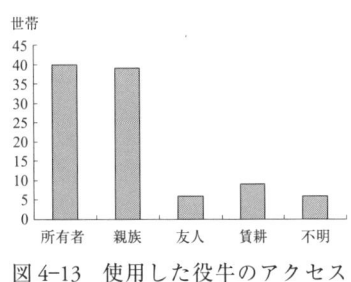

図4-12 C村区1世帯当たりの役牛の所有頭数（n=44）

図4-13 使用した役牛のアクセス先（2005年）（n=100）

あった．去勢牛と雄牛のすべてが牛耕に使用できると仮定しても，153頭しかおらず，2頭立ての牛耕では76ペアが成立するのみであり，100世帯の需要を満たすことはできない．

ここで，村人たちがどのようにウシを飼養・保有してきたのかについて，少し触れておきたい．飼養されているオスとメスの割合や聞き取り調査から，村区内ではウシを繁殖していないことが明らかになった．人々はムサンガーノから20キロメートルほど北西にあるチテテや，さらに北西に20キロメートルほど離れたチルルモの定期市でウシを購入している．大型の去勢牛や雄牛を，子牛1頭と現金を得て交換することもある．また一部の金銭的に裕福な村人は，ウシの仲買をしている．市で購入したウシを村まで連れ帰ってしばらく飼養した後に，買値に数万シリングほど上乗せして売るのである．図4-12に25頭の役牛を保有している世帯が示されているが，この世帯主はウシの仲買の仕事をしており，彼の所有するウシの大半は販売用に飼養されていた．このようにンティンガ村では，村外の牛市にウシの供給源を依存することによって，牧草地や放牧管理に必要な労働力の確保の問題を最小限にとどめているのである．

2) ウシの無償貸与（相互扶助）と賃耕

図4-13に，100世帯が，牛耕用のウシを主にどのようにして確保しているのかを示した．40％の世帯が自らのウシを使用しており，同程度の世帯が親族内からのウシの無償貸与（相互扶助）に依存している．友人に依頼す

る世帯も5％程度あり，賃耕に頼る世帯は9％程度であった．賃耕には，ウシと犂を所有する世帯が賃金を支払って人を雇用する場合と，ウシと犂をもつ人に耕作料を支払って牛耕を依頼する場合がある．

ウシを所有していない世帯は，親子を中心とした親族関係に頼って牛耕を確保していた．また，親族からのウシの無償貸与と賃耕とを組み合わせて田畑を耕作する人もいる．聞き取り調査によると，ウシの所有者でも同様で，広い水田を適切な時期に自力で牛耕できない場合，賃耕を依頼していた．また主に賃耕を利用する世帯であっても，親族内のウシを無償で借りることができた場合，それも組み合わせて利用していた．こうして，血縁や地縁を紐帯とした相互扶助と，賃耕を組み合わせることによって，すべての世帯が牛耕を確保しているのである．

(4) 水田とウシの取得 —— 贈与，貸借，個人の力量

これまでの分析で，現在，血縁と地縁を基盤とした伝統的な労働システムとともに，賃金を媒介とする労働力も不可欠な要素となり，両者を組み合わせることで，大きく拡大した水田稲作を維持していることが明確になってきた．それは，地域共同体と個人との関係が変容し始めていることを象徴しているように思われる．ここでは，その内容を把握するため，地域共同体の重要な構成単位であるリネージに焦点を当て，水田とウシの贈与を主軸にしつつ検討を加えたい．

C村区内には，多くの成員を持つリネージ（クラン）が6つある．ここでは具体的に2つのリネージ（図4-14, 図4-15）を取り上げて，記述・分析する．

1) リネージ①の事例

図4-14は，チーフの系統のクランに属し，C村区に長老が居住するリネージ①の家系図である．このリネージの長老Sを中心にした水田やウシの贈与の実態や，ウシの貸借関係について事例を提示したい．

[男性Sの事例]

1946年生まれの男性Sは，現在のサブチーフであり，低地部のニャムワンガの実質的なチーフである．Sには現在，2人の妻がいる．Sは，すぐ上

第4章　タンザニア・ボジ県の農村

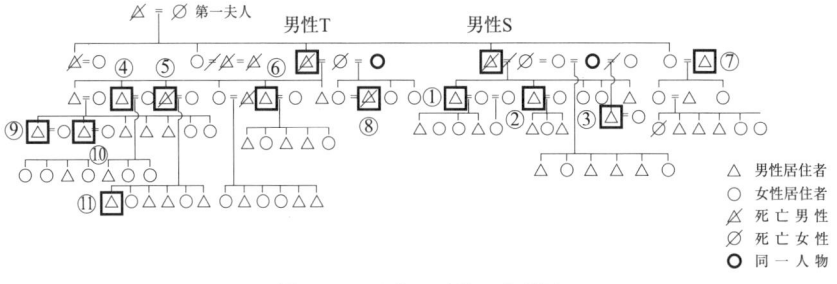

図4-14　リネージ①の家系図

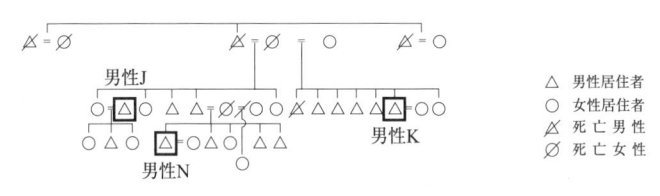

図4-15　リネージ②の家系図

の兄（T）が亡くなった後に，兄嫁（兄の死亡時には既に兄の第1夫人は死去していたため，ここでは兄の第2夫人を指す）と結婚し，彼女の子供たち，兄と第1夫人との間にできた子供たちを，自分の子供と同様に面倒をみている．また，第3夫人とは離婚したが，彼女との間に生まれた長男はC村区に住んでいる．Sは，現在，村側と対岸に1筆ずつ水田を保有しているが，実質的な耕作は2人の妻と子供たちが担っている．聞き取りによると，彼の所有しているウシは雌牛2頭のみだという．彼の農地は，彼がウシを贈与した子供たちが牛耕している．

　以下ではSが，どのようにして息子たちなどに水田やウシを贈与していったのかを詳述する．

［男性①：Sと第1夫人の長男］

　男性①は，C村区の隣のS村区に居住しており，2人の妻がいる．現在，村側にSから贈与された2筆の水田を保有している．役牛4頭を含めた8頭のウシを飼養している．去勢牛1頭をSから贈与された後に，他のウシは

201

自らで購入していったという．

[男性②：Sと第1夫人の次男]

　男性②はC村区に居住している．村側に2筆と対岸に1筆の水田を保有している．村側の1筆は，彼自身が開墾して取得したが，残りの2筆の水田はSから贈与された．役牛2頭と雌牛1頭を飼養しているが，これらのウシはSから贈与されたものであり，男性⑪と共同使用している．

[男性③：Sと離婚した第3夫人との長男]

　男性③はC村区に居住しているが，5月から10月までは，近隣の都市スンバワンガでコメの行商をしている．村側に1筆と対岸に1筆の水田を保有している．村側の水田はSから贈与を受け，対岸の水田は購入した．役牛2頭と雌牛4頭を飼養しているが，一部はSから贈与された．

[男性④：Tと第1夫人の次男]

　C村区に居住しており，村側にSから贈与された水田を保有している．ウシについては，詳細な入手経路は不明である．

[男性⑤：Tと第1夫人の3男]

　男性⑤は既に死亡しているが，その家族はC村区に居住している．男性⑤はSから水田を贈与されたが，その水田は息子の⑪が相続して耕作している．ウシについては，前述したが，男性②と共同使用している．

[男性⑥：Tと第1夫人の4男]

　S村区に居住している．彼は現在，村側に1筆と対岸に2筆の水田を保有している．対岸の水田は彼自身が開墾して取得したが，村側の水田はSからの贈与である．雄牛5頭，雌牛10頭を飼養しており，男性⑨（甥）に無償で貸し出している．ウシを取得した経緯は不明である．

[男性⑦：Sの妹の夫]

　Sの妹は他村に嫁いでいたが，1990年代に離婚してC村区に戻ってきた．その後，C村区で再婚し，その夫にSは水田を贈与したという．耕作の際には，娘婿のウシを使用している．

[男性⑧：Tと第2夫人の長女の夫]

　男性⑧（既に死亡）は，Tと第2夫人の間に生まれた長女と結婚した．Sは，彼女の母親と再婚し，男性⑧に水田を贈与した．男性⑧の死後，彼女は母親

(現在はSの第2夫人)のもとに身を寄せ，その水田を耕作している．

　以上の事例から，長老を核とした親族の紐帯を通して多くの人々が水田やウシを贈与によって取得していることがわかった．その際に，長老が自らの土地を分割して贈与しているのではなく，新たな別の土地を得て，その土地を贈与していることに注目したい．これは，1990年以降に開墾され始めた対岸の広大な未利用地の存在が関係しており，贈与によって村内の水田が狭小化することなく，息子たちは水田を取得できたのである．

　年長者が保有する水田やウシを多くの若い親族員に贈与することで，若い世帯は水田やウシを持つことができ，年長者の田畑の耕作は，若い世帯の労働力が支えている．こうした贈与によって，このリネージ内では親子関係を主軸にしつつ世代間で相互に扶助し合う紐帯が継承されており，また十分ではないウシの数を世帯間で調整しながら共同使用することも含め，地域共同体の伝統が保持されている側面をうかがうことができる．

2）リネージ②の事例

　前述してきたような方法で水田やウシを取得する世帯がある一方で，土地やウシを贈与されることのなかった世帯もあった．彼らはどのようにして水田を取得していったのであろうか．リネージ②の事例をもとに検討したい（図4-15）．

［男性Jの事例］

　男性Jは，ムサンガーノ郡の出身ではない．そのため，彼の親族は村内には居住していない．妻方の親族の近くに家を建て，暮らしている．現在，彼は水田を保有しておらず，ウシも所有していない．しかし，聞き取りによると，毎年，友人から小規模の水田を無償で借りて耕作していた．牛耕用のウシも，クラン内の親族から無償で借りていた．

［男性Kの事例］

　Kの父親は既に死亡している．Kの兄弟で水田やウシを所有している者はいない．Kは対岸の土地を開墾し，土地を取得したもののウシは所有していない．そのため，隣の村区に住む男性から一部のウシを預かって飼養し，牛耕用のウシを確保していた．

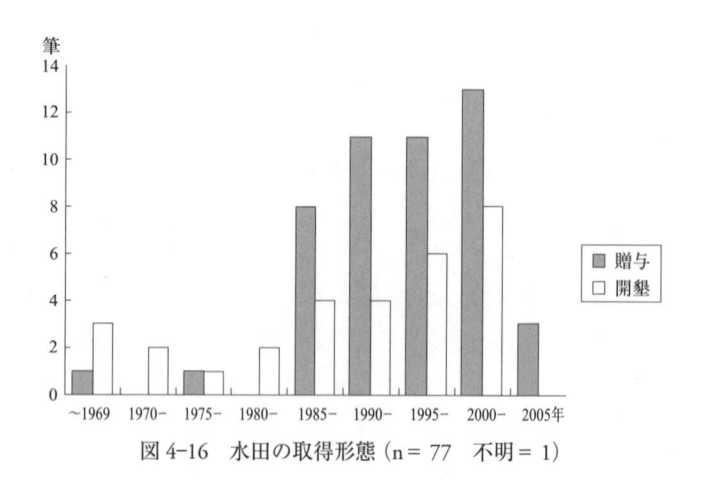

図 4-16　水田の取得形態（n = 77　不明 = 1）

［男性 N の場合］

　N の父親を始め，近しい親族内に水田を保有している者はいない．そのため，水田の贈与を受けることができなかった．2000 年と 2001 年の 2 回，対岸の土地を開墾している．しかし，彼はウシを所有しておらず，水田の開墾を進めることは容易ではなかった．そこで，友人からウシや水田を無償で借りて，水稲を栽培し，また積極的に賃金労働に従事して資金を集め，現在では役牛 3 頭を所有し，自らの水田を耕作している．

　C 村区内には，贈与や相続によって水田やウシを取得できなかった世帯を多く含む，②のようなリネージも存在する．しかし，そのようなリネージの成員でも，個人の力量や努力によって水田を開墾し保有することができた．図 4-16 のグラフを見ると，村区全体でも同様に，開墾によっても人々が土地を取得していることがわかる．それを可能にしたのは，対岸の広大な未利用地の存在である．対岸の土地は保有者が明確ではなく，あらゆる人たちに土地を取得する機会を与えた．つまり，仮に親が水田をもっていなくても，若者たちは水田を手に入れる機会を得ることができた．また，そのような個人が新たに土地を開墾していく際には，親族や友人たちから水田やウシを借り，他の村人の水田で賃金労働に従事して資金を貯め，自らの水田経営を確立していったのである．つまり，地域の社会的なキャパシティが，個人の力

量や努力を支えていたといえる．

3-6. 水田稲作の発展プロセスを支えた要因と特徴

(1) 先駆者（あるいは「変わり者」）と創意工夫の社会化

　水田稲作の技術が伝播するという事実そのものは，1つのきっかけにすぎない．それは技術の伝播が同時に，村内への水田の普及につながるものではないからである．3-4で見てきたように，ンティンガ村に水田稲作が浸透する過程では，3人の男性が先駆者の役割を果たしていた．まず1970年代に男性Aが，実質的には農業普及員として畦畔の造成や苗の移植の技術を導入した．Aは，水田稲作の先進地であるキエラの出身者であり，水田関係の土地の計測という公務とともに，水田稲作の新しい技術を具体的に村人たちに教え，ンティンガ村でも水田稲作ができることを実際に示したといえよう．彼は県から派遣された獣医（実質的には農業普及員）であったが，村人と深く関わり，先駆者の役割を担ったのである．次に先駆者となるのが，1980年代後半に棚田耕作を始めた男性Bと灌漑用水路を掘った男性Mの2人である．彼らはどちらも，ンティンガ村以外の場所でこれらの技術の概要を見聞する機会を持った．そして，その技術を単に模倣するだけでなく，ンティンガ村の地形や土壌の条件に合わせて柔軟に応用したのである．これらの先駆者たちによる創意工夫が，水田稲作ができる耕地を飛躍的に拡大させたのである．

　さらに，先駆者と創意工夫の社会化との関係について，灌漑用水路を造成した男性Mの事例を取り上げ，詳しく検討しておきたい．Mは1990年から2年の歳月をかけて，独力で灌漑用水路を掘った．対岸に水田が拡大したのは，チパマ地帯にこの用水路が掘られ，畦畔を造成した水田に水を集めることができるようになったためである．現在では，この用水路を多くの人々が利用して水田を造成している．村人たちは，Mが独力で用水路を掘り，この用水路からの水によってチパマ地帯での水田耕作が可能になったことを十分に認識している．しかし村民たちは，特に彼の功績について語ることはなく，一方で，彼の水田の経営や金銭の使い方などについて才覚がないと噂

している．Mは，時に人々が水を利用することについて不平を漏らすことはあるが，正面切って異議をとなえることはない．Mは用水路を独力で掘った先駆者ではあるが，村人たちは「変わり者」とみなしているように思われる．先行研究［掛谷 1994, 1996］でも示されているように，「変わり者」が先駆者の役割を担う場合があることを指摘しておくことは重要である．なぜなら，どのような「伝統的な村」にも，常に，このような「変わり者」が存在していると考えられるからである．このMと他の村人たちとの相互関係が，村での先駆者と創意工夫の社会化や，共同体と個人との関係を象徴しているように思われるのである．それは，アフリカ農村の変容に関する平準化機構の研究［掛谷 1996］が指摘する特徴と共通する側面をもつ．

(2) 共同体と個人

地域に新しい農業が受け入れられる過程は，技術の伝播から村内への普及まで段階的なプロセスを経ていく．ウソチェ村での水田稲作の普及について研究した神田［本書第 7 章 1 節］は，新しい農業技術が生活体系に組み込まれていくまでには発見・実証・条件の整備の 3 段階を経るのであり，その中でも特に「条件の整備」が，村全体に普及していくための過程として重要であることを指摘している．ンティンガ村において，3 人の先駆者が水田稲作の新しい技術を導入し，それが実証され，村内に普及していくまでにも同様のプロセスをたどったといってよい．

ンティンガ村での，村全体への技術の普及に必要な「条件の整備」は，稲作世帯の急激な増加に伴って牛耕用のウシや労働力が不足したことへの対応と，対岸の水田域の拡大であった．ウシの不足には，人々は，親子や兄弟などの血縁を核としたリネージ内の相互扶助や，賃金を介した牛耕を柔軟に利用して対処していた．労働力に関しても同様で，伝統的な家族労働を基本としつつ，例えば多忙な農繁期に，子供に賃金を支払って苗を移植する労働力を確保して対処していた．

対岸域の広大な未利用地の存在が，ウシや土地の贈与によって息子たちが水田稲作を始め，世代間での相互扶助の持続を可能にするとともに，村内に土地を持たない人々や若者たちも自力で新たな水田を開墾することを可能に

した．こうして長老を核としたリネージ内での贈与や相互扶助によって共同体の伝統が保持されるとともに，賃金労働も一般化し，また地域の社会的なキャパシティに支えられつつ個人の力量や努力による開墾が可能になった．いわば，共同体と個人との関係のゆるやかな変容が，ンティンガ村の水田稲作の発展を支えていたのである．

(3) 国家レベルと村レベルでの政治・経済的な変化 —— 内因の熟成と外因の同調

　ンティンガ村での水田稲作は，国家レベルでの経済の自由化に同調したかのように展開・拡大していった．1970年以降の水田稲作の受容期に，少しずつ稲作農家が増えていき，その間に，大半の村人たちは水田稲作の技術について見聞を深め，その将来的な可能性にも目を開き始めていた．また，村内には，新たな技術への関心と知識をもった男性Mのような「変わり者」が存在していた．こうして内因が熟成していた頃に，経済の自由化が国家政策として推進され始め，外因が同調することによって水田稲作が拡大していったと考えることができる．この水田稲作の拡大期は，タンザニアでのアフリカ型社会主義（ウジャマー村政策を基本とした社会主義）の終焉と経済の自由化政策の進展，穀物の流通の自由化に伴う民間企業の流通市場への参入，そして民間の買い付け業者のトラックが村までやってくるような状況と，深く連動していたのである．

(4) アフリカにおける「内発的発展」

　これまでに述べてきた経緯は，ンティンガ村における水田稲作の普及が「内発的発展」［鶴見 1989, 1996；西川 2001］の事例である可能性を示唆しているように思われる．

　ムサンガーノから80キロメートルほど北西に位置するカムサンバ郡のウソチェ村でも，ンティンガ村と同様に水田稲作が大きく発展してきた［本書第7章1節］．ここでは移住してきた農牧民スクマがウソチェ村のワンダ社会に水田稲作の技術を持ち込み，スクマとワンダが共生関係を築き上げていく過程とともに，水田稲作がワンダ社会に普及していった．しかし，ムサンガーノのンティンガ村では，スクマの移住を拒絶し，独自の道をたどって水

田稲作を発展させてきた．このように隣接する郡内にある村々でも，生態・社会・文化や歴史的な過程の相違に対応して，異なった発展の形態を示す．アフリカにおける「内発的発展」は，多様な契機とプロセスに支えられているのである．

(5) 今後のンティンガ村の動向

　ンティンガ村では水田稲作が発展し，安定した状況が保たれているかのようにみえる．しかし，すでに新たな問題が起こり始めている．まず，対岸の土地が飽和状態になりつつあり，新規開墾者の参入が難しくなってきたという点である．次世代の若者たちの水田保有が難しくなってきており，さらに土地の売買も増加してきている．それは，水田稲作の拡大によって経済的な格差が増大する傾向性を生みだしているようにもみえる．また，境界が曖昧であった未開墾地の保有権をめぐる争いや水の管理が問題となる可能性もある．さらに，2005年から始まった政府による土地の登記は，このような争いを助長することになるかもしれない．

　しかし，この40年間の水田稲作の普及過程は，「多層な個的存在と多様に変異する共同体」［松田 2006：395］の相互関係が，時代の変化に対応して「変わり者」や先駆者を生み出し，新たな換金作物の導入や技術革新につながり，村全体の経済を底上げしていくポテンシャルをもつことを示しているといってよいであろう．村社会の内発的発展を支援しつつ，そのポテンシャルを深く理解する研究の展開は，今後の地域研究の重要な課題である．

注

1) ここでいう「共有地」は，地域の人々がみなで利用しているという実態に即して使っている．タンザニアの政府が1975年に制定した「村及びウジャマー村法」，および，その後改定された土地保有に関する条例のいずれにおいても，村の土地の配分権は村評議会（村の行政組織）に属することになっている［雨宮 2003］．
2) タンザニアの行政区分は州，県，郡，区，村，村区となっている．
3) ボジ県出身のサニエリ・ムガラ（Saniel Mgala）氏は「Ijue Mbozi（ボジを知ろう）」（発行年は不明）という本の中で，ボジ・ミッションを創設した宣教師バック

マンによって 1906 年にボジ高原ではじめてコーヒーの樹が栽培されたと記述している.
4) 1 エーカー（acre）は約 0.4 ヘクタールである.
5) 男性は妻となる女性の親族に婚資としてウシ，ヤギ，毛布，シーツ，鍬などを贈る．女性の親族は婚に対し 6 頭ほどのウシを要求する．1980 年代までは要求されたウシをすべて贈らなければ結婚が許されなかったが，近年，この要求は形式的なものになってきており，女性の親族も 1 頭か 2 頭のウシを受け取れば十分と考えるようになってきている.
6) 1980 年のデータは，調査地をその一部に含む 5 村における平均値であるが，調査地一帯ではウシの飼養状況がどこでも一様であったと仮定し，1980 年と 2005 年のデータを比較した．Bantje [1986] に記述のあった「所有世帯当たりの飼養頭数 (5.8 頭)」「ウシの所有世帯率 (56%)」と空中写真から推定した「世帯数 (76)」をかけ合わせて算出した．実際には，イテプーラ村は周辺村より市場との距離が近く，人口が急速に増加したため，アップランドの耕地化が進むのも速く，1980 年代にはすでにウシの頭数が減少していた可能性もある.
7) 2007 年の調査時には M 村区のウシの頭数は 158 頭であり，2 年間で 51 頭も増加した．この理由としては，2005 年以降，コーヒー豆の生産者価格が上昇し，たくさんの現金収入を得た人々がウシに投資したと考えられる.
8) 1998/1999 年度のムベヤ州全体のコーヒー栽培面積 7 万 4,000 ヘクタールのうち，ボジ県における面積は 6 万 5,000 ヘクタールであり，全体の 85%以上を占めていた [Tanzania, MA & C & NBS 1999].
9) 2008 年の調査時において 1 エーカー当たりの土地購入額と賃借額の相場はそれぞれ，12 万シリング（≒ 1 万円）と 2 万シリングであった.
10) 伐採されずに残された「孤独の森」には，トウダイグサ科の *Brideria micrantha*，フトモモ科の *Syzygium cordatum*，キョウチクトウ科の *Rauvolfia caffra*，クワ科の *Ficus sycomorus* など湿った環境を好む樹木が生えていた.
11) 2002 年に湿地の大部分での耕作が許可された後，放牧地として指定されたところに耕地を開墾したものがいた．これに対して，村評議会は境界線を再設定して，彼らの耕地利用を認めた．このような調整を適宜おこないながら，放牧地は維持されていた.
12) 役牛の所有世帯よりも牛耕をしている世帯の方が多いのは，兄弟や親が所有している役牛を借りて牛耕することによる.

引用文献

雨宮洋美．2003．「タンザニアの共同体的土地所有―「1999 年村土地法」の考察―」

『アフリカ研究』63：27-36.

荒木　茂．1996．「土とミオンボ林—ベンバの焼畑農耕とその変貌—」田中二郎・掛谷誠・市川光雄・太田至編『続　自然社会の人類学—変貌するアフリカ—』アカデミア出版会．305-338.

Bantje, H. 1986. *Household Differentiation and Productivity: A Study of Smallholder Agriculture in Mbozi District*. Dar es Salaam: University of Dar es Salaam.

Birch-Thomsen, T. 1999. Animal Traction and Market Conditions: a Case Study from Southwestern Tanzania and Northern Zambia. In P. Starkey and T. Simalenga eds., *Meeting the Challenges of Animal Traction*. London: Intermediate Technology, pp. 33-39.

Brock, B. 1966. The Nyiha of Mbozi. *Tanzania Notes and Records* 65: 1-30.

Dharani, N. 2006. *Field Guide to Acacias of East Africa*. Cape Town: Struik Publishers.

Ellis, F. 2000. *Rural livelihoods and Diversity in Development Countries*. New York: Oxford University Press.

FAO. 2005. FAO/WFP Crop and food supply assessment mission to Zambia. Online. http://72.14.235.104/search?q=cache: JQInxvxpg9gJ:www.fao.org/docrep/008/J5511e/J5511e00.htm+FAO+2005+Zambia&hl=ja&ct=clnk&cd=1

Fiedler, K. 1996. *Christianity and African Culture Conservative German Protestant Missionaries in Tanzania, 1900-1940*. Leiden, New York, Koln: E. J. BRILL.

Hazlwood, A. & I. Livingstone. 1982. *Irrigation Economics in Poor Countries: Illustrated by the Usangu Plains of Tanzania*. Oxford: Pergamon Press.

平井將公．2010．「サバンナ帯の人口稠密地域における資源利用の生態史—セネガルのセレール社会の事例—」木村大治・北西功一編『森棲みの生態誌：アフリカ熱帯林の人・自然・歴史　Ⅱ』京都大学学術出版会，263-294.

池野　旬．1996．「タンザニアにおける食糧問題—メイズ流通を中心に—」細見真也・島田周平・池野旬著『アフリカの食糧問題：ガーナ・ナイジェリア・タンザニアの事例』アジア経済研究所，151-239.

伊谷樹一．2002．「アフリカ・ミオンボ林帯とその周辺地域の在来農法」『アジア・アフリカ地域研究』2：88-104.

Itani, J. 2007. Effects of Socio-Economic Changes on Cultivation Systems under Customary Land Tenure in Mbozi District, Southern Tanzania. *African Study Monographs, Supplementary Issue* 34: 57-74.

掛谷　誠．1994．「焼畑農耕と平準化機構」大塚柳太郎編『講座　地球に生きる 3　資源への文化適応』雄山閣，121-145.

掛谷　誠　1996．「焼畑農耕社会の現在—ベンバの村の 10 年—」田中二郎ほか編『続　自然社会の人類学』アカデミア出版会，243-269.

川喜田二郎．1989．「環境と文化」河村武・高原榮重編『環境科学Ⅱ　人間社会系』朝倉書店．1-33.

Knight, C. G. 1974. *Ecology and Change: Rural Modernization in an African Community*.

New York: Academic Press.

近藤　史. 2006.「タンザニア南部高地における造林焼畑の展開」『アジア・アフリカ地域研究』6(2)：215-235.

Larson, R. 2001. *Between Crisis and Opportunities: Livelihoods, Diversifications and Inequality among the Meru of Tanzania.* Lund: Lund University.

Madulu, N. F. 2005. Impacts of Population Pressure and Poverty Alleviation Strategies on Common Property Resource Availability in Rural Tanzania. *AJEAM-RAGEE* 10: 26-49.

Malocho, N. W. 1997. *Mbozi District Socio-Economic Profile.* DSM: The Planning Commsion (Dar es Salaam) and Mbozi District Council (Mbeya).

松田素二. 2006.「セルフの人類学に向けて——遍在する個人性の可能性——」田中雅一・松田素二編『ミクロ人類学の実践』世界思想社，380-405.

Mhando, D. 2005. *Farmer's Coping Strategies with the Changes of Coffee Marketing System after Economic Liberalization: The Case of Mbinga District, Tanzania.* PhD Thesis, Graduate School of Asian and African Area Studies, Kyoto University.（Unpublished）

National Climatic Data Center 2001. *Climate-Watch, March 2001.* Online. http://72.14.253.104/search?q=cache:x3AIhLAnsEIJ:www.ncdc.noaa.gov/oa/climate/extremes/2001/march/extremes0301.html+zambia+drought+climate+flooding&hl=ja&gl=jp&ct=clnk&cd=3

西川　潤. 2001.『アジアの内発的発展』藤原書店.

Scoones, I. & B. Cousins. 1994. Struggle for Control over Wetland Resources in Zimbabwe, *Society and Natural Resources* 7: 579-594.

四方　篝. 2004.「二次林におけるプランテインの持続的栽培——カメルーン東南部の熱帯雨林帯における焼畑農耕システム——」『アジア・アフリカ地域研究』4(1)：4-35.

Stromgard, P. 1989. Adaptation Strategies in the Breakdown of Shifting Cultivation: The Case of Mambwe, Lamba, and Lala of Northern Zambia. *Human Ecology* 17(4): 427-444.

杉山祐子. 1998.「「伐ること」と「焼くこと」——チテメネの開墾方法に関するベンバの説明論理と「技術」に関する考察——」『アフリカ研究』53：1-19.

田中孝幸. 1990.「栽培技術」『熱帯稲作：技術・普及指導マニュアル』全国農業改良普及協会，95-124.

Tanzania (United Republic of). 1999. *The Village Land Act,* 1999. Dar es Salaam.

Tanzania Coffee Board. 2006. *Coffee Production by Type and Region (Tonnes Clean Coffee).* Moshi: Tanzania Coffee Board. (unpublished)

Tanzania, MA & C & NBS (Ministry of Agriculture & Cooperatives & National Bureau of Statistics). 1999. *District Integrated Agricultural Survey 1998/99.* Dar es Salaam.

Tanzania, NBS & MRCO (National Bureau of Statistics and Mbeya Regional Commissioner's Office). 2003. *Mbeya Region Socio-Economic Profile,* Dar es Salaam.

辻村英之．2004．『コーヒーと南北問題：「キリマンジャロ」のフードシステム』日本経済評論社．

鶴見和子．1989．「内発的発展論の系譜」鶴見和子・川田侃編『内発的発展論』東京大学出版，43-64．

鶴見和子．1996．『内発的発展論の展開』筑摩書房．

Watson, W. 1958 *Tribal cohesion in a money economy*. Manchester: Manchester University Press.

Willis, R. 1996. *The Fipa and Related People of South-west Tanzania and North-east Zambia*. London: International African Institute.

山本佳奈．2009．「季節湿地における農地拡大とその背景：タンザニア・ボジ県の事例」『アジア・アフリカ地域研究』8(2)：125-146．

吉田昌夫．2000．『東アフリカ』山川出版．

第5章
ザンビア・ベンバの農村

杉山祐子・大山修一

1 「ベンバ的イノベーション」に関する考察
[杉山祐子]

2 ザンビアにおける新土地法の制定とベンバ農村の困窮化
[大山修一]

扉写真

自分たちが焼いた木炭をトラックに積み込むベンバの村人

ベンバ社会は，ほぼ1世紀をかけ，ベンバ的イノベーションを積み重ねて現在の焼畑農耕（チテメネ農耕）のシステムを練り上げてきた．しかし新土地法の制定によって，チテメネの基盤となる土地保有が制限され，村人たちは炭焼きなどに活路を見出さなければならない状況に直面している．

1 ……「ベンバ的イノベーション」に関する考察
個別多発的イノベーションと抑制の平準化・促進の平準化

[杉山祐子]

1-1. 「農耕民のイノベーション」への視角

(1) 村人は観察している

　1992年11月，ムヮ・バタカムラと呼ばれる実験畑の周囲には，今日も無数の足跡が残っていた．畑仕事や水汲みのついでだと言いながら，実はわざわざ遠回りして，畑を見にきた村人の足跡である．ベンバ語で「高村さんの畑」を意味するムヮ・バタカムラは，1991年からこの地域の調査に参加した農学者の高村泰雄さん（当時京都大学）が，村人の手を借りて造成した焼畑だ．村人のやり方で開墾した焼畑ということもあって，造成以来，絶えることなく村人が訪れ，その経過を注意深く観察していた．村人は，高村さんが試みた「サイエンス」の方法によって何が見えるのかを私たちに語らせ，私たちの話と自分たちの考えを比べては，その違いについて議論したがった．また老若男女を問わず，村人それぞれが実験の結果を予想し，高村さんと賭けをして，翌年の結果を楽しみにしていた[1]．

　1983年から，ザンビア北部州にある，このM村（巻頭地図I，図5-1）での生態人類学的調査に参加した私にとって，好奇心旺盛な村人の反応には，さほど驚くことはなかった．驚いたのは，この実験畑をきっかけに，政府やキリスト教ミッション，諸外国の研究協力機関による過去のプロジェクトの記憶が次々と語られ始めたことである．さらに，ベンバの在来農法であるチテメネ・システムの根拠について聞き取りを重ねると，人々が過去のプロジェクトで得た経験にそれぞれの観察や解釈を加え，積み重ねてきたいくつもの試行の歴史が表れてきた．

　それは，新しい品種や作物の試作から，肥料の使用，耕起の方法など広範にわたり，試行の情報源は，たまたま接触をもった他の民族集団の人々やキリスト教のミッションによる技術導入，植民地時代を含めた政府による指導

第 1 部　多様な地域発展

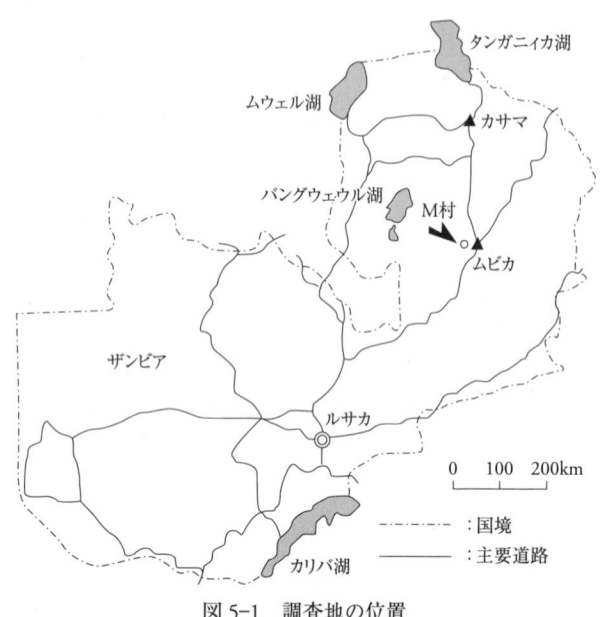

図 5-1　調査地の位置

など，彼らが接するあらゆる機会の歴史的蓄積を踏まえていることもわかった．特別な人々だけが試行をするのではない．村人それぞれが細やかな観察と経験に裏打ちされた確かな知識をもち，それを理論立てていた［杉山 1998］．村人とのやりとりのなかから思い知らされたのは，現在のチテメネ・システムが，政治や経済の状況の変化に対応しながら何年にもわたって練り上げられ，今もなお，改良を続けている技術であり，人々もそのことを十分承知しているという，今思えば，ごくあたりまえのことだった．

(2)　フォーク・イノベーション・ヒストリーとそのプロセス

かつては変わらないものとみなされていた「伝統的」技術，今日では「在来」といわれる技術が，幾多の変化を積み重ねてできあがったのだということは，近年，広く知られるようになってきた．「伝統」については，特に，現在を正当化する強力な政治的レトリックとして，様々な場面で創られ，意図的に利用されてもきたことが論じられている．私自身もかつて，ベンバの

「伝統的」技術が変化の連続であったことを指摘した [Sugiyama 1995].

「伝統」に代わって一般的に使われている「在来」などの用語法も，この含意を反映したものである [重田 1998]．長年，在来の技術に関心を寄せてきた重田 [1987, 1998, 2002 など] や掛谷 [2002]，荒木 [1998]，伊谷 [2003] らの研究も蓄積されつつある．しかし，在来農法における様々な変化を，正面からイノベーションとして扱い，そのプロセスを検討する研究はいまだ数少ない．それは，アフリカの農民が「語られる側」におかれ続けてきたことと無関係ではない．こと「技術」に関して，アフリカの農民は常に受け身の存在として位置づけられてきたからである．

そこで，本節では，重田や掛谷が示した方向性を踏まえ，より明確に，農民それぞれが実践している様々な試行をイノベーションとして扱い，現在のやり方がどのようなイノベーションの歴史の上にあるかを整理してみたい．ここでは，それをフォーク・イノベーション・ヒストリーと呼ぶ．この試みによって，大きな革新につながる試行もそうでないものも同じ文脈で検討することが可能になり，ベンバにおける技術や作物の普及がどのように生じるのかを明らかにすることができる．

ここでいうイノベーションとは，「技術」だけに限定せず，経済活動における新方式の導入を広く意味し，シュムペーター [1977] が「新結合」と呼んだ広義のそれをイメージしている[2]．馬渕 [2008] は，山口栄一 [2003] によるイノベーションの分類を援用して戦前から戦後の日本の技術史を俯瞰し，技術革新は技術蓄積というストックの上に成立することなどを指摘したが[3]，このような観点は科学技術のみならず，ベンバの農業とそれに立脚する生活全般についても有効であると考えられる．そこでも同様に，過去の技術の蓄積やパラダイムの転換が生じているからである．ただ，ここで特に注目しておきたいのは，ベンバにおけるイノベーションの展開に顕著な特徴がみられることである．1つは，イノベーションのセンターがなく，個々のイノベーションが多発的に生じること，いま1つは，個別の試行が拡大するときに，ある一定の段階が想定できることである．

ベンバの村には，他者より多くの物や良い物を持つ者から，持たない者への分与を基本とする生活規範があり，それを背景にした平準化機構が強く働

いている．この生活規範と平準化機構の重要性については，これまでにも再三指摘してきた．さらに，1980年代後半以降にみられた農法の変化のプロセスを検討すると，平準化機構が，ふだんは村内の格差を抑制し，変化を押しとどめる機能を果たすが，一度条件が整うと，世帯構成に関わりなく村全体，地域全体の急激な変化を生み出す仕掛けとなることも明らかになり，変化の抑制と促進の両方の要として機能することがわかった［Kakeya and Sugiyama 1987］．

変化が促進されるプロセスに顕著な特徴は，世帯構成や経済状態の違いにかかわらず，ある時点から，ほとんどすべての世帯が新しい農法や技術に着手するようになり，村全体が底上げされるように，格差が平準化されていくことである．それは，一部の人々が豊かになることによって，経済発展を牽引する力を生み出すことを前提とし，社会内部で経済的格差が生じることを当然とする近代的経済発展のプロセスとは異質な特徴をもっているということができる．

本節では，M村の村人による試行の歴史とその特徴を指摘した後，あるイノベーションが広く普及する事例を検討することによって，そのプロセスをモデル化する．そのような作業を通して，ベンバ的イノベーションの様相を明らかにすることを目的とする．

1-2. ベンバのイノベーション・ヒストリー

(1) 現在のチテメネ・システムと村人の生計

ベンバは，ザンビア北部州のミオンボ林帯に住むバンツー系の焼畑農耕民である．チテメネ・システムと呼ばれる独特の焼畑農耕を中心に生計を営むこと，母系社会であること，植民地化される以前から，強大な王国を形成していたことで知られる．ここでは，かれらの生計基盤であるチテメネ・システムについて概観しておこう．

チテメネ・システムはその開墾方法と輪作体系に大きな特徴がある．開墾では，男性が木に登って枝葉だけを伐採し，その枝葉が乾燥したら，女性がそれらを束ねて伐採地の中央に運び，円形の堆積を作る（写真5-1）．この枝

写真 5-1　チテメネ・システムの特徴．左）男性は木に登って枝葉を切り落とす．右）女性は乾燥した枝葉を伐採地の中央に運び，積み重ねる．

の堆積に火を放ち（口絵2），円形の耕地が造成される．初年度には耕地の周囲に細長い畝を立てて，サツマイモやカボチャを栽培するほか，耕地の中央には，キャッサバの根茎を植えつけ，主食であるシコクビエを播く．シコクビエを収穫した後（口絵9），2年目の耕地にはラッカセイとバンバラマメを栽培し，3，4年目には食べごろに育ったキャッサバを適宜収穫する．キャッサバを掘り尽くしてしまう4年目後半から5年目には，中央部に楕円形の畝を立ててインゲンマメを栽培する．その後，10年以上の休閑に入る．

チテメネ・システムはミオンボ林の生態環境に対応して発達した農法である．伊谷［2003］は，ザンビアとタンザニアに分布するミオンボ林の在来農法を，土壌への養分供給という観点から，外部からの養分供給をするタイプと，休閑により地力回復をするタイプの2つに大別し，後者をさらに，森林休閑型と草地休閑型に分類した．伊谷の分類によれば，チテメネ農法は，森

林休閑の中でも，ミオンボ二次林を利用した燃焼型に位置づけられる．ベンバのチテメネ農法は，強い火力で土を焼くことに加え，畝立て耕作を組み込んで輪作することによって，効率的な耕地の利用を可能にする．また，一定の休閑期間をおいて繰り返し開墾することによって，チテメネに適した樹形のミオンボ林ができあがり，ベンバの居住域を特徴づける景観が維持される［杉山 2007］．人々はチテメネとその二次林での採集狩猟を組み合わせて生計を営むが，植民地期にひろがった半常畑の畝立て耕作（イバラ *ibala*）も生計の一角を支える．チテメネの産物は，自給用に確保されるだけでなく，行商や酒の販売を通じて，現金を入手するためにも使われており，人々の生活は国家レベルの現金経済にも接合している．

1980年代後半からは，化学肥料を使って畝立て耕作地に換金用のトウモロコシを栽培するファーム（*faamu*）耕作が一般化し，行商に代わる主要な現金収入源となった．その一方で，チテメネ耕作は堅持され，自給用の食糧を確保しつつ現金収入を得るという，2本立ての生計戦略が展開してきた．1990年代の構造調整政策の実施によって，ファーム耕作には厳しい条件が生じたが，チテメネとファームの2本立てで生計を立てるやり方は続いた．このような生業複合は，次項で詳説するように，農法と作物に関するいくつかのイノベーションと，現金を含む稀少な資源を地域内で流通させるシステムの生成によって安定化し，現在に至っている．

(2) フォーク・イノベーション・ヒストリー

ベンバの農業をイノベーションという観点から見直すと，20世紀初頭から中盤にかけて生じたチテメネにおける輪作体系の確立と，現金の村内流通システムの生成がもっとも大きな出来事であったといえる．さらに，1980年代半ば以降，急速に普及したファーム耕作（換金用トウモロコシ栽培）は，それまで休閑地であった若い二次林を開墾して半常畑にする点，化学肥料と改良品種の種子を使い，売却を主目的として栽培されるという点で，それまでにない質的変化を伴ったイノベーションであった．この農法が拡大するにあたって，ベスティニと呼ばれる新しい酒の製法が導入され，村内および地域内で現金や労働力が流動するような仕組みの調整が進んだ．

以下では，主に1980年代までのイノベーションの歴史を整理する．その後，1-3で1980年代半ば以降2000年までのイノベーションの歴史をとりあげ，その展開のプロセスに焦点を当てて論じる．

1) **輪作体系の確立**

現在のチテメネ耕作とそれを基盤とした人々の生活は，ベンバがこの地域に移り住んでから，200～300年余にわたる様々なイノベーションの累積によって練り上げられた姿である．このことはベンバの村人自身もよく知っており，私たちが農法について尋ねるとき，しばしば口の端に上らせる．特にこの100年余の変化については，村人が直接経験したことや，両親や祖父母世代の人々から，直接伝え聞いた，具体的な事柄がつなぎあわされて記憶されていると言ってよい．その語りの中では，当初のチテメネ・システムが非常に簡素であったことや，それがどのようにして現在のように手の込んだやり方になったかが描かれると同時に，その昔から現在に至るチテメネが「ベンバのやり方」であることが強調される傾向がある．

植民地時代から一貫して，政府が禁止してきたにもかかわらず，当初の予想を大きく超えてチテメネ・システムが存続し練り上げられてきたこと，また人々がそれを強く意識化していることは，農法が人々の手の内にあり，人々の主体的な実践によって改変されてきたことを示すもっとも良い例だろう．

1930年代に州都のカサマで調査したイギリスの社会人類学者オードリー・リチャーズの記録と私たちの聞き取り調査をもとに，19世紀後半以降，1970年代までに生じたベンバのイノベーションの大まかな歴史を，記憶されている政府やキリスト教ミッションの農業普及のプロジェクトとともに記したのが，表5-1である．植民地化当初から，政府はチテメネ耕作を禁止してきた．しかし，ベンバの人々はチテメネ耕作を放棄することなく，様々な新しい農法や作物を組み込みながら，集約性を高め，現在のような輪作体系を作り上げたという．現在のチテメネ・システムを特徴づける輪作は，19世紀末に始まって1930年代には定着し，さらに各地域でのバリエーションを生じた[4]．

1902年にカサマで生まれた男性が，先代から聞き伝えたところによれば，

表 5-1　M村を中心とするフォーク・イノベーション・ヒストリー

時代	できごと	政策側からの働きかけ	変化
植民地化以前	ルバ王国からの東進　現在のカサンベ　牛が死滅		父系から母系へ　牛の大量死　先住の民のチテメネ農法を取り入れる
植民地期	周辺民族集団との略奪合戦、戦いと奴隷交易	チテメネ禁止令 道路に面したミオンボ林の伐採禁止 道路側への村の移動奨励	ペンバの勢力が拡大、チテメネは1年で放棄
第一次世界大戦	チテナ*への移住	畝立てで耕作とサツマイモ、インゲンマメ栽培の義務化 人頭税導入	見えないところに開墾/焼く時期をずらす 現金の必要性が高まり、現金経済の浸透促進
1930年代	出稼ぎの一般化	バッタ被害とキャッサバ導入	ムピカの被害をそれほどでない ルサカの村に出稼ぎに行った女性がキャッサバ持ち帰り コッパーベルトからザイールに行った男性Mがキャッサバ持ち帰り ラウラインゲンズメ
1950年頃	N村創設		N村で男性Kがキノラ、マンゴー栽培開始
1958年	M村創設		M村で小商店経営、牛飼養開始するが、数年で売却、ヤギ飼養に切り替え
1960年頃		キリスト教ミッションで緑肥利用の畝立てで耕作 D村を拠点にトウモロコシ栽培導入	D村、U村でブーム、旱魃による飢餓
1964年	ザンビア独立	集落周辺の土地分割と「所有者」の明確化	このころ、ムピカからコッパーベルトへの主要道建設、食用イモムシの買い付けに都市商人が大挙している
1979年	肥料供給システム変更、デポ	化学肥料使用の換金トウモロコシ栽培の奨励	
1980年代初頭			
1984年	農業立国宣言	故郷帰還奨励運動、ステートファーム構想	
1985年	ローン制度	ファーム耕作奨励	
1991年	構造調整計画の受け入れ、自由化 肥料入手困難	組合づくりなどによる自助組織化 酒の新製造法導入	ファーム耕作ブーム、村内世帯間格差が拡大 コッパーベルトでの職を引退した移入者が大規模な雇用 雇用労働対価としてトウモロコシ ファーム労働によるつけの支払い ブタ飼養対価として豚肉が使われる
1997年			ブタ飼養衰退 ヤギ飼養が盛んに始まる

*チテナは、ベンバの中心地であるカサンバ地域に対して、新開拓地であるムピカ地域を指したベンバの呼称である。

19世紀後半に大凶作に伴う飢饉があり，ベンバは食料を求めて北西に住むルングやフィパの地に移動したという．そのとき，移動先の人々の耕作方法を見て覚え，飢饉が去った後でベンバランドに戻ると，そのやり方にならってチテメネの耕作年数を増やした．それまで，ベンバのチテメネは，開墾初年にシコクビエとモロコシを播種するが，その収穫後には何も植えないか少量のマメを植える程度で，後は休閑していたので，平年作の年でも端境期には空腹に苦しめられた．しかし，移動先で習い覚えた方法を持ち込むようになってからは，それが緩和されたのだという．

　類似の事柄がリチャーズの記述からも確認できる．それによれば，19世紀末のベンバランドでは，チテメネは開墾初年にシコクビエを播種し，ラッカセイを植えていたが，ラッカセイの収穫後は放棄しており，その後は勝手に生えたマメを採集する程度だった．しかし19世紀末に，ベンバランドの西に住むルングやその他の人々から，同じ畑で2度目のシコクビエ栽培ができることを学び，それが1930年代には広く普及していたという［Richards 1939；Richardsのフィールドノート[5]］．

　チテメネの輪作期間をさらに延長する要素を提供したのは，畝立て耕作の導入である．畝立て耕作の大規模な導入は，1914年の第1次世界大戦を契機とする植民地政府の農業政策によっておこなわれたことが記憶されている．戦争に従事する兵士の食糧をまかなうため，畝立て耕作で畑を造成することが植民地政府によって義務化され，村人はほぼ強制的に畝立て耕作に従事させられた[6]．大戦が終わってこの賦役が解かれるとともに，畝立て耕作だけで畑を作ることはなくなったが，その方法自体は定着し，必要に応じて使うようになった．またこの頃，近隣のララからインゲンマメが持ち込まれ，畝で栽培されるようになったことが語り伝えられている．

　植民地政府主導で畝立て耕作の方法が導入される以前にも，近隣の民族集団との接触時に畝立て耕作の方法を学び，試みた人々がいたので，村人にとって奇異なやり方ではなかったという．やがて，作物を収穫した後のチテメネ耕地にも畝立てをする人が現れ，畝立て耕作によるサツマイモやインゲンマメの栽培を組み込んだ輪作体系が定着した（写真5-2）．

　また，1920年代末から1930年代に導入されたキャッサバの栽培が，チテ

第 1 部　多様な地域発展

写真 5-2　インゲンマメのさやをむく女性たち．色とりどりのインゲンマメはそれぞれに名前があり，それらを持ち込んだ人の逸話をともなっている．

メネの輪作期間をさらに伸ばすことになるとともに，ベンバの主食のバリエーションをひろげた．カサマ西部では，一般の村人が近隣の民族集団との接触で得たキャッサバを持ち込んだとの聞き取りを得た．ムピカ県では，隣接する漁撈民ビサの地に農業出稼ぎに行った C 村の女性 A（聞き取り当時健在）が畝立て耕作法とともに持ち帰ったと語り，M 村の創始者である男性 M は，自分がザイールから数種類を持ち帰ったと語るなど，複数の経路での導入が確認できた．またリチャーズの記述では，バッタの食害による大飢饉を契機に，植民地政府が大規模にキャッサバを導入するキャンペーンをおこなったという［Richards 1939］．キャッサバは，このように多方面から散発的に導入され，端境期を乗り切るために，なくてはならないチテメネの輪作作物になった．

　当初からチテメネ耕作の禁止を掲げてきた植民地政府の思惑に反して，政府が推進した新しい農法の導入は，チテメネ耕作をさらに練り上げるのに一

224

役買ったことになる[7]．

2) 経験知として蓄積される過去のプロジェクトの「失敗」

1950年代末から1960年代初頭にかけて，植民地政府によって村人の定住化促進をめざした政策がおこなわれ，主要道路沿いへの村々の建設の奨励と集落付近の土地の所有者の明確化が図られたという．この頃には，畝立て耕作が農法の1つとして定着していたが，ムピカ県にあったキリスト教ミッションの司祭たちは，緑肥の技術を伝えて常畑化を進めようとした．チーフ・ルチェンベ領西北部のL村に住む年長男性は，このデモンストレーションに参加し，マメもとれる緑肥植物[8]の種子を得て村の畝立て耕作畑で試作した．しかしその食味が大変悪かったので1年限りでやめ，それまでどおり，畑に自生する草を鋤き込む方法に戻した．この男性によれば，デモンストレーションに参加した村人の多くが，同じように1年限りでこの試みに見切りをつけたという．

また，聞き取りによってしか得られていない情報であるが，1960年代に入ると政府がトウモロコシ栽培を奨励し，キリスト教ミッションのあった地域のD村やL村で常畑耕作への大幅な切り替えが起こったという．しかし，その直後に起きた干ばつでトウモロコシが収穫できず，D村やL村の人々は，チテメネ耕作を続けていた近隣の村に移住し，食料を分けてもらうことになった．干ばつに遭っても，チテメネで栽培していたシコクビエやキャッサバの被害はなかったからだという．この経験から，D村やL村の人々はトウモロコシ畑を放棄し，再びチテメネ耕作を始めた．周辺の村の人々は，チテメネ耕作を続けた自分たちの選択の正しさを実感したという．

このように，常畑耕作への切り替えを目指した政府の試みは失敗に終わったのだが，このときの経験は，1980年代半ば以降，再びトウモロコシ栽培が奨励された時期に思い起こされ，新しくトウモロコシ栽培を始める人々の判断材料になった．開墾する畑の位置，連作する年数，チテメネ耕作との組み合わせ方，そして肥料を安定して得るための人的ネットワークの作り方などである．その意味で，経験知として蓄積されていたと考えることができる．

3) 現金の村内循環システムの形成

農法とは別に，これまでの歴史の中でもっとも重要なイノベーションの1つは，ベンバの地域内経済と国家の現金経済との接合を可能にした，シコクビエ酒の醸造法と販売の導入であった．

植民地政府は，早くから北ローデシア（現ザンビア）での鉱山開発を進め，北部州を鉱山都市への労働力供給地と位置づけた．人頭税が課されたこともあり，1930年代にはすでに，青壮年層による鉱山都市（コッパーベルト）への出稼ぎが一般化し，現金経済が浸透した．リチャーズの報告には現金経済の浸透による村落生活の急激な変化が記されている［Richards 1939］．しかし，その後のベンバの村社会は，リチャーズが懸念したような崩壊には向かわなかった．その背景には，ベンバランドとその周辺の民族集団の領域で，塩やシコクビエなどが地域通貨として流通する仕組みがすでにできていたことがあるが［杉山2007］，直接的には，1940年代にコッパーベルトへの出稼ぎから戻った女性たちが持ち込んだ「どぶろく状」のシコクビエ酒の醸造技術と，その酒の販売が広まったことが契機となった．

1920年代までのベンバの村には，儀礼や酒宴，共同労働のために醸される酒（チブム）しかなかった（口絵10）．壺に入れた原液に湯を注ぎ，ストローで回し飲みするチブムは，村人が集って飲む酒で，個別に現金で売買されることなど考えられなかったという．しかし1930年代の初頭から中頃にかけて，コッパーベルトに出稼ぎに行った女性たちが，労働者居住地区でトンガの女性が造っていた，「どぶろく」のように水分の多い酒の醸造法[9]を学び，カサマにあるベンバの村に戻ってきた．カタタと呼ばれるこの酒は，販売を目的に醸造され，村で売買されるようになった．この酒は，同じように都市生活を経験し，買った酒を飲むことを習慣化していた青壮年の男性たちに歓迎され，新しい酒の製法とともに，酒を売買する習慣が村に持ち込まれた．そしてそれ以後，主に女性たちにとって重要な現金獲得の手段になった．それによって，多額の現金をもつ男性から，現金収入を得にくい女性たちに現金が流れる仕組みが生まれることになった[10]．

現金経済の浸透とともに，村人の間で雇用労働が始まったが，ほとんど同時に，現金による雇用だけでなく，物品を報酬にした雇用労働も慣行化した

ようである．酒の販売を通して村内で現金の流れができる仕組みと，物品による雇用労働の慣行化は，ベンバ的イノベーションの新たな地平を開くことになる．それは，後述するように，この地域に稀少な資源である現金と労働力へのアクセスの違いを超える通路を切り開くことになったからである．この時点ですでに，ベンバの村々の日常的な経済活動と国家の経済との接合は果たされ，地域経済と国家経済の2重構造が生成したといえる．それはまた，ベンバの人々が，外から持ち帰った新たな技術を馴化し，自分たちの生活に組み込む歴史でもあった．

これまで述べてきたイノベーションの歴史を，その基盤的パラダイムと機能に着目して分類したのが図5-2である．当初，1～2年しか耕作されなかったチテメネに，異なる農法技術である畝立て耕作が導入された．同じ頃，植民地政府が強制的に導入した畝立て耕作は，自家消費とは違う目的の生産を指向しているという点で，技術としても指向性としても異質のイノベーションであった．しかし，これらがチテメネ耕作に組み込まれることによって，チテメネの輪作体系が確立し，自家消費用食料の安定した生産を可能にした．

また，他世帯の農作業を手伝うというそれまでの慣行と同じ行為ではあるが，報酬を得てそれをおこなうという点で方向性の異なる雇用労働や，販売を目的とするカタタ醸造は，技術的にはそれまでと同じであるものの，現金収入指向をもつという点で方向性の異なるイノベーションであった．しかしこれらが組み込まれたことによって，稀少な資源へのアクセス回路ができ，世帯間の経済的差異が平準化に向かう仕組みが整った．このようなフォーク・イノベーションの歴史を概観すると，技術としても方向性としても異質のイノベーションが導入された後，それらを生業複合に組み込む過程で，自給指向と共同性に向かう調整が働き，個人化や格差化が拡大しない傾向があることがわかる．

このような歴史的過程を概観するとき，これらの新しい技術や作物が植民地政府やキリスト教ミッション，独立後のザンビア政府の農業政策によって導入されるだけでなく，それよりずっと以前から，村人自身が他の民族集団と接触した際に習得してきたことも興味深い[11]．ここで注目したいのは，ベ

第 1 部　多様な地域発展

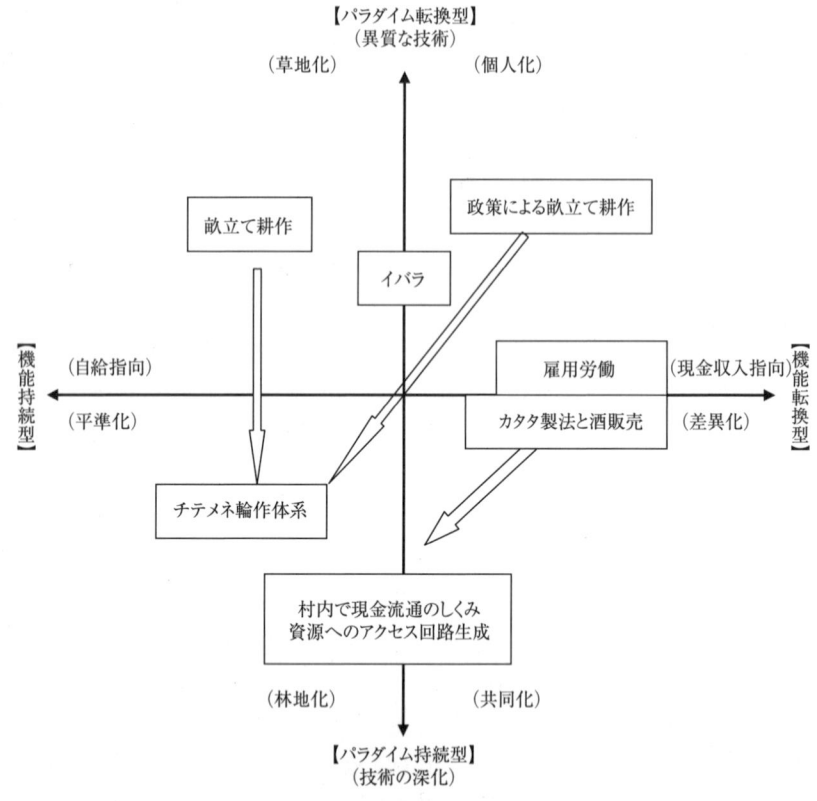

```
                    【パラダイム転換型】
                      （異質な技術）
             （草地化）        （個人化）
                           │
        ┌─────────┐    ┌──────────────┐
        │ 畝立て耕作 │    │ 政策による畝立て耕作 │
        └─────────┘    └──────────────┘
                     ┌─────┐
                     │ イバラ │
                     └─────┘
【機能    （自給指向）      │      （現金収入指向）   【機能
 持続型】←─────────────┼─────────────→  転換型】
        （平準化）   │  ┌──────────┐   （差異化）
                     │  │  雇用労働  │
                     │  ├──────────┤
                     │  │カタタ製法と酒販売│
                     │  └──────────┘
              ┌──────────┐
              │チテメネ輪作体系│
              └──────────┘
                     │
              ┌──────────────────┐
              │ 村内で現金流通のしくみ │
              │ 資源へのアクセス回路生成 │
              └──────────────────┘
             （林地化）         （共同化）
                     【パラダイム持続型】
                      （技術の深化）
```

図 5-2　1960 年代までのイノベーション

（山口 [2003] によるイノベーションの分類をヒントに作成）

ンバの人々が政府によって示された農法を一方的に拒絶するのでも，無批判に従うのでもなく，ほかの民族集団のやり方を取り込むのと同じように選別と応用を加えながら，自分たちの技術として取り込んできたことである．ここでは，権威づけられた知にアプリオリに重きを置かない傾向を指摘しておきたい．

　ではこのようにして取り込まれたイノベーションがどのようにひろがるのか．次項では，私が直接観察することのできた 1980 年代から 1990 年代半ばまでの事例を中心に扱い，ベンバの村でのイノベーションとその普及の具

体的なプロセスについて論じる．

1-3. 個別多発的イノベーションから全体のイノベーションへ

(1) 個別多発的イノベーション

はじめに述べたように，新しい作物や新しいやり方を試すのは，特別な人に限られるわけではない．小さな試行を含めると，ほとんどの村人が何らかの試行をしている．目新しい作物や農法に興味をひかれるとじっくりと観察し，小規模に試してみるというのが，人々の一般的な行動である．人々は「試しているだけさ kuesha fye」と言いながら，実に様々な試行をする（写真5-3, 5-4）．

村人による試行がどのようにおこなわれるかをみてみよう．1992年の調査時に収集した11人の村人の試行とその情報源について，試行者の出自ごとに示したのが表5-2である．このうち，もっとも多く新奇な試行をしているのは，外来者であるC, S, Bである．当時40歳代前半のCは1970年代にM村出身の女性と結婚したが，結婚以来ずっと州都で給与生活を送っており，1989年頃に職を辞して移住してきた男性である．彼は，当時換金作物の主流だったトウモロコシのほかに，干ばつに強く，少しでも販売価格の高い作物を安定して生産することを模索していた．州都やコッパーベルトを始め，都市近郊に親族や友人が多い彼は，それらの地域で一般的な作物や農法についての知識を豊富にもっており，移住当初から少しずつ新しい作物の種子を手に入れては試行を繰り返していた．

Sは当時60歳代で，長年勤めたコッパーベルトでの職を辞め，数年前に遠い親族のつてをたどってM村に移住してきた男性である．村の人々がチテメネにシコクビエを播き，ラッカセイを収穫した後はほとんど利用しないのを見て，もっといろいろな作物ができるのではないかと考え，ラッカセイの収穫後，チテメネに畝を立て，早生の在来種トウモロコシを植えることから試行を始めたという．それはまた，当時，化学肥料の価格が上昇し始めていたため，化学肥料を使わずに，トウモロコシを栽培できるかどうかの「実験[12]」でもあった．また，トウモロコシの株間にインゲンマメとカボチャも

第 1 部　多様な地域発展

写真 5-3　火入れ後のチテメネにトマトの種をまく女性．この種は，都市部の親族宅を訪問したときに手に入れた「新種」．

写真 5-4　1980 年代後半に急速にひろがったトウモロコシ栽培．写真の男性はトウモロコシの畝を高くすることを試みている．

表5-2　村人の試行（1992年）

出自	試行者	耕地	内　　容	情報源	評価
外来者	C	イバラ	ソルガム（赤と白）	ザンビアブルワリーの勧誘	政策関連
			ダイズ（1990〜）	カサマの就職先で情報，彼の地で試作済み	他地域職場
			小麦	コッパーベルトの親族から入手	他地域在住，別の親族
	S	チテメネ	トウモロコシ播種期の分散	自分の工夫，インゲンマメ播種期分散からヒントを得た	自分の経験から工夫
			2年目に畝立てトウモロコシ栽培，インゲンマメとカボチャも混作	コッパーベルトでの経験を応用	自分の経験から工夫
			3年目耕地周囲に畝立て，マメ類カボチャ栽培	研究機関の畑からヒント	村外で見た外部情報
			初年度耕地周囲の作物株間を狭く	町のテレビで見た白人の畑からヒント	村外で見た外部情報
		チテメネ	小麦	コッパーベルトでの経験，種子はムピカの友人から入手	自分の経験，友人ネットワーク
	B	イバラ	開墾年が古いが，途中休閑のある畑の試作	休閑しているので，ネズミの食害が少ないはずと推測	自分の経験から工夫
			ラッカセイの土壌肥沃化効果試行	チブワ農業普及員の畑からヒント，農業セミナー学習の検証	村外で見た外部情報
村出身男性	E	イバラ	トウモロコシ畝にカボチャを混植	他地域親族の畑で観察	他地域親族
	J	ダンボ*	ダンボに果樹	他地域で観察	他村の友人
	A	屋敷地	果樹	ムピカにある研究機関で販売	高村さんからプレゼント
村出身女性	M	チテメネ	香りの良いタバコ種播種	カサマ土産にもらったタバコ葉に混じっていた種を他村親族から入手	他地域親族
	P		周囲に新種の丸いトマト	町の市場で販売されていたトマトから採取した種	市場等
	N		改良種ソルガム	ザンビアブルワリーの勧誘，種はミーティングに行って入手	政策関連
	B		播種期ずらし	親たちがしていたのを記憶	記憶
	S	イバラ	肥料少ないトウモロコシ	ザムシード	政策関連

＊ダンボとは，集落の水場付近に広がる季節湿地をさす．

混作した．チテメネの縁辺部にも多種類の作物を植え，効率的な土地利用を目指している．しかしこのようなときにも，チテメネの表面近くの土にしかムフンド（mufundo 養分）がないという先人の知恵を生かし，表面近くの土だけを使って畝を立てるよう心がけていると，にこやかに語った．

　Bは当時30歳代後半の他村生まれの男性で，結婚を機に移住してきた．行商などで広く他地域を回るこの男性は，政府の農業政策の変化や市場動向の情報もよく知っていた．当時，化学肥料が手に入りにくくなっていたことから，少ない肥料で確実な収穫が得られる方法として，獣害の少ない場所に畑を作ることを試み，化学肥料に頼らず土地の肥沃度を増す試行もおこなっていた．

　村出身の男性では，E，J，Aの試行が見られたが，いずれも今まで栽培されたことのない場所や果樹などを，他所での観察経験をもとに試行的に栽培していることが特徴である．村出身の女性たちも，それまで栽培している作物の新しい品種や種子会社のミーティングで話題になった作物の種子を手に入れるなどして，それぞれ試作していた．また，外来者を含む全員が共通して口にしていたのは，当時頻繁に起きるようになっていた干ばつ傾向と化学肥料の入手困難さへの対処法を探す必要であった．

　このような人々の中で，目立って新しい方法を取り入れているのは，外来者であり，村出身の男性の中でも，中心から少し外れた「変わり者」である傾向が強い．これは以前から指摘してきた特徴でもあるが，ここでさらに強調しておきたいことは，それ以外の人々も試行を躊躇しないということである．

　その導入のしかたで特徴的なのは，それぞれの村人が独自の情報源とネットワークによって得た情報や作物を使っている点である．例えば，当時村で小麦を栽培していたのは，CとSの2人しかいなかったが，Cはコッパーベルトの親族からその栽培法を学び，種子を得て試作した．Sはコッパーベルトでの自らの経験に基づき，ムピカの町の友人から種子を入手して栽培した．このように，まったく別の判断，別の経路を使って栽培法を学び種子を得ている．SはCよりも2〜3年早く小麦を栽培していたので，Cが栽培を始めるときに頼めば，種籾を分けられるだけの収量があったが，Cは別の経路で

種子を入手した．

　トマトやオクラ，カボチャなど日常食に使われる作物の種子は，女性たちの間で頻繁にやりとりされるが，新しい種類の導入時には市場や他地域の親族から個別に入手している（表5-2）．このように，実践されている様々な試行は，別々のタイミングで，個別の経路を使って入手した情報に沿っておこなわれる傾向がある．これを個別多発的イノベーションと呼び，ベンバの村における特徴の1つとしてあげておきたい．

　このような個別多発的イノベーションが，村全体の大きなイノベーションに結びつくのは，どんな経緯を経るのだろうか．次に，1980年代以降のトウモロコシ栽培を例にとって，その具体的なプロセスを追うとともに，その展開をモデル化する．

(2) 個別多発的イノベーションから全体への拡大

　1980年代以降，M村の生活は大きく変動した．その背景には，ザンビア政府による換金作物栽培の奨励政策と，構造調整政策に伴う農産物流通の自由化などがある［杉山 2001］．以下では議論に必要な部分に限り，ファーム耕作（換金用トウモロコシ栽培）の拡大の経緯とプロセスを述べる．

　1980年代半ば，ザンビア政府による手厚い農業補助金を背景として，政府系の穀物公社や化学肥料の供給業者によって化学肥料とハイブリッド種のトウモロコシ種子の貸付制度がはじまった．これに呼応して，M村の青壮年男性が着手したファーム耕作が流行し，1990年代初頭には村全体にファーム耕作が拡大した．このプロセスは，1) 先駆者としての「変わり者」による試行と青壮年男性の追随，2) ファーム耕作ブームと世帯間格差の拡大，3) 新しい酒の導入による現金還流の再活性化とファーム耕作の底上げ的拡大，の3つに大別できる．

1)　「変わり者」による試行と青壮年男性の追随

　先駆けとなったのは，村の中心的な母系親族関係からは少し外れた位置にいる，「変わり者」たちである．1980年代初頭，化学肥料を供給する地域単位が変更されたことに伴い，デポが作られた他村ではファーム耕作ブームを

迎えていた．これを見聞した男性Aは，トウモロコシのほか様々な換金作物を試作した．同じ頃，隣のN村でも2世帯が試作をしていた．1985年に始まった肥料と種子の貸付制度を機に，少数の青壮年男性がこれに追随した．その後1〜2年で，彼らが多額の現金を得るようになったのを見ると，他の村人も次々にファーム耕作に参入した．

2) ファーム耕作ブームと世帯間格差の拡大

　しかしこの時期には，ファーム耕作に参入できる男性労働力のある世帯とその余力がない女性世帯との間で，経済的格差がひろがった．ファームを開墾する労働力も技術も持たない女性世帯主たちは，高い利益が得られるとわかっていてもファーム耕作に手を出すことができなかった．また，村の男性が自分のファーム耕作に夢中になったため，チテメネを伐採する労働力を確保することも難しくなり困窮した．彼女たちは，ファーム耕作に着手した男性の世帯に雇用され，現金やトウモロコシを報酬に得て生計を支えた．ファーム耕作を始めて多額の現金を得る男性の世帯と，自分の世帯のチテメネも確保できず，男性の世帯に雇われてようやく食料を得る女性世帯の間で，格差が生じた．それまで村内の現金還流を作り出していたシコクビエ酒の売買もほとんどおこなわれなくなり，平準化機構の働きも著しく鈍化した．

　ただし，平準化機構が再活性化する素地ができたのもこの時期である．トウモロコシを報酬とした雇用労働によって，ファーム耕作をしていない女性世帯の人々にまで，それまでなじみのなかったトウモロコシを主食として食べる習慣が定着し，トウモロコシが日常食となった[13]．食物をもつ者がもたない者に分与することは，ベンバの生活の大前提となる規範である．一部の世帯が占有的に持っていたトウモロコシが，世帯を越えて共食される対象となり，世帯間格差を再び平準化に向かわせる素地を作った．

3) 新しい酒の導入による現金還流の再活性化とファーム耕作の底上げ的拡大

　1991年に，ある女性世帯主がシコクビエ酒の新しい製法を持ち込んだ．

新しい酒の製法というもう1つのイノベーションが，村の女性たちに急速に広まったことによって，その後の展開に決定的な変化がもたらされた．とだえていた現金環流と平準化機構が再活性化されたのである．女性世帯主たちは，新しい製法の酒を頻繁に醸造販売することによって，現金を得，他の世帯の男性を雇用した．また「つけ」で酒を飲む男性たちに，酒の代金を払う代わりに，自分の世帯のファームを開墾するよう依頼したので，女性世帯主たちも自分のファーム耕地をもつようになった．

　このような経緯を経て，1990年代半ばには世帯構成の違いにかかわらず，村のほとんどすべての世帯が底上げ的にファーム耕作を開始し，ファーム耕作で現金を得，チテメネ耕作によって自家消費用の食料を確保するという2本立ての生計を営むことになった．ファーム耕作が拡大する経緯には，トウモロコシの主食化や新しい酒の製法，飲んだ酒の「つけ」を労働力で支払う仕組みの生成など，いくつかのイノベーションが組み合わせられて，大きな変化を生んだということができる．

(3) イノベーション拡大の諸段階

　ファーム耕作が拡大した経緯は，ほかのイノベーションが拡大する経緯とも共通している．ここでは詳説しないが，都市からの移住者が始めたファームの農作業に関わる雇用労働も，その効果が確かめられるや，短期間で他の村人にひろがった．年少女性たちによる新しい製法の酒の醸造と販売も，ブタ飼養も，同じような経過を経て普及した．個別多発的なイノベーションが，全体に拡大するとき，それは，コミュニティ内の経済的格差を拡大するのではなく（一時的にその傾向を強めたとしても），結果的にそれが均され，全体を底上げするように，ほとんどすべての人々が新しい方法を実践するようになるプロセスを経る．これをモデル化したのが図5-3である．

1) 段階1：個別多発的イノベーション

　通常，それぞれの村人が個別の経路から得た情報を使って試行する．その頻度が高く，より大胆な試行をしているとみなされがちなのは「変わり者」だが，彼らに限らず，誰もが常に何か試行しているのが特徴である．また，

第 1 部　多様な地域発展

図 5-3　イノベーション拡大の 5 段階

段階 1：個別多発的イノベーション
立ち消え
本人および近しい人々による記憶
または個別的な継承

多様な経路からの情報

段階 2：模倣の連鎖（限定的な波及）
生産物による他の村人雇用
一部世帯で日常食化

段階 3：共食による「分与」、世帯を超えた流通
「試食」と検証、評価の定着
共食、酒宴など分与の方途

段階 4：資源へのアクセス回路の開放
酒、物品による労働力の確保
労働による資源の入手
協力関係の再編による労働力の確保

段階 5：全体への波及
在来の技術としての定着
放棄／立ち消え「社会の記憶」化
または個別的な継承

平準化機構の働き
差異化
平準化機構の働き
既存の共同労働方式の応用
柔軟な活動単位編成

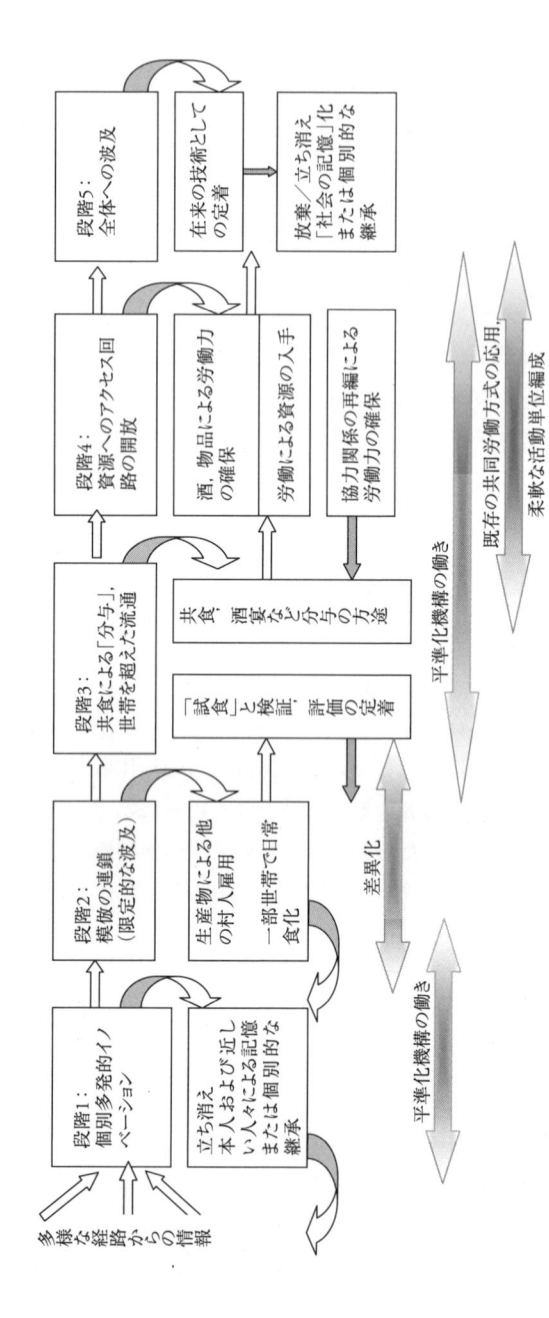

236

それぞれの試行に因果的な脈絡があるわけではない．その意味で，この段階のイノベーションは，個別多発的イノベーションと名づけることができる．

それぞれの村人が試行に至る基準は，食味や栽培可能性だが，他所で味わった新しい品種や作物の苗や種を手に入れて，試作することをほとんど躊躇しない．他の村人はそれぞれの試行を横目で，注意深く観察しているが，評価に値しないと考えれば，それ以上ひろがらない．始めた本人も飽きて，立ち消えになることも多い．ただし，このような試行の経験は，本人や本人に近い親族の記憶として残る．

また，他の村人よりも新奇なことを試行している人々は，自分の試みが注視されていることを熟知しており，自分の企てが他の村人より突出しすぎないようにしたり，他の村人にふるまい酒をしたりするなどの配慮を欠かさない．この段階での平準化機構は，変化を抑制する方向に作用しているとみることができる．

2) 段階2：模倣の連鎖

ある村人の試行を他の村人が取り入れるかどうかは，その村人の直接観察によって決まる．採用の基準としては，「食べられる物」であるかどうかも重要である[14]．先駆者たちの新しい試みは，村人の日常的な相互接触の中で，村人それぞれの経験を通した個別的な文脈で消化される．村人それぞれが，気軽に他地域の親族や友人を訪問し，そこへの長期滞在を行動様式に組み込んでいること，世帯を越えた労働力の相互供与が頻繁にあること，他者の行動を注意深く観察していること，集いの場があちこちにあり，その場でおしゃべりや共食が生まれることによって，新しい情報が共有されていく．

2～3年にわたる観察の結果，新しい作物がうまく栽培でき，生活上も有用だと評価できると，村人はその種を分けてもらったり，他で入手したりする．さらにそれを見て良さそうだと考えた人が同じ方法を始める．そこでは，少数の先駆者が新しい情報を元に始めた「実験」が，他の村人へのデモンストレーションのような効果をもって作用し，ある種の模倣の連鎖が起きる．

しかし，この段階はある意味で，村内の差異化を生じるプロセスでもある．良さそうだと判断した新しい方法や作物をすぐに採用できるのは，自分の世

帯にそれが可能な財力や労働力を備えた村人だけだからである．それらをもたない世帯の人々は取り残され，新しい作物や技術の導入に着手した世帯との格差が生じる[15]．そのように取り残された人々に新しい作物や技術へのアクセス回路が開かれるのが，段階4であるが，そこに至るにはちょっとしたギャップがあり，システムを転換する段階3が含まれる．

3) 段階3：共食による「分与」，世帯をこえた流出

一部の人々が先行したことによって村内の差異化が進むのが段階2だが，その格差が，平準化機構によって均される方向に向かうのが段階3である．平準化機構が新たな状況に合うように調整されるという方が良いかもしれない．その契機は，新しく持ち込まれた作物が日常食化することである．ベンバの村社会では，「食べ物」は分与されなければならないから，新しく持ち込まれた作物も分与の対象となる[16]．それを通して共食と同時に食物としての評価が定着する．また，新しく持ち込まれた技術による生産物を，皆で消費できる酒などに加工する方途が見出されることにより，特定の世帯の専有であった生産物が，1つの世帯内にとどまらず，世帯の垣根を越えて流れ出す．

4) 段階4：資源へのアクセス回路の開放

稀少な資源である現金，労働力が村内を中心に流通する方途が確立する．労働力や経済的資源の少ない世帯にも，それら稀少な資源へのアクセスが開かれ，新しい技術や作物を導入できるようになる．その契機として，酒の醸造と販売，物を報酬とする雇用労働などがあげられる．それぞれの村人は，その方途に従って稀少な資源にアクセスし，新しい技術を模倣しつつ取り入れるようになる．

5) 段階5：全体への波及

多くの世帯が模倣をくり返すことによって，世帯構成の差異にかかわらず，村全体の世帯が何らかのかたちで新しい技術や作物の導入を完了する．底上げ的にイノベーションの拡大が実現する．その後何年もかけて，様々な工夫がその上に重ねられ，やがて「自分たちのやり方 ── 在来の技術」として

定着する．状況の変化によってその必要性を失うと，一部の人々は継続するが，多くは立ち消えになる．ただし，このことは多くの人々によって記憶され「社会の記憶」として残る．

(4) イノベーション拡大の諸段階における平準化機構 —— 日常食化による共食と資源へのアクセスの開放

　段階1の個別多発的なイノベーションが，模倣の連鎖を呼ぶ段階2に発展するかどうかは，それが村人の好む食料になるかどうかに大きく影響される．さらに段階2が段階3以降に発展するには，それらの日常食化が不可欠である．当該の生産物が，人々の間での分与の対象になるからである．段階3と段階4では，それまで蓄積された村内の格差を平準化する様々な動きが生じるということができる．

　分与はベンバの村の根幹をなす生活規範だが，食物の分与についての規範はほかの何よりも強い．食物を多く持つ者は持たない者に分与しなければならないし，持たない者は公然と分与を要求することができる[17]．それが調理され，食される場では，もとの持ち主に主張できる権利はほとんどない．同席した人はすべてその分与を受け，女性たちを中心とする集いの場を通して共食される．共食によって，新しい作物は特定の世帯に蓄積されることなく，他の世帯の人々によっても消費される．またその副次的効果として，自分の世帯で生産していなくても，新しい食物を味見する機会を与えられることになる．

　これは，大山[2002]が指摘したような村人の生計戦略における自給指向のほかに，食物であることによって，容易にそれまでの村内流通路に接続できるという点とも関連している．別稿[杉山 2007]で明らかにしたように，ここでは，財の意味変換がおこなわれ，異なる交換原則に基づいた流通路への接続ができる．逆にそのような意味変換なくしては，世帯の垣根は越えられない．それは，世帯の経済的差異にかかわらず，食べていける状況を保証する仕組みへの組み込みでもある．このようなプロセスを経ることによって，新しく導入された作物（財）が，既存の価値体系と流通路に組み込まれていくといえる．

さらに重要なのが，段階4に至って，イノベーションを展開するのに必要な資源 —— この地域で稀少な資源である現金と労働力 —— へのアクセスが開放されることである．特に村で生産される物とは別の論理で交換される現金を，酒の売買などを通して分与できるものに変換し，村内に現金の流れを作り出すとともに，酒宴で飲む酒として消費してしまう仕組みは，非常に有効に働いてきた．また，ファーム耕作が拡大する時期に見られたように，酒を媒介として村人を雇用し，世帯外の労働力を得ることも可能にしている．

雇用労働自体も重要なアクセス回路である．村の中ではそれが現金へのアクセス路にもなるし，物品を介した雇用労働では，物品自体の流通をも生み，その物品を生産しない世帯の人々が当該物品を使う経験をする契機になる．さらに，現金の余裕がない世帯でも，酒や衣服，鶏などの物品を調達することによって，必要な労働力を得ることができる．日常的な作業を共同する世帯間関係を新たに調整する試みもおこなわれた．

段階4では，現金の流れを作り出す仕組みのイノベーションや雇用労働慣行をめぐるイノベーション，日常的な共同関係の調整が重なり合うことによって，結果的に，必要な資源がそれを蓄積した特定の世帯に囲い込まれず，広く利用できる回路が開かれたということである．これらの仕組みを通して，先行する諸世帯が蓄積した資源や財は，ある意味で「共同の」資源へと変換され，誰もがアクセスできるようになる．これらを発現させる動きの根底にあるのが，他者への分与を基本におく生活規範であった．

1-1でも述べたように，ふだんは変化を抑制する働きをする平準化機構が，ある条件下では急激な変化を促進する機能を果たすことは，これまでにも指摘してきた [Kakeya & Sugiyama 1987]．その過程を細かく検討すると，差異を平準化する仕組みが，食料の安定的な供給を保持しつつ，稀少な資源へのアクセスを開き，それが結果的に変化の促進につながったことがわかる．

また，あるイノベーションが拡大して全体に波及し，人々の生活に組み込まれるようになるプロセス全体を概観すると，方向性や質の異なるイノベーションが導入されて差異化が進んでも，それらが数年以上の年月をかけて，新たなイノベーションと複合し，平準化や共同性への方向性をもった仕組みへと馴化される傾向が指摘できる．1970年代までのフォーク・イノベー

ション・ヒストリーについても同様に，歴史的にみると，方向性や質の異なる多くのイノベーションが導入されてきたが，それらが人々の生活に馴化される過程で，平準化や共同性への方向づけをもった仕組みへと組み込まれる傾向があったことを想起したい．この傾向 ── 個人化や格差化の方向性をもつイノベーションが，分与や流通の方法に関わるイノベーションと結びあわせられることによって，共同化，平準化するシステムに組み込まれて定着すること ── は，ベンバ的イノベーションの歴史を貫く特徴であるということができる．

ここで強調しておかなければならないことがある．平準化機構を再活性化させたいくつものイノベーションは，1つの目的のために統合的に生み出されたようにみえる．しかし実際には，個々の村人がその場その場で情報ネットワークを駆使し，自身の工夫によって実践する個別多発的なイノベーションが，他の村人に受け入れられて拡大したにすぎず，その効果が波のように重なることによって，結果的に，資源へのアクセスの開放を含む平準化機構の再活性化につながったということである．このように，特定のイノベーションセンターをもたず，個別多発的に生じるイノベーションの波が重層して定着するプロセスを経ることもまた，大きな特徴としてあげることができるだろう．

1-4. ベンバ的イノベーションを考えるにあたって

以上，2000年現在までのベンバの農法や生活の変化を，人々によるイノベーションの動態的歴史として描くことを試みた．ここではベンバ的イノベーションの特徴を，村人の「知識」への態度と権威への姿勢，および基本的な生計戦略としての食料供給の安定化に結びつけて言及しておきたい．

(1) イノベーションセンター構築の回避と知の権威化の抑制

ベンバ的イノベーションは，それぞれの村人が独自の経路で獲得した情報に基づく個別多発的イノベーションに始まることを指摘した．それは，分業化が進んで，研究機関や篤農家など，知識や資源，人材などが集積されたイ

ノベーションセンターをもち，そこで生み出される新しい技術が社会全体のイノベーションの基点になる近代的なイノベーションのプロセスと比較すると，独特な傾向だと考えられる．もちろんベンバでも，「変わり者」がより新奇なイノベーションを多く試行する傾向はあり，それが先駆的な役割を果たしてきた事例も少なくない．だが，だからといって，彼らがイノベーションセンターとして常に注目され，村人の手本になるわけではなく，依然として村の政治の中心から外れたところにおかれ続ける．

また 1-2 で明らかにしたように，政府が持ち込んだお墨付きの技術でさえ，無批判に受容されることはなく，人々の実践による吟味を通して認められたものだけが根づいたことを想起したい．その背景には，1）ベンバの村人にとっての「技術」が，基本的に身体から離れえないものとして扱われていることがある．また，2）ある技術を採用するのは，自分自身が選択した結果であると考えられていること，3）その根底には特定の人への財力や権力の集中を抑制しようとする指向を内在化させたベンバの村社会の仕組みがあることも，考慮しなければならないだろう．

1） 身体から離れない「技術」

ベンバの村人にとって，農法などの「技術」について「わかること」は，知識として頭で理解することではない．それが実際に自分の身体を使って「できること」，あるいは観察することによって，どのように身体を使うかが具体的にイメージできることである．どんなに権威づけられた技術でも，自分が実践できなくては何もならない．それができてはじめて，ある技術は何かを生み出す方途としての価値をもつ．このような考え方に基づくと，ある特定の人や機関が，万人に共通するイノベーションセンターにはなりにくいことが理解できる．特定のイノベーションセンターがないことや，変わり者のやり方に注意は払うが，それを常にお手本にするわけではないという村人の態度には，「自分に実践できること」を基準に技術や知識を評価する判断が強く働いている．

また，新しい技術や作物の導入について語られるとき，それは人から切り離された「知識」としてではなく，人の動きに付随する物語として語られる

ことも指摘できる．近い過去については必ずといって良いほど，その人の個人名に加えて，話者とその人の関係が言及される．技術は人の身体に埋め込まれて持ち込まれるという所以である．

2) ある技術の採用は，自発的な選択によるという考え方

ここで同時に興味深いのは，それとはまったく対照的な事柄が観察できることである．新しい作物の導入や農法の導入が人の動きと結びつけられ，導入した本人や近い親族は，持ち込んだ人の名前やいきさつを含めて記憶しているのに，それ以外の人々は，ある作物や農法をその地域に最初に導入した人の名前を挙げて語ることもないし，問題にもしない．そこでは，創始者，功労者が長くコミュニティに記憶され，他の村人からの尊敬を集めること（またそのように語られること）はほとんどありえない．その意味で，創始者，功労者の権威づけはおこなわれない．

イノベーション拡大のプロセスが，直接の観察と模倣を基本として展開することからわかるように，人々が新しい技術や農法の実践を始めるのは，それぞれの人が自分の判断で自発的に始めるのであって，教わるのではない．技術は実践する人の身体と不可分のものとして扱われているから，教わったところで，その方法が「できる」のでなければ，何の意味もない．それを実践することができるのは，当の村人自身の力によっており，誰かのおかげではないのだ．このような考え方によって，新しい有用な技術や作物が導入されても，それを持ち込んだ人が，権威化され，社会の中で権力をもつ道筋はあらかじめ封じられているといえる．

これは，政府や諸外国の研究機関によって権威づけられた知が，アプリオリに価値をもつものとして受容されないこととも連動している．どんな権威が持ち込んだ知—技術であっても，自分で実践することができ，自分にとって有用でないかぎり何の価値もないのである．そして，それを価値あるものとして採用するとき，村人はまさに「自分が選んだ」のであって，他の誰かにしむけられたのではない．同様に，それがうまくいかなかったとしても，その原因を他の誰かに帰すことはない．その意味で，村人は自らの判断に従って，様々な可能性を試すことができるといえる．

3) 特定の人への財力や権力の集中を抑制しようとする，平準化への指向を内在化させたベンバの村社会の仕組み

イノベーションの展開において，当事者の選択をもっとも重視する考え方は，特定の人に財力や権力が集中することを良しとせず，平準化への指向を内在化させたベンバの村社会のありようと通底する．ベンバの村では，村長や年長者たちに一定の権威が与えられてはいるものの，絶対的に他の村人を支配する権力を行使できる者はいない．このことは，他者より突出して多くの物を持たないように留意し，多く得た場合には，何らかの方法で分与しなければならないと考える村人の基本的な態度にも反映される．必要以上に権威づけられたり，富が集中したりすることを当人も恐れ，他の村人も忌避する．それは，掛谷［1987］が述べたように平準化機構を裏支えする「制度化された妬み」への強い恐れと連動しているが，同時に，多くの人々が，そのおかれた状況にかかわらず，ほどほどの食料を確保し，生存の安定が保証される仕組みとも表裏一体である．

(2) 多チャンネルの確保，様々な可能性の保持と生存の安定化を目指す戦略

馬渕［2008］の言を引用するまでもなく，何もないところから技術革新は生まれない．イノベーションは過去の技術蓄積の上に展開する．ベンバのイノベーションも，方向性や技術的パラダイムの異なるいくつものイノベーションが，他民族集団との接触や政府による農業政策，キリスト教ミッションや諸外国の開発協力機関，さらには村人自身の工夫などによって，試行され，蓄積されてきた歴史の上で展開してきた．

またチテメネから半常畑への移行政策のように，それが実施された時点に限ると，プロジェクトの目的が失敗に終わっていても，そこで体験した技術や知識を人々が蓄積し，後に自分たちの技術を練り上げるときに重要な役割を果たしてきた．このようなことは今まであまり重視されてこなかったために，当該地域にどのような機関によって，どんな方向性と技術的原理をもったイノベーションの導入が企てられたかを，連続的に把握できる史料はほと

んどない.しかし,それまでに外部から導入されたイノベーションを含めて,全体的な視野からフォーク・イノベーション・ヒストリーを復元することは,在来の技術や知識を動態的に理解しようとするとき,もっとも重要な要件の1つであるように思う[18].

　このように様々な経路からのイノベーションが蓄積された歴史の上にたちつつも,イノベーションセンターが構築されることなく,個別多発的なイノベーションが繰り返され,村人それぞれの選択による技術の採用とその波及的な拡大があり,幾度も大きなイノベーションのうねりが生み出されてきた.それらは,あらかじめ想定され,目的に沿って統合的にコントロールされたイノベーションではなかったから,村人はそのときどきの政治経済状況に対応した様々な可能性を試行し,思ってもみなかった方向に突破口が開かれる経験をすることになった.想定外のものも含め,様々な可能性が温存され,状況との交渉の中で方向性が調整されることによって,困難な状況を打開する方途が生み出され,さらなる経験知として蓄積される.

　必要以上の権威化とそれへの集中を回避し,様々な可能性を温存する姿勢は,Berry [1993] らの指摘のように,数多くのチャンネルを用意することによってリスクを分散し,生存の確実性を高めようとするアフリカ農民の生計戦略に共通する特徴でもあるといえる.また,掛谷 [1998] がトングウェとの比較に基づいて述べたように,「人々の生存に必要な量をはるかに超えるような生産を抑制し,かつ,生産物が人々の間で平準化することを促し,あるいは偏在することを忌避する分配・消費のメカニズム(「平準化機構」)を保持」[掛谷 1998:122] つつ,村を超えた広い社会的ネットワークを構築することによって,安定した食料の確保を含めた生存の安定を求める生計戦略の現れでもあると考えることができる.

1-5. 資源化される土地と共同性の再編

　本節では,主に2000年までのベンバのイノベーション・ヒストリーを対象に検討を加えてきた.これまでまとめて扱われることのなかったキリスト教ミッションや開発機関による技術導入の全体像をも視野にいれ,その地域

のイノベーション・ヒストリーのより正確な構築をめざすことによって，人々の側からのイノベーションと在来の技術や知のありようについて，新たな視座を得られることが示せたと思う．

しかし，本節を終えるにあたって，村をとりまく制度的状況が1990年代後半から大きく変化していることを言い添えなければならない．それまで資源化されていたのは，現金と労働力であり，それへのアクセスをめぐる様々な仕組みがイノベーションの流れを作ってきた．チテメネを開墾するとき，村人は土地自体ではなく，そこに生育するミオンボ林の状態を価値あるものとみなしてきた．ミオンボ林の全体的な再生サイクルを維持することこそ，豊かな収穫とそれに基づいた生活の安寧につながっていたからである．限られた土地を囲い込んでも意味はなかったから，土地の資源化は抑制されていたといえる．

ところが1990年代後半になると，それまで総有のもとに管理されてきた土地が，国や特定の個人によって囲い込まれる動きが強まってきた．この動きは，1995年のいわゆる新土地法の制定によって強く方向づけられた．次の節で大山修一が詳細に論じているように，新土地法はそれまで強く抑制されていた私有化への道を開き，農村における土地の共同保有の基盤を大きく揺るがせている．この流れの中で，土地そのものが稀少な資源として顕在化してきたことは見過ごすことのできない事実である．このような状況に直面した村人がどのような対処を見出していくのか，そこにどのような共同性の再編が見出せるのか，またそのような動きに向けて，私たち研究者がどのような姿勢を示せるのかについて，問うことを今後の課題としたい．

2 ザンビアにおける新土地法の制定とベンバ農村の困窮化

［大山修一］

2-1. 新土地法の大きな波紋

「アフリカの大地は広大で，果てしない」——アフリカに通い始めてから

20年近くが経過するが，私はそういう幻想を心のどこかで持ち続けてきた．しかし，ザンビア国内では，1995年の新土地法の制定を契機にして，都市の居住者や外資系企業が土地の保有権を取得し始め，時に地域の住人を差し置いて，土地の保有権を取得する事態が生じている．大規模な農場や鉱山の開発は地域経済の発展に資するものだと考えられがちであるが，住み続けてきた土地を奪われ，生活基盤を失う住人がいるのも事実である．ベンバが居住するザンビア北部においても，外部者が土地の保有権を取得する事態や個人による土地の囲い込みなどが進行し，チテメネ耕作の基盤となるミオンボ林が確保できず，ベンバの村人は生計維持が困難な状況に直面している．土地の共同保有を前提とし，ベンバ的イノベーションに支えられてきた生き方［本章1節］が，大きな試練にさらされているのである．

　サハラ以南のアフリカ諸国の多くは，貧困の削減を目指した国際社会の取り組みのもとで，市場メカニズムの導入による経済の自由化と外資の積極的な誘致を進めてきた．この政策の一環として，土地取得制度に対する市場メカニズムの導入を可能にする土地法の制定が，コートジボワール・ウガンダ・マラウィ・ザンビアなどの諸国で進められている［Evers *et al.* 2005］．

　アフリカの土地問題 ── とくに土地の保有制度 ── を議論するときには，土地の共同保有と私有という植民地政策以降の法律の二重性が主要な課題となっている［Le Roy 1985; Firmin-Sellers & Sellers 1999; Benjaminsen & Lund 2003; Magana 2003］．この二重性の議論の中で，土地の共同保有については民族社会内部の伝統的支配者の権力や権威に基づくか，あるいは相互の話し合いによって土地の保有が確保されることから「インフォーマルな法令制度」と呼ばれる一方で，土地保有証明書による土地の所有や賃貸は国家の法律を根拠にしていることから「フォーマルな法令制度」と表現されることもある．

　本節で対象とするザンビアでは，市場メカニズムに基づく土地取得制度が急速に整備されつつある．ドナー諸国は，土地に対する所有権の確立が資本の誘致と蓄積を促し，貧困の削減につながるという議論を根拠に，土地取得制度に対する市場メカニズムの導入と近代的な土地法の成立を進めてきた．ザンビア政府は，ドナー諸国の勧告に応じる形で，1995年に土地保有制度を改正する新しい土地法（Land Act）を定めた．この新土地法の施行は，土地

の私有化を進めることによって，ザンビア国内に外国からの投資と企業活動を呼び込むと同時に，農家が土地を担保に必要な資本を得ることによって農業生産を増大させる目的をもっている．

AultとRutman [1993] は，20世紀以降の東アフリカや南部アフリカにおける慣習地の土地使用権の変化を概観している．利用できる土地が豊富にあったときには，個人は法律や各民族の慣習を意識することなく，共同保有を基本とする慣習地を自由に利用することが許され，土地使用権は無償であった．しかし，農村人口が増加し，土地が稀少となり，法律が個人による土地の使用権を正式に認めるようになると，共同保有地の使用権は個人に帰属する傾向が強まり，チーフをはじめとする伝統的支配者層の関与が消滅することもあるという．

ザンビアでは1995年に新土地法が成立して以降，慣習地における土地の私有化や囲い込みが始まり，農村における土地の共同保有のあり方に混乱が生じている．私が1993年から現地調査を継続しているザンビア北部の焼畑農耕民ベンバの農村社会では，慣習に基づく土地の共同保有が基本であり，土地は従来，伝統的支配者であるチーフに帰属すると考えられていた．しかし，新土地法の成立を契機として，土地の私有化や囲い込みが始まり，人々の暮らしの質が劣化しつつある．本節ではザンビアの土地制度の歴史的な変遷を整理し，焼畑農耕民ベンバの土地と人々，そしてチーフとの関わりを明らかにした上で，急速な市場経済化と土地制度の改正という国家レベルの動きによって，人々の生活がどのように変容しつつあるのかを検証していきたい．

2-2. ザンビアにおける土地制度の変遷

多くのアフリカ諸国と同様に，1995年の新土地法の制定以前，ザンビアでは各民族の慣習に基づく共同保有と土地保有証明書に基づく土地の私的保有という2つの土地保有制度があった．土地保有証明書に基づく私有地については，証明書の所有者が土地を自由に売買することができた．私有地は都市近郊や，南部の都市リビングストンから首都ルサカ，産銅地帯にかけての

鉄道沿線に多く集中している．ザンビアの国土のうち94％は慣習法に基づく慣習地（Customary Land）であった．慣習地については，民族のもつ土地領域を共同で保有するという名目で，チーフや村長が土地使用権の付与や土地割当の権限をもっていた．慣習地の内部に私有地は存在しないことが原則であり，土地保有証明書は発行されなかった．そのため，税金の納付義務は発生せず，使用権の移転や土地の使用については民族の慣習や規範に沿った「慣習法」によって決められてきた．このような慣習地と私有地の区別は植民地時代に由来し，ザンビアの独立以後においても温存されてきた．

以下で，ザンビアにおける土地制度の現状と，新土地法が成立した1995年の後の混乱を理解するために，先行研究［Meebelo 1971; Roberts 1976; 児玉谷 1999; Brown 2005］を参考にしながら，土地制度の変遷について植民地時代以降の経緯を検討していこう．

(1) 植民地時代

イギリス植民地政府は1929年に王領地と原住民居留地に関する法令を制定し，ヨーロッパ系住民にとって好ましい土地や鉱物資源が埋蔵している地域を王領地（Crown Land）に指定した．1930年には土地分配制定法が施行された．王領地は私有地もしくは借地として扱われ，譲渡証書は法律によって規定された．アフリカ人であっても王領地に居住することができ，王領地の居住者はイギリス本国の法律のもとで，植民地政府が権利を保証してきた．王領地の縁辺部には原住民居留地（Native Reserve）が設定され，原住民居留地は王領地の指定によって追い出されたアフリカ人の居住地になった．その居住者は，王領地になった農場や鉱山の経営に必要な労働力となった．

ヨーロッパ系住民が計画どおりに王領地へ入植しなかったため，植民地政府は1947年に王領地の一部を信託地（Trust Land）に設定し，アフリカ人の土地に転換した．ヨーロッパ人をはじめとする外来者に対して原住民居留地や信託地を譲渡することには規制がかけられた．原住民居留地においては，チーフや中央政府が認可することによって，更新が可能な5年間の土地占有権が認められた．植民地政府は王領地において，ヨーロッパ人などの外来者に対して99年間に及ぶ土地占有権を与えた．原住民居留地では王領地のよ

うな私有が認められず，原住民居留地は慣習地として残ることになった．イギリスによる間接統治では，各民族の土地領域について慣習法に基づく土地の共同保有が認められ，チーフが慣習地の土地や自然資源の利用・割り当てについて大きな権限をもつにいたった．

(2) カウンダ政権下の社会主義時代

ザンビアは1964年に独立した．初代大統領カウンダの政権下での土地制度は，社会主義とナショナリズムによって特徴づけられる．カウンダ大統領はすべての王領地を国有地 (State Land) に変更し，土地は大統領に帰属させ，イギリスの主権が及ばないようにした．独立以後にも国有地，信託地と原住民居留地の制度の大枠が維持された．原住民居留地は名称が変更され，指定地 (Reserves) となった．信託地と指定地を含む慣習地においては多くの点でイギリスの間接統治の名残が引き継がれ，土地割当に対するチーフの役割が認められた．地方の慣習地をめぐる伝統的支配から近代国家による管理への転換は，きわめて不徹底にしかおこなわれず，伝統的制度と近代的制度が併存した．

1969年にザンビアの憲法が改正され，政府が未開発地――特に不在地主による未利用地――を接収することを認めた．また1975年に成立した土地法は，永年の土地保有を意味する土地の私有を認めず，土地の所有権 (freehold tenure) を賃借権 (leasehold) に切り替えた．政府は法律の改正によって土地市場を抑制し，賃借権の移転を直接管轄するようになった結果，土地の経済的な価値はないと考えられ，建物や農業インフラだけを売買することが可能となった．1985年には，大統領府が認める投資家や企業をのぞき，外国人への土地の割り当てを制限する法案が可決した．

(3) 新土地法の成立

現在，新たに進められている土地制度の改革は，1991年に実施された複数政党制による選挙で勝利したMMD（複数政党制民主主義運動）が進めた．MMDはカウンダ大統領の社会主義政権を破り，市場経済化を推進することになった．市場メカニズムの導入による土地取得制度の改革は，経済の自由

化を進める上で不可欠だと考えられた．MMDは1991年の選挙公約に，土地の私有を保証する近代的な土地法を成立させることを掲げた．土地取得制度に市場メカニズムを導入するという土地法の成立は選挙公約だったというだけではなく，債務救済の代わりに付与された国際的なコンディショナリティーでもあった．

世界銀行やIMF，アメリカ合衆国国際開発庁（USAID）の勧告に従って，MMD政権は1995年に新しい土地法を国会で審議し，野党や多くの市民団体，伝統的支配者層の強い反対を受けながらも法案は可決された．改正された土地法の主要な論点として，大きく3点を挙げることができる．

1点目は，土地保有証明書（Title Deeds）と土地の保有権を大幅に強化したことである．土地法は土地の自由所有権を認めたわけではないが，99年の土地使用権と土地の売買を認めた結果，事実上，土地の私有が許可されたと受けとめられている．

2点目は，外国人による土地保有の規制を緩和したことである．1995年の土地法では，ザンビア在住の外国人，あるいは大統領府の認可を受けた外国人であれば，土地保有証明書を取得し，土地を保有することが可能となった．

3点目は，共同保有地の管理を法的にも，実質的にも変化させたことである．信託地と指定地は，法律で慣習地にまとめられた．土地法によって，慣習地に存在する従来の土地保有の権利が明確に認められた一方で，外国人投資家やザンビア人が慣習地において土地保有証明書を取得することも容易になった．また，チーフをはじめとする伝統的支配者の同意があれば，ザンビア人が慣習地において土地の保有権をもつことも可能となった．

ザンビア政府の見解では，私有地と比較して慣習地に対する権限の規定はゆるやかで，土地の取引については私有地よりも慣習地の方が厳しい制限が課せられているという［Zambia, ML 2000］．1995年の新土地法は表面上，慣習地における従来の共同保有の権利を認めているものの，長期的には慣習地を投資の対象として開放することを意図していると考えられる．1度，村人や投資家が土地を私有化し始めると，慣習地は不可逆的に私有化の方向へ動き出すことが予想される．

2-3. 地域概要

　ザンビア北部には，ミオンボ林がひろがっている．ミオンボ林にはマメ科ジャケツイバラ亜科（Caesalpinioideae）のブラキステギア・ジュルベルナルディア・イソベルリニアの3属の落葉広葉樹が優占する．この地域の土壌は，砂質の貧栄養土壌である．ベンバは，このミオンボ林を居住域とする民族であり，チテメネ耕作（*Citemene* system）と呼ばれる焼畑耕作を営んでいる．

　チテメネ耕作は4〜5年間の輪作システムを持っており，1年目にはシコクビエ，2年目にはラッカセイやササゲ，バンバラマメといったマメ類，3年目にはキャッサバ，4〜5年目にはインゲンマメを収穫する（写真5-5）．ベンバの人々は毎年，チテメネを開墾し，4〜5筆の耕作地を組み合わせて，その収穫物を食生活に利用してきた．各世帯が開墾する畑の面積は20アールから1ヘクタールで，平均的な面積は40アールほどである．調査村であるM村では，人々が余剰作物の販売を目的として，自給に必要な面積を大幅に超える焼畑を開墾することはなかった．

　イギリスによって植民地化される20世紀初頭以前から，ベンバは卓越した軍事力と交易によって強大な王国を形成したことで知られている．ベンバ王国はチーフ・チティムクル（Chief *Citimukulu*）と呼ばれるパラマウント・チーフを頂点とした中央集権的な政治システム（チーフダム制度）をもっていた．ベンバ王国はイギリスの間接統治のもとで行政機構の末端に組み込まれ，ザンビアの独立以降もチーフは地方行政と司法機能の末端を担っている．ベンバの人々の中には，個人による多少の差はあるものの，ベンバの土地―ベンバランドは最終的にはベンバのチーフに帰属するという考えが根強く残っている．

　主要な調査地は，ザンビア共和国の北部州ムピカ県である（図5-4）．ムピカ県のM村を拠点に，ベンバの村々を調査対象とした．M村では掛谷誠と杉山祐子が中心となって1983年より生態人類学的な調査を継続してきた．M村は，ムピカ県の県庁所在地であるムピカの町から西へ27キロメートルの距離に位置する（図5-5）．2004年における村の人口は116人，27世帯であり，1世帯をのぞき，構成員は血縁または姻戚関係で結ばれていた（図5-6）．

第5章 ザンビア・ベンバの農村

写真5-5 シコクビエの収穫作業．チテメネで栽培されるシコクビエは，ベンバの重要な主食作物であり，酒の原材料でもある．

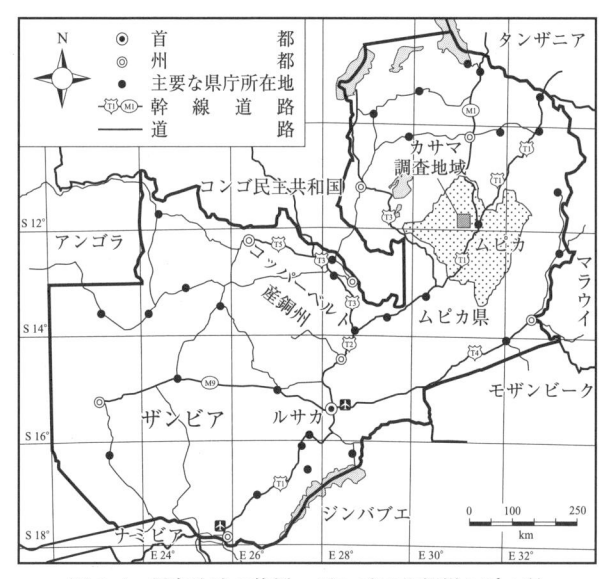

図5-4 調査地域の位置：ザンビア北部州ムピカ県

253

第 1 部 多様な地域発展

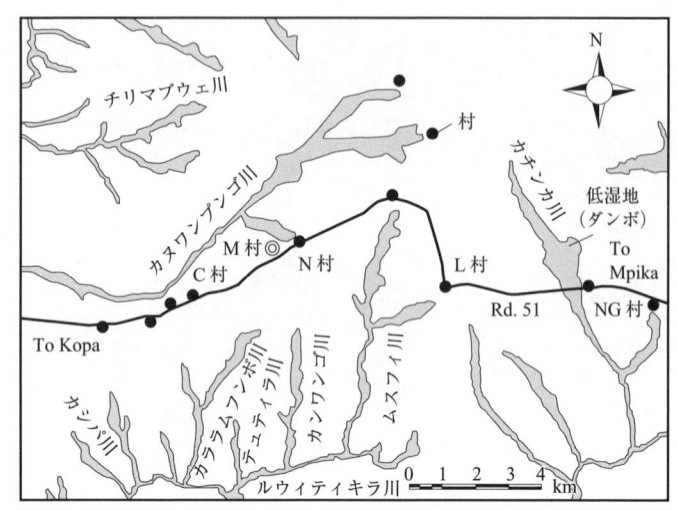

図 5-5 M 村の位置

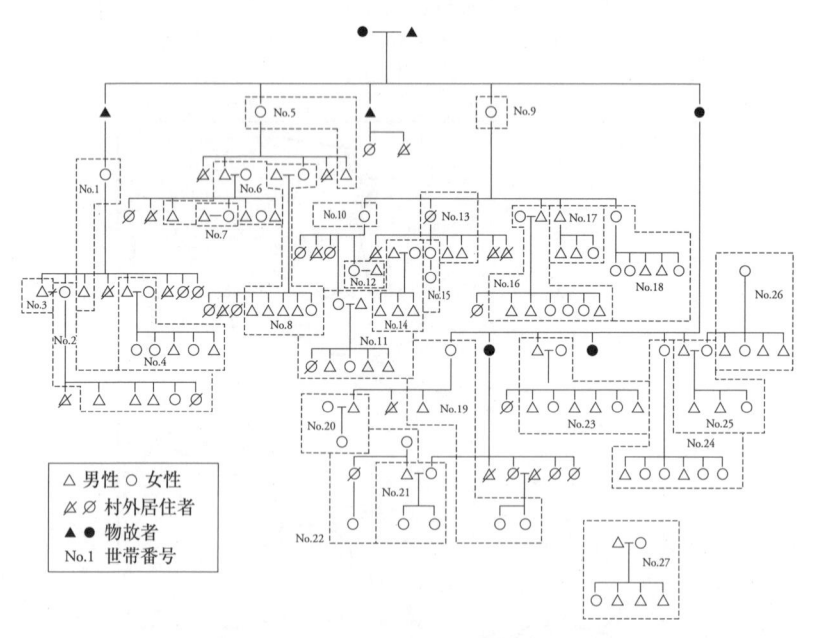

図 5-6 M 村における家系図（2004 年現在）

27世帯のうち，12世帯が女性世帯である．M村とその周辺の村々は，チーフ・ルチェンベというローカル・チーフの領内に位置している．

2-4. ベンバのチーフダム制度と土地

　ベンバの土地をめぐる権利は，伝統的にチーフがつかさどってきた[Richards 1939]．ベンバ語で，土地のことを *icalo*（複数形で *ifyalo*）という．この *icalo* はベンバランド全体を指す言葉であると同時に，1人のローカル・チーフ（*mufumu*）が治める領域の土地を意味している．ローカル・チーフはパラマウント・チーフの下位に位置し，管轄する領地を統治している．最終的には，ベンバランドはパラマウント・チーフに帰属する．ローカル・チーフが統治する土地は境界線によって区分され，この境界線が策定されたのはベンバがこの地を占有する17世紀ころにまで遡るという[Richards 1939]．ベンバランドの土地は，ベンバのチーフダム制度と密接に結びついている．

　ベンバの人々は，世代や個人の差はあるものの，多かれ少なかれ，チーフの臣民（*umuwina*）であるという考えを持っており，自分たちはベンバの一員であるという強い自負がある．この考えが，ベンバランドに居住するベンバの人々の抱く強い民族アイデンティティと関係している．ベンバランドは本来，ベンバ王国の土地であり，村人が生産する作物や家畜，森林に生育する樹木やキノコ，野生動物なども最終的にはチーフに帰属すると考えられている．

　領域内の土地はローカル・チーフの管理下にあり，チーフは村の創設や配置，新村への土地の割り当てに対する権限をもっている．チーフ・ルチェンベの領域では，村の創設には25人以上の成人が集まることが条件となっている．村人がこの条件を満たし，ローカル・チーフに新村の創設を申し出ると，予定地周辺の村の立地や人口密度，森林の状況などが勘案されて，創設の可否が判断される．近年では，コパ・ロード（51号線）沿いに新村を創設する土地の余裕はなくなっており，村の新設はみられない．チーフの許可なしには，村の創設は認められず，居住や焼畑の開墾，キノコや野草，イモムシの採集も原則，認められない．

ベンバランドに居住する人々は作物や酒，ニワトリやヤギなどの家畜をローカル・チーフに貢ぎ物として献上したり，チーフへの労働奉仕をおこない，ゆるやかな経済的なまとまりを形成してきた．リチャーズ [Richards 1939] の記録にもあるように，飢饉の際にチーフは，自らの穀倉に貯蔵されている作物を人々に分け与え，人々は自分たちのチーフが大きな穀倉を持っていることに誇りを感じていた．近年には，人々が食料不足にあえいだとき，チーフ自らが県庁に働きかけ，食料援助を要請することもあった．

　ベンバの村々は独立性が強く，チテメネの開墾をはじめ土地利用の細かな取り決めについて，チーフの権限や意向が村の内部にまで及ぶことは，ごく稀である．チーフが領内の土地を管理しているといっても，チーフが人々の土地使用権を剥奪したり，土地制度を改変して，私欲を肥やすことはなかった [Richards 1939]．これまでは，各村における移住者への土地の割り当てや使用権の付与は村長[19]や村人同士の話し合いに委ねられてきた．

　個々の村人がチテメネを開墾する地域はだいたい決まっている．1996 年には，M村の人々はチリマブウェ川の近くでチテメネを伐採していた（図 5-7）．チテメネを開墾する場所は母系のリネージごとにまとまることもあれば，仲の良い村人同士が近接することもある．

　村人がチテメネを開墾する地域は，隣村との取り決めで境界線を定めることもあれば，境界線が決められず，曖昧な場合も多い．M村の場合には，東側に隣接するN村との間でチテメネ伐採地について境界線が決められており，お互いがその境界線を越えてチテメネを伐採することはない．一方，西側 4 キロメートルの距離にあるC村との間には境界線が設定されておらず，2005 年現在，C村とM村のチテメネが混在している．

　村の構成員であれば，その村の周辺でチテメネやイバラ[20]を自由に開墾することができる．ただし，チテメネやイバラの放棄地について，村人はその耕作者が誰だったのかをよく記憶しており，他人が開墾した畑の放棄地にチテメネを開墾もしくはイバラを耕作しようとする場合には，土地の使用について許しを得ている．

　村への移住を希望する者がいれば，村長は移住希望者とのつながりや系譜を検討し，居住の許可を与えるかどうかを検討する．No. 27 の世帯（図 5-6）

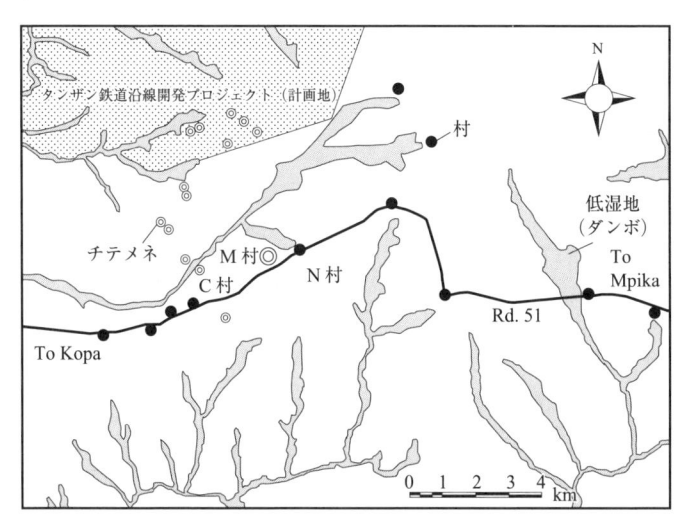

図 5-7　1996 年に M 村の住人が開墾したチテメネの位置

の場合には，血縁によるつながりはないものの，移住しなければならない個人の事情が強く勘案され，M 村の主要メンバーと同じ，「野ブタ・クラン」であることから移住が許可された．

　チテメネの伐採域を拡大していく過程で，隣接するチテメネの伐採者と伐採域がぶつかり，伐採する樹木をめぐって口論になることがある．このような争議の件数は，チテメネの生産性を支持しうるミオンボ林が不足するに従って増加する傾向にある．また，村人がチテメネを伐採する際，自分が翌年以降，開墾するミオンボ林を確保しようとする意図が示される．杉山［2001］が記述するように，村人は碁の陣地とりの要領で，数年分のチテメネ開墾地を確保する．囲みたい一定の広さのミオンボ林の外側に最初のチテメネを開墾し，そこを三角形もしくは四角形の 1 つの頂点と見立て，翌年には他の頂点として見立てた場所に，翌々年にはもう 1 つの頂点にあたる場所にチテメネを開墾し，その内部のミオンボ林を開墾する．他人が確保しようとしている森林に割り込んでチテメネを伐採することは，争議の原因となる．

2-5. 土地取得制度の改正と焼畑農耕民社会の混乱

　新土地法の施行によって，ザンビア国内では慣習地における土地保有証明書の発行件数が大幅に増加している．国土省 (Ministry of Lands) は正確な記録を公表してはいないが，年間に 2,000 件[21]のペースで発行件数が増加しているといわれている [Brown 2005]．以下で，市場メカニズムの導入に伴う土地制度の改正が焼畑農耕社会にどのようなインパクトを実際に与えているのかを検証していこう．

(1) 慣習地の土地保有権を取得する手続き

　従来，ベンバの慣習地において土地保有権を取得するには，複数の方法があり，決まった手順があるわけではなかった [Moore & Vaughan 1994]．土地保有権の取得に関与するのは村長やチーフ，そして県庁や国土省をはじめとする行政機関である．1995 年の新土地法では，慣習地における土地保有権の取得には，チーフをはじめとする伝統的支配者の同意をとる必要があると定められている．

　2007 年現在，ルチェンベ領内の慣習地において，土地保有権を取得する手順には，以下の 4 方法がある．第 1 は，希望者が土地保有を村長に申し出て，村長から承諾を得た後，村長の紹介でローカル・チーフを訪問し，土地の取得を申し出る．チーフの承諾を得た後，希望者はチーフのサインが記されたレターを持って県庁に出向き，土地保有証明書の発行を申請し，国土省から土地保有証明書を受領する方法である．

　第 2 は，希望者が村長を介さず，直接，チーフを訪問し，領内の土地保有を願い出て，承諾を得た後，チーフのレターを持って県庁に行く，そして，土地保有証明書の発行を申請し，国土省から土地保有証明書を受領する方法である．この場合，希望者は当該地域の村長に土地保有をめぐる交渉をもちかけることはしない．

　第 3 は，希望者が土地保有を村長に申し出て承諾を得た後に，村長と同伴するか，あるいは村長のレターを持参してチーフに土地の割当を願い出て，チーフが発行する土地割当書 (Land Allocation Form) を申請する方法である．

この土地割当書の取得では，土地保有証明書とちがって，土地の売買は認められないが，名義人が死亡すると，その後継者への相続は認められる．

第4は，村長やチーフ，県庁を介することなく，国土省へ直接，申請し，土地保有証明書を受け取る方法である．

ザンビア政府は慣習地における土地の取引に際して，各民族の伝統的支配者に大きな裁量権を付与している．土地取得の希望者にとって実質的な窓口になっているのはチーフである．村長とチーフの承諾を得て土地保有証明書を入手する第1の手順は，ベンバの慣習に従っており，最も正統な方法である．しかし，第1の方法がとられたケースはまれである．第2の，直接チーフに土地保有を願い出る方法については，次項で述べるように，企業が村レベルを越える大規模な土地を取得するときに見られた．第3の土地割当書を取得する方法は，篤農家やムピカの町に居住する商人，タンザン鉄道の職員など，ルチェンベ領以外の居住者が多い．第4の国土省へ直接，申し出る方法は，退役軍人や政府関係者など，官僚や政治家とのパイプをもつ特権階級のみに許される手法である．

(2) タンザン鉄道沿線開発計画

M村の北部域では，国営農場を建設し，都市居住者から希望者を募って入植させるという計画が1984年に公表された．前年に即位儀礼をすませた新人のチーフ・ルチェンベKA氏がこの計画を受け入れ，国営農場の建設計画が実施に移されることになった［杉山 2001］．1980年代の後半にはザンビアの国家財政の悪化，国営農場の建設計画の見直しもあり，計画には大幅な修正が加えられた．1990年頃より，再入植計画を柱とするタンザン鉄道沿線開発計画が進められ，広大な森林における区画の設定や地図の作成，入植者を受け入れる準備が進められた．将来的には，小・中学校やクリニックのほかに，化学肥料の供給や農産物を保管する農業センターの建設が予定されている．そして，ザンビア南部の人口稠密地域に居住するトンガやタンザニア国境付近に居住するニャムワンガの農民，退役軍人や銅鉱山の退職者，都市の居住者が再入植計画地の土地使用権を購入し，1996年ころから定住を始めた．

1990年代半ばまで，再入植計画地の境界線は，M村の北側を東西に流れるダンボ（低湿地）がおおよその目安になっていた．それは，M村からわずか2キロメートルの距離であり，村人が開墾していたチテメネの大部分が再入植計画地に含まれていた（図5-7）．入植者たちは，政府が進める再入植計画地の土地使用権を取得していることもあって，区画内やその周辺に村人たちがチテメネを開墾することを好ましく思っていなかった．他方，M村の村人は，再入植計画地を昔からの「自分たちの土地」，すなわちベンバ王国の権威に裏付けられた「ベンバの土地」とみなし，チテメネを開墾し続けるのは当然の権利だと考えていた．

1996年から1998年にかけて，村人と入植者との間で土地問題が先鋭化した．この経緯の中で，チーフ・ルチェンベKA氏は一応は村人の生活を庇護する立場を表明していたが，これまで国営農場の建設計画を受け入れてきたこともあって，県庁の職員や再入植計画の関係者との話し合いでは，再入植計画の進行を止めることを主張しなかった．むしろ，KA氏は領内の地域開発という名目で，計画を推進する立場をとっていた節もある．そのため，今でも，「チーフKA氏はベンバランドの土地を売った」と陰口をたたく村人すらいる．

M村の住民は，村の北側にチテメネの開墾適地となるようなミオンボ林がひろがっているにもかかわらず，自分たちの裁量でチテメネを開墾できないことにもどかしさを募らせていた．1998年には一部の青・壮年の男性が，「自分たちの土地」であることを主張するために，再入植計画地の内部に踏み込んで，チテメネの開墾を強行したため，伐採地で入植者と激しい口論に発展した．この一件については，チーフ・ルチェンベKA氏が1998年2月に産銅州の病院で急逝した[22]こともあり，再入植計画地の職員が争議を仲裁した．村人は開墾したチテメネの作物を収穫するまで，再入植計画地を利用することを認められたが，その後，無許可で再入植地の土地を利用しないよう通達された．それは，村人に事実上の土地放棄を迫る裁定であった．

このままではチテメネを開墾できなくなり，自分たちの食料生産が困難になっていくと危惧し，M村を含む周辺村の村長が連名で嘆願書を書き，国会議員やローカル・チーフに請願を繰り返した．その頃，チーフ・ルチェン

べKA氏の後継者として，ML氏が即位した．ML氏は，老齢のKA氏とはちがって，首都ルサカで商売をしたり，白人の養鶏場で働いたりしたことのある，現代的な才覚のある人物だったと今でも評価されている．村人たちが食料不足で困窮しているときに，自転車で食料援助の陳情に県庁へ出向いたこともある．この行動的な若いチーフの就任を，人々は歓迎した．住民の多くは，ML氏が再入植計画地を中止に追い込んでくれることを期待した．

新チーフML氏は精力的に村々を自転車で回り，近隣住民の意見を聴取し，村人の生活実態を把握することに努めた．しかし，ML氏は，境界線を3キロメートルほど村から遠ざけることを条件に，領内の再入植計画を受け入れた．前任のチーフKA氏が認めて，事業が積み重ねられてきた再入植計画は撤廃が困難な状況にあり，チーフML氏は妥協点を見出そうとして苦渋の選択をしたのだと，ML氏の側近として仕えたM村の村長は語った．しかし，この決断によって，ベンバ王国の土地に，政府の再入植計画地が公式に設定され，村人も限られた土地で生きていくことを事実上，受け入れることになった．

(3) 企業による土地の囲い込み

MMD政権は構造調整政策の延長線上で，経済の自由化政策をとり，外国資本の導入を促す政策をとってきた．2006年3月には故・ムワナワサ大統領が北部州とルアプラ州を遊説し，両州の発展のためにさらなる投資を呼び込む必要性があると演説した．

ルチェンベ領の近辺で外資系企業による土地の囲い込みが公表されたのは2005年9月である．ルチェンベ領に隣接して居住する民族ビサの祭り（*cinamanongo*）が開催され，ビサの上級チーフであるチーフ・コパが祭りの会場において大規模農場を誘致することをアナウンスした．この農場の誘致によって，雇用が促進され，道路や水道などのインフラ整備が進み，ビサの人々の生活が大幅に改善するだろうと祭りの参加者に伝えられた．

チーフ・コパがアナウンスした大規模農場は，A社のアブラヤシ・プランテーションである．A社はルサカに本社をもつが，南アフリカ資本の現地法人であり，食用油の生産だけではなく，原油や天然ガスの掘削事業も手がけ

る大企業である．A社の食用油は，ザンビアのラジオ番組で頻繁に宣伝されていることもあって有名である．A社は2005年9月，祭りでのアナウンスに先駆け，ベンバのチーフ・ルチェンベMM氏とビサのチーフ・コパのそれぞれに対して1万2500ヘクタールずつ，合計2万5000ヘクタールの譲渡を依頼した．MM氏は2003年にチーフ・ルチェンベに即位した，新しいチーフである．土地譲渡の見返りとして，A社は2人のチーフそれぞれに車または現金，地域コミュニティーの開発のために6,000万クワチャ（約200万円）を提供する準備があると持ちかけたとされる．翌月には，コパ領内に白人男性がやってきて，さっそくプランテーションの造成に着手した．この白人男性を見た人によると，身長2メートル近い大柄の男性で，人々はみな「ボーア」と呼んでいた．この白人は，製油会社A社の従業員であった．

　チーフ・コパは祭りの参加者に対して大規模農場の建設に関するアナウンスをしたが，チーフ・ルチェンベは居住者に対してアナウンスをすることはなかった．2万5000ヘクタールという広大な計画地は，チーフが持っていた地図上では「ノー・マンズ・ランド（無居住地区）」と記されていたが，実際にはチテメネやイバラなどの耕作地が存在し，村人の生活の場となる集落域も含まれていた．計画地が接収され，立ち退きを迫られれば，自分たちの生活がどのようになるのか，周辺住民の間には不安がひろがった．チーフの側近として，3人のサブ・チーフと10人の上級アドバイザーが領内の村長から選出されていた．この人選は，チーフの指名による．サブ・チーフの1人BE氏はA社の申し出の詳細を知っており，チーフの決定に反対することは難しかったと話した．また，上級アドバイザーのKB氏はA社の土地取得の申し出を知らなかったと話す一方で，たとえ，情報を把握していたとしても，チーフの裁定に反対意見を上申することは難しかっただろうと語った．

　2005年9月以降，プランテーション造成が急速に進められた（写真5-6）．周辺の村々に住む50人の成人男性がA社に雇用され，ミオンボ林とダンボの開墾・整地とアブラヤシ畑の造成が開始された．

　2006年2月に，国土省の大臣が首都ルサカにA社と2人のチーフを呼び，会合をもった．チーフ・ルチェンベMM氏は体調不良を理由に，サブ・チーフのBE氏をルサカに派遣した．A社は2万5000ヘクタールの土地保有証

写真5-6 企業によるアブラヤシ・プランテーションの造成によって,強制的に立ち退きさせられた村人の畑.

明書を希望したが,大臣は難色を示した.それは,希望する土地があまりにも広大すぎること,土地が奪われることによって国民の生活が困窮する可能性が高いことが理由であった.政府はA社に土地保有証明書を発行しない代わりに,A社による1万ヘクタールの土地使用権を認めるという条件を打診した.しかし,あくまでもA社は土地保有証明書の取得にこだわり続けたため,話は平行線をたどり,物別れに終わった.

A社は土地保有証明書の取得に失敗してからも,現地でプランテーションの造成を少しずつ進めたようである.2006年6月にはチーフの名前を借用し,MU社という架空の企業名で再び土地保有証明書の申請を試みた.この試みも結局,国土省には受け入れられなかった.A社はプランテーションの造成作業を休止し,とりあえず2006年9月に実施された総選挙の結果を見守ったようである.

与党 MMD が総選挙に勝利し，A 社は政府の決定に変化がないことを読み取り，この地域のプランテーション事業からは撤退した．このような A 社とチーフ，国土省とのやりとりは関係者だけでひそかに進められ，村人はまったく事情を理解していなかった．

(4)　個人による土地の囲い込み

　土地保有権を取得するための第三の方法に挙げられた土地割当書は，村長が土地分割を承諾し，その承諾にもとづき，チーフの裁量によって発行されている．土地割当書の発行は，チーフ・ルチェンベ MM 氏によって始められた．ルチェンベ領内では，土地割当書を得るためにチーフへ支払う金額は 19 万クワチャ（約 6,000 円ほど）である．この金額を支払えば，一律 75 ヘクタールの土地が分与される[23]．この金額は，慣習地の農村に居住する村人にとっては高額で，土地割当書を取得するのは難しいが，町の商人や企業に勤める人々，役人や退役軍人にはそれほど高価な金額ではない．タンザン鉄道で働く工員は，慣習地の土地はタダ同然の値段だと語った．土地割当書の取得には，土地保有証明書のように多額の費用，煩雑な手続き，ムピカ県庁での申請や首都の関係省庁との交渉を必要としないため，多くの人々が取得手続きの簡便な土地割当書の取得を試みようとしている．

　2007 年 8 月現在，M 村で土地割当書を入手した村人はいないが，チーフ MM 氏の事務所や側近からの聞き取りによると，近隣の村々では 2 人がすでに取得していた．私が 1998 年に集中調査を実施した NG 村では，町の住人が土地割当書を取得し，労働者を雇って耕作を開始していた[24]．NG 村は町から 15 キロメートルほどの近郊に位置し，1998 年の時点でチテメネを開墾できるようなミオンボ林が少なかったため，村人は木炭を焼き，その販売によって不足する食料を補っていた［大山 2002］．

　町の住人から土地取得に関する申し出があった場合，NG 村の村長は土地保有を認める見返りに，申請者から現金を受け取っているという噂が流布していた．多くの村人は，村長と町の住人との間でひそかに取り交わされている土地割当の詳細を知らない．町の住人が村長から承諾を得て，土地割当書をチーフから入手した後，雇用された労働者が村に住みつき，開墾作業を始

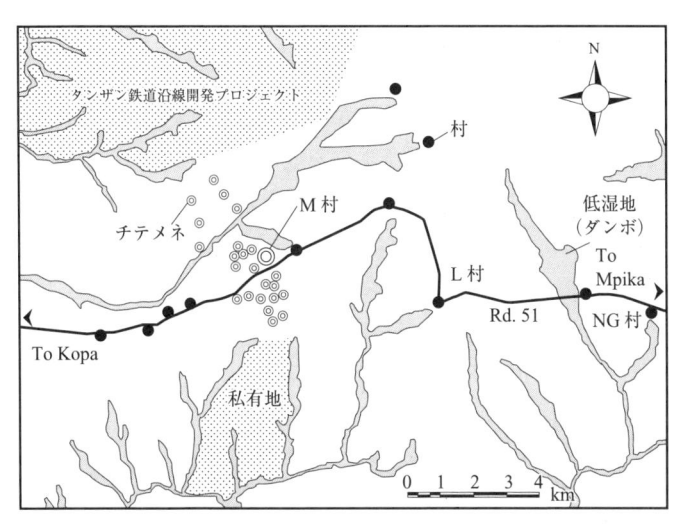

図5-8 2002年にM村の住人が開墾したチテメネの位置

めた時点で,村人は土地割当の事実をはじめて知らされる.村人は外部者への土地割当に対して強い抵抗を感じながらも,チーフの裁定に不服を申し立てることは難しいため,我慢しているのが現状である.

　話をM村に戻そう.M村では30代半ばと40代前半の男性2人(図5-6:世帯No. 4, No. 25)がチーフから土地割当書を取得することによって,自分たちの土地を確保したいという希望をもっていた.しかし2007年現在,M村では土地割当書の取得者がいないため,土地割当書の発行に伴う土地分割の問題は出ていない.

　しかし,退役軍人(MC氏)がチーフや村長を介さず,国土省から直接,土地保有証明書を取得し,1,250ヘクタールの土地を囲い込んだ(図5-8).MC氏は2007年現在,ルサカに居住し,ルチェンベ領内で生活することはない.土地保有証明書の名義人であるMC氏に代わって,広大な土地を管理しているのは弟のB氏である.B氏は陸軍を退役した後,L村に住居を構え,妻子とともに暮らしている.彼はライフル所持の免許を取得しており,森林に入るときには常時,ライフルを携帯している.自らが保有する土地内で,チテメネ伐採や,イモムシ・キノコ・蜂蜜を採取している村人を見かけ

ると,実弾を発射し,威嚇している.

　B氏の強硬な振る舞いもあって,M村を含む周辺村の住民はMC氏の土地に立ち入ることすらできない.そのため,M村の人々は1999年以降,非常に限られた範囲内で,チテメネを開墾せざるをえない状況が続いている(図5-8).すなわち,村の東側と西側は隣村との関係で土地利用が制限され,コパ・ロード(51号線)の北側にはタンザン鉄道沿線開発計画の入植予定地が存在し,南側にはMC氏の私有地がひろがるため,M村の住人は十分な面積のチテメネを開墾することはできない.

2-6. 土地利用の制限に伴う暮らしの変化

(1) 土地制限(1999年)前の暮らし

　ベンバの人々は1980年代以降,チテメネ耕作に軸足を置きながら,時代の変化に対処する方策を探ってきた[掛谷1996].その対処について,前節で杉山がフォーク・イノベーションという観点から考察し,ベンバの人々が主体的に選択してきた農法と作物に関するイノベーションと,現金を含む稀少な資源を地域内で循環させるシステムの生成の重要性を指摘している.

　政府が1980年代半ばに,遠隔地における近代農業の普及と農業の商業化を目的に,化学肥料とF_1ハイブリッド改良種子の供給を支援し,トウモロコシ栽培を奨励した.M村の人々はこれらの外部投入材を必要とするトウモロコシ栽培を取り入れ,チテメネ耕作とトウモロコシ栽培を両立させて生計を立ててきた[掛谷1996, 2002;杉山1996].全世帯の主食作物の生産状況(図5-9)を検討すると,チテメネ耕作とトウモロコシ栽培を組み合わせることによって自給食料[25]を確保し,村人が食料を自給する上で,トウモロコシ栽培が重要な生産手段となっていた[Oyama & Takamura 2001; Kakeya et al. 2006].

　私が現地調査を開始した1993年には市場経済化が本格的に始まり,外部投入材への補助金の撤廃やトウモロコシ価格の自由化が進んだ結果,遠隔地でのトウモロコシ栽培の基盤が大きく揺らぎ始めた.1995年には,村人は収穫したトウモロコシの一部を化学肥料のローン返済に充当したり,販売し

第 5 章　ザンビア・ベンバの農村

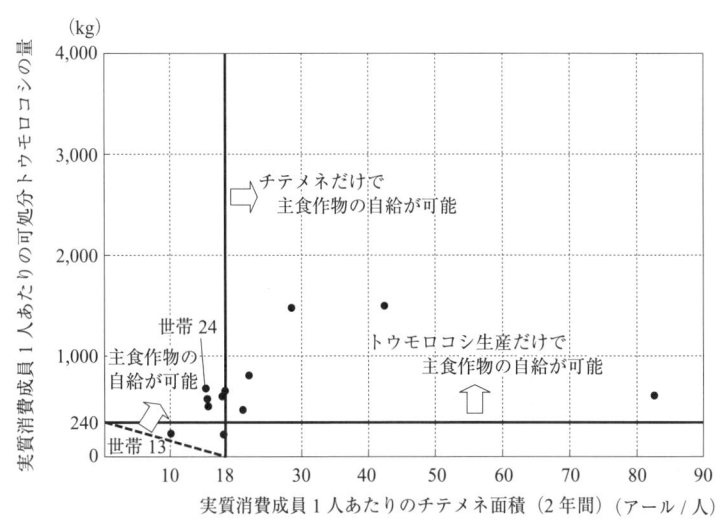

図 5-9　M 村の各世帯に占める主食作物の生産状況（1995 年度の作付け期）

たりするだけではなく，自らの自給食料として消費するようになった．近代農法の普及と農業の商業化を進める政府の思惑とは違って，ベンバの人々は換金作物であったトウモロコシを自給食料に取り込むようになったのである．

　主食のウブワーリ（練り粥）に料理するためには，トウモロコシを製粉しなければならない．シコクビエ用の杵と臼ではトウモロコシを製粉できず，村人は町の製粉機までトウモロコシを持って行き，製粉するようになった．1995 年 11 月から 1996 年 10 月までの約 320 日間における M 村 2 世帯の食生活[26]をみると，世帯 13（女性世帯）がウブワーリを食べた回数は 544 回（1.71 回/日），世帯 23（青・壮年世帯）がウブワーリを食べた回数は 499 回（1.56 回/日）であり，それ以外にはサツマイモ・カボチャ・食用ヒョウタン・トウモロコシをゆでて食べていた．ウブワーリの食材を検討すると，トウモロコシが世帯 13 では 41.2%（224 回）を占め，世帯 23 では 49.0%（244.5 回）を占めていた（図 5-10）．シコクビエは世帯 13 で 205 回（37.7%），世帯 23 で 170.5 回（34.2%）であり，キャッサバは世帯 13 で 115 回（21.2%），世帯 23 で 84 回（16.8%）であった．すなわち，トウモロコシはウブワーリの材料と

第 1 部　多様な地域発展

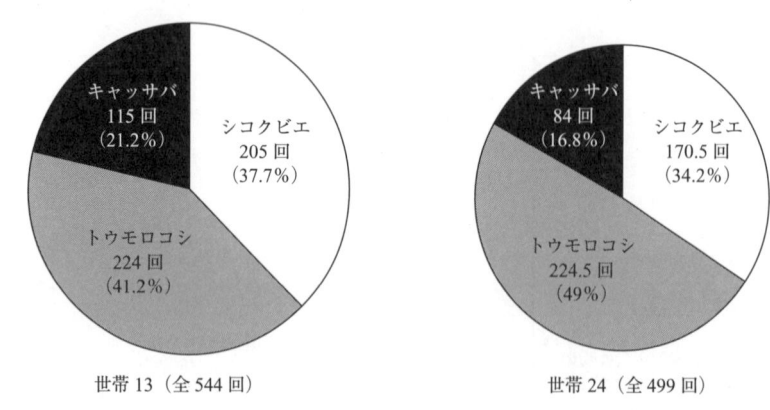

```
世帯 13 (全 544 回)
  キャッサバ 115 回 (21.2%)
  シコクビエ 205 回 (37.7%)
  トウモロコシ 224 回 (41.2%)

世帯 24 (全 499 回)
  キャッサバ 84 回 (16.8%)
  シコクビエ 170.5 回 (34.2%)
  トウモロコシ 224.5 回 (49%)
```

図 5-10　世帯 13 と世帯 20 が 1995 年 11 月より 1996 年 10 月まで消費した主食（ウブワーリ）の材料

世帯 13：1995 年 11 月 25 日から 1996 年 10 月 7 日までの 318 日間の記録
世帯 20：1995 年 11 月 25 日から 1996 年 10 月 9 日までの 320 日間の記録

して，シコクビエやキャッサバよりも高い頻度で消費されるようになったのである．

　1990 年代半ばに化学肥料の供給が停止したのを契機として，村人はトウモロコシ栽培を放棄し，換金目的のタバコ・ダイズ・ヒマ・パプリカの栽培，低湿地における野菜や果樹の栽培，ブタやヤギの飼育を始め，様々な生計手段を模索してきた［大山 2002；Kakeya *et al.* 2006］．村人は一貫してチテメネを開墾し続け，男性労働力のない女性世帯でも，チテメネを伐採する労働力を確保しさえすれば，安定した生計を営むことができた．ベンバの村人は，「他者より多くの物や良い物を持つ者は，他者の求めに応じて分け与えなければならない」という基本的な生活原理を共有し，それが平準化機構を支えてきた［Kakeya & Sugiyama 1985; Kakeya *et al.* 2006; Sugiyama 1987］．また，分け与えないことによって喚起される他者の妬みや，それに端を発した呪いへの怖れが，農村内の平準化機構を裏支えしていた．食料があるところに人が動き，離合集散することによって消費の単位を変えることで食料を分かちあい，食料自給を確保してきたのである［杉山 2007］．

(2) 土地制限 (1999年) 後の暮らし

1999年以降，M村の人々は限られたミオンボ林で，チテメネを開墾せざるをえない状況が続いている[27]．M村では，チテメネを生活の軸足にした生計戦略を大きく転換することが求められているのである．1994年から1997年までの4年間にM村の人々がチテメネを開墾したのは，村から3～4キロメートルの範囲内に多く，平均は3.3キロメートルであった（図5-11）．しかし，2002年から2003年までの2年間にM村の人々がチテメネを開墾したのは，村よりわずか1～2キロの範囲内に限定されており，平均1.6キロであった（図5-12）．

2003年現在，M村の人々は毎年，チテメネを開墾し続けているものの，自給食料を入手しうるチテメネ面積を確保していたのは9世帯にすぎず，チテメネ耕作によって自給食料を確保できない世帯が16世帯にもおよんだ（図5-13）．毎年，実質消費成員1人あたり9アールの面積を開墾しなければ，チテメネによって自給食料を確保するのは困難であるが，1995年と比較して，チテメネの生産性そのものが低下しつつある．

かつて村人がチテメネを開墾するとき，伐採木を腰の高さまで積み上げることを目安にし，火入れの徹底を重視してきた．1998年までは，ヘクタールあたり平均2.7トンのシコクビエが収穫されていた．この収量にもとづいて，実質消費成員1人あたり9アールのチテメネを開墾していれば，チテメネによって自給食料が確保できると推計することができた．しかし，利用できる土地が制限されたこと，残されたミオンボ林が道路沿いの劣化した森林が多いこともあって，チテメネを造成する際の伐採木の積み上げが不足している．M村では，自給に必要な面積を確保しようとするため，伐採木の積み上げは膝の高さにまで下がっているのが実情である．伐採木が不足し，火入れを徹底することができないため，雑草が繁茂し，シコクビエの生育が悪く，収量が低下している．実質消費成員1人あたり9アールのチテメネ面積が確保されていたとしても，1年間に必要な主食材料を十分に確保できるとは限らない現状を指摘しておかなければならない．

村人は，このような土地利用の制限によって小さなチテメネしか開墾できず，自給用の食料が不足し，食生活が明らかに悪化していると嘆く．村人は，

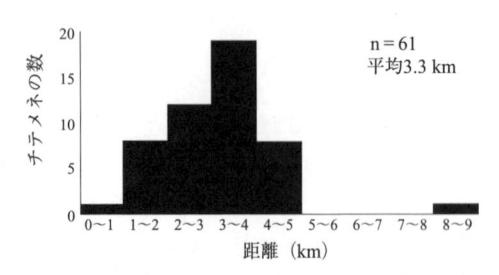

図 5-11　M村からチテメネまでの距離（1994年から1997年までの4年間）

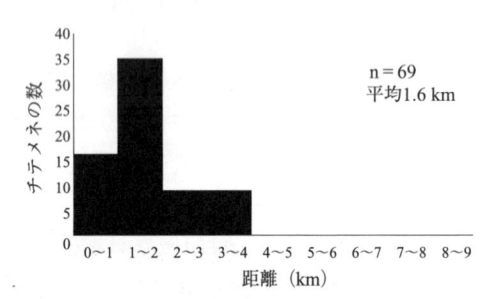

図 5-12　M村からチテメネまでの距離（2002年から2003年までの2年間）

限られた森林で木炭を焼き，それを通りかかるトラックに販売している（本章扉写真）．M村の村人は1996年当時，「木炭を売るのは，キノコを販売するのと同様に，食料に貧窮した人のやることだ」と述べていた［大山 2002］．しかし，2007年現在，外部社会の変化によって土地利用が厳しく制限されることになり，村人の暮らしは，木炭の売上金で不足する食料や生活用品を購入したり，子供たちの教育費に充当したりするという生活スタイルに変化しつつある．

　ここで1つの世帯（世帯No. 24）の食生活を検討していこう．世帯No. 24は，6人の未婚の子供を養育する女性世帯である．この世帯は，息子や甥（兄の息子）たちの手を借りながら，時に女性世帯主自らが斧を持って，毎年25アール前後のチテメネを開墾している．女性は「幹の細い木が多くなったし，女でも斧を使って，伐採作業ができる」と言いながら，自分の腕をたたいてみせる．しかし，チテメネに積み上げる伐採木は不足しており，十分に火入れ

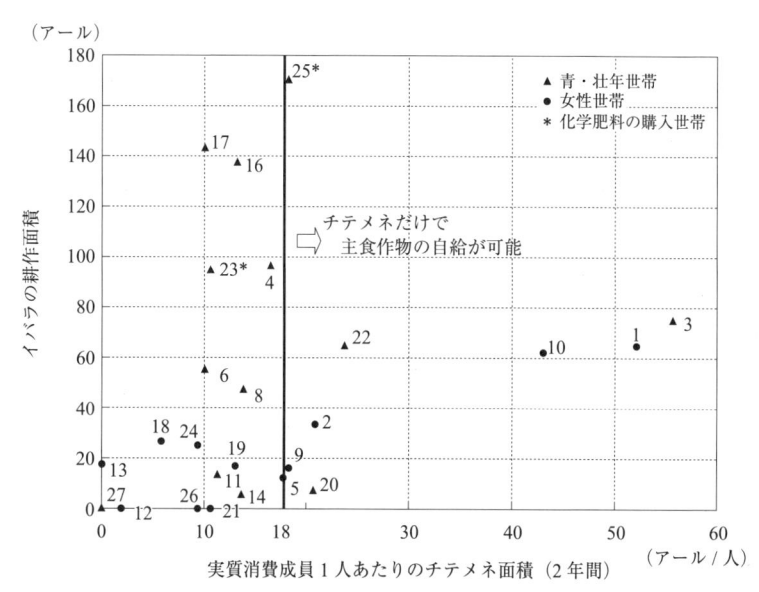

図5-13 M村の各世帯に占める主食作物の生産状況（2003年度の作付け期）
注）図の中の番号は，世帯番号（図5-6）に対応する．

できず，シコクビエの収量は良くないという．また，村人——とくに若者——の火の扱い方が粗雑になり，野火があちらこちらで上がり，火入れする前に，貴重な伐採木が燃えてしまうことも増えたと話す．それは，樹木の生育が疎らで，イネ科の草本が繁茂し，野火が延焼しやすくなったことと関係している．この女性は，チテメネとは別に25アールほどのイバラを耕作し，無施肥でサツマイモ・インゲンマメ・トウモロコシ・キャッサバなどを栽培している．無施肥の畑では作物の収量が低いものの，イバラで栽培される作物は自分たちの食生活にとって重要だと，世帯 No. 24 の女性世帯主は語っていた．

　世帯 No. 24 に記録してもらった食事日記（2006年3月13日〜9月30日：202日間）によると，この世帯は毎日，昼と夜に規則正しく2回（計404回）の食事をとっていた（表5-3）．1日に2度という食事回数は，ベンバ農村では一般的である．この期間に，世帯 No. 24 がウブワーリを食べたのは243

表 5-3　世帯 24 の食事内容（2006 年 3 月 13 日～9 月 30 日の 202 日間の記録）

	日数	キャッサバ ウブワーリ		シコクビエ ウブワーリ		トウモロコシ ウブワーリ		そのほか*		食事回数 合計
		回数	(%)	回数	(%)	回数	(%)	回数	(%)	
3月	19	19.5	51.3	0.5	1.3	8	21.1	10	26.3	38
4月	30	6.5	10.8	0	0	39.5	65.8	14	23.3	60
5月	31	1.5	2.4	23.5	37.9	13	21.0	24	38.7	62
6月	30	0	0	30	50.0	2	3.3	28	46.7	60
7月	31	0	0	26	41.9	10	16.1	26	41.9	62
8月	31	0	0	19	30.6	12	19.4	31	50.0	62
9月	30	6.5	10.8	14.5	24.2	11	18.3	28	46.7	60
	202	34	8.4	113.5	28.1	95.5	23.6	161	39.9	404

注）そのほかとは，ゆでたサツマイモやカボチャ，食用ヒョウタン，トウモロコシ，焼いたキャッサバなど．

回であり，食料の豊富な収穫期であるにもかかわらず，1日平均1.20回しかウブワーリを食べていなかった．ウブワーリの材料は雨季（11月～3月）には2年目の焼畑から収穫したキャッサバ，4月に入るとイバラや1年目の焼畑から収穫したトウモロコシ，5月になるとシコクビエへと変化する．これらの収穫物はウブワーリに料理されるが，雨季に収穫されるトウモロコシとキャッサバはゆでて，食されることもある．トウモロコシやシコクビエの貯蔵は9月になると底をつき始め，隣に住む兄と弟（世帯No. 23と世帯No. 25）に頼み込んで，トウモロコシやキャッサバを譲り受けているのが現状である．世帯No. 24の女性世帯主が頻繁に，兄嫁とともに世帯23の焼畑へ行き，キャッサバを収穫していた．

　1990年代であれば，6～9月にかけては毎日，昼と夜に2回，シコクビエのウブワーリを食べるのが世帯構成に関係なく，普通であった．2000年以降になると，村人は十分な面積のチテメネを開墾できず，さらに伐採木の不足によってシコクビエの収量が顕著に低下している．収穫期においてもウブワーリを食べるのは1日に1回であり，もう1回はサツマイモ・カボチャ・食用ヒョウタン・ラッカセイを食べるという食生活が常態化していた．

2004年9月下旬，世帯 No. 10 の女性（1949年生まれ）が夜，村長（No. 6）の家を訪れた．自分の家には食べ物が残っていないこと，村周辺の樹木が小さく，女性が苦労してチテメネを開墾してもシコクビエやキャッサバを満足に収穫できないこと，そして毎年のように食料が不足し，近隣に住む弟妹の家にも食料の余剰がないため，頼るすべがなく，生活が成り立たない窮状を訴えた．村長夫婦は料理小屋で，火を囲み，静かに彼女の話に聞き入っていた．女性は食料を得るために，やむなく再入植計画地の農家に住み込み，長期にわたって耕起作業のピースワーク（賃金労働）に従事するつもりだと打ち明けた．翌朝7時すぎ，女性世帯主は少しばかりの荷物を背負って，19歳の姪（世帯 No. 18 の長女）とともに再入植計画地の方角へ歩いていった．

M 村の住人からの聞き取り調査によると，2000年以降の食生活の季節性は世帯による差異はあるものの，以下の通りであった．2月中旬からカボチャと食用ヒョウタン，3月以降にはトウモロコシ，5月にはシコクビエ・ラッカセイ・ササゲを収穫し，食生活に利用する．6月以降にはサツマイモ，10月にはキャッサバを収穫し始める．この収穫の季節性では，8月から9月，12月下旬から2月初旬に端境期があり，世帯によって飢え（*insala*）が厳しいという．食料不足は，男性労働力のない女性世帯ほど厳しい傾向にある．

各世帯はチテメネを満足に開墾できなくなった結果，自給用のシコクビエやキャッサバを十分に収穫できず，生活の質が劣化している．40歳代以上の村人からは，シコクビエ酒がなくなって寂しいという声もあり（口絵10），5年後にはチテメネを開墾することもできず，シコクビエのウブワーリを食べることすらかなわないだろうと語る村人も多い．

2-7. 今後の問題点と課題

ベンバの人々はチテメネ耕作に軸足をおき，自給性を確保しながら，国家の政策や市場経済の激変に対して柔軟に対応してきた．チテメネ耕作の持続性はミオンボ林を「広く薄く」利用するという環境利用の特質［大山 1998］にあり，土地こそがベンバの生計戦略やベンバ的イノベーション［本章1節］の礎であった．

2008年現在，都市近郊の農村では，外部者による土地割当書の取得は増加する傾向にある．教育水準が高く，経済的に豊かな都市居住者が村長やチーフの許可を得て，一律75ヘクタールという広大な面積の土地割当書を取得し始めている．それは，実質的な土地の私有化の動きであるとみなしてよいであろう．また，新土地法によって慣習地の土地が外国人や資本家に開放され，土地が投資の対象となり，法律にのっとり「正当な方法」で人々の共同保有地を囲い込む動きもある．ベンバの生活を庇護すべきチーフや村長が土地を外部者に割り当て，利権を拡大するという事態も生じている．現在，進められている慣習地における土地の割り当ては，人々の生産基盤となるチテメネの持続性を脅かし，自給食料の確保すらままならぬ状況を引き起こしている．村人は土地利用の制限による生活レベルの低下に対して，やり場のない不満や鬱憤をためつつあるのが現状である．

ベンバの人々がこれまで自らのアイデンティティの拠り所としてきたチーフ制度やチテメネ耕作の基盤が大きくゆらぎ始めた難局をどう乗りきるのか，喫緊の課題となっている．ザンビアにおける経済の自由化と土地制度の急速な変化，土地取得制度に対する市場メカニズムの導入によって今後，企業や資本家による土地の寡占が進むのか，あるいは土地制度の二重性がどのように接合していくのか，アフリカ農村の食料生産と農村社会の安定性を考えていく上では非常に重要な課題である．今後，強い自給指向性に支えられてきたベンバのM村の生活を支援する道を模索しつつ，この課題について考えていきたい．

注

1) この結果の詳細は，高村［1998］を参照のこと．
2) シュムペーターの議論は，産業化社会における経済を前提としており，市場の開拓が要件の1つにあげられる．この点からみると，自家消費用の作物栽培を中心とするベンバの農耕には，厳密には当てはまらないのだが，ある農法の導入によって，それまで使われていなかった環境や働きかけが開拓されることをこの文脈に置き換えて考えたい．また，現在の日本で一般的に使われているイノベーション概念も，技術革新に留まらず，諸制度の改革や新しいサービスの創出を含む広

い意味合いで使われている［馬渕 2008］ことも，念頭においている．
3) 馬渕［2008］は，日本の技術史をイノベーションの観点から俯瞰し，21世紀に求められる「環境低負荷，持続可能性，循環型社会構築に資する」新しい技術は，過去の技術の中にこの問題を打開する可能性が潜むと述べている．馬渕は，技術革新の促進に必要な点として，①蓄積技術の再評価，②科学と技術の関係の再構築，③産学連携の促進，④人材育成，⑤環境対応の5つの点を指摘した．
4) 輪作年数，作付，作物の種類などに違いがみられる．例えば，冷涼乾期の半ばに霧雨が降るカサマ西方では，開墾2年目のこの時期に2作目のシコクビエを播種する．
5) London School of Economics, Library archives で筆者がおこなった文献調査による（2009年）．
6) 成人一人当たり200個の畝を作り，サツマイモを栽培することが義務づけられた．違反者には強制労働が課せられたという．
7) このような政府による対処は，1930年代以降，出稼ぎが一般化することによって問題化した，農村部の疲弊を緩和する目的もあったといわれる．その一環として，チテメネ耕作期間の延長が視野に入れられたことも指摘しておかなければならない．しかし，政府にとっての長期的な目標は，チテメネ耕作から常畑耕作への切り替えであり，チテメネ耕作を好ましくないものとみなす評価は変わらなかった．これは，村人による評価と大きな対照を示している．
8) 種は不明．マメも採れて食用になると言われたという．
9) Colson and Scudder［1988］にも，トンガの女性がこの時期に「どぶろく状」の酒造りをしていたことを示す記述がある．
10) 現在では，販売用の酒を醸造するときには，原料の半分近くを使ってチブムを造り，無料のふるまい酒として村人に供するのが慣例であるが，当時は販売用の酒だけが造られたという聞き取りもある．ここから，カタタの製法と酒を販売する習慣が持ち込まれてから現在に至るまでに，分与の規範に照らした修正が加わって，ふるまい酒が慣例化したことが推察できる．現金経済の浸透や出稼ぎ者の帰還とともに，農村部に普及したカタタの販売だが，シコクビエ酒がコミュニティの紐帯を確認する意味をもつ側面も同時に保持され，販売する酒と共飲する酒が別々の文脈で使い分けられるようになったと考えられる．
11) この点についてはリチャーズも注目し，次のように記している．「ベンバはルングやその他の西にいる人々から2度目のシコクビエを取れることを学び，それが今ではほとんど例外なくおこなわれるようになった．……(中略)……(ベンバ語では)『飢えに教えられた』という表現が通常使われる．」
12) C氏は，ここだけ，英語の experiment（エクスペリメンティと発音）という語を使って説明した．
13) それまで，換金作物としてのトウモロコシは現金と同じ扱いを受けており，他者への分与やもたない者からのねだりの対象にはならなかった．しかし，日常食

に加わったことにより，トウモロコシの位置づけが「現金と同じ」から「食べ物」に移行し，分与やねだりの対象に変わったのである [杉山 1996].
14) 大山 [2002] はここでの村人の「自給指向」の強さを指摘した．
15) ベンバの村では，世帯内に男性の働き手を持たない女性世帯や老人の世帯がこれに当たる．女性世帯がファーム耕作に着手できず，チテメネを伐採する男性を雇うことも難しくなって困窮したことは別稿 [杉山 1996 など] に記した通りである．
16) ブタ飼養ブームが拡大したときには，その肉が雇用労働の報酬として支払われた．大山によれば，その味の良さとブタの多産性が強く人々にアピールしたという．
17) ベンバの村内での物品の流通には，論理づけの異なる 3 種の「道」——「お金の道」「食物の道」「敬意の道」——があることを，別稿で論じた [杉山 2007].
18) 近年，日本の農業についても，このような視点から在来の技術を見直そうとする試みがある [牛島 2003].
19) ベンバ農村の村長は村人による投票で選ばれるわけではなく，村の創設者や前村長との系譜が重視された上で，村長としての資質が吟味される．村長に任期があるわけではなく，M 村では村の創設者と同じ野ブタ・クラン（*Benangulube*）によって村長職が世襲で継承されている．村長の主な仕事は，村人が平穏に暮らすことができるよう配慮することであり，村人同士の争議やケンカの仲裁，病人の世話，葬式の手配，盗難や暴力などの事件への対応，チーフや客人が村に来たときの接待，チーフからの情報を村人へ伝達することなどである．ザンビア中央州の農村で調査している児玉谷 [1999] によると，村長は選挙で選ばれており，土地の登記には村長が重要な役割を担っていることもあって，村長の交代によって村人の土地使用権や土地登記の方法が大幅に変更され，村人間で激しい争いが生じている．
20) イバラ（*ibala*）とは，畑の総称である．イバラには，大きな畝をつくりサツマイモやインゲンマメを耕すフンディキラのほか，化学肥料を投入してトウモロコシを栽培するファーム（*faamu*），無施肥でトウモロコシ・インゲンマメ・ラッカセイなどを栽培する畑，ヒマ・パプリカ・タバコなどの換金作物を栽培する畑も含まれる．
21) この大半が首都のルサカや産銅州の大都市郊外，リビングストンやサウス・ルワングア国立公園，ローアー・ザンベジ国立公園に集中している [Brown 2005].
22) チーフ・ルチェンベは，KA 氏が 1998 年（在任期間 1983～1998 年），ML 氏が 2003 年（1998～2003 年），MM 氏が 2007 年（2003～2007 年）に相次いで逝去し交代した．Meebelo [1971] が記すように，チーフの行政・司法の手腕は，チーフの人柄や能力，経歴に強く依存する．チーフの多くはルサカやカサマ，産銅州などの外部よりやってくるため，着任当初には地域の実情や村人の暮らしぶりを理解していない．チーフ KA 氏と ML 氏の 2 代にわたってサーバントとして働いた

P氏（KA氏の息子）によると，前任者の逝去後に新任者が着任するため，チーフの間で引き継ぎがおこなわれることはなく，行政については一貫性に欠けるという．

23) 2003年に逝去したチーフ・ルチェンベML氏は，決して領内の土地を分割しようとはしなかった．それは，ML氏が白人の農場や養鶏場で働いた経験から，資本をもつ農場主による土地取得が周辺の村人から土地を奪うことになるのをよく理解していたからだという．一方，2003年に即位した新チーフMM氏は裁判所で働いた経歴をもち，新土地法をめぐる動きとその利権を知った上で，土地の分割を開始した可能性もあるという．

24) 土地割当書の名義人は町に居住し，商売を営んだり，企業や役所に勤務したりしている．実際の耕作作業者は，彼らの雇用人である．土地割当書の条項には，1年後に土地の管理を適切にできない者は，土地をチーフに返却する義務のあることが明記されている．この条項を満たすため，土地割当書の取得後には，速やかに耕起が開始される．

25) 1995年における各世帯の食料自給は，チテメネとトウモロコシ栽培が支えてきた．各世帯の食料自給の状況を検討するには，生産面だけではなく，消費人口を勘案する必要がある．食料の消費状況を検討するために，実質消費成員数を計算した．リチャーズ［Richards 1939］が実施した古典的な栄養調査に従い，「14歳以上の男性には1.0，14歳以上の女性には0.8，6歳から14歳までの男女には0.7，それ以下の子供には0.4」の値を与えたもので，乳児をのぞいて，実質消費成員数を算出した．チテメネにおけるシコクビエ収量を計測し，実質消費成員1人あたりチテメネ9アールが毎年，開墾されていれば，チテメネによって自給食料をまかなうことができる．また，食事調査からトウモロコシの消費量は成人男性1人あたり240キログラムと見積もった．トウモロコシの可処分量というのは，トウモロコシの収穫量（単位面積あたりの収量×耕作地の面積）と化学肥料のローン支払い量の差であり，実際に各世帯が販売や消費など，自由に処分できるトウモロコシの量である．

26) 世帯13（女性世帯）については1995年11月25日〜1996年10月7日の318日間にかけて，世帯23（青・壮年世帯）については1995年11月25日〜1996年10月9日の320日間にわたって，食事と労働の内容をノートに記入してもらった．主食のウブワーリは，シコクビエとキャッサバを混ぜるときがあり，2種類の材料を混ぜたときには，それぞれの主食材料を0.5回とカウントした．

27) 利用可能な土地が限られるだけではなく，子どもたちが結婚し，新たに世帯をもつ者もおり，村の居住人口は増加している．掛谷と杉山がM村で調査を開始した1983年には村の人口は50人だった［Kakeya & Sugiyama 1985］が，1995年には83人，2004年には116人にまで増加している．

引用文献

荒木　茂．1998．『土の自然誌』北海道大学図書刊行会．

Ault, D. E. & G. L. Rutman. 1993. Land Scarcity, Property Rights and Resource Allocation in Agriculture; Eastern and Southern Africa. *South African Journal of Economics* 61: 32-44.

Benjaminsen T. A. & C. Lund. 2003. Formalization and Informalisation of Land and Water Rights in Africa: An Introduction. In T. A. Benjaminsen and C. Lund eds., *Securing Land Rights in Africa*. London: Frank Cass, pp. 1-10.

Berry, S. 1993. *No Condition is Permanent: Social Dynamics of Agrarian Change in Sub-Saharan Africa*. Madison, Wis: The University of Wisconsin Press.

Brown, T. 2005. Contestation, Confusion and Corruption: Market-based Land Reform in Zambia. In S. Evers *et al.* eds., *Competing Jurisdictions: Setting Land Claims in Africa*, Leiden and Boston: Brill, pp. 79-102.

Colson, E. & T. Scudder. 1988. *For Prayer and Profit: The Ritual, Economic, and Social Importance of Beer in Gwembe District, Zambia*, 1950-1982. Stanford, Calif: Stanford University Press.

Evers, S., Marja S. & H. Wels. eds. 2005. *Competing Jurisdictions: Setting Land Claims in Africa*. Leiden and Boston: Brill.

Firmin-Sellers, K. & P. Sellers. 1999. Expected Failures and Unexpected Successes of Land Titling in Africa. *World Development* 27: 1115-1128.

伊谷樹一．2003．「アフリカ・ミオンボ林帯とその周辺地域の在来農法」『アジア・アフリカ地域研究』2：88-104．

掛谷　誠．1987．「妬みの生態学」大塚柳太郎編『現代の人類学Ⅰ　生態人類学』至文堂，229-241．

掛谷　誠．1996．「焼畑農耕社会の現在―ベンバの村の10年―」田中二郎・掛谷誠・市川光雄・太田至編著『続　自然社会の人類学―変貌するアフリカ―』アカデミア出版会，243-269．

掛谷　誠．1998．「焼畑農耕民の生き方」高村泰雄・重田眞義編『アフリカ農業の諸問題』京都大学学術出版会，59-86．

掛谷　誠．2002．「序―アフリカ農耕民研究と生態人類学」掛谷誠編『アフリカ農耕民の世界：その在来性と変容』京都大学学術出版会，ix-xxviii．

Kakeya, M. & Y. Sugiyama. 1985. Citemene, Finger Millet and Bemba culture: A Socio-ecological Study of Slash-and-burn Cultivation in Northern Zambia. *African Study Monographs, Supplementary Issue* 4: 1-24.

Kakeya, M. & Y. Sugiyama. 1987. Agricultural Change and Its Mechanism in the Bemba villagesof Northern Zambia. *African Study Monographs, Supplementary Issue* 6: 1-13.

Kakaya, M., Y. Sugiyama & S. Oyama. 2006. The Citemene System, Social Leveling

Mechanism, and Agrarian Changes in the Bemba villages of Northern Zambia: An Overview of 23 Years of "Fixed-point" Research. *African Study Monographs* 27: 27-38.

児玉谷史朗．1999．ザンビアの慣習法地域における土地制度と土地問題」池野旬編『アフリカ農村像の再検討』アジア経済研究所，117-170．

Le Roy, E. 1985. The Peasant and Land Law; Issues of Integrated Rural Development in Africa by the Year 2000. *Land Reform* (1/2): 13-42.

馬渕浩一．2008．『技術革新はどう行われてきたか』日外アソシエーツ．

Magana, F. P. 2003. The Interplay between Formal and Informal System of Managing Resource Conflicts: Some Evidence from South-Western Tanzania. In T. A. Benjaminsen & C. Lund eds., *Securing Land Rights in Africa*. London: Frank Cass, pp. 1-10.

Meebelo, H. S. 1971. *Reaction to Colonialism: A Prelude to the Politics of Independence in Northern Zambia 1893-1939*. Manchester: Manchester University Press.

Moore, H. L. & M. Vaughan. 1994. *Cutting Down Trees: Gender, Nutrition, and Agricultural Change in the Northern Province of Zambia, 1890-1990*. London: Heinemann.

大山修一．1998．「ザンビア北部・ミオンボ林帯におけるベンバの環境利用とその変容—リモートセンシングを用いた焼畑農耕地域の環境モニタリング—」．『Tropics』7：287-303．

大山修一．2002．「市場経済化と焼畑農耕社会の変容—ザンビア北部ベンバ社会の事例—」掛谷誠編『アフリカ農耕民の世界：その在来性と変容』京都大学学術出版会，3-49．

大山修一．2011．「アフリカ農村の自給生活は貧しいのか？」『E-Journal GEO（日本地理学会電子ジャーナル）』5(2)：（印刷中）．

Oyama, S. & Y. T. Takamura. 2001. Agrarian Changes and Coping Strategies for Subsistence of Bemba Shifting Cultivators in Northern Zambia in the Mid-1990's. *Journal of Tropical Agriculture* 45(2): 84-97.

Richards, A. I. 1939. *Land, Labour and Diet in Northern Rhodesia: An Economic Study of the Bemba Tribe*. London: Oxford University Press.

Roberts, A. 1976. *A History of Zambia*. New York: Africana Publishing Company.

重田眞義．1987．「認知・実用・雑草利—南部スーダン・アチョリ地域におけるヒト—植物関係」『アフリカ研究』31：25-60．

重田眞義．1998．「アフリカ農業研究の視点—アフリカ在来農業科学の解釈を目指して—」高村泰雄・重田眞義編著『アフリカ農業の諸問題』京都大学学術出版会，261-286．

重田眞義．2002．「アフリカにおける持続的な集約農業の可能性：エンセーテを基盤とするエチオピア南西部の在来農業」『アフリカ農耕民の世界』京都大学学術出版会，163-195．

Sugiyama, Y. 1987. Maintaining a Life of Subsistence in the Bemba Village of Northern Zambia. *African Studies Monographs*, Supplementary Issue 6: 15-31.

Sugiyama, Y. 1995. Tradition as a Sequence of Changes: Local knowledge about *Citemene* and the Development of Maize Cultivation among the Bemba of Northern Zambia. *Proceedings for African/American/Japanese Scholars Conference for Cooperation in the Educational, Cultural, and Environmental Spheres in Africa.* Institute for the Study of Languages and Cultures of Asia and Africa. Tokyo University of Foreign Studies, pp. 387-410.

杉山祐子．1996．「農業の近代化と母系社会―焼畑農耕民ベンバの女性の生き方―」田中二郎・掛谷誠・市川光雄・太田至編著『続　自然社会の人類学―変貌するアフリカ―』アカデミア出版会，271-303．

杉山祐子．1998．「『伐ること』と『焼くこと』―チテメネの開墾方法に関するベンバの説明論理と『技術』に関する考察―」『アフリカ研究』53：1-19．

杉山祐子．2001．「ザンビアの農業政策の変化とベンバ農村」高根務編『アフリカの政治経済変動と農村社会』アジア経済研究所，222-278．

杉山祐子．2007．「お金の道，食物の道，敬意の道―アフリカのミオンボ林帯に住む，焼畑農耕民ベンバにおける資源化のプロセスと貨幣の役割―」春日直樹編『貨幣と資源』弘文堂，147-188．

杉山祐子．2007．「焼畑農耕民社会における『自給』のかたちと柔軟な離合集散―ザンビア，ベンバにおける『アフリカ・モラル・エコノミー』―」『アフリカ研究』70：103-118．

シュムペーター．1977．塩野谷祐一・中山伊知郎・東畑精一訳『経済発展の理論―企業者利潤・資本・信用・利子および景気の回転に関する一研究―』岩波書店．

高村泰雄．1998．『旅の記録―山・作物研究・アフリカ―』農耕文化研究振興会．

牛島史彦．2003．『農業後継者の近代的育成』日本経済評論社．

山口栄一．2003．『日本の産業システム3　サイエンス型産業』NTT出版．

Zambia, ML (Ministry of Lands) 2000. *Land Tenure Policy*. Lusaka.

第2部

農村開発の実践

第6章
タンザニア・マテンゴ高地

伊谷樹一・黒崎龍悟・荒木美奈子・田村賢治

1 | ムビンガ県マテンゴ高地の地域特性と JICAプロジェクトの展開
[伊谷樹一・黒崎龍悟]

2 | 「ゆるやかな共」の創出と内発的発展
[荒木美奈子]

3 | 住民の連帯性の活性化
[黒崎龍悟]

4 | マテンゴ高地における持続可能な地域開発の試み
[田村賢治]

扉写真

ハイドロミル(水力製粉機)施設の建設現場にレンガを運ぶマテンゴの女性たち

JICAプロジェクトの支援でムビンガ県キンディンバ村にハイドロミルを設置することになり,村人は総出で施設の建設に取り組んだ.その頃,もう1つのプロジェクト・サイトであったキタンダ村では養魚活動が盛り上がりを見せ始めていた.両村の住民は,プロジェクトの賦活的な活動を軸に多くの農民グループを組織し,相互に交流しながら様々な活動を主体的に展開していった.経済の自由化から10年を経て,彼らは着実に自立への道を歩み始めていた.

1 ……ムビンガ県マテンゴ高地の地域特性と JICA プロジェクトの展開

[伊谷樹一・黒崎龍悟]

1-1. モデル・サイトの選定

東部アフリカには,エチオピアからモザンビークにまで続く総延長 7,000 キロメートルの大地の亀裂,大地溝帯(グレート・リフトバレー)が南北に縦貫している.その一部の西部地溝帯は,タンガニイカ湖・ルクワ湖・ニャサ湖を含む地域を南下してザンベジ河口に至る.今回の共同調査の対象となったボジ県(巻頭地図Ⅰ・Ⅱ)は,ルクワ湖周辺域の地溝帯の一角を占め,また農村開発の実践を続けてきたムビンガ県(巻頭地図Ⅰ)は,ニャサ湖周辺の地溝帯域にある.

ニャサ湖は,長さ 560 キロメートルにも及ぶ細長い陥没湖であり,周囲は人を寄せ付けない急な断崖に縁取られている.タンザニアには湖岸に行きつく車道が 4 本しかない.その 1 つが,タンザニア南部のルヴマ州の州都ソンゲアからムビンガの市街地を通りぬけて湖岸の村バンバベイに達する未舗装の幹線道路である.ムビンガの市街地周辺は,起伏が多く,全域が細かい粘土で覆われていて,雨季には豪雨でぬかるんだ悪路が行く手を阻み,行き交う車もまばらになる.そこは僻遠の地なのだが,タンザニア第 2 位のコーヒー生産地である.

タンザニアの南西端に位置するムビンガ県は,湖岸地域と,山岳・丘陵地域に分かれ,後者はそこに居住する民族マテンゴの名に因んでマテンゴ高地と呼ばれている.19 世紀中頃,マテンゴはアフリカ南部から侵攻してきたンゴニに追われ,急峻な山岳地帯に暮らすようになった.急斜面を頻繁に豪雨が襲うという厳しい環境の中で,彼らは斜面畑に穴を掘って土壌浸食を抑える,マテンゴ・ピットという農法をつくり上げた [Pike 1938; Itani 1998].

タンザニアのソコイネ農業大学 (Sokoine University of Agriculture:以下,SUA) と京都大学を中心とする研究グループがムビンガ県をはじめて訪れた

のは 1992 年であった．当時，京都大学の研究者が国際協力事業団（現在の国際協力機構，以下 JICA）の個別派遣専門家として SUA の農学部に赴任し，「タンザニアにおける農地の土地分級」という課題に取り組み，その一環としてムビンガ地域を訪れた［掛谷 2001］．ムビンガ県はタンザニア屈指のコーヒー産地として知られていたが，彼らの関心はコーヒーよりもむしろ，そこで古くからおこなわれてきた，この地域固有の在来農業マテンゴ・ピット（マテンゴ語でンゴロと呼ばれている）に向けられていた．急斜面すべてを穴で覆いつくす景観はじつにみごとで，研究者でなくても，穴だらけの畑を見れば，その農法の意味や由来を知りたくなるだろう（口絵 11）．

このマテンゴ・ピットの研究がきわめて重要であると考えた京都大学と SUA の研究者は，その共同研究の可能性を模索した．この共同研究には，2つの狙いがあった．1つは，このユニークな農法がどのような生態・社会環境の中で創出・維持され，生産や環境保全にどのように貢献しているかを総合的に解明することであった．もう1つの狙いは，それが SUA との共同研究であることと関係している．私たちはこの共同研究を，アフリカの在来農業の基礎研究として位置づけると同時に，現地の大学研究者がフィールドワークを通して自国の在来農業を再評価する機会になることを期待していた．当時の SUA による農村調査は，低迷する農業生産を改善するために，先進国の技術をいかにしてタンザニアの生態環境や社会に適応させるかに関心が向けられ，在来の農業や技術を評価するフィールドワークはほとんどおこなっていなかった．私たちは，タンザニアにも優れた在来農業や技術があり，それらに彼らの関心が向けられ，その調査・研究を通して自国の農業発展に貢献してくれることを望んでいた．その意味において，それまでほとんど知られていなかったンゴロ農法は，大学研究者の関心を惹くには格好の対象であった．

そして，共同研究の構想は，JICA の研究協力「ミオンボ・ウッドランドにおける農業生態の総合研究」として実現し，1994 年4月に始まった．SUA はムビンガの街中にオフィスを建て，そこをベースにして日本人とタンザニア人による学際的な共同研究がスタートした．SUA の研究者は，研究成果を大学の講義で紹介し，それは大きな波紋をよび，大学内にタンザニ

アの在来農業を見直そうという気運が高まっていった．そして，在来性の潜在力を基盤とした持続可能な地域開発を目指す新プロジェクトの構想が練られていった．

1997年に3年間の研究協力が終了した後，2年間の個別専門家派遣事業を経て，1999年5月に，5年間のJICAプロジェクト方式技術協力「ソコイネ農業大学・地域開発センター（以下，SCSRDプロジェクト）」が始まり，同年7月，SUAに地域開発センター（以下，SCSRD）が設立された．SCSRDプロジェクトは，ムビンガ県のマテンゴ高地とモロゴロ州のウルグル山域をモデル地域として，地域の実態調査とそれをベースにした農村開発に着手した．それは同時に，持続可能な農村開発の手法「SUAメソッド」の確立と，一連の活動を通した地域と大学の人材育成を目指した．2004年4月末にプロジェクトは終了し，その後2006年まで，田村賢治がJICAの個別派遣専門家として事業のフォローアップを継続していった．そして2004年4月から，今回の共同研究が始まり，荒木美奈子や黒崎龍悟がポスト・プロジェクト期における住民活動のモニタリング調査を続けた．また，SCSRDの研究者であるニンディ，ムハンド，ンセンガは，それぞれムビンガの環境問題，コーヒー経済，ンゴロ農法に関する研究を核にしながら，多角的な視点からムビンガ県やマテンゴ高地の状況の動向分析を継続している．

私たちの農村開発の実践は，このようにマテンゴ高地での活動に基礎を置いており，それゆえマテンゴ高地の地域特性と深く結びついていることを自覚しておく必要がある．この節では，マテンゴ高地の生態や農業と，それをめぐる経済・社会の変化，およびSCSRDプロジェクトの内容について簡潔に紹介したい．

1-2．マテンゴ地域の概要

まず，マテンゴの最大の特徴と言えるンゴロ農法について簡単に説明しておく．マテンゴ語で穴のことをンゴロという．ンゴロ農法は，トウモロコシとインゲンマメを交互に栽培する2年サイクルの輪作農法である．この地域は11月から4月までが雨季で，この半年間に1,000ミリメートル以上の雨

第 2 部　農村開発の実践

写真 6-1　ンゴロ畑の造成．格子状に並べた草の束（左下）に土を被せながらインゲンマメを播いていく．

が降る．1 時間に 50 ミリメートルを超える豪雨も珍しくなく，粘土質の表土は常に土壌浸食の危険にさらされている．そのため，彼らは雨季に入っても畑を耕さず，畑を雑草が生えるに任せておく．そして，雨季も終盤にさしかかった 3 月になってようやくンゴロの造成に取りかかる．まず，男性が長い柄のついた鎌を振り回して，生い茂ったキク科の雑草を刈り払う．2 週間ほど放置した後，刈草を鎌でかき寄せて一辺が 1.5～2 メートルの格子状に並べていく（写真 6-1 左下）．その後，女性が格子のなかの土を鍬で掘り上げて周囲の草束に被せていき，格子状の畝をつくり上げる（写真 6-1 中央下）．土を掘り上げる途中で，畝にはインゲンマメの種子を播くので，数日するとそれが発芽して畑には緑の格子模様が浮かび上がってくる（写真 6-1 中央上）．雨水は流下せずにこの穴にたまるため土壌浸食が抑えられる．7 月にインゲンマメを収穫し，次の雨季が始まると，格子の畝を補修しながら畝の上にトウモロコシの種子を播いていく．この頃には，3 月に埋め込んだ草束が腐って，トウモロコシの養分となる．マテンゴは，この巧妙な集約農法によって

第6章　タンザニア・マテンゴ高地

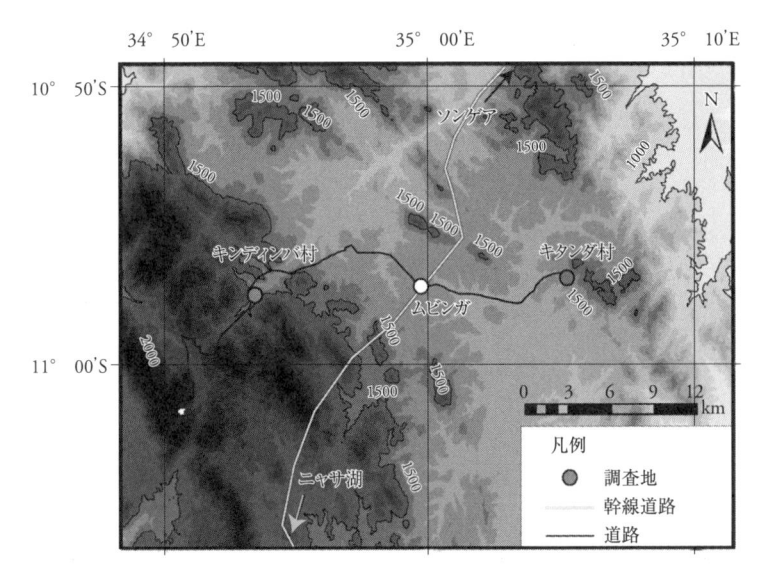

図6-1　モデル・サイト（キンディンバ村とキタンダ村）の位置

急峻な山岳地帯での生活を成り立たせてきたのである［Itani 1998］．

　マテンゴは，ンゴロ農法による自給的な作物生産と，現金収入源としてのコーヒー栽培を組み合わせた農耕体系を確立し，それをンタンボと呼ばれる土地保有単位の中で営んできた．ンタンボは2つの谷に挟まれた尾根状の土地を指し，拡大家族などの親族集団が占有する［本書序章］．

　ンタンボは谷筋のような地形的特徴によって明瞭に境界づけられた領域であり，隣接する土地には別の拡大家族のンタンボが存在するため，基本的にンタンボをひろげることはできない．政治や経済の歴史的な中心地であった高地西部の山岳地帯のように人が密集する地域では，ンタンボ内の土地がすでに細かく分割・相続されていて，すべての子供が土地を相続できるだけの余裕がなくなっている．そうした世帯では，子供たちの多くが結婚を機に村外へ移住するようになってきた［Nindi 2004］．特に，1950年代の後半から丘陵地帯へ盛んに移住してンタンボを形成し，それらが集まって新たな村が次々と誕生していった．

　現在のマテンゴ高地の村落の立地は，急峻な斜面からなる西部の山岳地帯

と，なだらかに起伏する東部の丘陵地帯に大別することができる．プロジェクトがモデル・サイトとしたのは，西部のキンディンバ村と東部のキタンダ村であった（図6-1）．キンディンバ村は標高が1,500〜2,000メートル前後の山地斜面にあり，ムビンガ市街地から西に約15キロメートルのところに位置している．19世紀中葉に入植が始まったマテンゴ高地の村々の中では，最も歴史が古い村の1つである．人口密度が高いため，丘陵地域に畑をもつ世帯や，農地を求めて移住する人も多い．これに対してキタンダ村は，ムビンガの市街地から東に15キロメートルほど入ったところにあり，標高1,000メートル前後の丘陵地に位置している．1950年代から60年代前半にかけて入植が始まった新村で，人口密度は低い［SCSRD 2004］．

1-3. 地域経済の変容

　ムビンガ県におけるコーヒー生産は，国内生産量の2割を担い，この地域の経済を長年にわたって支えてきた主要産業である（口絵12）．ムビンガ協同組合（Mbinga Cooperative Union：以下，MBICU）はムビンガのコーヒーの生産と流通に関わるすべての業務を担っていた．県内の54地域にコーヒー買い付けと集荷を担う単位協同組合があり，MBICUはそれらを統括してムビンガ県内のコーヒー産業を取りしきっていた［Mhando 2005］．またMBICUは，買い取り価格の一部で化学肥料や農薬などの農業投入材を購入して農家に供給することでコーヒー生産の安定をはかっていた．このシステムによって，農家はコーヒー栽培にかかる費用を手元に残しておかなくても，MBICUが配給してくれる農業投入材によってコーヒー樹を適切に管理・維持することができた．

　またMBICUは，コーヒー代金を複数回に分割して支払うことで農家の生計を安定させていた．コーヒー販売の代金の大半は1回目に支払われるが，マテンゴ農家はこれを借金の返済，家の増改築費，家財道具や生活用品の購入にあてるなどして，その大半をすぐに使い果たしてしまう傾向があった．当時，銀行口座をもつ農家はほとんどなく，現金を貯蓄しておくことは容易ではなかったのである．彼らは，1回目の支払いのような多額の収入を「季

節のカネ」，塩や石鹸などの日常生活に必須のモノを買うための収入を「急ぎのカネ」と呼び [Kurosaki 2007；黒崎 2010]．日々の暮らしを安定させるために，「季節のカネ」を，「急ぎのカネ」を生み出す事業へ投資したいと常日頃から思案している．しかし，僻遠の農村では雑貨店・バー・製粉所の経営以外に，恒常的なビジネスは難しい．現金の蓄えがいよいよ底をつく1月頃に2回目の支払いがあり，人々はそれで次のコーヒーの収穫期まで何とかしのぐことができた．MBICUは，コーヒー産業とともに，コーヒー農家の生活をも支えていたのである．

しかし，1994年にコーヒーの流通が自由化されると，ムビンガにも外国資本の民間業者がコーヒーを買付けに来るようになり，MBICUを中心として展開していたコーヒー流通システムも大きく変わっていった．民間業者は即金の一括払いでコーヒーを買い取った．一括払いの内実を理解していなかった多くの農民は，即金に魅せられ，民間業者にコーヒーを販売するようになり，その傾向に，南アメリカでの不作に伴う価格の高騰が拍車をかけた．一方，政府は，構造調整政策の一環として協同組合も見直し，経営不振の組合には融資を打ちきる方針をかためた．多くの負債を抱えていたMBICUもその対象となり，国からの財政支援を失ったMBICUは，民間業者との競合の中で急速に力を弱め，1996年に破産した．

南アメリカでの生産が回復すると，ムビンガ県のコーヒー価格はもとの水準にまで急落し，その後は，世界市場におけるコーヒーの過剰供給によって価格は下がり続けていった．MBICUに代わってコーヒー流通を担ったのは民間業者であったが，彼らはコーヒーの買い取り業にだけ専念し，生産に関わるサービスを一切おこなわなかった．その結果，農家は農業資材の購入と運搬，そのための資金の運営と管理など，これまでMBICUに頼っていた業務のすべてを自らの裁量でおこなわなくてはならなくなった．さらに1996年には，政府は農業資材への補助金を一部撤廃したため，化学肥料に依存していたコーヒー農家の生計はますます圧迫され，コーヒー樹を維持するだけで赤字が出るようになってきたのである．

同じくコーヒーの大産地であるキリマンジャロ州では，収入の落ち込むコーヒーに見切りをつけて，トマトやバナナ栽培に大きく転換する農家が増

えていったが，僻遠の地ムビンガではコーヒーに匹敵する他の換金作物がなく，コーヒー栽培を放棄しようとする農家はほとんどみられなかった．マテンゴは価格の回復を願いながらコーヒー樹を維持するために，小規模なトマトやタロの栽培，養豚や乳牛の飼育など，収入源を多様化して対処していった［Mhando & Itani 2007］．また耕地を拡大して主食のトウモロコシやインゲンマメを売る農家も増え，丘陵地帯では，新たな耕地の開墾が急速に進行して，それが環境の劣化につながっていることも指摘されている［Nindi 2004］．

　タンザニア・コーヒー委員会（Tanzania Coffee Board；以下，TCB）は，2000年頃からムビンガに農業資材の引換券（バウチャー）制度を導入した．これは，民間業者に買い付け予定額の5％に相当するバウチャーを事前に買い取らせ，コーヒー農家にバウチャーで支払うことを義務づけ，コーヒー農家が収入を農業資材以外のことに浪費してしまうのを防ごうとする制度であった．しかし，この制度は，農業資材店と民間業者が農家を介さずに直接バウチャーを授受してしまったためにほとんど機能しなかった．2002年には，TCBはコーヒー農家の所得向上を目的として，同一の業者が買い付け・加工・輸出の業務を独占できないようにする単ライセンス制度を導入した［Mhando & Itani 2007］．この制度によって，ほとんどの外資系業者は輸出業に特化し，買い付けは地元の民間業者や各地域の単位協同組合（単協）がおこなうようになった．単協は，コーヒー代金の一部をバウチャーで支払うことを徹底し，一部の農家はそれを歓迎したが，ムビンガ全体で見れば，単協の買い付け量は即金で支払う民間業者のそれを下回っていた．こうした農民の反応は，農民自身が市場経済の実情を経験する中で資金運用の重要性を認識し，農村経済の構造を大きく変えてきたことを意味していた．これまでは事業などへの投資にあてていたコーヒー収益を，他の生業に分配することで収入源を多様化し，リスクの分散を図るようになっていったのである．

　世界市場での価格が低迷する中で，TCBは品質の向上による増収を目的として，品質ごとの買い取りを奨励し，農民の高品質コーヒーの生産意欲を高めようとした．良質のコーヒー生産を目指して組織された農民グループは，改良品種の導入や適正技術の習熟に努めながら品質を高め，品質ごとに

販路を分けることで収入の最大化をはかっていった．この高品質生産と売り分け戦術は，ムビンガ県内で急速にひろまる兆しを見せ，グループ間のネットワークも形成されていった．

マテンゴ高地の農民は，経済の自由化にさらされた10年間に，自己判断に基づく経済的な自立の試行錯誤を積み重ねながら，世界市場でのコーヒー価格の低迷や急速な制度の転換などの逆境の中で，新たな営農の道を模索してきたのである．マテンゴ高地での農村経済は，換金用のコーヒー栽培と自給用のンゴロ農業の強固な組み合わせから，コーヒー栽培を主軸としつつも，収入源を多様化し，それらが相互に依存する構造へと変化していったとみることができる．また，こうした構造の変化は，農耕システムや土地利用システムの変化のもとに成り立っているのである．

1-4．農村開発プロジェクトの略史

構造調整政策が始まると，タンザニア国内で推進される開発政策や開発プロジェクトは，国際的な開発援助ドナーの影響を強く受けるようになっていった．1989年に世界銀行の支援の下で始まったNALERP (National Agricultural and Livestock Extension Rehabilitation Project) は，当時の世界的な潮流として取り入れられつつあった農業技術普及の手法「トレーニング・アンド・ビジット (T & V)」を採用した．これは，専門的な技術をもった普及員が，地域の篤農家などを「コンタクト・ファーマー」に指定し，タイム・スケジュールに沿ったプログラムを計画的に遂行しながら技術を伝えていく方式で，コンタクト・ファーマーは習得した技術を地域内でひろめていくことが期待されていた．T & Vは普及員という人的資源を効果的に使うという観点からも農村開発の主流となっていたのである [Benor & Baxtor 1984]．しかし，NALERPが1996年に終了し，その評価については，普及員の一方向的な働きかけを特徴とするT & V方式は農民のエンパワーメントにつながっていなかったことや，コンタクト・ファーマーは必ずしも情報の伝達の担い手となっていなかったことなどの問題点が指摘された [Rutatora & Matee 2001]．1990年代は国際的に住民参加が注目されていたこともあり，農村開

発におけるT&V手法は見直され，より効果的な普及と住民のエンパワーメントを目ざす中で，「農民グループ」が主要な活動の担い手として注目されるようになっていった．タンザニア政府も，農民の主体的な問題解決能力を向上させる手段として，スワヒリ語で「キクンディ」と呼ばれる農民グループを支援の対象とするようになっていった．

これと並行して盛んになっていったのがマイクロ・ファイナンスのサービスを推進する動きである．それは，バングラデシュのグラミン銀行による貧困層を対象にした小規模融資事業の評価が国際的に高まっていたことによる．政府や援助機関は，マイクロ・ファイナンスを積極的に開発政策に組み込み，キクンディと組み合わせながらその普及を進めていった．ポスターやラジオなどを通して「キクンディを組織すれば，金融サービスにアクセスしやすくなる」という情報を流し，マイクロ・ファインスとキクンディの組織化を関連付けて推進するようになっていった．こうした開発政策の動きはとくに2000年頃から顕著になっていった．

一方，ムビンガ県においては，過去に数々の開発プロジェクト / プログラムが実施されてきた．主なものにはEC（現EU）がスポンサーとなって1991年から実施された「アグロフォレストリー・プロジェクト」，IFAD（国際農業開発基金）による「農業技術・小規模融資普及プロジェクト」，同じくIFADによるオン・ファーム試験を主体とした「Farmers Field School プロジェクト（FFS）」，ミッション系NGOのCARITAS（以下，カリタス）による「持続可能な農業プログラム」，そして国内の農業研究機関であるAgricultural Research Institute-Uyole (ARI-Uyole) が主導した「アグロフォレストリーによる土壌肥沃度回復試験プログラム」などがある．FFSプロジェクト以降のプロジェクト / プログラムは，ほとんどがキクンディを対象とした小規模融資支援である．また，これらとは別に，県の文化局やコミュニティ・ジェンダー・子供開発局が青少年や女性のキクンディを対象にして小規模融資を始め，これまでに県内で合計100のキクンディに対して融資を提供したと報告している．2000年にはムビンガ・タウンに，県出身の有力者がスポンサーとなってムビンガ・コミュニティ・バンク（MCB）が設立され，小規模融資を活発に実施するようになった．融資の対象は個人とキクンディの2通

りがあり，個人で銀行口座を開設する経済的余裕がない者でも，キクンディを組織することで小規模融資を得ることができるようになっていった．

1-5. SCSRDプロジェクトの諸活動

　援助のあり方や経済の構造が大きく変貌しようとする時期にSCSRDプロジェクトは始まった．このプロジェクトは，実態把握を基礎としながら，地域経済の活性化と資源の持続可能な活用の両立や，また地域が抱える問題を住民が見出し，自ら解決していく能力を育成していくこと（キャパシティ・ビルディング）を目的としていた．

　SCSRDプロジェクトが活動の指針としたのは「SUAメソッド」である．現地のソコイネ農業大学（SUA）とともに，実践を通して磨き上げていくことを想定して「SUAメソッド」と命名した農村開発の手法は，以下のような6つの特徴をもつ [SCSRD 2004]．①徹底したフィールドワークによって地域の実態を把握し，②それに基づいて地域開発の焦点となる特性を設定する．プロジェクトは地域の焦点特性を中心に据え，③住民主導を前提とする諸アクターの参加を原動力としながら，④地域が育んできた在来性のポテンシャルを活性化する方向で地域発展の道を探る．そして，⑤諸活動のプロセスを詳細に記録・分析し，⑥実態把握や実践活動における諸アクターとのインターラクションから学んだことを実践活動や開発理念・手法にフィードバックしていく．そして，この手法は，NOW型実施モデルに沿って進められていった [本書序章]．

　SCSRDプロジェクトは，マテンゴ高地の焦点特性を，マテンゴ独自の土地保有単位である「ンタンボ」と定め，それを中心に据えた視座のもとで展開した．そして，ンタンボの利用と保全の水準向上と，住民が開発に主体的に取り組むキャパシティ・ビルディングの強化を図ることを目指した．諸活動は，主として西部山岳地帯のキンディンバ村と東部丘陵地帯のキタンダ村で実施したが，アプローチの仕方は2つの地域で大きく異なっていた．

　キンディンバ村は，古くから人が住みついた人口密度の高い地域にあるため，土地は山頂付近まで耕地化されて，天然林はおろか，薪を採るための植

林も少ない（写真6-2）．ンゴロ畑やコーヒー園の庇陰樹によってかろうじて激しい土壌浸食は抑えてはいるものの，急傾斜と豪雨という環境のもとで表土の流亡は続いている．さらに，深刻な薪不足に加えて家畜の放牧地が慢性的に不足していて，農家の生計はンゴロ農業とコーヒー生産にますます特化・依存する傾向を強めていた．ところが，経済の自由化以降，コーヒー経済が混乱をきたしたことで，生活基盤が一気に揺らいでしまったのである．プロジェクトは，こうした実状を踏まえ，生業の多様化，環境の復元，出費の削減を主な目的として，諸活動の中核となるハイドロミルの建設事業を展開することにした．

　ハイドロミルは，落差を利用して水力でタービンを回し，その動力で穀物を製粉する施設で，県内ではカリタスが7ヵ所に設置し運営している実績があった．マテンゴは，製粉機でトウモロコシを製粉して主食のウガリ（固い練り粥）を調理する．かつては杵と臼で穀物を破砕した後，石で摺りつぶしていたが，今ではディーゼル製粉機が普及し，女性の労働はずいぶん軽減された．しかし，原油価格の上昇と連動して製粉代も値上がりを続け，それは家計の大きな負担となっていた．その点，水力を用いるハイドロミルは，河川の水さえ安定していれば，原油価格の上昇に影響されず製粉代を安く抑えることができる．また，製粉時に取り除かれる種皮と胚（プンバ）は一般に製粉所の取り分となるが，これはブタのきわめて有効な飼料であり，公共の製粉所によって利用者がプンバを回収できればブタを飼うこともできる．

　さらに重要な効果として期待されたのが，水源を維持するために，住民が集水域の環境保全に関心を抱くようになることであった．ハイドロミルが完成した後，取水口の水位が雨季と乾季で著しく上下することを目の当たりにした長老たちは，かつて集水域に森があった時代と比較して，山の保水能力が低下していることを住民に説いた．その結果，植林事業への気運が高まり，ハイドロミルの傍らに育苗場を設け，ハイドロミルの収益を使いながら植林を始めるようになっていったのである．

　ハイドロミル事業は，SUA，住民，自治体，NGO，JICA専門家，青年海外協力隊員など多くのアクターが関与していたが，施設の建設と運営はキンディンバ村の村民が主導することになっていた．村民は，「セング」と名付

第 6 章　タンザニア・マテンゴ高地

写真 6-2　キンディンバ村．急峻な斜面はすべて畑となっている．

写真 6-3　キタンダ村．なだらかな斜面にはまだ自然植生が疎らに残っている．

けられた実行委員会を立ち上げ，その指導のもと，村民の全員が参加してハイドロミルをつくり上げ，村の共有財産として運営していった．経営が軌道に乗ってくると，村内ではハイドロミルの運営をめぐって軋轢や対立が起こり始め，またハイドロミルから遠く離れた地域では，建設に貢献したのにその恩恵にあずかれないという不満も浮上してくるようになっていた．セング委員会は，ハイドロミルの収益を基盤としながらいくつかの自発的な活動を展開し，こうした難局を克服していった．その経緯については次節で荒木が詳しく論述している．

　一方，キタンダ村では，ハイドロミルを設置できるような急勾配はなく，なだらかな丘陵がひろがっている（写真6-3）．人口密度が低く，キンディンバに比べると土壌は痩せているが，それによる生産性の低さは農地の広さで補われている．キタンダ村の村民はもともと西部の山岳地帯から移住してきた開拓者とその子孫で，キンディンバ村のような林のない景観を故郷の原風景としていたのか，丘陵地を覆っていたミオンボ林はことごとく切り開かれ，今ではワラビが密生する草原がひろがっている．そのため，このような開拓地ですら薪が不足し，水源の劣化が起こり始め，そしてここでも収入や食料の年変動が問題となっていた．

　このような状況を受けてプロジェクトは，乾季の谷地耕作，養蜂，水源涵養林の育成などの諸活動を提案した．村長らはキクンディを組織してまず谷地耕作に取りかかったが，しばらくするとキクンディのメンバーからティラピア養殖の提案が出され，活動の主体は養魚にシフトしていくことになる．そして，養魚の成功はキクンディの急増を引き起こすことになった．その展開や，住民とプロジェクトの相互作用については本章3節で黒崎が詳しく論じている．

　プロジェクトの働きかけで，キンディンバ村とキタンダ村の交流会が開かれ，それぞれの活動や成果が報告された．この交流会を機に両村の関係はさらに深まり，相互に村を訪ねあって技術や情報を積極的に交換するようになっていった．こうしたキクンディ活動の盛り上がりはプロジェクトが終了した後も続いたが，その後徐々に下火になっていった．プロジェクトと，その後のフォローアップ事業に携わってきた田村は，キクンディ活動の立ち上

がり―昂揚―沈静の動きを考察し，持続可能な地域開発について本章4節で論じている．

1-6. プロジェクトの教訓

　1992年から始まったマテンゴ高地での調査・開発実践から，私たちはじつに多くのことを学んだ．地域の実態把握と開発の構想・実践を結びつけることの現実的な困難さが，焦点特性とそれを中心に据えた視座をしっかりと定めることの重要さを教えてくれた．マテンゴ高地でのンタンボという社会生態的な単位が，焦点特性というアイデアを喚起させてくれたのである．あるいは，本章3節で黒崎が論じているが，住民がたまたま思いついたともいえるティラピア養殖の提案を受けとめ，それを，地域の生態・社会・文化・歴史の文脈の中で位置づけて，素早く対応することが，住民の主導的な活動を促す「副次効果」を生み，大きな成果につながったことは貴重な教訓である．

　JICAのプロジェクト方式技術協力では，プロジェクトの計画・実施・評価を「プロジェクト・サイクル・マネージメント（PCM）」に沿って運営・管理し，それは「プロジェクト・デザイン・マトリックス（PDM）」と呼ばれるプロジェクトの概略表にまとめられる．そして，PCMやPDMは，関係者が集まり討議するワークショップで決められる．SCSRDプロジェクトに関するワークショップに参加した掛谷は，「地域の実態把握」の重要性を主張したという．長年アフリカの農村でフィールドワークをおこなってきた経験から言えば，この実態把握のプロセスが地域開発を進めていく基盤となると考えていたからである．地域の生態・社会・文化・歴史などを十分に理解することなしに地域開発を進めることは，地域が抱える問題をかえって複雑化することにもなりかねない．SCSRDプロジェクトでは，住民と外部者との信頼関係を築き，地域の実状を動態として捉え，実態把握の継続的な徹底を前提としていた．しかし，実態把握を開発の構想・実践につなげるには，現実の様々な社会関係の中で苦闘し，深い洞察力をフルに発揮させることが必要であった．

さらにワークショップで掛谷は，社会の状況がめまぐるしく変わる現代アフリカにおいて，開発計画は柔軟性が必要であると強く主張したという．PDMも外部要因の変化に応じて改変が可能ではあるが，それは容易かつスピーディに対応できるシステムになっているとは言い難い．SCSRDプロジェクトではこの柔軟性を重視し，実態把握の過程で明らかになってきた新たな事項を実践計画や目標に迅速に反映できることを目指した．それを「やりながら考える」手法と呼んで，基本的な方針とした．PDMの作成にあたっては，関係者の合意を得ながら，あえて当初にプロジェクトの具体的な目標や指標を定めず，しっかりとした実態把握を踏まえつつ柔軟で試行的な活動が可能なように工程を組み，中間段階で具体的な活動目標や指標を設定するようにシステムを設計したのである．黒崎が論じているように，ポジティブな副次効果を増幅することが住民主導の尊重につながるのであるが，それはPDMの設定時に想定した工程ゆえに可能となった．あるいはポジティブな副次効果の増幅作用がもたらした成果の大きさゆえに，柔軟性を組み込んだPDMの重要性を再認識したともいえるのである．

これらの経験を生かし，アフリカ型の農村開発に磨きをかけることが，今回の共同研究の大きな課題であった．

2 ……「ゆるやかな共」の創出と内発的発展
キンディンバ村における地域開発実践をめぐって

［荒木美奈子］

2-1. キンディンバ村との出会い

SCSRDプロジェクト地の1つであるムビンガ県キンディンバ村をはじめて訪れたのは，2000年1月のことであった．以前フィールドとしていたザンビア南部州のどこまでも平らな大地の光景とは一転し，やせた尾根が幾重にも連なり，斜面にンゴロ畑やコーヒー畑がひろがる景色はとても新鮮に感じられた．人々は急な斜面も難なく上り下りしながら，斜面で畑仕事にいそ

しんでいる.そんな風景にみとれていると,突然,静けさを破るようにダッダダッダという音が鳴り響き,山々にこだまし始めた.それは,ディーゼルを使用した穀物製粉機の音であった.そのときは,私自身が穀物粉砕に関わる仕事に携わることになろうとは夢にも思っていなかったし,この地に水力を用いた穀物製粉機(ハイドロミル)が建設され,その事業に端を発して多くの活動が展開されていくことになることなど,想像もしていなかった.その後の 10 年にわたる歳月の中で,ハイドロミルの建設事業,植林,魚の養殖,小学校・診療所の修復,中学校建設,ミニ・ハイドロミル建設,給水事業などが次々と実施されていくことになるのである.こうした様々な事業は,住民や多くのアクターが相互に関わる中で実現していった.

Long [1992] は多様なアクター間に派生する相互作用に注目し,鶴見 [1996；1997] も内発的発展論の中で定住者(内部者)と漂泊者(外部者)の間の相互作用に焦点を当てるなど,諸アクター間の相互作用によってつくられる開発実践プロセスへの関心が高まってきた.プロセスの評価には,もともと参加型開発や社会開発に特有な複雑系を捉えようとしたという背景があるが,Oakley [1991] は,既に 1980 年代に動的で定性的なプロセスのモニタリングや評価に焦点を当てる必要性を指摘していた.「参加」のプロセスが展開するにつれて明らかになってくる活動の方向性の変化,予期していなかった結果,差異に基づく影響は,継続的なモニタリングなくして把握不可能であると述べている.諸アクターの参加によって展開するプロセスは,限られたスナップ写真ではなく,ある期間にわたって発生する現象であり,一定期間にわたるプロセスの特徴と性質の「記述と解釈」による評価が重要であると指摘している [Oakley 1991: 243].人類学者であり,開発実践の場でも豊富な経験を持つ Mosse [1998] も,「開発」のアプローチに伴う変化や特質を捉えようとし,「プロセス・ドキュメンテーション(プロセスの記述)」の重要性を提起している.

本節は,ムビンガ県キンディンバ村(本章 1 節の図 6-1)における地域開発実践を事例とし,多様なアクター間の相互作用を経てつくり出されていく,動的なプロセスの定性的な分析を目的とする.2-2 ではハイドロミル建設をめぐる諸アクター間の対立と和解のプロセスを考察し,2-3 では農民グルー

プ活動の展開と「停滞」について，2-4では内在化されたキャパシティや内発性が発現していくプロセスを考察していく．2-5で一連のプロセスから浮き彫りにされてくる特徴を整理し，2-6で全体のまとめをおこなう．

SCSRDプロジェクトは，地域住民をはじめ，自治体・NGO・大学・JICA専門家や青年海外協力隊員など，多くのアクターが実施に関わった．私自身は，SCSRDプロジェクト実施期間（1999年5月から2004年4月までの5年間）のうち計3年ほどJICA専門家として参加する機会を得た．その後，2005年5月と8〜11月までの約5ヵ月間と，2006年，2007年，2009年，2010年に各3週間ほどキンディンバ村にて住み込み調査をおこなった．

2-2．ハイドロミル建設をめぐる諸アクター間の相互作用

ムビンガ県での諸活動の1つに，キンディンバ村におけるハイドロミル事業があった．ハイドロミルの設置には，多様なアクターが関与していた．主なアクターとして，対象地域の住民のほかに，SCSRD/JICA，ムビンガ県庁（以下，県），ミッション系NGOであるカリタスのムビンガ県支部などがあげられる．ここでは，諸アクターが，どのような姿勢や思惑でこの事業に取り組もうとし，相互の接触・意見の相違・交渉・合意などを経てどのようなプロセスが創出されていったかを考察していく．

(1) 住民のニーズとしてのハイドロミル

JICAの「研究協力」の成果や，SCSRDプロジェクトでの実態把握や住民との対話を経て，日々の生活に密接に関わるハイドロミルの設置が住民のニーズの1つとして提案された．ハイドロミルは，河川の水を高い所から落とし，その力を利用して粉砕機をまわす構造になっている（図6-2，写真6-4）．カリタスは，ムビンガ県内の7ヵ所にハイドロミルをすでに設置しており，住民にとっては馴染みのある施設で，キンディンバ村から近隣の村にあるハイドロミルまで製粉に行くこともよくある．

ハイドロミル建設を実施するにあたり，キンディンバ村の7つの村区（図6-3）で，地形的・技術的・社会的な側面からフィージビリティ調査を実施

第 6 章　タンザニア・マテンゴ高地

図 6-2　ハイドロミル（模式図）

写真 6-4　ハイドロミルを利用する村人

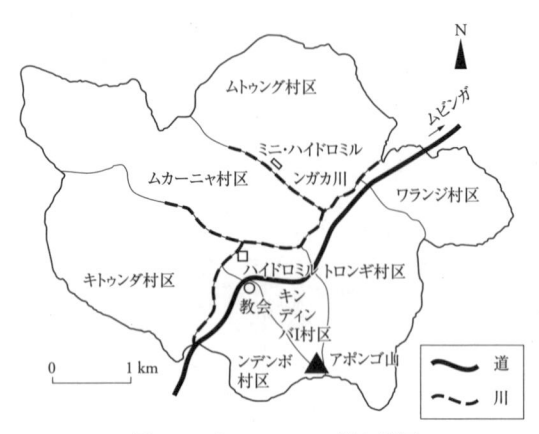

図 6-3 キンディンバ村と村区

した.この調査には,ジェンダーの視点を取り入れるために男性と女性を対象にしたフォーカス・グループ・ディスカッションや,儀礼や慣習への影響,ハイドロミル導入に伴うディーゼル製粉所への影響なども調査内容に含めていた.

　タンザニアの農村では一般にディーゼル製粉機で穀物を製粉するが,原油価格が上昇するにつれて家計に占める製粉費の割合は大きくなっているため,燃料を使わないハイドロミルの設置は出費の削減につながる.他方,ディーゼル製粉所を経営する者も,多くの製粉所が競合する中で,ランニング・コストや営業にかかる税金の捻出に苦労しており,彼らの多くも安く製粉できるハイドロミルの設置を支持していた.また,土地に余裕のないキンディンバ村では,不安定なコーヒー収入を補ったり,教育や医療費などの臨時・緊急時の出費をまかなうために養豚が盛んにおこなわれているが,トウモロコシを製粉する際に出るプンバ(種皮と胚)はブタの主要な飼料であり,ハイドロミルによってプンバを得られるということは住民にとって大きなインセンティブとなっていた.

(2)　アクター間での協力体制確立の過程
　ハイドロミルの建設に際し,当初,住民・SCSRD/JICA・県・カリタスの

各アクターはそれぞれ異なる意見や思惑をもっていた．また，ハイドロミル建設工事への参加をめぐって村区間では不協和音も生じていた．

　SCSRD/JICA は，ハイドロミル事業を，「ンタンボの視座」（序章7節）のなかに位置づけ，ンタンボの利用水準の向上と環境保全を目指すとともに，完成されたモノのみを成果とするのではなく，そこに至る活動を通して，住民が主体的に計画・交渉・問題解決・実行していく能力（キャパシティ）が育まれていくことを期待していた．そして住民が主体であり，外部のアクターは側面からの支援に徹し，そこからの利益も住民が新たな活動を展開するための原資にすることで合意しているつもりでいた．ところが，県内に7つのハイドロミルをもつカリタスは，そのすべてを彼ら自身が運営してきた経験から，ハイドロミルの管理・運営は住民にとって荷が重すぎるとして，カリタスの管理機構に組み込むことを主張した．これに対し，SCSRD/JICA と県は，住民自身が運営することの重要性を強く主張していった．こうした異なる方針を出発点とし，その後数ヵ月間にわたり，住民の関わり方を争点としつつ，諸アクター間で協議を重ねた末，最終的に住民が主体となり，SCSRD/JICA・県・カリタスがそれを支援していくという形で落ち着いた．

　この交渉の過程で，住民は住民集会を開き，ハイドロミルの建設を指揮する委員会を発足させ，委員を選出した．後にその委員会は「セング委員会」と名づけられた．セングとはマテンゴ社会に古くからある共食の慣習で，今では廃れてしまったが，かつては同じンタンボ内に暮らす拡大家族が食事を共にしながら家族が抱える様々な問題について協議していた．セング委員会のメンバーの1人は，「この委員会を，人が集い，重要な課題について議論し，目的に向かって共に働く場にしたいと考えたら，セングという名前しか思い浮かばなかった」と語った．セングに体現される，問題を協議しながら解決していくという精神を，ハイドロミルの建設と運営に生かしていきたいという意識が，セング委員会の名前に込められているのである．

　当初，キンディンバ村の全ての村区がハイドロミルの建設に参加することに合意していたわけではなかった．ムトゥング村区は，ハイドロミル設置予定地から遠く，徒歩で片道30〜45分の距離にある（図6-3）．事前の聞き取り調査では，ハイドロミルが設置されても利用する機会は少ないということ

第 2 部　農村開発の実践

写真 6-5　ハイドロミルの水路を掘る村人たち

から，工事に参加することに消極的な態度を示していた．ムトゥング村区内において参加するか否かの話し合いがなされたが，工事に参加しなければ，将来，ムトゥング村区が何かを起業しても，他の村区の協力を得にくくなるのではないかという点が危惧された．その後のセング委員会やSCSRD/JICAとの協議の中で，ハイドロミルの収益が貯まった際には，その収益の一部を使ってムトゥング村区に第2のハイドロミルを建設するということが合意され，ムトゥング村区の住民も建設作業に参加することとなった．

　セング委員会が指揮をとり，住民を中心に，SCSRD/JICA・県・カリタスが支援していくという形でハイドロミルの建設作業が始まり，380メートルの水路掘り，レンガづくり，ミル小屋建設など，村人総出の作業が進められていったのである（本章扉写真，写真6-5）．

(3)　セング委員会と村評議会との衝突と和解

　村全体の参加の陰にはセング委員会の並々ならぬ活躍があった．ハイドロ

ミルが村をあげての事業になるにつれて，その建設のために組織されたセング委員会が，村のリーダー的な存在になっていった．とりわけ，JICAの「研究協力」時代からSUAと付き合いのあったK氏の立ち振る舞いが，SCSRD/JICAとの交渉や作業の指揮などの中で目立つようになり，K氏をはじめとするセング委員会がSCSRD/JICAから特別な報酬を受けていると噂する者も出てきた．さらに，ハイドロミル建設中には無報酬で時間や労力を注いできたセング委員会は，完成後の恒常的な管理・運営に関して手当を支給してほしいとの要望を出してきた．これは当然の要望だと思われたが，手当の額をめぐっての交渉が難航し，村評議会とセング委員会との関係が悪化していった．その頃，村人からもセング委員会をリコールする動きが出て，ハイドロミルの運営から外されてしまった．セング委員会に代わってハイドロミルの指揮をとった村評議会は，公共施設を運営した経験がなく，すぐにその運営に支障をきたすようになっていった．歴然とした能力の差を痛感した住民のなかから，セング委員会の復活を希望する声があがるようになり，第三者である県開発長官の仲介で，セング委員会が復任することとなった．

　アフリカにおける開発プロジェクトの現場では，外部者とのつながりを持つ者への妬みなどによって，また個人や集団の力関係が変化することによって内紛や葛藤が起こり，それがプロジェクトを頓挫させる原因となっていることがしばしば報告されている．ハイドロミル建設においても同様の事態を招きかけたことになるが，こうした事例は，アフリカの村社会が権力の芽生えや台頭を抑え込もうとする潜在的な傾向性を示しているようにみえる．キンディンバの場合には，プロジェクトの主旨を深く理解していた県開発長官が巧みに事態の収拾をはかってくれたおかげで事なきを得たが，クリティカルな状況であったといってよい．見方を変えれば，急速な変化に伴う村社会の動揺は，第三者による介入・仲裁によって鎮めることができることを示していて，地域開発における外部者の役割を考える上で示唆に富んだ事例である．

　外部者の仲裁によって復任したセング委員会は，労働過多や，村評議会との摩擦といった社会的な問題などを経験していったことで，様々な面でバランス感覚を持った組織になっていった．そして，持続的にハイドロミルを運

営するためには水域の保全が必要であることを再認識し、ハイドロミルの収益を用いた植林事業を展開していったのである．

2-3. 農民グループ活動の展開

　ムビンガ県のもう1つのプロジェクト地であるキタンダ村では，村全体を対象としたキンディンバ村のハイドロミル事業とは異なり，2002年以降，農民グループ（キクンディ）が活動の軸となってプロジェクトが展開していった．キンディンバ村でも，ハイドロミルが完成した後は，2002年後半に最初の農民グループが発足し，2005年末までに計12の農民グループが組織されるに至った．農民グループは，ンタンボの有効利用と環境保全につながるような活動を始めた．ここでは，キンディンバ村ンデンボ村区（図6-3）に組織された農民グループのジオコエとングヴ・カジを主な事例として，活動の展開をみていくことにする．

(1) 農民グループ活動に組み込まれた共同労働

　キンディンバ村の農民グループは，養魚・養蜂・植林を主な活動としていた．こうした活動が展開した背景には，SCSRD/JICA側からの働きかけのほかに，すでに活動を開始しているキタンダ村の農民グループからの影響がみてとれた．

　ングヴ・カジは，2003年4月に結成されたグループである．キンディンバ村の村長とンデンボ村区長が中心メンバーとなり，「活動に積極的に取り組み，それが軌道に乗れば，他の村民へのよい刺激になる」との意図もあって組織された．農民グループの主要な活動である養魚・養蜂・植林などに着手したが，中でも植林と養蜂に力を注いだ．2004年1月，ンデンボ村区のアポンゴ山中腹に20個の養蜂箱を置くと同時に1,000本の在来樹の苗木を，山頂には3,400本の苗木を植栽した．将来的には，薪や建材として利用したいと話していたが，2005年11月に野火によって丹精込めて育ててきた苗木と養蜂箱が燃えてしまった．失火であったのか放火であったのかは不明であるが，メンバーの落胆ぶりにはあまりあるものがあった．農民グループのな

かには，養魚池を壊されたり，魚を盗まれるという被害にあうグループもあり，それが理由で活動を停止してしまう例もみられた．こうした妨害の原因は明らかではないが，トラブルへの対処の仕方がグループ存続の別れ目になる．ングヴ・カジの場合は，活動を積み重ねてきた間にグループの結束が強まって，連帯感が生まれていたことがグループの存続につながったと考えられる．山火事の後しばらくして，活動を再開している．

　ングヴ・カジは，養魚・養蜂・植林などの諸活動に加え，在来の共同労働の機能をグループ活動に組み入れるようになっていった．在来の共同労働には，ンゴケラやサマがある．ンゴケラは，ホストが親族や近隣の親しい友人に声をかけて畑仕事を手伝ってもらう共同労働で，作業後にその返礼として肉料理や酒を振舞う．一方，サマは固定メンバーによる労働交換で，メンバーの仕事が一巡するまで継続される．やはり共同で農作業に当たるが，仕事の後の宴会はない．いずれも彼らのサブシステンスを維持するための共同労働であり，一般的には「発展」をイメージさせる農民グループの活動とは目的が明確に分かれている．

　ところが，ングヴ・カジでは，共同労働をグループ活動に組み入れ，メンバーのンゴロ畑やコーヒー畑での農作業を頻繁におこなっていた（写真6-6）．その際，本来のンゴケラに比べると，肉も酒もない簡素な食事が出される．また，メンバーが病気などの理由で畑仕事ができない際にも，グループが農作業を代行しているケースもあった．2003年12月から2005年12月までの2年間にわたるグループの活動記録から，集会の回数を活動内容ごとに集計してみると，計81回の集会のうち，24回が会議，21回がグループの諸活動，そして36回がメンバー個人の畑での共同労働であった．農民グループ活動には，収入向上や融資獲得など「開発」や「発展」を目指し，新たな活動をおこなうという性格があるが，ングヴ・カジは半分近い集会をサブシステンスを確保するための活動にあてていたのである．

　日々の労働や生活における「助け合い」をグループ活動に組み込むという点を，ジオコエを例にさらに検討していきたい．ジオコエは，2003年1月3日に11人のメンバーでスタートした農民グループである．ンデンボ村区に居住する1つの親族で構成されている．創設者となったT氏は，ジオコ

写真6-6　農民グループによるコーヒーへの農薬散布

エ結成の過程を以下のように述べている．

> キタンダ村を訪れた際に，農民グループの活動が盛んな様子に驚き，キタンダ村で最初の農民グループに話を聞いた．様々な活動の中でもとりわけ養魚に関心を持ち，村に戻るやいなや1人で養魚池を掘り始め，池の周りに150本の苗木を植えた．しかし，1人で養魚池を掘るより，キタンダ村のように農民グループを組織し，養魚池のほかにも植林や養蜂・野菜栽培などの活動をおこなった方がよい．こうした活動は，甥や姪の教育にもなる．昔に比べると親族間での助け合いが減ってきているので，何か互助労働を促すことが必要だと感じた．

その後の活動の中でも，ジオコエは，助け合うことの重要性を第1にあげていた．「グループ活動の一番の利点は，互いに助け合えることだ．コーヒー畑やンゴロ畑での農作業，それ以外のことでも助け合う．病気のときにも助け合う．病人でもなんでも，1度メンバーになるとメンバーであり続ける」という．こうした説明のなかにも，相互扶助を重んじる「センクの精神」を

強めたいという意気込みが感じられる.

　2007年にキトゥンダA村区で組織された農民グループも，親族をベースとしてグループをつくっている．10世帯が集まり，年配の2人の男性を除くと，みな若者であった．リーダーは，「昔は，セングがあった．それがンゴケラになり，今では農民グループになった．若い世代の教育をし，助け合いの精神を高めていくために，農民グループ活動を始めようと思った」と語っていた．

　そもそもキンディンバ村で「グループ活動とは何か」，「何が利点なのか」という質問をすると，「助け合うこと (*shirikiana*)」，「一緒に仕事をすること」という答えが，養魚・養蜂や融資獲得のためといった回答以上に頻繁に返ってきた．外部者にとっての「参加」は，「プロジェクト」やそれを達成するための「グループ」への参加ということを意味することが多いが，「参加」はスワヒリ語で *ushirikishwaji* と訳されているが，それは「助け合うこと」を意味している．ングヴ・カジの例にみたように，在来の共同労働を農民グループの活動に組み入れ，メンバーの畑で農作業をおこなうという農民グループがいくつもでてきていたが，その根底には「助け合い（相互扶助）」の精神が働いているのであろう．

　キンディンバ村での農民グループ活動は，諸活動を通して環境保全や経済活動の多様化を目指すとともに，グループの目的を増幅し，サブシステンスを維持するための共同労働や講のシステムを柔軟に取り込んでいたのである．その背景には，市場経済化や個人主義が強まる中で，弱まっていく親族間の絆やセーフティーネットを強化しなければならないという住民の思いがある．このことは，農民グループ活動のみならず，その他の活動展開を考察していく際にも，留意すべき重要なポイントといえよう．

(2) 農民グループの潜在化

　2003年から2005年にかけては，農民グループが増加する創成期であったが，2006年頃からは農民グループ活動に「停滞」の兆しがみられるようになっていった．

　グループ活動が以前ほど活発でなくなったのには，内部や外部の様々な要

因が関係していると思われるが，彼らはその状態を，「すでに土台はできたのだから，昔のように総力をあげて活動をする必要はない．頻繁に集まってはいないが，養魚池・養蜂箱といった活動の土台はあるのだ」，また，「グループ活動を軌道に乗せた．農民グループは消滅しているわけではなく，何かのときにまた再起動させればよいのだ」と説明する．さらに，2007年に新たに結成されたキンディンバ村キトゥンダA村区の農民グループは，「農民グループAは活動実績が認められてブタを得たし，銀行には500万シリングもの貯金がある．あのグループのようになりたいが，我々はまずは基礎固めをしなくてはならない」と語っていた．これらの発言から，養魚池や養蜂箱といった目に見えるモノは，農民グループが存在していることの証として機能していることがわかる．また，農民グループ活動には相互扶助やセーフティーネットを補強する意味もあることを指摘したが，あえて「農民グループ」と銘打たなくとも，日々の生活のなかには，グループ活動によって絆や相互扶助の枠組みが徐々に組み入れられたのかもしれない．そう考えると，グループ活動の「停滞」は，相互扶助の仕組みが地域に潜在化していった現れなのではないだろうか．

そして，相互扶助，あるいは連帯の枠組みは，農民グループという形には限定されず，内容を変えたり，活動や事業の規模に応じて自在に拡大・縮小できる可塑性を有しているのであろう．それは次に示す，彼らの内発的な動きからも読み取ることができる．

2-4．蓄積・内在化された力とその発現の形態

従来の評価においては，農民グループ数などの量的な指標や，グループが継続しているか否かという点が重視されがちである．しかしながら，グループ数の増加や活動の継続性という現象にのみとらわれるのではなく，ハイドロミル建設や農民グループの活動を通して地域と個人に蓄積・内在化された力（キャパシティ）が，別の形態として発現される可能性をみていく必要があるだろう．2-4では，キンディンバ村のムトゥング村区（図6-3）を事例とし，農民グループ活動からミニ・ハイドロミル建設，給水事業への活動展開を概

観しながら，この点について考察を加えていきたい．

(1) ミニ・ハイドロミル建設

キンディンバ村でのグループ活動創成期に，ムトゥング村区には，3つの農民グループが組織された．まず2003年4月にウフシアーノ・ムウェマが，そして2004年2月にアマニが，4月にウペンドが結成された．40世帯ほどの小さな村区であるため，ほとんどの世帯がこれら3つの農民グループのいずれかに加入した．ここでも，他の地域同様，2006年頃からグループ活動は不活発になっていくが，グループ活動に参加していたのとほぼ同じメンバーが中心となって，ミニ・ハイドロミルの建設と給水事業を手がけていった．

2-2 (2) で述べたように，ハイドロミルから遠いムトゥング村区の住民は，ハイドロミルの建設工事に参加する条件として，その収益を使ってムトゥング村区に第2のハイドロミルを建設するという合意を取り付けていた．ハイドロミル完成後，ムトゥング村区の女性もそれを利用していたものの，やはり遠くて不便なので，不満が募っていった．そして，ハイドロミルの運営が軌道に乗った2004年頃から，ムトゥング村区の女性のみならず男性からも，ムトゥング村区でのハイドロミル建設を望む声が高まっていったのである．こうした声に押され，セング委員会と数名の村区民が中心になって具体的な計画を検討していった．

一方，ムビンガ県内の別の地域では，ハイドロミルに触発された一人の男性が，試行を重ねて小規模なハイドロミルを独自で製作し，製粉所の経営を始めていた．私も見学に行き，シンプルではあるが，十分にその機能を発揮しているミニ・ハイドロミルに驚かされた．このハイドロミルが周囲に与えたインパクトは大きく，関心をもつ多くの住民が視察に訪れた．キンディンバ村のセング委員会のメンバーらも何度か視察に訪れ，ムトゥング村区にこのミニ・ハイドロミルを建設することに決めた．また，彼らはハイドロミルからの収益では足りない費用を補うために，県との交渉を重ねていった．計画が練られていく過程で，ムトゥング村区の対岸にあるムカーニャ村区の住民もミニ・ハイドロミル建設に参加することになった．

第 2 部　農村開発の実践

写真 6-7　ミニ・ハイドロミルの水路造成

　そして，2005 年 11 月，キンディンバ村の村長とセング委員会のメンバーがムトゥング村区を訪れ，ミニ・ハイドロミル建設着工式を開いた．その場でムトゥング村区とムカーニャ村区の代表からなる建設委員会を結成し，「小セング委員会」と名づけた．この名称は，この委員会がセング委員会の下に位置づけられ，ミニ・ハイドロミルの建設は村の事業であることを他村区の住民に印象づける狙いがあったように思う．両村区から 3 人ずつのメンバーを選び，リーダー（議長）にはムカーニャ村区の住民で，セング委員会のメンバーでもある A 氏が選出された．書記には，ムトゥング村区の前村区長で，村評議会のコミュニティ開発委員会の議長でもある J 氏が，会計には，農民グループ・アマニのリーダーである女性の L 氏がそれぞれ選出された．建設費用は，県も支援することになり，2005 年 12 月からミニ・ハイドロミルの建設工事が始まった．急斜面の工事やタービンの製作に難航し，資材費の高騰による資金不足，次に述べる給水事業との労働競合という事態に阻まれながらも断続的に作業が続けられた（写真 6-7）．そして，4 年後の

第6章　タンザニア・マテンゴ高地

写真 6-8　完成したミニ・ハイドロミル

2009年11月に待ちに待ったミニ・ハイドロミルが完成し営業が始まったのである（写真6-8）．

(2)　給水事業の展開

ムトゥング村区の住民は，ミニ・ハイドロミル建設と平行して，給水事業にも着手していった．キンディンバ村での給水事業は，キンディンバ教会が2000年頃からプライマリー・ヘルス・ケア事業の一環として支援を始めたことに端を発している．教会は，ンデンボ村区・キトゥンダ村区（現在のキトゥンダA村区とキトゥンダB村区）・ムカーニャ村区を対象に，取水口とタンク建設を支援したが，各戸への配管は，住民の自助努力に委ねられていた．一方，ハイドロミルの建設，中学校の新築，小学校と診療所の修復など，村の新たな事業が次々と実施されていく中で，2006年頃からは，女性の水汲み労働の軽減，各戸で水を利用できる利便性，安全な水の確保などを目的とした給水事業が立案されるようになっていった．「次は給水だ」という気運

315

が高まり，給水事業は各村区の中心的な事業として，村区ごとに住民集会を開いて具体的な実施計画が練られていった．村区によるアプローチは様々であり，拡大家族や地縁をベースにした小規模なものから，80～100 世帯を巻き込む村区規模のものまであった．

　ムトゥング村区では，村区全体を対象とする給水事業が起案された．前述したミニ・ハイドロミル建設事業の「小セング委員会」の書記でもある J 氏が，給水事業のリーダー的役割を担った．当時，ムビンガの街には，多くの民間コーヒー買付業者が事務所を構え，コーヒーの収集にしのぎをけずっていた．コーヒーを集める手段の 1 つとして，学費，農業資材や食料などの購入費を農家に貸し，コーヒーで返済させるというやり方をとる業者も現れていた．J 氏が交渉したムビンガの街に拠点を置くコーヒー買付業者は，次のように述べている．「コーヒーを集めに村々を回っている際に，農民が直面している問題に気づくようになった．ただコーヒーを集めるというだけではなく，コーヒー生産者の支援もできないかと思うようになり，食料・学費・農業資材・給水事業に限って農民に費用を貸し出し，コーヒーで返してもらうことにした」と．J 氏は，このコーヒー買付業者と交渉して，給水事業に必要なボンベやパイプなどの資材の調達と地形の測量をしてもらうという条件で，それらにかかる費用をムトゥング産コーヒーで支払うという取り決めを交わした．1 回目の支払いは各世帯，コーヒー 50 キログラムであったが，支払い金額に追加が生じたため，2 回目の支払いとしてコーヒー 20 キログラム（あるいは，現金 24,000 シリング）が追徴された．

　ムトゥング村区の上部にあるウナンゴ村には水源が豊富にあり，J 氏はウナンゴ村の母方の伯父に頼んで，彼の土地から水を引く了解を取り付けた．水源がウナンゴ村にあることから，ウナンゴ村の 2 つの村区もこの事業に加わることになった．また，J 氏は，水源のあるウナンゴ村および，ウナンゴ村が属するギマ郡の役場から水利用の許可を得た．このように，J 氏は労を惜しまず行政や民間業者との交渉や手続きを踏みながら事業を前に進めていったのである．

　当初はムトゥング村区全体で 1 つの給水事業を実施する予定であったが，取水口から最も離れた地域に住む 12 世帯は，十分な水が届かないことを理

写真6-9　給水パイプから水をとる女性

由に，近くに別の取水口を確保して，独自に給水事業を実施することとなった．これらの世帯を除いても，最終的にムトゥング村区とウナンゴ村の2村区から約80世帯が参加する大事業となった（写真6-9）．2006年6月1日に水路を一斉に掘り始め，取水口から2.5キロメートルに及ぶ水路をわずか6日間で掘り終えた．2006年の時点では，各戸給水には至らず，数軒で1つの水場を共有していた．その後，現在でもパイプの延長を続けており，近い将来，全戸に給水が行き渡ることを目標としている．給水事業の実施に際し，「給水委員会」が設置され，問題が起きたときの対応，取水口の定期的な清掃，建設費未納者への催促・徴収などをおこなっている．

　ムトゥング村区のみならずキンディンバ村全域で，2006年以降急速に給水事業が進められていった．このような住民による主体的・内発的な給水事業の動きの背景には，いくつかの条件・要因が複合的に関係している．まず，急な勾配と，稜線近くにも湧水地があるという地形的特性がある．これによっ

て比較的簡単に配水ができ，重力を用いているため，インフラさえ設備してしまえば，ランニング・コストはかからない．また，配水工事では，マテンゴが長年，斜面でのンゴロ農法やコーヒー栽培で培ってきた斜面地での耕作技術や，斜面を流れ落ちる水をコントロールする治水の技術や知識が存分に生かされている．さらに，コーヒー価格の回復や自由化された経済の仕組みも給水事業の追い風となった．彼らは必要な資材を調達するためにコーヒーで支払っていたが，2005年以前には300〜800シリング/キログラムであったコーヒー価格が，2006年以降は1,150〜1,500シリング/キログラムにまで大幅に上昇したことで，経費の捻出が可能となった．また前述したように，民間業者によるコーヒー買付合戦と農民支援を考える業者が現れたおかげで，資材の調達・運搬に彼らの力を活用することもできたのである．

　これらの外的な条件に加え，ハイドロミル建設や農民グループ活動といった住民主体の事業や活動を展開してきたことで，住民のなかに計画の構想，外部者との交渉，そして実行という能力（キャパシティ）が育まれ，それがミニ・ハイドロミル建設や給水事業の原動力になったことは間違いない．そして，地域と個人に蓄積・内在化された内発的なキャパシティは，常に委員会や農民グループといった固定的な枠組みから発現するのではなく，事業の規模や内容に応じてその枠組みを柔軟に変えていることが，一連の活動事例を通して明らかになってきた．農民グループの増減や活動の盛衰だけを注視していたなら，地域がもつこうした柔軟性を見落としていたかもしれない．

2-5. プロセスとしての地域開発

　SCSRDプロジェクトの開始から2010年までの約10年間を振り返り，キンディンバ村での諸アクター間の相互作用によって創出されるプロセスを考察してきた．ここでは，そのプロセスの特徴を整理したい．

(1) キャパシティや内発性の蓄積・内在化と発現の形態

　キンディンバ村では，過去10年間にわたり，ハイドロミル建設をめぐる諸アクター間の交渉・合意・協働（1999〜2002年），村の力関係をめぐる内

紛と和解，植林活動や農民グループ活動の展開（2002～2005年），農民グループ活動の「停滞」から中学校建設，ミニ・ハイドロミル建設，村落給水事業などへの展開（2006年以降）という大きな流れがみてとれた．1つの活動が次の活動の呼び水となり，活動自体が相互に関連しあいながら動的なプロセスがつくり出されてきた．その過程で住民は，異なる意見やスタンスの間で合意を形成し，計画を構想・実施する力を養うとともに，活動に伴う様々な問題を克服していく能力を育んでいった．1つ1つの目標を達成することで，そうしたキャパシティが地域や個人に内在化し，それが次への原動力と内発性の源泉となり，相乗効果や累積効果を生みだしていったと考えることができよう．

SCSRDプロジェクト期間の諸活動を通して地域社会に蓄積・内在化されたキャパシティや内発性は，プロジェクト後も計画の構想や行政・民間業者・他のドナーとの交渉の場で発揮された．また事業の実施においても，住民組織がリーダーシップをとり，より多くの住民を巻き込みながら進めていった．その際，既存の組織にこだわらず，事業規模に応じて組織の規模や構成員を自在に変えることで，活動の効率性を高めていたのである．つまり，農民グループによって親族や友人の紐帯を深めてンタンボ内の生産活動を充実させるとともに，農民グループ間や村区間の連帯を強めながら，村単位の事業にも対応できる重層的な社会をつくり上げていったのである．ハードな「モノづくり」を通して，ソフトな力が養われていったわけだが，ハイドロミルの水路建設・給水事業・養魚池などの活動内容が，マテンゴの在来技術や知恵を基礎としながら展開したことが，事業の成功と彼らの自信につながり，それが諸活動の原動力になったと考えてよいだろう．

(2)　「ゆるやかな共」の結びつきと「公共物」としてのハイドロミル

一連のプロセスは，経済の自由化・コーヒー経済の低迷・協同組合（MBICU）の崩壊など，1990年代からのムビンガ県における大きな経済・社会の変化と強く連動していた．グローバル化や市場経済化の大きな波のなかに「個」として放り出された農民が，経済活動の多様化や情報へのアクセスなどを求めるとともに，農民同士の連携を補強する「共」の結びつきを必要

としていて，そうした社会経済的ニーズが，SCSRD プロジェクトとの相互作用の中で「セング委員会」や「農民グループ」などの形で具現化してきたといえよう．先にも紹介したように，ある農民グループのリーダーは，「昔は，セングがあった．それがンゴケラになり，今では農民グループになった」と語っていたが，セング，ンゴケラ，農民グループ，さらには委員会も，その根底に「助け合い（相互扶助）」という意味合いを包含しながら受け継がれてきており，社会経済の状況に応じて，その構成や規模，呼称を変えながら，「ゆるやかな共」をつくりあげてきているのではないだろうか．

　鶴見は，柳田国男を引用して次のように述べている［鶴見 1999：127］．「柳田は，前代の生活様式が，近代のそれよりも劣っていると考えない．むしろ近代の困ったことを解決するために，前代の知恵から学ぶことができる，と考えた．しかし，そのままでは使うことはできない．前代の知恵を現在の状況にあわせて，また，外来のものとつなぎあわせて，創りかえる必要がある」．キンディンバ村の「セング委員会」の事例は，柳田がいう展開と符合する．ンタンボ内の自給的な生産活動を担う紐帯を基礎としながら，村を対象とする開発事業にも対応できる「柔軟な組織」をつくり上げていったのである．それは，SCSRD プロジェクトが描いた，ンタンボから村へと展開する「ンタンボの視座」に沿った動きであったと言ってよいだろう．

　このような可塑性をもった「ゆるやかな共」をつくるにあたり，村全体ではハイドロミルが村民の結びつきを強めていく「公共物」であり，それは協働の「象徴」としても機能していたと考えられよう．2002 年にハイドロミルが完成してから，私は定期的にキンディンバ村を訪れているが，日々のハイドロミルや水路の手入れから会計面に至るまで，きちんと管理・運営がなされていることを確認してきた．ハイドロミルを持続的に使用していくための努力である以上に，キンディンバの村民にとって，ハイドロミルは住民が協力したことの証としての意味が大きいのではないだろうか．「前に進む動きはハイドロミルから始まった」と村人は口にするが，ハイドロミルをつくり上げたことは，次の活動への原動力となり，継続して外部支援を獲得する際の「物的証拠」としての役割も果たしている［荒木 2006］．その後，ドイツの NGO が，ハイドロミルのインフラ設備とセング委員会などの組織の双

方を高く評価し，水力発電事業に手を差し伸べてきた．新たな外部アクターの協力を得て，2010年6月より，ハイドロミル施設を用いた発電事業の第1フェーズ（小・中学校，診療所，教会などへの電化）の工事が着手され，新たな局面が展開し始めている．

(3) キー・パースンとしてのセング委員会

　最後に，このようなキンディンバ村の変化の担い手になったセング委員会を取り上げたい．ハイドロミル建設やその後に続く様々な活動において，彼らの存在はなくてはならないものであった．そのセング委員会の役割や性質には時とともに変化がみられた．当初は，キンディンバ村のハイドロミル建設のために組織された委員会であったが，農民グループの支援にも携わるなど，徐々に活動範囲をひろげていった．こうした中で，メンバーを5人から8人に増やしている．ハイドロミル建設以降の変化を，自身もセング委員会のメンバーであるキンディンバ教会のN神父は，次のように語っている．

> キンディンバ村は，他の村々に比べて著しく変化した．ハイドロミル建設から発展が始まっていった．2003年には診療所や小学校の修復をおこなったが，ハイドロミル建設で力をつけ，敏速に作業を実施できるようになっていた．診療所や小学校の修復作業をみて，次は中学校の建設に着手してはどうかと思うようになり，2002〜2003年頃にセング委員会や長老らと相談をしたところ，皆，同意してくれた．県に申請書を書き，県からの支援をもとに，自分たちでレンガを焼き，みんなで協力して中学校建設を始めた．こうした一連の建設作業を通して，村長やセング委員会のメンバー，村人の多くが変わっていった．

　村レベルの事業のみならず，前述のムトゥング村区でのミニ・ハイドロミル建設作業と運営においても，セング委員会は深く関与し，しばしばムトゥング村区に足を運び，建設の指揮をとったり，運営上のアドバイスを与えている．これに加え，隣村の村評議会や近隣の村人にアドバイザーとして招かれると，おしみなく助言を与えていた．セング委員会のメンバーの1人は，「セングは母のようなもので，子を指導，見守る立場にあるのだ」と述べている．セング委員会は，一連の展開を先導したキー・パースンであったといってよいだろう．

他方，村の事業や活動運営・指導・管理といった「公的」な仕事に従事する傍ら，2006年，セング委員会のメンバーが中心となってヴワワという農民グループを結成している．主な活動としては，コーヒーの改良品種の育苗と苗の販売，穀物銀行の運営などである．ヴワワ結成の理由としては，2000年から長年にわたり，村の公共の仕事に従事し，そのこと自体は彼らの自信や誇りでありながらも，個人の利益に資する活動にも従事したいという気持ちが募ってゆき，それがヴワワという「私」のグループ結成につながったという点が指摘できる．

農村開発の現場では，外部者は住民に自助努力を求めるが，活動には常に村人全員が参加するわけではなく，多くの場合は一部の人たちが中心となって対応する．SCSRDプロジェクトで言えばセング委員会がそれに当たる．彼らは献身的に多くの時間と労働を提供するが，一方，村人は，彼らが特別な待遇を受けていないか，彼らに権力が集中していないかを常に気にとめている．セング委員会がヴワワという個人的な利益につながる別の組織をつくったのは，経済的なサポートもなしに，いつまでも献身的な活動を持続することに限界を感じていたためであろう．プロジェクトにとって，セング委員会のようなキー・パーソンの存在は欠かせないが，外部者はその存続にも十分に配慮する必要があることを，この事例は示している．

さらに，セング委員会のメンバーにN神父がいたことも大きな意味を持っていた．N神父は，キンディンバ村の人々の日々の生活になくてはならない存在であった．日曜日や毎朝のミサ，様々な教会関係の行事，保健衛生の仕事や給水事業，中学校建設でのリーダーシップなど，日常生活の様々な場面にN神父が関与しており，人々の信頼を集めていた．N神父がセング委員会のメンバーであったことが，ハイドロミルの経理も含め，信頼と安心を人々に与えていたことは間違いない．神父という職業や彼の人柄もさることながら，キンディンバ村の出身でもないが，この村に住み，いずれは異動になる神父が，村の発展を担う委員会のメンバーであることに大きな意味があったといえよう．農村開発の現場では，N神父のような内部者でありながら外部者でもあるような中間的立場の人間，つまり，内部者の立場にありつつ外部の視点で意見をいえる者が，内と外をつなぐ重要な役割を果たし

ていることは明らかである．村に滞在しながら住民と親密な人間関係を築いていれば，村行政官でも，農業普及員でも，青年海外協力隊員でも，研究者でも，この中間的立場になりうる．N神父は2008年に他村に異動となった．この異動がその後の展開にどのような影響を与えるか，注視していかなければならない．

2-6．プロセス・ドキュメンテーションの意義

　地域開発を考える際，その前提として，プロジェクト期間を限定しての議論に終始する場合が多い．また社会開発案件においてさえ，限定されたタイムスパンの中で「目に見える成果」が求められる傾向にあるが，長期的な時間軸で展開されていく地域開発のダイナミズムを把握しえない危険性を伴う．地域開発の過程では常に新たな局面が派生してくるわけであるが，その時々には現象や出来事の意味が解釈できず，その後の展開の中ではじめてその意味が理解できることも多々ある．それゆえ，「地域の発展」を考える際に，ある程度の時の流れの中で振り返ることや，それぞれの地域の歴史的文脈やマクロな視座に位置づけて解釈をおこなっていくことが重要となってこよう．短期調査やPRA，従来の評価項目に沿ったモニタリングや評価は，地域開発のダイナミズムを把握しきれない問題点を抱えており，プロセスの「記述の継続」と「複数時における暫定的な解釈の更新」を繰り返していくことにより，補完し合っていくことが，地域開発のダイナミズムを捉える上で重要であるといえよう．

　SCSRDプロジェクトは，SUAメソッドの理念とプロジェクト地で実際に展開された諸活動を，『SUAメソッド―理念・事例集』［SCSRD 2004］としてまとめた．こうした「プロセス・ドキュメンテーション（プロセスの記述）」には課題も多い．プロジェクトの諸活動を進め日常的な対応に追われる中で，誰が，どのような形で記述し事例としてまとめていくのか，援助実施機関の枠組みや時間的制限，目にみえる成果が求められる中で，プロセスの記述の必要性が認識されるのか，また，プロジェクト期間を超えて展開されていくプロセス，そこにこそ「本質」が見えてくる場合が多々あるが，その部

分を誰がどのような形で追っていくのかなどの諸課題が指摘できよう．一方で，このようなプロセスの記述や解釈は，諸活動の質的モニタリングと評価の基礎資料となり，実践活動や政策にフィードバックする機能や，他地域で同様な試みをおこなっている実務者へのヒントとなりうるなど，様々な活用法が考えられる．

今後様々な地域での固有の開発実践の事例とその記述方法が蓄積されることにより，実践活動や政策への効果的なフィードバックが期待できる．さらに，地域への実践的な関与をおこない，そのプロセスを丹念に追っていくことにより，地域の特質がより明確に，かつ重層的なひろがりをもってみえてくる．その意味では，地域に根ざした「開発」実践の多様な事例を提示することは，これまでのアフリカ地域研究にはなかった新しい視点と方法をつけ加える可能性をも秘めているといえよう．

3 …… 住民の連帯性の活性化
開発プロジェクトにおける「副次効果」とその「増幅作用」

[黒崎龍悟]

3-1. 意図しなかった展開

ソコイネ農業大学・地域開発センター（SCSRD）・プロジェクトがキタンダ村で具体的な活動を始めたのは，2002年になってからであった．当時，私は青年海外協力隊員としてムビンガ県農業畜産開発局に所属しつつ，業務の一環としてSCSRDプロジェクトの活動に携わっていた．プロジェクトのもとで農民グループ（スワヒリ語でキクンディという）が結成されると，そのメンバーと行動を共にするようになっていった．プロジェクトのスタッフは，ソコイネ農業大学の所在地であるモロゴロ[1]を本拠地としながら，頻繁にムビンガを訪問していた．一方，私は村に常駐し，住民によるプロジェクト活動への取り組みを日常的に観察していた．

プロジェクトの活動が始まって1ヵ月ほど経ったある日，キクンディのメ

ンバーが，魚を養殖したいので何とか稚魚を入手できないかと，私に相談をもちかけた．住民からのはじめての積極的な提案であり，私はどのように対処すべきか考えた．プロジェクトが外部からの「持ち込み」に対して慎重であるのは知っていたし，マテンゴ高地での養魚についてはほとんど聞いたことがなかったので，当初，この提案がどのように展開していくのかまったく予想できなかったが，私はプロジェクトのスタッフに住民からの提案を伝えた．プロジェクト側では，それまでの実態調査を踏まえ，この提案の意義を理解し，ただちに対応する方針を固めた．当初は，谷地耕作・養蜂・植林を中心とした活動計画を進めており，その計画からはややわき道に逸れたものの，住民の積極的な提案は私たちの関心をおおいに惹きつけたのである．今から思えば，この小さな提案が，スタッフと村人がインターラクションを深め，またプロジェクト活動が大きく展開する発端であった．そして，その帰結は，地域社会全体のキャパシティ・ビルディングという大きな目標に適うものとなった．

　開発プロジェクトの意図しなかった展開や，その効果の分析は，インパクトの評価という作業に含まれている．インパクトとは，長期的な効果や意図していなかった正負の効果を指す［Oakley *et al.* 1998; DAC 2002］．インパクトの評価は，プロジェクトの影響を広く，そして深く検証することであり，プロジェクト自体の妥当性を知る上で重要な作業である．そして，インパクトがどのようにして生じたのかを明らかにすることが，新たな類似のプロジェクトの内実を豊かにする構想・実践につながる．

　1990年代に入り，国際的な開発援助戦略のレベルで住民参加が取り入れられるようになったことで，インパクトを解明する作業はより重要性を増している．というのも，住民の意思を尊重するという，参加型の最も基本的な理念に沿うならば，現場では住民とプロジェクト・スタッフなどの諸アクター間のやりとりが重要なプロセスとなり，その結果，活動が予期しなかった方向に展開することも多くなると予想されるからである．つまり，参加型開発のプロセスと帰結の多くは，インパクトの範疇に入る可能性が高く，そしてまた，そこにこそ住民主体の対応が反映されると考えられる．意図しない効果が，どのようなプロセスによって生じるかについて知ることは，住民

主体の開発を考える手がかりを得るための，中心的な課題として認識する必要があろう．しかしこの課題について，アフリカにおける参加型開発の事例に即した詳細な分析・検証は進んでいないのが現状である．

この節では，参加型開発の文脈において現場の諸アクターのやりとりから生じる意図しない正負の効果を，特に「副次効果」として扱い，それが生じるプロセスを，SCSRDプロジェクトの事例を通して明らかにする．その成果を踏まえ，副次効果の分析を，住民主体を目指す農村開発の実効的な取り組みに生かすことの意義を提起したい．

以下ではまず，調査地域について説明した後，近年の開発手法の中で顕著になったキクンディへの住民の対応を明らかにする．その上で，調査村で実施されたSCSRDプロジェクトに焦点を当て，住民がプロジェクトのもとでどのように対応し，それがプロジェクト終盤から終了後にかけて，どのように展開していったかを述べていく．

3-2. 調査地域の概要

キタンダ村は丘陵地帯に形成された村のひとつで，ウティリ区に属する[2]．同村は1976年に，集村化を推進する政策のもとで村として正式に登録された．2003年の時点で507世帯，2,358人が居住していた．キタンダ村は，その下位の行政区分である7つの村区（ラミA，ラミB，ンセンガA，ンセンガB，ムウンガノ，マチンボ，キブランゴーマ）によって構成されている．集村化によってすべての世帯がラミA村区に集められたが，その2年後には集村化政策が事実上廃止され，人々はもとの居住地に戻った．キタンダ村内には，県農業畜産開発局に属し，ウティリ区内の6村を担当する農業改良普及員の女性が常駐している．彼女は農業一般のほかに畜産関係の技術指導もおこなう．

私は，2001年7月から2003年7月までの2年間，青年海外協力隊の農業普及隊員としてムビンガ県農業畜産開発局に所属していた．また，協力隊の業務終了後も，プロジェクト期間の終盤から終了後にかけて（2003年10月から2007年8月まで断続的に18ヵ月）キタンダ村の現地調査を実施した．

3-3. キタンダ村におけるキクンディ活動の勃興

　キタンダ村にはじめてキクンディが組織されたのは 1997 年のことであった．その年，ソコイネ農業大学が試験的に養蜂に関するセミナーを開き，そのときの参加者数名が養蜂活動をおこなうキクンディ「ウペンド」を組織した．その翌年，ムビンガ県で IFAD（国際農業開発基金）によるオン・ファーム試験を主体とした「Farmers Field School (FFS) プロジェクト」が始まり，キタンダ村がこのプロジェクトの対象村のひとつに選ばれ，県の役人の主導で，「ウモジャ・ニ・ングヴ」と名づけられたキクンディが誕生した．このキクンディには県農業畜産開発局を通してローンの形で化学肥料とトウモロコシの F_1 種子が提供された．また，この頃に，村ではじめて自発的なキクンディ「ソンガ・ムベレ」が発足し，供出金をもとに共同耕作やコーヒーの苗の販売などを始めた．その後，しばらくの間，村内でキクンディは組織されなかったが，2000 年にキリスト教系の NGO の CARITAS が「持続可能な農業プログラム」を始め，続いて国内の農業研究機関（ARI-Uyole）が「アグロフォレストリーによる土壌肥沃度回復試験プログラム」を進め，これらのプログラムの働きかけで，それぞれ「ジトゥメ」と「ジュフディ」というキクンディが組織された．CARITAS によるプログラムでは，堆肥の利用法や乳牛の普及が試みられ，ARI-Uyole のプログラムでは，様々な有用樹や F_1 トウモロコシを試験栽培していた．これらのキクンディは，行政官や農業普及員の指導のもと，村評議会が各村区から一定数のメンバーを選出して組織した．

　マテンゴ社会には他の農村社会と同じように，親族や親しい友人による，サマやンゴケラという互助労働の慣習がある．サマは日常生活における様々な労働を助け合うもので，固定したメンバーがローテーションを組んで作業を進めていく．ンゴケラは，世帯内の農作業を多くの村人に手伝ってもらい，1〜2 日という短期間で終わらせる共同労働を指す．ンゴケラを必要とする世帯は，作業への参加を呼びかけ，親族や友人は約束の日時に依頼者の畑へ行って作業を手伝う．仕事が終われば，食事と酒で労をねぎらう．ンゴケラは多いときには 30 人を超え，近隣の村からも人が集まることがある．

一方キクンディの活動は，新たな現金稼得活動を試行するなど，地域や世帯の経済的な発展を目指すものであり，生計の維持を目的とする従来の互助労働とは区別されているといってよい．しかし，キタンダ村におけるキクンディの活動はまだ緒についたばかりであり，しかも，これまでの農村開発のもとに組織されたキクンディは外部主導で形成されたために，構成員も受動的に参加する傾向が強かった．そのため，あくまでも外部から提示された活動を，あらかじめ設定された条件のもとで実施するに留まっていた．自発的に組織されたキクンディでは，たとえ住民自身が活動を計画しても，適切な助言や物資を入手できず，思うような活動へつなげることができなかった．キクンディの重要性が認識されつつあったものの，住民自身が望むような，新たな活動に取り組む手段や機会が用意されていなかったのである．

3-4. SCSRD プロジェクトと住民の対応

SCSRD プロジェクトが始まった 1999 年は，経済の自由化が本格化する中で，コーヒー経済が低迷して生活状況が悪化し始めた時期であった．それまで地域経済を支えていた MBICU（ムビンガ協同組合）が崩壊したことで，住民の間には経済的な不安が高まり，人々は安定した所得をもたらす活動を模索していた．以下ではこうした社会状況を踏まえながら，SCSRD プロジェクトにおける活動とそれに対する住民の反応を分析していく．

(1) ウジャマー・キクンディの結成と魚（ティラピア）の養殖活動の波及

SCSRD プロジェクトは，環境保全と地域経済の向上に関わる具体的な活動を通して，住民自身が関連した活動を構想・実施できる能力の育成を念頭に置きながら，在来樹木や果樹を含む有用樹の育苗と植林，谷地における乾期耕作の技術改良，養蜂，家畜の舎飼いと牧草の改良，改良かまどの普及などの諸活動に取り組んでいった．これらは地域の実態に則した活動であるが，状況の変化に応じて柔軟に変更・改良することも視野に入れていた．また，住民の意思や決定を尊重するために，そのプロセスにおいて得られた情報を適宜活動にフィードバックするよう努めた．そして，諸活動を達成し，

それらが広く個人レベルに波及していく過程で，プロジェクトの趣旨が住民に浸透していくと考えていた．

　2002年4月にSCSRDプロジェクトは，キタンダ村の地形的なバリエーションを合わせもつムウンガノ村区を活動のサイトと定め，キタンダ村の村長に活動の趣旨を説明した上で，同村区に住み，活動に興味をもつ人を集めてくれるよう依頼した．その際，プロジェクト側はその後の活動のひろがりを視野に入れて，できれば村区内の様々なクランから参加者を募りたいとの意向を伝えた．

　たまたま同村区に村長が住んでいたこともあり，村長を含む男性6人が集まった．プロジェクトのスタッフは，環境劣化の現状と保全の意義，経済活動の多様化，食糧の安定供給など，この地域が抱える問題を指摘しながら，こうした問題に対処しようとするプロジェクトの趣旨を説明した．参加者はこの説明に強い関心を抱き，全員で活動に取り組むことになった．プロジェクトは，実施方法については参加者に一任したのだが，6人が話し合った結果，キクンディを組織して3役（議長，書記，会計）がその運営にあたることを決めた．キクンディは後に彼ら自身によってウジャマー[3)]と名づけられ，プロジェクトが提案した諸活動を手がけていったのである．

　ウジャマーはまず谷地耕作の活動から着手した．県北の村でわずかに続けられていた在来の養蜂活動を見学に行った後は，養蜂箱をつくる仕事にとりかかった．その後，プロジェクトが植林用の樹木種子と育苗用ビニール・チューブを提供したので，苗床づくり，ビニール・チューブの土詰め作業を並行して進めていった．私はこの時点では，協力隊員として毎回の活動日に立会い，これらの作業を手伝いながら，その展開を観察していた．

　このような状態で活動を進めて1ヵ月が過ぎた頃，リーダー（議長）と書記から，キクンディで養魚池を造成して魚の養殖を始めたいという要望が出され，私はその要望をプロジェクト・スタッフに伝えた．ムビンガ県では，魚は通常，ニヤサ湖および隣接するイリンガ州から燻製の状態で運ばれてくる．しかし，「値段の割には身が少なく，家族全員が満足できるほどの量を買うことはできない」と村人が語るように，魚は高価な食材であり，その自給は彼らの潜在的な願望であった．過去にキタンダ村内で在来種の養殖を試

みた人物が9人いたが，養殖に関する十分な知識や技術がないことと[4]，魚の味がよくないことなどを理由に養殖をやめてしまっていた．ウジャマーの書記もその1人であった．この書記は，プロジェクトのスタッフがモロゴロ市を本拠地としていて，ムビンガに来る際にティラピアの産地であるイリンガ州を経由することを知り，ティラピアの稚魚を容易に入手できると考えて，活動のひとつに魚の養殖を提案したのだった．

　地域の持続可能な発展を目指す農村開発の現場では，外部からの資材投入に依存する，いわゆる「持ち込み型」支援は敬遠され，援助側と被援助側のコスト・シェアリングを前提としながら，地域の資源や在来の技術を活用しようとする傾向が強い．SCSRD プロジェクトもそれを基本方針にしていたが，ティラピアという外部資源の導入に合意したのは，魚の自給が住民の長年の希望であり，キクンディが活動の活発化が期待できたことに加え，魚の養殖が，プロジェクトの構想する水源の涵養（環境保全）・収入源の多様化・食生活の改善をつなぐ活動であると判断したからであった．稚魚代金はプロジェクトが一時的に立替え，キクンディはそれを魚の販売益から返済することになった．プロジェクト側は，キクンディが稚魚代を負担してそのオーナーシップをもつことで，メンバーの積極的な関与を期待するとともに，プロジェクトが外部資源の導入に主眼をおくのではなく，あくまでも住民の内発的な活動をサポートする立場にあることを，印象づける狙いもあった．

　ティラピアは順調に成長し，放流後，わずか数ヵ月で産卵し繁殖していった．稚魚が投入されて以来，養魚池は活動の中心地となり，メンバーは週2回の活動日には養魚池に集まるようになった．蔬菜やシロアリなどいろいろな物を与えてはティラピアの食性を探り，飽きることなく何時間も魚の行動を観察し，時にメンバーは魚に関する知識を競うように語り合っていた．

　魚のめざましい成長を目の当たりにしたウジャマーのメンバーたちは，自分の裁量で自由にできる養魚池を欲しいと考えるようになった．彼らは，相互に協力しながら個人の養魚池を掘っていった．ティラピアを収穫し，新鮮な魚の味を覚えた後は，個人の養魚池を造成するスピードはますます勢いを増していった．マテンゴは，普段から斜面の畑に穴を掘って土壌浸食を抑えるという独特なンゴロ農業をおこなっているので，穴を掘るのには慣れてい

たのだろう．また，収穫したコーヒー果実から果肉を取り除くには大量の水が必要であるが，多くの世帯が遠い水源から庭先まで水路をひいて来てその水を調達している．養魚池の造成には，こうした治水技術も生かされたであろう．

　養魚の成功が噂になり，かつて養魚を放棄した人たちや，養魚に関心をもった人たちが稚魚をウジャマーから購入して養殖を始めるようになった．そして，ウジャマーの提案で始まった魚の養殖は，村区内のみならず，村全体の関心事となっていったのである．ウジャマーの活動が本格的に活発化する2002年末頃になると，ウジャマーへの加入を希望する者が増えた．この頃にはメンバー数が19人を数えるまでになっていたこともあり，ウジャマーのリーダーたちはキクンディの統制を保つためにもこれ以上のメンバーは不要と判断し，新規の参入を断り，その代わり，養魚・養蜂・植林を進めていく上での技術的な指導を約束し，加入を希望する者に新たなキクンディを立ち上げるように助言した．その結果，キタンダ村ではウジャマーの活動を踏襲しようとする新たなキクンディが多数発足したのであった．

　ウジャマーの活動の展開に触発されたのはプロジェクト側も同様であった．プロジェクト・スタッフは，ウジャマーの周辺住民への対応に注目し，キクンディの増加がプロジェクトの提案した活動の村内への普及につながると考え，各キクンディの活動拠点をまわって諸活動をサポートしていった．私自身も農業改良普及員の立場で活動支援の一端を担った．

(2) 個と連帯

　図6-4に，2005年までに村内で結成されたキクンディの数の推移を累積数で示した．また，図6-5にキクンディの活動拠点を示した．キクンディ数の推移を見ると，ウジャマーが発足した翌年から増え始め，それはプロジェクト終了後まで続いた．そのなかには女性だけのグループも含まれていた．以下では，キクンディ数の推移を軸にして，増加の契機とプロジェクト終了後の展開に焦点を当てる．その過程と要因を，特にプロジェクト・スタッフと住民との相互作用，および住民側の生活の論理から分析する．そのことで，プロジェクトの当初の計画から派生した住民主導の活動がどのよう

第 2 部　農村開発の実践

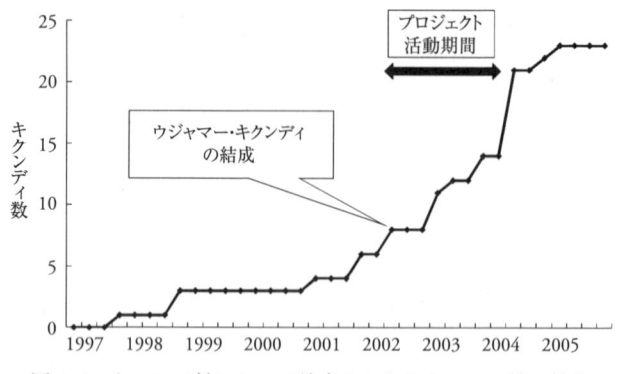

図 6-4　キタンダ村において結成されたキクンディ数の推移

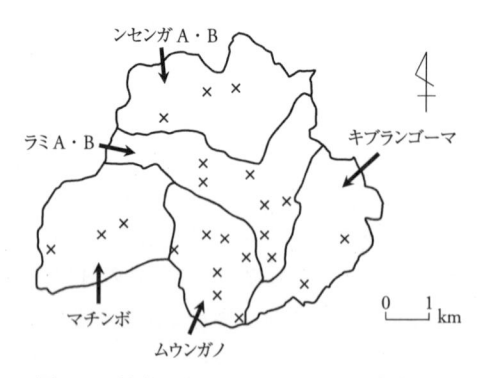

図 6-5　村内におけるキクンディの活動拠点
注 1)　×が活動拠点を表す.
注 2)　ラミ A・B およびンセンガ A・B 村区の境界については, データ未入手のため示していない.

なプロセスを経て展開していったかを明らかにする.

1)　稚魚のリレー式分配をめぐって

　キクンディが急増した要因のひとつは, プロジェクトがキクンディの要望を受け入れてティラピアを導入した後, その養殖をめぐって住民とプロジェクト側が試行錯誤を繰り返しながら, 稚魚を分配するシステムをつくり上げ

第6章　タンザニア・マテンゴ高地

表6-1　2004年までのウジャマーとそのメンバーが販売した稚魚数と販売先

養魚池の所有者		入手稚魚数（匹）	販売先（匹）				計（匹）
			村内キクンディ	村外キクンディ	村内個人	村外個人	
ウジャマー		400	561 (9)	770 (4)	544	375	2,250
メンバー	A	15	0	0	0	170	170
	B	19	96 (1)	130 (2)	320	350	896
	C	19	51 (2)	500 (3)	370	566	1,487
	D	19	0	0	115	26	141
	E	150	0	0	0	0	0
	F	17	0	0	250	420	670
	G	100	22 (1)	0	535	441	998
計（匹）			730	1,400	2,134	2,348	6,612

注）括弧内は販売先のキクンディの合計数（2004年）

たことにある．以下ではそのプロセスを詳しくみていく．

　ティラピアはアフリカ原産の淡水魚である．タンザニア国内では，ビクトリア湖やイリンガ州のムテラ・ダムなどで大規模な養殖がおこなわれ，その燻製は全国に流通している．前述したように，プロジェクトによって稚魚がウジャマーにもたらされた後，数ヵ月で産卵し急速に増殖していった．ウジャマーはティラピアの生態・食性を詳しく調べ，養殖方法を確立すると，個人の養魚池を造成し，キクンディの養魚池から分配された稚魚を個人でも養殖し始めた．また，稚魚を周辺の人々にも販売するようになっていった．稚魚は，1匹40シリング前後[5]で販売され，キクンディ/個人，村内/村外を問わず，多くの人々が稚魚を求めてウジャマーやメンバー個人の養魚池を訪れるにようになった．

　表6-1には，プロジェクトが終了した2004年時点までに，ウジャマーとメンバー個人が販売した稚魚数と販売先を示している．この表からもわかるように，キクンディ所有の養魚池から2,000匹以上が周辺の住民に販売された．個人で1,500匹近い稚魚を販売したメンバーもいる．増加していった村内外のキクンディや個人に，合計で6,500匹を超える稚魚が販売されたことになる．この数を見ても，マテンゴにとって養魚がいかに魅力的な活動であったかがわかる．

第2部　農村開発の実践

表6-2　ファミリア，ウモジャ・エンデレヴ，ムワムコによるリレー式稚魚分配法の内訳

キクンディ名	入手稚魚数	分配先キクンディ合計数	後続のキクンディへ分配した稚魚合計数
ファミリア	360	4	約450
ウモジャ・エンデレヴ	400	5	769
ムワムコ	360	3	405

注1) ヴミリアは養魚池を造成した土地に問題があり，水漏れなどが原因で養殖活動がうまく進まず，稚魚を繁殖させることができなかったために除外した．
注2) 一部 Aida [2004] を参照．

　ウジャマーに続いて新たに組織されたキクンディも，稚魚の購入を希望した．プロジェクトは養魚に関わるキクンディがこれほど急速に増えていく展開を予期していなかったが，養魚活動を通してプロジェクトの趣旨が広く理解されることを期待して，キクンディの増加を支持・支援した．しかし，その一方で，個人の養魚池が急増している状況を見て，プロジェクト活動が単に個人利益の促進だけに収斂していくことを危惧していた．プロジェクトは，村にもたらされたモノや技術の共有や平等な分配を考え，稚魚の提供に関してある条件を提案した．ウジャマーは稚魚を買い取ることによって入手したが，続いて組織されたキクンディのうち，ファミリア，ヴミリア，ウモジャ・エンデレヴ，ムワムコの4つに対して，プロジェクトは稚魚を無償で提供し，その代わりに新たなキクンディが組織された際には，自分たちがもらったのと同数の稚魚を，新キクンディに分配するように依頼したのである．この方式で稚魚を得た新たなキクンディも，その分配方法を引き継ぐという，いわばリレー式の分配方法であった．プロジェクトから稚魚をもらったキクンディもおおむね繁殖に成功し，リレー式の稚魚分配方法を遵守していった．表6-2に3つのキクンディによる分配の状況を示したが，彼らはもらった数以上の稚魚を後続キクンディに分配していた．また，ティラピアは水温が低いと産卵期が早まるという性質があり，冷たい湧き水を使った養殖がキクンディの急増を支えていたことも指摘しておく必要がある．こうして多くの住民が，稚魚の入手には，キクンディを組織してリレー式分配方法

に参加することが有効であると認識し，そのこともキクンディが急増した1つの要因であったと推察できる．

2) 魚網の貸借システムの構築

　魚が成長してくると，今度は収穫方法が問題となってきた．魚の収穫に適した魚網はムビンガ県では販売されておらず，大都市でしか入手できない．当初，プロジェクトはできるだけ地域の素材を活用しようとして，魚の収穫に関しても，もんどりや筌などを利用した方法を提案した．しかし，実際に試してみると，魚はとれずに蛙ばかりがとれ，これらの方法はうまくいかず，ウジャマーからは魚網の購入を希望する声があがるようになった．外部資材の持ち込みに慎重な態度をとっていたプロジェクト・スタッフは，この提案がだされてからもしばらくは，誰でも簡単に収穫できる方法に固執して試行錯誤を繰り返していた．しかし，プランクトンを餌にするティラピアをつかまえるのは難しく，業を煮やしたウジャマーのメンバーは強く魚網の購入を主張するようになっていった．

　プロジェクトのスタッフは，キクンディとの協議を重ねた末，「住民にとって高価な漁網の購入は難しい」，「在来の方法を使うことに意義がある」という先入観が強すぎたことを認めた．ウジャマーの主張が，長年，コーヒーという優れた換金作物を栽培してきた自信と，コーヒーから得られる多額の収入を他の活動に投資するという彼らの経済感覚に支えられたものであることを理解し，最終的に魚網を購入することに同意したのである．スタッフは首座都市ダルエスサラームで魚網を購入し，ウジャマーがその魚網を買い取った．ウジャマーはキクンディ内で話し合い，他のキクンディやキクンディに所属する個人が利用する場合には魚網を無料で貸し出し，いずれのキクンディにも所属していない個人が使用する際には1回につき500シリング徴収することを決めた．稚魚を必要とする新たなキクンディのメンバーは，別のキクンディが魚を収穫する日に立会い，収穫を手伝いながら魚網の取り扱い方，収穫のコツを学んでいった．稚魚の分配の場は，魚網の使用方法を習得する場ともなっていったのである（写真6-10）．このようなキクンディ間のつながりを通して，村内で魚の繁殖から収穫までの一連の工程がま

写真 6-10　ティラピアの収穫．複数のキクンディが協力して収穫する．

かなえるようになった．ここにきて，養魚をめぐるプロジェクト・スタッフと住民のやりとりは，ひとつの区切りをみたといえる．

　キクンディの増加に伴って漁網の使用頻度が高まり，当然ながら，自分たちの魚網をもちたいと思うキクンディが現れるようになった．当時，私の後任としてキクンディ活動をサポートしていた青年海外協力隊員のA氏を介して，複数のキクンディが独自に漁網を購入した．しかし，キクンディごとに経済状況も異なるので，すべてのキクンディが魚網を購入するのは容易ではない．2004年にプロジェクトが終了するまで，村内にはキクンディと個人所有をあわせて200の養魚池が造成されていたこともあり，依然として魚網の貸し借りはキクンディ間の重要な交渉事項であった．

　プロジェクトが発足し，活動が進展するにつれて，住民がキクンディを結成する大きな動機が融資の獲得であったことも明らかになってきた．それは，近年のマイクロ・ファイナンスを推進する開発援助の動向が強く影響していた．この流れの中で，タンザニア政府は2000年頃からキクンディによる活

動を支援するとともに，それへの融資を盛んに宣伝するようになっていた．プロジェクトがキクンディの要望に応える形で稚魚や漁網を提供したことも，融資への期待を抱かせることになっていたかもしれない．しかしながらスタッフは，住民が融資を強く希望していることを認めながらも，プロジェクトがマイクロファイナンスを普及する開発とは異なり，住民自身が何をすべきかを構想・実践するための活動であることを明確に示すため，実践活動を通した取り組みを継続していったのである．ティラピアの養殖自体は実質を伴っていたことで，ほとんどの住民にとって大きな刺激となり，キクンディ活動は活発になっていったが，プロジェクト側のこうした対応は融資をあてにしてキクンディを結成した人々にとって期待はずれであったといえる．

この時点で，住民とプロジェクトの目標にズレがあったと指摘できるが，その一方でプロジェクトによる稚魚や魚網をめぐる対応は，キクンディの結成だけでなく，キクンディ間の相互交流を促す契機ともなり，それが活動の展開に影響を与えていった．キクンディのメンバーのなかには，プロジェクトが融資活動をしないことに不満をもらす者もいた．しかし，養魚をめぐる住民とプロジェクトのやりとりの末に，キクンディ間で稚魚の分配や魚網の貸借システムが確立され，多くの人々がキクンディ活動にひきつけられ，キクンディ活動がどういうものであるかを経験することになったのである．

3） クランを基盤とした組織原理

このようにして組織されたキクンディには，2つの特徴を指摘することができる．図6-6に，2005年1月までに村内で組織されたすべてのキクンディについて分類した．結成を主導したのが外部か住民か，また構成メンバーが友人主体かクラン主体かに分け，発足年順に並べた．横軸が発足年で，横棒は各キクンディの存続期間をあらわしている．白抜きは，政府や外部機関などが主導した友人主体のキクンディ，黒は住民が自発的に組織した友人主体のキクンディ，グレーは住民が自発的に組織したクラン主体のキクンディを示している．1つ目の特徴は，外部機関が主導して組織したキクンディは，ウジャマー・キクンディが発足する以前にしかなく，ウジャマー以降のキクンディはすべて住民が自主的に組織したことである．ウジャマー自身は，

第2部 農村開発の実践

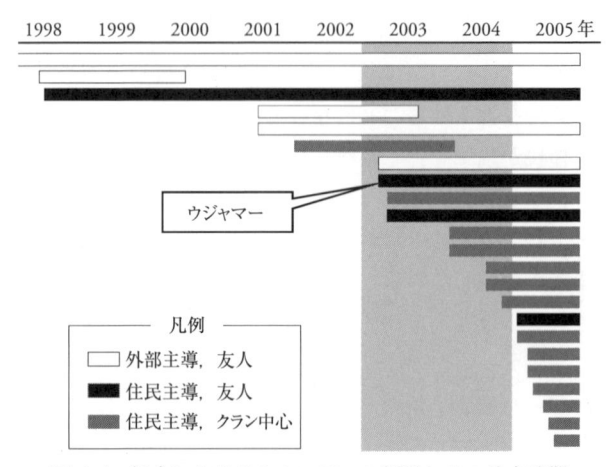

図 6-6 村内におけるキクンディの類型とその結成時期

注 1) 図中の番号は表 6-1 に対応.
注 2) 網がけの部分はキタンダ村における SCSRD プロジェクトの活動期間をあらわす.

SCSRD プロジェクトが活動を呼びかけたことが契機となったが，キクンディ自体は彼らが組織したので「住民主導」のカテゴリーに入れた．ウジャマー以降は，そうした外部からの働きかけがなかったにもかかわらず，多くのキクンディが発足した．

　もう 1 つの特徴は，ウジャマーの後に組織されたキクンディの多くがクラン中心のメンバーで組織されていることである．これらのキクンディは，ほとんどが通婚関係のある 2 つのクランのメンバーで構成されている．

　マテンゴは，小尾根のような地形的な境界によって囲まれた土地を確保し，そこに 1 つないしは 2 つの拡大家族がまとまって居住している．それが，ンタンボと呼ばれる社会生態的な生活領域である．拡大家族の成員は世帯単位で食事するのではなく，バラザと呼ばれる場所に集まって食事を共にする習慣があった．共食の場では，様々な情報が交換されたほか，もめ事の調停や拡大家族に関わるすべての事柄の決定がなされていたという．この集まりをセングというが，現在ではこの慣習も見られなくなってしまった．しかし，地縁でもつながっている拡大家族は，互助労働や日常的な活動の情報を共有する単位として今も意味をもっている．通常は，クランや拡大家族の

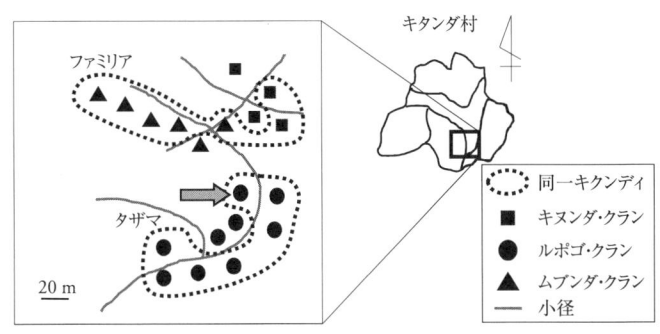

図6-7 ファミリア・キクンディとタザマ・キクンディを構成する
　　　メンバーの家屋配置

つながりは強く意識されていないようにみえるのだが，冠婚葬祭の決め事，もめ事，重要な決定をするときなどには，その結束がにわかに顕在化してくる．

　その良い例を次に紹介する．図6-7は，ファミリア・キクンディとタザマ・キクンディのメンバーが暮らす家の配置を示している．黒塗りの記号は家を指し，四角・三角・丸はそれぞれ異なったクランを示している．点線で囲まれた世帯群は，同一のキクンディに所属していることをあらわしている．彼らも拡大家族ごとにまとまって暮らしている．ファミリアを構成するムブンダ・クラン（三角印）とキヌンダ・クラン（四角印）には姻戚関係がある．キクンディの数が増え始めた頃，矢印で示したルポゴ・クランの若者が，すでに組織されていたファミリア・キクンディに加入しようとした．しかし，彼がそのことを父親に話すと，父親は「ファミリアはよそのクランだからやめておけ．たとえファミリアがおまえを受け入れてくれたとしても，後々，キクンディ内で周縁に置かれるのが目に見えている」と助言したという．この助言を受けて，息子は自分の所属するルポゴ・クランの人々を誘い，新たにタザマ・キクンディを立ち上げた．新しいキクンディには，クランのメンバーでまとまろうとする傾向がみられる．そのことがキタンダ村内に存在する多数のクランを反映して，図6-5で示したようにキクンディの地理的な分散を形作っているのである．

4) 複数のキクンディをかけもちする人々

キクンディ数が増加するにつれて，複数のキクンディをかけもちする人々が現れるようになった．キクンディに所属しているすべてのメンバー数は，増減が激しく，正確な数字を得るのは難しいが，250人前後と推定できる．その中で2つ以上のキクンディに所属している人物は合計27人いた（男性11人，女性16人）．そのうち，4つのキクンディに所属する人物は2人おり，3つのキクンディに所属する者が2人，2つのキクンディに所属しているのが22人いた．図6-8は，複数のキクンディをかけもちする人々の所属状況を示している．かけもちする人たちのなかには，まず既存のキクンディに入り，それへの所属を継続しながら，自分の親族を集めて新しいキクンディを組織した人たちがいた．

ウジャマーの後に組織された15のキクンディのうち，ファミリア，ムワムコ，タザマ，ジハザリ，マトケオ・ウサガジ，ボレラ・ジフンゼの6つが，このような経緯で組織されたキクンディであった．例えば，図6-8のNo. 6の男性は，まず村内でのキクンディ活動の勃興期に「FFSプロジェクト」を担うウモジャ・ニ・ングヴに所属していたが，指導的立場にいたわけではない．このキクンディが会計の資金流用で実質的に解散となった後に，彼はARI-Uyoleの「土壌肥沃度回復試験プログラム」のジュフディに参加した．その後，SCSRDプロジェクトによる活動が活発になり始めた2003年にはNo. 10の男性と協力して親族を動員し，新しいムワムコ・キクンディを立ち上げた．このキクンディは，隣り合う2つのクランのメンバーによって構成されており，クラン間には姻戚関係がある．

過去にキクンディ活動の経験をもつ人は，イニシアティブをとってクランのメンバーを動員し，新たなキクンディを組織する．また，現在も存続する別の（複数の）キクンディに同時に所属している．彼らは外部情報の入ってくる経路を確保しながら，そこで得た情報を自分のクランが中心となるキクンディに伝える役を担っているのである．

20キクンディ中の15にかけもち者が存在しているが，彼らは情報チャンネルの機能を果たし，新たな情報はキクンディ間で速やかに共有されていると考えてよいであろう．同時に，こうした人々の動きがキクンディ数の増加

第6章 タンザニア・マテンゴ高地

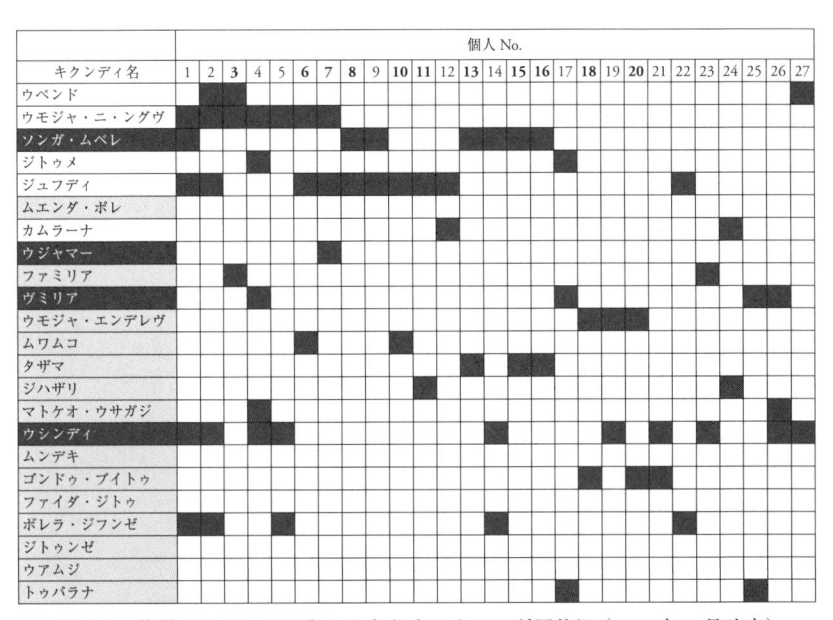

図6-8 複数のキクンディをかけもちする人々の所属状況（2005年1月時点）
注1）塗りつぶされたセルは，そのキクンディに所属していることをあらわす．
注2）個人No.の太字は男性をあらわす．
注3）キクンディ名のセルの色は，図6-6の類型と同じである．

にも影響を及ぼしたことは間違いない．しかし，村内のすべてのキクンディが，このネットワークに関係しているわけではない．図6-9は，複数のキクンディをかけもちするメンバーが形成するネットワークを示している．丸印は村内すべてのキクンディをあらわし，結成順に12時の位置から反時計周りに配置してある．網がけ部分はプロジェクト以前に発足したキクンディで，×印はすでに活動を停止したキクンディを示している．キクンディ間をつなぐ線は，かけもち者の存在をあらわしている．丸印の色の区別は，図6-6，図6-8と同様である．これを見ると，ウジャマー以前に発足した古いキクンディとかけもちする者が多いことに気づく．これは，初期から諸プロジェクトに参加していた人たちはキクンディ活動に積極的で，彼らが新たなキクンディの立ち上げに中心的な働きをしたことによる．また政府系のキクンディ（○）と関係を持ち続けることで情報の多元化を期待しているのではな

341

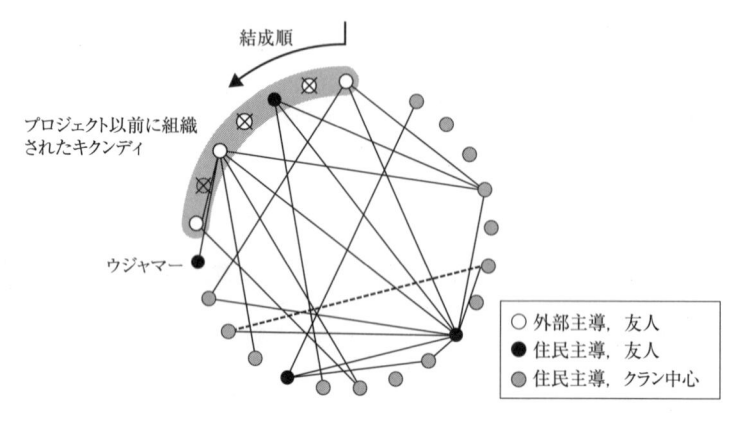

図 6-9　複数のキクンディをかけもちするメンバーの有無（2005年1月の時点）
注）キクンディ間を結ぶ線がかけもちするメンバーの存在をあらわす．

いかと推察できる．新しいキクンディ間をかけもちする人もいるが，それは主に友人中心のキクンディ（●）とクラン中心のキクンディ（○）をつなぐ役割をしている．また，クラン中心のキクンディ（○）の間でかけもち者がいるのは点線で示した1件だけで，クラン中心のキクンディは情報を共有する経路が乏しい．1人もかけもち者がいない5つのキクンディは，いずれもクラン中心のキクンディであった．

3-5.　見学プログラムの実施からキクンディ協議会の形成へ

　プロジェクト・スタッフと密接に関わり，プロジェクトに関する情報を直接に受け取る立場にいたウジャマーは，新規の参入者を断った際の約束どおり，積極的に新たに組織されたキクンディをまわり，養魚活動を進めていく上での要領や養蜂箱のつくり方などを伝えなければならなかった．キクンディの数が増えるにつれて，ウジャマーが技術指導に赴く機会も多くなっていった．同時に，資金の使い込みや，魚や共同耕作した作物の盗難などの問題を抱えるキクンディも増え始め，その調停を依頼されることも多くなって

いった．また，活動自体が停滞するキクンディも増加し，その活動を再開するよう促す仕事も増えた．ウジャマーが実施していた巡回指導は，孤立しがちなクラン中心のキクンディに新しい情報を伝える役割も担っていた．稚魚分配や魚網の貸借をめぐる相互交流はますます活発化する一方で，増え続けるキクンディに対してウジャマーだけが巡回指導するのは困難になっていった．

　図 6-5 に示したように，新たなキクンディは村全体にくまなく分布する．キタンダ村は，縦貫するメインロードを徒歩で通り抜けるだけで，ゆうに 1 時間を要するほど広い村である．そのため，技術指導や問題の調停を依頼される機会が多くなるにつれ，ウジャマーは時間的な限界を感じ始めていた．そして，村内に常駐する農業改良普及員と相談し，各キクンディの間でも話しあい，キクンディが相互に活動場所を訪問する「見学プログラム」を提案した．それは，それぞれのキクンディが相互に活動を見学することで，情報交換を活性化し，また直面する問題に対して助言しあえるような交流の機会を定例化しようというものであった．この企画はすぐに受け入れられ，見学会が始まった．写真 6-11 はその話し合いの様子である．見学会は頻繁に開かれるようになり，いつしか見学を受け入れる側は鶏肉料理などの御馳走を用意するようになるなど，見学会はキクンディ活動に関与する人々にとって一種の楽しみの機会にもなった．ウジャマーが担っていた巡回指導を見学プログラムが代替するようになっていったのである．1 人もかけもち者がいないキクンディも，見学プログラムによって様々な情報を共有できる機会を得られるようになったのである．

　このような動きが発展して，プロジェクト終了後の 2004 年 5 月 14 日に，ウジャマーと農業改良普及員が中心となり多くのキクンディが協力して，すべてのキクンディを統合するキクンディ協議会が発足したのである．協議会の 3 役は，投票によって，異なるキクンディから選出され，議長にはウジャマーのリーダーが就任した．この協議会は 2〜3ヵ月に 1 度，会合をもつようになった．協議会には合計 184 の世帯が関わっていたが，これは村の全世帯の 3 分の 1 に相当する．

　キクンディやキクンディ協議会の結成によって，農村開発の活動に直接関

第 2 部　農村開発の実践

写真 6-11　キクンディの見学プログラム．キクンディが相互に訪問しあって情報交換する．

わる村人の数は急速に増加した．会合の場では，新たな技術などを含む情報の共有が常に求められ，キクンディ協議会は有益な情報を得る場として機能し始めた．また，協議会はルールの設定とその監査の役割を果たすようにもなった．例えば，リレー方式の稚魚分配は，キクンディ間で遵守すべきルールとして共有されるようになると，キクンディ協議会で議題として取りあげられ，モニタリングされるようになっていた（2005 年 5 月 10 日のキクンディ協議会議の議事録より）．また，県職員を招いて技術指導を受ける計画を立て，その日程を調整する話し合いをもつなど，新たな活動を創出する機能も備え始めたのである．

3-6. 副次効果の増幅作用

(1) 新たな連帯性の創成

　コーヒー産業は外貨獲得の主要な手段として，長年にわたって国家に擁護されてきた．コーヒーを主要な生業の1つとするマテンゴは，協同組合MBICUに資金運用を全面的に依存していたが，コーヒー市場の自由化によってMBICUが崩壊し，農民は個々人の裁量で資金を運用しなければならなくなった．マテンゴは農業経営に不慣れであったし，また，1990年代の後半から世界市場におけるコーヒー価格が暴落したこと，農業資材の価格高騰などが重なり，ムビンガの経済は大混乱に陥った．このような状況の中で多くの住民は，新たな収入源を模索するとともに，どのタイミングで，どの買い付け業者にコーヒーを販売するかといった情報が生計を大きく左右することも実感し，MBICU全盛の時代には薄れていた住民同士の連帯を強化して，情報網を拡充するようになっていった．このことが，キクンディやキクンディ協議会の形成に強く影響していたと考えられる．

　キクンディ協議会にみられた特徴として，リレー式稚魚分配の励行，魚網の共有，情報共有を目的とした集会の開催など，キクンディ間の平等性に配慮した姿勢をあげることができる．その発端は，ウジャマーが実施していた巡回指導であった．ウジャマーは当初，プロジェクトと村社会をつなぐ窓口として，プロジェクトがもたらす情報や技術を他のキクンディに伝える役割を担っていた．当初それは，ウジャマーが村社会から孤立しないための，暗黙の「義務」であったように思う．やがて，彼らは自分たちが所有する魚網を他のキクンディと共有することを提案したり，見学プログラムを企画・実施するなどしながら，プロジェクトとキクンディ全体をつなぐ役割を積極的に担うようになった．自分たちの活動に向けられた村びとやプロジェクト関係者の熱い視線が，ウジャマーに指導者としての自覚と自信をはぐくみ，献身的な巡回指導を支えていたと考えられる．キクンディ協議会の形成には，村内のネットワークを創出することで外部の情報を積極的に取り入れ，地域社会全体で情報や経験を共有し，連帯しようとする人々の姿を読み取ることができる．このような共有や連帯の形は，前述のサマやンゴケラのような，

生計の維持を目的とする共同とは明らかに質的な違いがあった.

東アフリカの農村社会では, 地域社会内での平等性を重んじる傾向が度々指摘されてきた［掛谷1994］. ウジャマーの巡回指導や協議会の形成は, 有益な情報にアクセスする「機会の平等」を保障し, 社会の底上げ的な発展につながる動きも内包していたのである. 市場原理に基づく個人主義的な経済体制を背景にして, 平等性を重んじる傾向が, 情報の共有という形で表れたのであろう.

鶴見［1977；1996など］は, 西欧モデルに基づく近代化とは異なった地域発展の道を模索する中で「内発的発展」という考え方を提示した. その核心部には, 内部者と外部者との間の相互作用と, そこから生まれる創造的な営為があることを指摘している. キタンダ村の事例では, 外部者とのインターラクションによって新たな技術が創造されたが, それが平等性を重んじる社会のなかに波及する過程で, 技術や情報を共有するためのネットワーク体制（キクンディ協議会）が形成されていったのである. それは, 外部からの刺激が, 国家の過度の干渉によって潜在化していた住民の連帯性を, 現代的な状況に対応する形で活性化した事例であり, アフリカにおける内発的発展のひとつの方向性を示唆しているといえよう.

(2) 副次効果の「増幅作用」を目指すプロセス

以上のことを踏まえて, プロジェクトの副次効果の解明という問題に立ち返り考察しておきたい. SCSRDプロジェクトは, その始動以前に地域社会のキャパシティ・ビルディングという最終的な目標を設定していたが, プロジェクトの中間段階までは活動の具体的な目標や内容を柔軟に決めていく手法をとった. その手法は, プロジェクトが農村開発の指針として掲げた「SUAメソッド」の中で「やりながら考える」と表現されている. それは, 詳細な実態把握を前提に, 計画の変更も視野に入れながら, 住民の意思決定を尊重する態度で諸活動を推進し, 具体的な活動を通して得られる情報を目標や次の活動にフィードバックすることを意図していた.

実際の活動の試行段階では, キクンディが急増し, キクンディの思惑のひとつが融資の獲得であったことも明らかとなった. しかし, スタッフはプロ

ジェクトの目的が融資の提供ではないことを改めて強調しつつ，キクンディを，諸活動の波及を促す組織として，またプロジェクト側と住民とのインターラクションを積み重ねる母体として捉え，キクンディの増加とキクンディ間の相互交流を促していった．その内容は，稚魚提供の場合にみられたように，お互いの意図のすり合わせであったり，魚網の場合のように，意見の相違の調整を含んでいた．特に後者の場合は，従来，開発の現場において開発実施側と受益者側に生じる「ズレ」として度々指摘されてきた．しかし，プロジェクトが納得の上で提供した魚網は，住民側ではキクンディ間の共有物として位置づけられ，リレー式稚魚分配方法とセットになってキクンディ間の相互交流を促した．以上のことと，キクンディの結成を支えたクランに基づく組織原理や，キクンディをかけもちする人物の存在の動向とが作用しあい，最終的に見学プログラムの立案やキクンディ協議会を形成する基盤が整えられていったのである．結果として，住民がキクンディを融資の受け皿としてだけでなく，住民主体の活動を創出する母体として重視するようになったこと，また，情報の共有や新たな活動の創出に向けてキクンディ間のネットワークを強化したことなどは，このプロジェクトが当初に想定していなかった展開であり，一連の実践活動の副次効果であるといえる［黒崎 2010］．そして，このことは結果として，プロジェクトの最終的な目標である地域社会全体のキャパシティ・ビルディングに適う内容であった．

　以上の事例は，「ズレ」が生じた後をフォローすることの重要性を示している．「ズレ」が生じた時点で，それを過小評価したり，あるいは深刻に捉えて活動をストップさせてしまうことのほうがむしろ問題であろう．その場合，有効な「副次効果」となりえた動きが小さなエピソードとして終わってしまう可能性もある．したがって，設定した活動から逸れた動きを副次効果の兆候と捉え，その意味を地域の生態・経済・社会・文化の文脈の中で理解し，ネガティブな方向に向かうのであればそれを押し留め，ポジティブな方向に向かうのであれば，有効な副次効果にまで高める，いわば「副次効果の増幅作用」ということを意識しながら関わっていく姿勢が重要になってくる．そして，そのためにもプロジェクト実施者にとって地域の詳細な実態把握とプロセス・モニタリング，それにフィードバック・ループを組み込んだ

プロジェクト設計が重要となるのである．

一般にプロジェクト方式の開発は，「プロジェクト・サイクル・マネジメント（PCM）」という考えに沿って，「プロジェクト・デザイン・マトリックス（PDM）」と呼ばれるような，活動・評価指標・インプットから目標達成までの経路などをあらかじめ決定した概要表を作成しなければならない．近年では，プロセスを重視するプロジェクトにおける PCM の限界が指摘されるようになり，計画を実施していく過程で，必要に応じて，ある程度の修正が認められている［国際協力総合研修所 2007］．しかし，実際の開発の現場では，時にすばやい対応が必要である．そのつど PCM や PDM を修正するプロセスを前提にすれば，柔軟な対応にも自ずと限界がある．SCSRD プロジェクトが掲げた「やりながら考える」という手法は，副次効果を増幅し，それを目標に反映できる柔軟な体制づくりを可能にしたのである．この事例は，あえて最初に指標を設定せず，目標の段階的な設定を PDM に組み込むことが，より最終的な目標に近づく場合もあることを実証的に示している．

「副次効果の増幅作用」を目指すプロセスは，まさに内発的発展の形と重なる．インターラクションを重視する参加型開発は，住民主体の動きを引き出すことのみならず，内発的発展へと展開していく可能性を秘めている．このことを理解し，副次効果を意識したプロジェクト設計による開発実践と，その副次効果の行方を見極める調査・研究の蓄積を両立させていくことが重要である．そのことが最終的に，内発的発展を支援する農村開発モデルの充実化にもつながるであろう．

4 ······· マテンゴ高地における持続可能な地域開発の試み

［田村賢治］

4-1.「飽き」と内在化

SCSRD プロジェクトは「目に見える成果」がなかなか現れないという指摘を受けながら，プロジェクトの後半期になってようやく成果が現れるよう

になり[馬渕・角田 2004]，それは，プロジェクト協力が終了した後のフォローアップの期間を通じていっそう「目に見える」形になっていった．グループに拠った村人の活動が量的・質的な進展を遂げつつ地域に内在化し，村人の自立的な地域開発の活動につながり始めたからである．

しかし一方でフォローアップ協力も終わりに近づくころ，私は村人の活動にある種の"飽き"とでもいえるような「雰囲気」を感じるようになっていた．これはなにを意味するのであろうか．その"飽き"の中に，活動が村人の日々の生活に埋め込まれていく過程をみることはできないだろうか．そしてその延長上に，持続可能な地域開発のあり様を見出すことができないだろうか．

私は SCSRD プロジェクト協力期間の後半，2002 年 9 月からプロジェクト協力終了時をはさんでフォローアップ協力が終わる 2006 年 9 月まで JICA 専門家として SUA に派遣され，主としてムビンガ県における実践トライアルに携わった．本節では，この間の，蓄えられてきた「成果の芽」が萌え出していった過程を概説し，それがもつ意味をタンザニア農村における地域開発の自立性，したがって持続性という観点から検討する[6]．

4-2. モデル・サイトの概要

ムビンガ県，ならびに SCSRD プロジェクトの概要は，本章 1 節で説明しているので省略し，プロジェクト活動の内容や展開プロセスについても本章の 2 節と 3 節で詳述されているのでここでは概要だけを示す．

SCSRD プロジェクトは，標高 900 メートルから 2,000 メートルに至るマテンゴ高地のキンディンバ村とキタンダ村の 2 村をモデル・サイトにした（本章 1 節の図 6-1）．キンディンバ村は標高が 1,400〜2,000 メートルの山岳地にあり，マテンゴの歴史的な中心地の 1 つである．かつて他民族との抗争が激しかった時代には，マテンゴはこの急峻な山地にたてこもり，高い人口密度のもとでンゴロという集約的な農法を発達させてきたのである．イギリスの委任統治領時代に入ると民族抗争は鎮静化し，1950 年頃から，窮屈な環境の中で暮らしていた山岳地の人々は，周囲の丘陵地帯に移住するように

なっていった．当時，丘陵地帯はまだ深いミオンボ林に覆われていたが，彼らはそれを切り開き，ンタンボを保有し，家を構え，ンゴロ農業とコーヒー園を造成するという，山岳地帯とまったく同じ生活空間をつくり上げていった．キタンダ村は，そうしてできた開拓村の1つである．マテンゴ高地の村ではあるが，1,000メートル前後と標高の低い丘陵地に位置していて，人口密度は低く，キンディンバ村とは著しい対照を示している [SCSRD 2004]．

4-3. 活動の開始

SCSRDプロジェクトは，県やキンディンバ村，キリスト教系NGOカリタスとの協議のうえ，同村内でハイドロミルの建設事業を支援することになった．カリタスが県内でハイドロミルを運営しているという実績が，その建設へ人々の熱意をかきたてた．

住民参加によってハイドロミルを建設しようというプロジェクトの呼びかけに応じて，キンディンバ村の評議会のもとに建設委員会（セング委員会）が結成された．ハイドロミルは，村評議会とこのセング委員会の指揮のもとキンディンバ村のほぼ全世帯が建設工事に出役し，カリタスの技術指導，県の資材支援，SCSRD/JICAの機械装置の支援を得ることによって完成し，2002年5月から運転が開始された．完成後セング委員会は，ハイドロミルの運営を担うこととなった．セング委員会はまた，ハイドロミル継続の前提となる水源林の保全・回復のために植林運動を主導し，直営の苗圃で生産した苗木の配布を開始した．

一方キタンダ村では，2002年4月にSCSRD/JICAと村長を含む村人数名との話し合いがもたれた．その結果，人口の増加に伴って破壊が進む森林の回復を図りつつ，持続性のある多様な経済活動に取り組むことが決まった．その活動を担う主体として村人は「農民グループ（キクンディ）」を結成することになり，その名称をウジャマーとした．ムビンガでその後SCSRDプロジェクトの活動を担っていくことになる最初のキクンディの誕生である．

ウジャマーはその活動を乾季の谷地耕作，養蜂，育苗・植林からスタートさせたが，しばらくして，メンバーの提案によってティラピアの養殖を手が

けていった．SCSRD が提供した稚魚は順調に成長して半年後に収穫を迎えた．ウジャマーが試行錯誤の上につくり上げた養魚システムは，キタンダ村だけでなく，近隣の村々にも大きなインパクトを与えることとなった．

　養魚の成功に触発されて，その後，新しいキクンディが続々と組織されることになった．ウジャマーは，後続のキクンディを支援するにあたって，養魚活動に欠かせない水源林，養蜂活動に欠かせない蜜源林の復元のために植林に取り組むことを求めた．このため，キタンダ村における各キクンディの活動形態は，育苗植林・養魚・養蜂を核としたものとなっていった．キクンディの誕生，養魚池の造成が急ピッチで進むという当初予想していなかった展開に直面した SCSRD/JICA は，稚魚を無償で提供するキクンディに対して，後続のキクンディに，提供された数量の稚魚を無償で分け与えるという条件を示した．この「リレー式」稚魚配布方式は村人に受け入れられ，その後のキタンダ村における稚魚配布のルールとなった．魚の収穫方法についても試行錯誤の末，キクンディが市販の魚網を購入して共同で利用することになった．こうして養魚については，稚魚の入手・管理・収穫に至る全過程が村内で完結できるようになり，それがその後のキクンディ，個人による養魚活動の展開を支える基盤となったのである．

　キタンダ村でキクンディの誕生が続いていることは，キンディンバ村の人々にも伝わった．キンディンバ村ではセング委員会によるハイドロミルの運転が始まり，建設に携わった村人は施設の利用者としての立場になっていた．2003 年のはじめ，SCSRD/JICA は村人の求めに応じてキンディンバ村の希望者数人をウジャマーの視察に案内した．ウジャマーのメンバーは彼らの活動の経過，活動を支えている理念を説明し，土産に彼らが育てた植林用の苗木をもたせた．この視察後すぐに，最初のキクンディがキンディンバ村に誕生した．彼らはウジャマーにならって池掘り，養蜂用丸太材の加工，植林用苗の播種作業からその活動を始めた．SCSRD/JICA はキタンダ村と同様の条件を示して，稚魚の無償提供，共同利用の魚網の提供をおこなったこともあって，その後キンディンバ村でも，第 2，第 3 のキクンディの誕生が続くことになった．

4-4. 活動の展開

(1) 農民交流集会と活動の量的展開

　2002年4月に最初のキクンディがキタンダ村に組織されて以降，1年の間をおいてキタンダ・キンディンバ両村ではキクンディの誕生が相次いだ．キタンダ村ではウジャマーを中心に，養魚池を相互に訪問し，共同して収穫作業をおこなうことがみられた．あるキクンディのメンバーはそれを，ウジャマーを兄とする「兄弟」の関係だと説明した．

　このような動きをみてSCSRD/JICAは，キクンディのメンバー全員による交流集会 —— 両村の相互訪問 —— の開催を呼びかけた．5年間のプロジェクト協力が終了する直前の2004年1月末にもたれたこの「農民交流集会」には，キンディンバ村からは5キクンディ62人，キタンダ村からは9キクンディ91人，合計15キクンディ150人余の人々が参加して，初日と2日目にそれぞれの村を訪問し合った後，3日目はムビンガの町中の会議場で活動報告・意見交換会がもたれた（写真6-12）.

　農民交流集会がキクンディ・メンバーに与えた影響が大きかったことはいうまでもない．特に後発のキンディンバ村のキクンディは，キタンダ村の養魚や養蜂の技術に大きな刺激を受けた．村人はたがいに直接話し合い，盛んに情報や意見の交換をし，そこで得た知識に工夫を加えながら新たな活動に取り組んでいった．キンディンバ村のあるキクンディ・メンバーは，後日あらためて技術指導を受けるためキタンダ村を訪れている．1つのキクンディの技術が交流による模倣と工夫を介して他のキクンディに伝わっていったのである．村人同士が直接交流することによって，優れた技術や知恵の数々が他のキクンディに波及していく様子は，タンザニア農村における情報伝達，技術普及のあり様という面から注目される．

　両村間でもたれた交流集会は，それを見ていたそれぞれの村人にも強い印象を与え，その後のキクンディの急増につながった．農民交流集会の後，先行するキクンディのリーダーを多くの村人が訪れてその活動に加えてほしいと申し出たが，各リーダーはそれを受け入れなかった．組織があまりにも大きくなることを恐れたからである．リーダーたちは加入を望んだ村人にたい

第 6 章　タンザニア・マテンゴ高地

写真 6-12　農民交流集会．両村のキクンディが集まって活動を見学に行く．

して，キクンディを自分たちで結成するようにとアドバイスし，そのための支援を約束した．こうして農民交流集会後，JICA のプロジェクト協力が終了した後になって，たくさんのキクンディが村人同士の助け合いの中で誕生していったのである．

　SCSRD プロジェクトが 2004 年 4 月末をもって終了してから，フォローアップ協力という形で SCSRD/JICA の活動が再開される同年 11 月までには数ヵ月の空白期間があった．この空白期を経て私たちが現場に見たのは，村人によって自主的に続けられていた活動であった．キクンディには心配された活動の停滞といったようなことがみられなかったどころか，その数においても質においても大きな進展がみられたのである．

　図 6-10 はプロジェクト協力終了時をはさんでフォローアップ協力が再開された頃までの，キクンディが誕生していく様子を時系列で示したものである．プロジェクト協力終了時点の 2004 年 4 月末に活動していたキクンディ

第2部　農村開発の実践

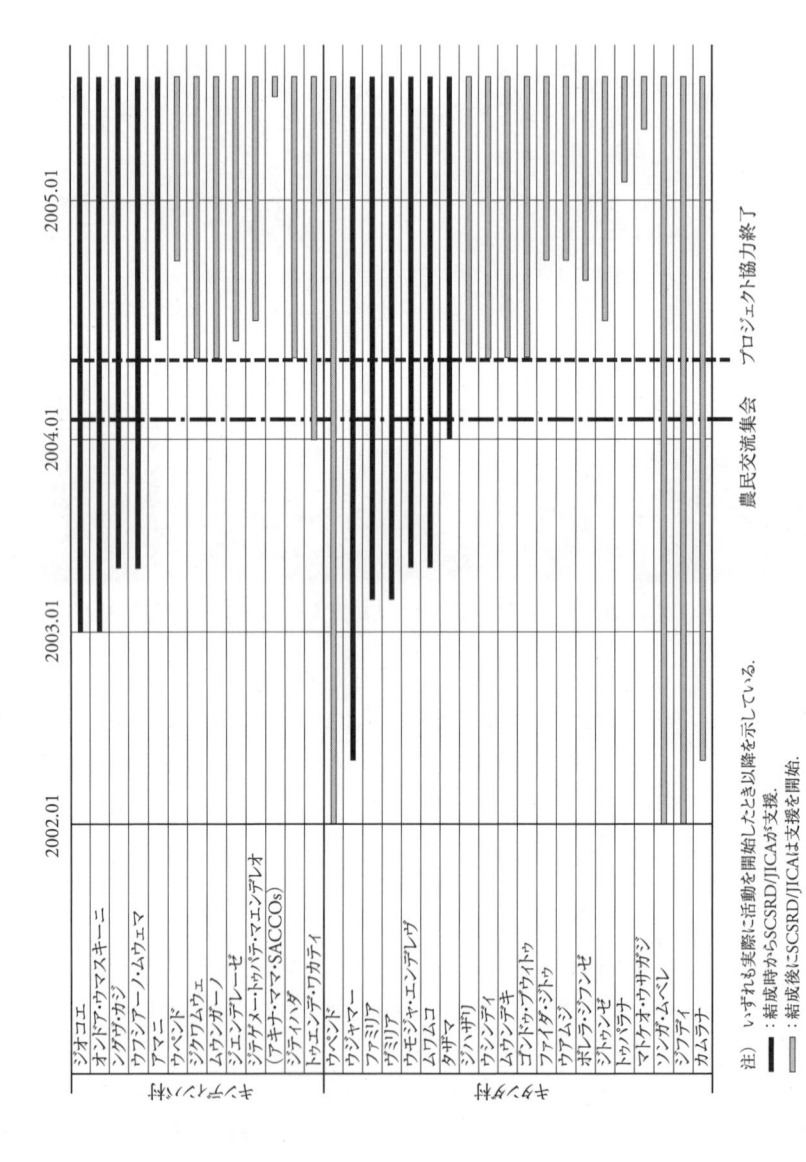

図 6-10　時系列にみたキタンディの組織化過程

の数はキンディンバ村で4，キタンダ村では7，合計11であったが，同年11月に現地を再訪したときにはそれぞれ10と14，合計24になっていた．キクンディはその後も増減を繰り返しながらフォローアップ協力が終了する2006年9月には，キンディンバ村で15，キタンダ村では19，合計34（ピーク時には42）のキクンディが活動していた（表6-3a, b）．

　交流集会が村人をキクンディの結成に向かわせた大きな要因であったが，魚自体の魅力と養魚システムが確立されていたことも別の要因としてあげることができるだろう．養魚については，池の造成から，稚魚の入手，給餌，収穫に至る全工程の技術がすでに確立されており，また先行のキクンディから技術指導を受けられる体制が整っていた．養魚にひかれた村人は誰でも容易にそれを始められたし，養魚を活動の起点としてキクンディを結成することもできたのである．

　養魚池の増加はキクンディの増加をはるかに上まわる勢いで進んだ．これは新たなキクンディだけでなく，キクンディの個々のメンバーやキクンディには加わっていない村人も個人で養魚池をもとうとした結果である．キンディンバ村のムトゥング村区ではキクンディのリーダーの発案で，すべての世帯が養魚の恩恵にあずかれるようにキクンディや個人による養魚を奨励し，池掘りや稚魚の配布を計画的に支援した[7]．またキタンダ村のあるキクンディでは，リーダーの提案でメンバー全員が自分の池をもつことにした．キクンディで学んだ養魚技術を個々のメンバーが十分に習熟できるようにするためだと，このリーダーは語っていた．

　こうしてムビンガの養魚は，2002年11月にはじめてキタンダ村のウジャマーに導入されて以来，2005年6月にはキタンダ村には210，キンディンバ村では75の養魚池が存在するまでになったのである[8]．

(2) 活動の質的展開

　キクンディは数の増加とともに，その活動内容でも進展を遂げた．活動は多様化し，プロジェクト協力時代にはみられなかった養豚や養鶏，乳牛の飼養，地酒づくり，ミニ・ハイドロミルなどを試みるキクンディが現れた（表6-3a, b）．

第 2 部　農村開発の実践

表 6-3a　キンディンバ村のキクンディ

	キクンディ	村区	設立時	構成員 男	構成員 女	構成員 計	活動内容	活動状況	銀行口座の有無
1	ジオコエ	ンデンボ	12/01/2003	9	3	12	養魚, 育苗, キャッサバ, (養蜂は山林火災で焼失)	活発	既設 (MCB)
2	オンドア・ウマスキーニ	キトゥンダA	15/01/2003	14	3	17	養魚, 育苗, 養蜂	活発	
3	ングブ・カジ	ンデンボ	24/04/2003	10	8	18	養魚, 育苗, 養蜂, 堆肥	活発	既設 (MCB)
4	ウフシアノ・ムウェマ	ムトゥング	24/04/2003	9	5	14	養蜂, 育苗, 養魚, キャッサバ	活発	既設 (MCB)
5	ジティハダ	ワランジ	13/09/2003	(7)	(5)	(12)	(キャッサバ)	停止	—
6	トゥエンデ・ワカティ	ワランジ	15/12/2003	3	8	11	養魚, 育苗, 養蜂, キャッサバ, 地酒	不活発	
7	アマニ	ムトゥング	29/02/2004	10	9	19	養魚, 養蜂, 作物, 養鶏	活発	既設 (SACCOs)
8	ウペンド	ムトゥング	15/04/2004	8	13	21	養魚	一時停滞, その後活発化	既設 (SACCOs)
9	ジクワムウェ	トロンギ	10/05/2004				(養蜂, 作物, 養豚, 地酒)	停止	
10	ムウンガーノ	トロンギ	14/05/2004	14	18	32	養魚, 育苗, 養蜂, 養豚, 地酒	活発	既設 (SACCOs)
11	ジエンデレーゼ	キンディンバ	28/05/2004			(8)	(育苗, キャッサバ)	停止	
12	ジテゲメー・トゥパテ・マエンデレオ	トロンギ	06/07/2004	(5)	(7)	(12)		停止	
13	アキナ・ママ・SACCOs	複数村区	06/2005	0	5	5	(乳牛)	孕み牛の借り受け待機中	既設 (Women's SACCOs)
14	ジフゼーニ	ンデンボ	12/2005			32	耐病性コーヒー苗増殖	活発	
15	ウジャマー・クジトゥマ	キトゥンダA	2006	6	6	12	養魚	活発	
16	ヴワワ	複数村区	2006			9	耐病性コーヒー苗増殖	活発	
17	カニャガ・トゥエンデ	ムカーニャ	2006	0	8	8	養鶏, キャッサバ	準備中	
18	ムシカマノ	ムカーニャ	2006	26		26	製材	準備中	
19	ウシラレ・トゥサフィニ	ムカーニャ	2006			12	未定	準備中	

注 1) キクンディの構成員数は, No. 5, 6, 9, 11, 12, 17~19 のキクンディは 2006 年 2 月, その他は同年 8 月現在のものである.

注 2) No. 16 ヴワワは「セング委員会」委員が結成したキクンディである.

注 3) MCB: Mbinga Community Bank, SACCOs: Savings and Credit Cooperatives.

第6章 タンザニア・マテンゴ高地

表6-3b キタンダ村のキクンディ

	キクンディ	村区	設立時	構成員 男	構成員 女	構成員 計	活動状況	活動内容	銀行口座の有無
1	ウペンド	ラミA	07/02/1997	3	3	6	養魚,養蜂	活発	
2	ウジャマー	ムウンガノ	08/04/2002	8	7	15	養蜂,育苗,作物,耐病性コーヒー苗増殖,(破壊された養魚池は再建計画中)	活発	既設
3	ファミリア	ラミA	15/02/2003	8	7	15	養魚,育苗,養蜂,作物	活発	既設
4	ヴミリア	マチンボ	07/03/2003	7	5	12	養魚,育苗,作物	活発	
5	ウモジャ・エンデレヴ	ムウンガノ	26/03/2003	6	9	15	育苗,養蜂,作物,(養魚池は再建未了)	活発	
6	ムワムコ	ンセンガA	29/04/2003	13	9	22	養魚,育苗,養蜂	活発	既設
7	タザマ	ラミA	15/10/2003	14	7	21	育苗,(養魚池は再建未了)	活発	既設
8	ジハザリ	ンセンガB	01/10/2003	4	10	14	養魚,育苗,作物,養豚	活発	
9	ウシンディ		30/04/2004	0	20	20	乳牛	活発	
10	ムンデキ	ムウンガノ	15/05/2004			2	養魚	活発	
11	ゴンドゥ・ブウィトゥ	ムウンガノ	18/05/2004	4	5	9	養魚,作物	活発	
12	ファイダ・ジトゥ	ムウンガノ	12/06/2004			(16)	(養魚)	停止	
13	ウアムジ	ンセンガB	16/06/2004	4	9	13	養魚,作物	活発	
14	ボレラ・ジフンゼ	ラミA	15/06/2004	1	0	1	養魚	(メンバー離村によりリーダーのみ)	
15	ジトゥンゼ	キブランゴーマ	17/06/2004	(9)	(11)	(20)	(養魚,育苗)	停止	
16	トゥパラナ	ムウンガノ・マチンボ	29/01/2005	12	8	20	養魚,育苗	活発	
17	マトケオ・ウサガジ	マチンボ	24/04/2004	9	10	19	ミニ・ハイドロミル,養豚	活発	既設
18	ソンガ・ムベレ	キバランゴマ	1998	8	11	19	養魚,育苗,作物	活発	
19	ジフディ	7村区	24/10/2001	9	9	18	育苗,養魚,作物,土壌改良	活発	既設
20	カムラナ	ムウンガノ	27/04/2002	5	9	14	養魚	活発	既設
21	ムウンガーノ	ンセンガB+隣村の農民	09/2005			16	養魚,育苗,作物,養畜	活発	
22	タム・タム	ラミA	25/07/2006	6	5	11	養豚,作物,コーヒー在来系統苗増殖	活発	既設
23	ジタヒディ・クワ・マアリファ	キブランゴーマ	07/2006			15	耐病性コーヒー苗増殖	活発	

注)キクンディの構成員数は2006年8月のものである。

キクンディの結成によって，村人がマイクロ・ファイナンス（小規模金融）にアクセスすることが可能になったことも見逃せない．ムビンガ県においては，ムビンガ・コミュニティ銀行（Mbinga Community Bank，以下 MCB）や様々な信用協同組合（Saving and Credit Cooperatives，以下 SACCOs）がキクンディに対してマイクロ・ファイナンスのサービスを提供し始めていたが，多くのキクンディはそれぞれの金融機関に口座を開設することによって（表6-3a, b），キクンディ自身はもとより，各メンバーもキクンディの連帯保証のもとに金融機関から営農・生活資金を借り入れできるようになったからである[9]．またキタンダ村の女性たちによって組織されたキクンディ（ウシンディ）は，ムビンガの町にある「女性のための SACCOs」のローンの仕組みを活用して乳牛を借り入れ[10]，その飼育を始めた．キンディンバ村でもこの乳牛貸与制度を念頭に，新たな女性のキクンディが結成された．

両村でのキクンディの活動が進展するのに伴って，その活動は他村にも波及していった．特にキタンダ村のウジャマーは，周辺の村々から問い合わせがあると，活動の理念を説明した上で技術的な指導をおこない，さらに苗木や稚魚を提供した．こうしてキタンダ村周辺の3つの村にも新たなキクンディが誕生した．

また，すでに活動していた先行キクンディにも，その求めに応じて養魚技術の指導，稚魚の有償配布などをおこなった．他村との交流，特に先行キクンディとの交流はキタンダ村のキクンディにとっても得るところが大きかった．キタンダ村のキクンディが銀行に口座を開設するきっかけとなったのも，他村の先行キクンディとの交流があったからである[11]．

(3) キクンディ協議会の誕生とその活動

2004年1月末の農民交流集会は，プロジェクトが予期しなかった動きを両村にもたらした．農民交流会の後，それぞれの村内でミニ交流会をおこなうようになり，それは後に各キクンディを統率するキクンディ協議会の発足につながっていった．

キクンディ協議会が最初に結成されたのはキンディンバ村であった．農民交流集会にヒントを得て，村内のキクンディの活動を互いに見学し，学び合

おうというセング委員会の呼びかけによって始まった.しかしそれはほどなく農作業の忙しさもあって,中止されてしまった.自らはキクンディでないセング委員会が主導したものだっただけに,キクンディの側に切実な動機に欠けていたことは否めない.その後,セング委員会は関与をやめ,キクンディ協議会によるミニ交流会がキクンディによって再開されたが,協議会はキタンダ村でのように力をもつ組織には至らなかった.キンディンバ村の場合,村の課題に取り組む主体としてはセング委員会の存在が大きかったということであろう[12].

セング委員会は村評議会のもとにハイドロミルの建設・運営委員会として組織されたが,水源林の回復・保全のために苗圃を経営して植林用の苗木を配布したり,また水源林の保全を目的に,薪を多く使う伝統的な「三つ石かまど」に代わって,あまり薪を消費しない「改良かまど」の普及に努めてきた.プロジェクトが養魚や養蜂,ハイドロミルとの関連で植林の重要性を訴え続けてきたこともあって,セング委員会をはじめとするいくつかのキクンディは自主的な植林活動を続けている.こうした植林活動はまだ緒についたばかりであるが,植林活動の定着が難しいといわれるアフリカにあって,その意義が村人に理解され,村の事業やキクンディの活動として継続的におこなわれていることは特筆すべきであろう.さらに水力タービンの動力を利用した発電でバッテリー充電サービスも手がけている[13].このような活動を通じてセング委員会は,単なるハイドロミル運営委員会といった役割だけではなく,村の開発委員会としての機能も果たすようになっていった[14].

これに対してキタンダ村の事情は異なっていた.キンディンバ村でキクンディ間のミニ交流会が始まったことを伝え聞くと,キタンダ村でもそれを模倣する形で交流会が始まった.しかし,キタンダ村ではウジャマーがキクンディの求めに応じて技術指導をしていたので,その企画はすぐに立ち消えになってしまった.

キンディンバ村と異なっていたのは,キタンダ村ではミニ交流会が消滅した後も各キクンディの代表者が出席したキクンディ協議会の会合が,農業普及員や村長,村行政官も出席して定期的に開催されたことである.協議会は稚魚の配布や魚網の利用に関するルールを決定したり,キクンディにもめ事

が生じたときには代表者を派遣して調停を試みたり，また周辺の村の住民からの要請に応えてキクンディの結成に助言を与えたりしている［本章3節］．
　こうして村社会に一定の地位を得るようになったキタンダ村のキクンディ協議会は，キクンディの情報交換のための連合体としての役割に加えて，農作業に関する県からの伝達事項を普及員から受けたり，村全体の開発課題を話し合ったりするようになっていった．村内のいくつかの村区が連合した大規模な給水事業を完遂し[15]，また複数のキクンディは共同して耐病性コーヒー系統苗の増殖事業などを始めた．こうした個々のキクンディの枠を超えた地域課題への取り組みの背景には，キクンディ協議会の存在を見て取ることができる．

4-5. 活動の現在と今後への課題

　村人の活動は質的・量的に進展しつつ地域に内在化し，村人は自立的，内発的な地域開発に取り組み始めている．こういった村人の活動が，彼らの日常生活の中に定着していくかどうかが，持続可能な地域開発に向けた今後の課題である．

(1) 自立的な地域開発の取り組みへ

　村人がその活動のよりどころとしたキクンディの性格，意味を考えるとき，かつて村にあった伝統的な共同体的な組織[16]がもっていた機能・規範が村人の記憶の奥底に残っていて，それがキクンディという新たな装いのもとに顕在化した結果であると考えられる．SCSRDプロジェクトが理念とした「SUAメソッド」では，このような記憶を「在来性のポテンシャル」と呼んだ［SCSRD 2004；本書序章］[17]．地域の主幹作目であるコーヒー生産農家をその生活，生産の両面で支えてきたムビンガ協同組合（MBICU）[18]の記憶も，「在来性のポテンシャル」として村人をキクンディの組織化に向かわせた源泉と考えてよい．また，キクンディ活動の核になった養魚活動が村人から提案されたというのも，養魚でかつて失敗したという村人に潜在化していたネガティブな記憶（在来性のポテンシャル）が，キクンディ活動の開始と

いう新たな環境によって喚び起こされ顕在化した結果といってよい．

　このようなキクンディを，より強い結束に向かわせているのが養魚活動である．養魚活動は，池掘りという厳しい共同労働[19]から始まり，給餌作業を通じて稚魚の成長を日々確認しながら鮮魚の収穫に至る体験共同の過程である．養魚が他の活動に較べて，キクンディ・メンバーの結束をよりいっそう高める効果をもたらしたのもうなずける．

　あるキクンディはメンバー間の対立に加えて，養魚池の漏水によって魚が全滅するというアクシデントに見舞われ，その存続が危ぶまれた．しかし一部のメンバーが池を補修して稚魚を再導入したのをきっかけに，再建への道を歩み始めた．養魚の共同体験がキクンディ・メンバーを再結集に向かわせる紐帯として機能したからだとみてよい．

　「在来性のポテンシャル」の顕在化によって「機能的」な集団として活動を始めたキクンディの中には，養魚活動の導入によってメンバーの結束を高めながら，また一部には伝統的な相互扶助の規範[20]をその活動に取り込みながら，「擬制共同体的」な集団としての性格を帯びるものも現れている．

　キタンダ村のキクンディ協議会やキンディンバ村のセング委員会は，こうしたキクンディ活動のエネルギーや村人個人のエネルギーを吸収することによって，村内におけるその地位，権威を高めてきた．そしてキクンディの連絡調整組織，ハイドロミルの運営組織といったそれぞれの本来の機能を超えて，地域の課題に関与し始めたのである．そこには脆弱な村政府を補完する形での村人の自立的な取り組みを組織する「地域開発主体」の萌芽形態をみることができるかもしれない．

　村人の活動は地域に内在化し，それとともに村人の自発的な発展意欲 —— 村人による自立的な地域開発の取り組み —— が喚起されている．これは，タンザニアのこれまでの地域開発の常識を超えるものである．ムビンガ県南端のニャサ湖岸のある村の住民をキンディンバ村の視察に案内したとき，その1人が語った次のような言葉にも，そのことがうかがえる．

　　地域開発はこれまで政府がやるものだと思っていたが，（キンディンバの村人の実践を見聞きして）自分たちもやれるのだということを知っ

た.

モデル・サイトの村人は，これまでのような政府やドナーに要求し頼ってきた依存的な地域開発から脱却して，自らができることは自らがするという自立性をもった地域開発へと，その歩を踏み出そうとしている.

(2) キクンディの活動と"飽き"（あるいは"マンネリ"）
　　——「昂揚」から「沈静」へ

　ムビンガにおけるJICAの支援が終わりに近づくころ，私はそれまで気づかなかったある種の「雰囲気」をキクンディの活動に感じるようになっていた．それはあえていうなら，キクンディにみられる"飽き"とでもいうようなものであった．

　いくつかのキクンディはメンバーの些細な対立によって，あるいは特に取り立ててあげるような理由も見あたらないのに，その活動を中止し解散した．私は，キクンディの形成，発展，地域への内在化という過程を，そしてキクンディ協議会の誕生とその活動の展開をみてくる中で，個々のキクンディの消長に一喜一憂するときは終わったと考えるようになっていた[21]．キクンディそのものがプロジェクトの目的ではないことからいっても，それは自明のことである．したがって，このときキクンディの活動に感じた"飽き"のようなものは，個々のキクンディの動きそのものから受けたものではない．

　プロジェクトが始まった頃の"祭り"のような「昂揚」は去った．SCSRD/JICAが村にやってきて話し合いがもたれ，ハイドロミルが建設され，キクンディの活動が始まり，その数が急速に増え多様化していった，そのときの力強い活気は，村人には今見られない．そういった状況に"飽き"を感じたということなのだが，問題はこのような状況を，村人が積み重ねてきた活動の蓄積の上に立ってみて，どのように理解するかということである．

　それを文字通りに，村人が活動に"飽き"つつあり，やがてはキクンディの活動から離れ，村は元の「沈滞」に戻ってしまう前触れだとする見方もあるであろう．私はしかし，この"飽き"の意味を「沈滞」への後退とみるのではなく，別の文脈の中で捉えられないかと考えている．すなわち，村に感じた"飽き"は，「沈滞」ではなく「沈静」，「昂揚」から日常に向かう表れで

はないかというものである.

　それは,地域開発がもっぱら人々の生の営みに関わるものである以上,キクンディに拠った村人の様々な活動も日々の生活の繰り返し("マンネリ")に還元されるであろうという理解に基づいている[寺嶋 2006][22].このように理解するなら,日常化("マンネリ"化)した活動こそは,私たちがめざしてきた「持続可能」な地域開発の営みであるといってよい.ムビンガから受けた"飽き"(あるいは"マンネリ")といった感覚は,「活動が軌道に乗ってきたからこそ顕在化してきた感覚であって,内発的発展が成熟し地域に内在化する過程で避けて通れない課題」[伊谷 私信]として捉えることができよう.

　村人が続けてきた養魚や養蜂,植林といった活動が"マンネリ"化し,「日々の変わることのない生の営み」として定着していくその先に,村人による内発的,持続可能な地域開発の地平がどのように見えてくるのか,今後をフォローしていかなければならない.

注

1) 首座都市であるダルエスサラームより西200キロメートルほどにある中堅都市.
2) タンザニアにおける行政区分は州＞県＞郡＞区＞村＞村区となっている.
3) ウジャマーは「家族的紐帯」を表わすスワヒリ語である.この命名と独立後に実施されたウジャマー村政策に関連はない.
4) ムビンガ県の天然資源局には水産事業の普及に携わるオフィサーが常駐している.ムビンガ・タウンには県が管理する魚の養殖場(養魚池)があるが,水産事業に配分される予算が少ないこと,水量が確保できないことから,現在では事実上機能していない.
5) 当時のレートでは1USドルがおよそ1,000タンザニア・シリング.村内におけるソーダ1本の値段は350～400シリングであった.
6) 記述は2006年8月までの観察結果に基づいている.
7) 2006年8月現在,43世帯のうち37世帯が養殖魚の入手が可能な状況に近づきつつあった.
8) 両村間の稚魚の運搬には青年海外協力隊員の協力があった.
9) MCBの場合,キクンディが開設した口座に各メンバーが各人の名義で積み立て,預金高が5,000シリング(約700円)に達すればその10倍の50,000シリング(約7,000円)を限度として借り入れができるというサービスを提供している.この新

しいタイプの農村向け小規模金融によって，村人はキクンディを保証人として担保なしに借り入れができるようになった．
10) この「女性のためのSACCOs」は女性の小規模なビジネスを支援することを目的に2001年に設立され，2004年からは新たに乳用牛と乳用山羊の貸与事業を始めた．その貸与事業は以下のような仕組みになっている．すなわち，女性によって組織されたキクンディはまず10,000シリング（約1,500円）を「女性のためのSACCOs」に預け入れてウシ（ヤギ）の貸与を申し込む．妊娠したウシ（ヤギ）が貸与されるときにはさらに技術指導料を20,000シリング（約3,000円）支払う．貸与を受けた女性キクンディは産まれた最初のメスの子牛（子山羊）を「女性のためのSACCOs」に返済することで貸与されたウシ（ヤギ）の所有権を獲得し，一方「女性のためのSACCOs」は返済されたウシ（ヤギ）に種付けした後，順番を待っている次の女性キクンディにそれを貸与する，という仕組みである．
11) ウジャマーは別の村のキクンディ・ヴミリアとの交流によって，彼らがトウモロコシを共同で販売した代金を銀行口座に預金していることを知った．
12) ハイドロミルの建設を主導したセング委員会であったが，村評議会に対抗する新たな権力の登場をおもしろくないとする声が主として村の長老から出た．そのため一時期，セング委員会の全委員が辞任したが，長老の運営は混乱を極め，セング委員会が再編された［本章2節］．古い村で長老の力が強く，長老はセング委員会の存在に反発したという村内事情のもとにあっては，どちらかといえば若い世代で構成されていたキクンディが，自らの活動から踏み出して村の課題にコミットするということは難しかったと考えられる．
13) ムビンガは無電化県で，住民は車の中古バッテリーを用いてラジオ放送の受信や夜間の明かりを得ている．
14) セング委員会のこのような活動は前述したように村の長老には目ざわりに映っただけでなく，農業普及員からも「越権」として横槍が入ったこともあった．住民の自主的活動を受け入れない古い村の体質，社会主義体制時代からの強固な官僚統制色の残滓がそこには見られる．
15) 県の助成金を獲得するために，村で活動していた青年海外協力隊員が村人を支援した．
16) セング（*sengu*）［本章1節参照］．
17) Potential of Indigenousness．「SUAメソッド」の中心的なコンセプト．『村人とともに歩む農村開発の実践―外部支援者としての「普及員」のための「持続可能な農村開発」の手引き―』［田村2006］で伊谷は，「在来性のポテンシャル」を以下のように再整理している．
　①"Potential of Indigenousness"は実在するが，それはあくまでも抽象的な概念であり，その実体や全体像が，具体的な「もの」として捉えられるわけではない．
　②"Potential of Indigenousness"は，「社会（人間）」と「環境」の関係性の中で生じる力である．そして，社会の経験はつねに新たな要素として"Potential of

Indigenousness"に蓄積されていく．したがって，"Potential of Indigenousness"は単に古いものを指すのではなく，つねに成長を続けるものなのである．
③そして，社会（人間）と環境の新たな関係性のなかから，新たな文化（技術・知識・制度などを含む）が創造され，新たな動きとして顕在化してくる．"Potential of Indigenousness"は，在来文化からの創造過程で作用する力であるがゆえに，この力を地域開発における「内発性」の源泉と考えている．
④また，"Potential of Indigenousness"は社会―環境の有機的な関係のなかに潜在する力であるから，新たな活動の一義的な効果だけが優先されることはない．たとえば，市場経済化の流れを重視した技術改良が進められたとしても，それが"Potential of Indigenousness"に由来する活動である限り，社会（人間）関係や生態環境への配慮なしに展開するとは考えにくい．それゆえに，"Potential of Indigenousness"は，持続可能な地域開発の源泉ということができる．

18) コーヒー流通の自由化や，国際コーヒー価格の暴落などが重なり，1996年にMBICUは倒産した．コーヒーの生産・流通をMBICUに依存していたコーヒー農家は，いきなり，市場経済の荒波に放り出された．
19) ムビンガ県には古くからンゴロ農法（*ngolo*）と呼ばれる傾斜地に穴を掘り畝立てする農法があった［本章1節］．この農法に慣れていたマテンゴは，池掘りの作業にあまり苦痛を感じなくてすんだということも，養魚池が増加した要因の1つにあげておきたい．
20) サマ（*sama*）．わが国農村に広く見られた「ゆい」に近い協同．
21) 黒崎との討論（2006年）によって得られたものである．
22) 寺嶋は「伊谷純一郎の膨大な仕事を貫くキーワードを一つ上げろと言われれば，『美』をあげておいてそれほど間違いはない」とした上で，「サファリ，社会構造，そしてマンネリをキーワードとして，伊谷の美の系譜とその影の部分の問題について論じ」ている．そこで寺嶋は「（伊谷から）晩年，何度か聞いた『マンネリは大切ですよ』という言葉」を「現実の生を支えるものはマンネリといわれる日々の繰り返しであり，ドラマのないサファリである」という意味に理解したと述べている［寺嶋2006］．

引用文献

Aida, N. 2004. *Taarifa ya Kazi za Vikundi* (in Kiswahili). Ruvuma: Mbinga District Agricultural and Livestock Development Office, Ruvuma.

荒木美奈子．2006．「タンザニア南西部マテンゴ高地における「地域開発」」『開発学研究』17(1)：15-20．

Benor, D. & M. Baxtor. 1984. *Training and Visit Extension*. Washington D. C.: The World Bank.

Development Assistance Committee (DAC). 2002. *Glossary of Key Terms in Evaluation and Results Based Management.* Paris: OECD.

Itani, J. 1998. Evaluation of an Indigenous Farming System in the Matengo Highlands, Tanzania, and Its Sustainability. *African Study Monographs* 19(2): 55–68.

掛谷　誠.　1994.「焼畑農耕社会と平準化機構」大塚柳太郎編『講座　地球に生きる3　資源への文化的適応』雄山閣，121–145.

掛谷　誠.　2001.「アフリカ地域研究と国際協力―在来農業と地域発展―」『アジア・アフリカ地域研究』1：68–80.

国際協力総合研修所［独立行政法人　国際協力機構（JICA）］. 2007.『事業マネジメントハンドブック』国際協力総合研修所　調査研究グループ.

Kurosaki, R. 2007. Multiple Uses of Small-scale Valley Bottom Land: Case of the Matengo, Southern Tanzania. *African Study Monographs, Supplementary Issue* 36: 19–38.

黒崎龍悟.　2010.「タンザニア南部，マテンゴ高地における農村開発の展開と住民の対応―住民参加型開発の「副次効果」分析から―」『アフリカ研究』77：31–44.

Long, N. & Long, A. 1992. *Battlefields of Knowledge: The Interlocking of Theory and Practice in Social Research and Development.* London: Routledge.

馬渕俊介・角田　学.　2004.「地域開発におけるキャパシティ・ディベロップメント―タンザニア国ソコイネ農業大学地域開発センタープロジェクトの事例から―」『国際協力研究』20(2)：21–31.

Mhando, D. 2005. *Farmers' Coping Strategies with the Changes of Coffee Marketing System after Economic Liberalisation: The Case of Mbinga District, Tanzania.* (Ph. D. dissertation) Kyoto: ASAFAS, Kyoto University.

Mhando, D. G. & J. Itani. 2007. Farmers'Coping Strategies with the Change of Coffee Marketing System after Economic Liberalization: the Case of Mbinga District in Tanzania. *African Study Monographs, Supplementary Issue* 36: 39–58.

Mosse, D. 1998. Process-oriented Approaches to Development Practice and Social Research. In Mosse D., J. Farrington & A. Rew eds., *Development as Process: Concepts and Methods for Working with Complexity.* London: Routledge, pp. 3–30.

Nindi, S. J. 2004. *Dynamics Land Use Systems and Environmental Management in Matengo Highlands, Tanzania.* (Ph. D. dissertation) Kyoto: ASAFAS, Kyoto University.

Oakley, P. *et al.* 1991. *Projects with People: the Practice of Participation in Rural Development.* Geneva: ILO.

Oakley, P., B. Pratt & A. Clayton. 1998. *Outcomes and Impact: Evaluating Change in Social Development.* UK: Intrac.

Pike, A. H. 1938. Soil Conservation amongst Matengo tribe. *Tanganyika Notes and Records* 6: 79–81

Rutatora, D. F. & A. Z. Mattee. 2001. Major Agricultural Extension Providers in Tanzania. *African Study Monographs* 22(4): 155–174.

SUA Center for Sustainable Rural Development (SCSRD). 2004. *SUA Method Concept and Case Studies*. Morogoro: Sokoine University of Agriculture.

田村賢治. 2006. 「業務完了報告書（第2年次）」独立行政法人国際協力機構, 13-43.

寺嶋秀明. 2006. 「サファリ・構造・マンネリ―伊谷学の美とそのゆくえ―」『人間文化』21：33-35.

鶴見和子. 1977. 『漂泊と定住と―柳田国男の社会変動論―』筑摩書房.

鶴見和子. 1996. 『内発的発展論の展開』筑摩書房.

鶴見和子. 1997. 『鶴見和子曼荼羅：基の巻―鶴見和子の仕事―』藤原書店.

鶴見和子. 1999. 『鶴見和子曼荼羅：環の巻―内発的発展によるパラダイム転換―』藤原書店.

第 7 章
タンザニア・ボジ県ウソチェ村

神田靖範・伊谷樹一・掛谷 誠

1 半乾燥地における水田稲作の浸透プロセスと民族の共生
[神田靖範]

2 ウソチェ村における農村開発の構想と実践
[神田靖範・伊谷樹一・掛谷 誠]

扉写真

ウソチェの村民グループが共有する牛車

ウソチェ村では，村の実態を把握する調査結果の報告会を契機に，村が抱える問題解決に取り組む村民グループが結成された．「疎林・ウシ・水田稲作の複合」という焦点特性の結節点を象徴する牛車の導入が賦活剤の役割を果たし，村民グループによる開発実践が軌道に乗った．

1 ⋯⋯ 半乾燥地における水田稲作の浸透プロセスと民族の共生
ウソチェ村におけるワンダとスクマ

[神田靖範]

1-1. アカシア林帯での水田稲作

　2004年の乾季，私はルクワ地溝帯の最低部にあるルクワ湖を目指して車を走らせていた．ミオンボ林に囲まれた石だらけの急斜面をおりきると，植生はシケットに変わった．蛇行した砂道を滑るように進み，土壌が粘土質に変わり始めたあたりからアカシアが姿を現した．いよいよ乾燥地に入ったと感じていたそのとき，アカシア林の中にこつぜんと水田が現れ，あわてて車を止めた (写真7-1)．畦畔にはまだアカシアの木が残っていたが，イネの刈り株があり，それがまぎれもなく稲作水田であることを示していた．そのときはまだ，そこがルクワ湖畔から続く広大な稲作地帯の末端であるとは知らず，稲作がこのような乾燥地にまでひろがっていることに驚いていた．そして，この驚きがきっかけとなり，水田とアカシアとの奇妙な組み合わせが織りなす問題群が，私の研究テーマになったのである．

　本書の第3章1節で加藤が述べているように，サブサハラ・アフリカの多くの国々ではコメ生産量が増加し続けており，タンザニアにおいても1990年代の後半以降にコメの生産が急増している．しかし，国内消費量の約15％を輸入に依存している [USDA 2008]．

　タンザニアの稲作様式はその栽培地域の環境により様々であるが，イネの生態学的条件を基準とした陸稲と水稲に大別することができる．しかし，陸稲を栽培する稲作は全体のわずか2割程度と少なく，残りの8割は水稲栽培であり，河川氾濫原や扇状地における無畦畔の直播栽培が42％を占め，最も広域で展開されている．続いて，沖積平原や低湿地に畦畔を立てた水田を造成し，苗を移植する栽培が32％である．つまり，タンザニアにおける稲作の94％は天水依存である．灌漑施設を伴う水田は比較的少なく，全体の6％である．その内訳は，近代的な大規模灌漑が5％，伝統的な補助簡易

写真 7-1 アカシア林の中に造成された水田

灌漑が1％である．[Kanyeka *et al.* 1994]．

　これらの稲作様式は様々なコメ生産地の環境に適応した栽培形態であり，地域の農業体系にも適合している．食料の増産や土地の有効利用の観点から稲作の普及が提唱されている中で，水稲の地域適合性を理解するためには，様々な環境に適応した各々の稲作についての知見と同時に，新たな作物が在来の農業システムの中に組み込まれるプロセスや要因についての理解も必要となる．そのためには，農業生態学的な分析だけでは不十分であり，在来の農業技術や社会経済的な側面からの検討も重要である．

　タンザニア南西部，ルクワ湖周辺の半乾燥地域では，1970年代後半から1980年代初頭にかけて，ウシの放牧地を求めて農牧民スクマが農耕民ワンダの村へ移住し，畦畔を立てた水田に苗を移植する稲作を始めた．そして，構造調整政策の一環として実施された穀物流通の自由化以降，地方自治体の力をまったく借りず，村人が自らスクマから学び，アカシア林が優先する半乾燥地に水田稲作が拡大し，近年，新たなコメの一大産地が形成された．

　本節では，まず，この半乾燥地で展開する水田稲作の特質を農業生態学的

な視点から解明するとともに，地域の農業システムの中に受容された要因について検討する．次に，住民主導により水田稲作の導入・定着が可能になった要因を社会経済的な側面から分析していく．そして，構造調整政策下のタンザニアにおける経済政策の変遷と，移住してきた農牧民スクマと地元農耕民ワンダとの共生関係の展開に注目しながら，水田稲作がワンダ社会に浸透していったプロセスを明らかにし，新たな生業が地域に内在化される過程について考察する．

1-2. 調査地の概要

(1) 位置と人口

　タンザニア南西部の高原上に位置するムベヤ州は，冷涼多雨という気象条件に恵まれた国内有数の穀倉地帯である．州の南部を占めるボジ県は南側でザンビアと国境を接し，タンザニアとザンビアを結ぶ唯一の幹線道路が県内を縦貫している（巻頭地図Ⅰ・図7-1）．調査を実施したウソチェ村は，この幹線道路から北に約120キロメートル離れた地点にある．ボジ県は6つの郡に分けられ，その最も北にあるカムサンバ郡は，タンザニアで4番目に広いルクワ湖と，それに注ぐ大河モンバを境にルクワ州と接している．ウソチェ村はカムサンバ郡・カムサンバ区に属し，面積は約44平方キロメートルである．2002年の国勢調査によると，村の人口は1,644人であった．ウソチェ村の世帯構成は，全390世帯のうち，84％の328世帯がワンダと呼ばれる民族で，48世帯（12％）が農業と牧畜を生業とするスクマであった．人口密度は37人/平方キロメートルで，ボジ県平均の53人/平方キロメートルに比べてもかなり低い［Tanzania, NBS & MRCO 2003］．

　ルクワ湖岸には多くの漁村が連なり，古くから干し魚の行商が盛んであったために，未舗装ではあるが比較的整備された道路がカムサンバとボジ県の中心地ヴワワを結んでいる（図7-1）．乾季であれば大型トラックでも問題なく往来できるが，雨が降ると，地表水が道路を寸断し，またカムサンバ特有の粘性の高い土壌がしばしば車の行く手を阻む．最近では，この辺りはコメの一大生産地になってきたので，収穫がはじまる5月ごろからコメの買い付

第 2 部　農村開発の実践

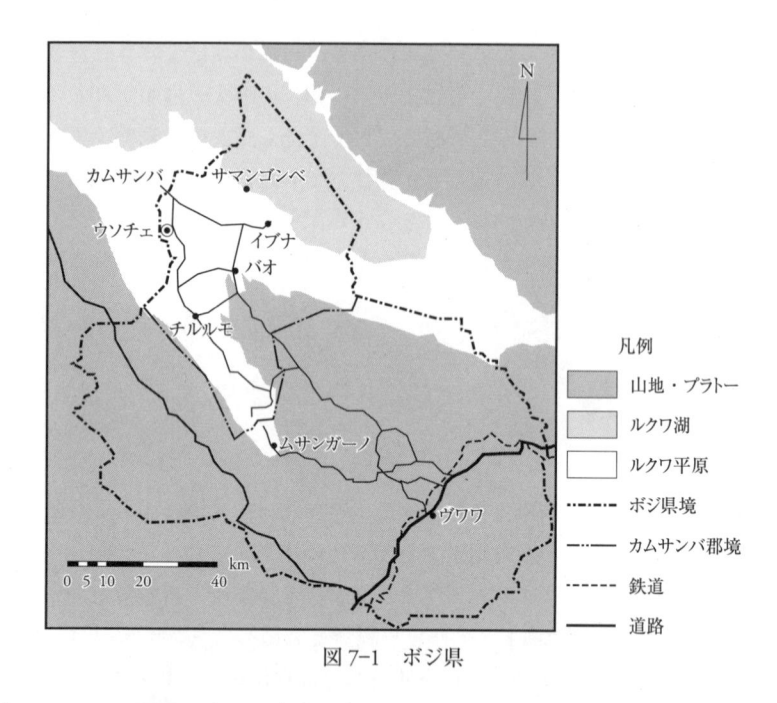

図 7-1　ボジ県

けトラックが頻繁に来るようになった．

(2)　気候と水環境

　年間は，5月から11月中旬までの乾季と，11月中旬から4月下旬までの雨季に明瞭に分かれる．隣村カムサンバで計測した2004/2005年の年降雨量は751ミリメートルであった．この年度の降雨量は，近隣村ムクルウェで計測された過去20年間（1945〜1964年）の平均降雨量806ミリメートル/年［Knight 1974］と比較して，ほぼ平年並みであったといえる．気温は，2004年10月〜2005年8月の11ヵ月間の実測データによると，月平均最高気温が33.8度，同じく最低気温が19.2度，平均気温は25.5度であり，海抜850メートルのわりには高温である．乾期における旬日ごとの最低湿度は常に20％を下回っていて，降雨量から推察される以上に乾いた環境である．こうした高温で乾いた気候は，植生にも大きく影響しているであろう．

　東アフリカでの造山運動は，タンザニア南部にルクワ地溝帯を形成した．

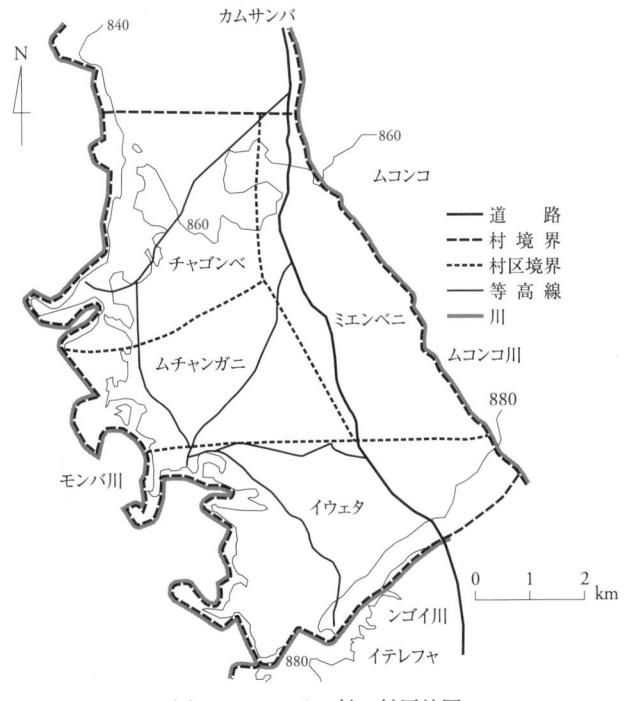

第7章　タンザニア・ボジ県ウソチェ村

図 7-2　ウソチェ村の村区地図

　ルクワ湖は，その底部にできた内陸湖（約3,000平方キロメートル）で，湖に流れ込むモンバ川は，ボジ県全域の広い地域から水と土砂を集めて，湖畔に沖積平野を形成した．カムサンバ郡はこの沖積平野に位置し，モンバ川をはさんだ南西側には標高差が約500メートルの長大なエスカープメントが走っている．調査をおこなったウソチェ村（図7-2）は，カムサンバの中心地から南に約10キロメートル離れた，モンバ河畔の村で，海抜850〜880メートル，村の南東部から約300分の1の勾配で北・北西・西部方向へゆるやかに傾斜する平坦地である．村の東側はアカシア林に覆われ，さらに東部には広大な季節湿地がひろがっている．季節湿地は，スワヒリ語でブガと呼ばれ，雨季には周辺に降った雨が集まって滞留する低地である．ここの季節湿地では，雨季の中頃に大雨が降ると氾濫し，あふれ出た水は村の東側を南北に走る季

375

写真 7-2　季節河川の氾濫．大雨の直後は道も水没する．

節河川ムコンコと，南側を東西に走る季節河川ンゴイに流れ込む．さらにムコンコ川とンゴイ川の間にはいくつかの細流が発生し，その水とムコンコ川の洪水がウソチェ村一帯を水浸しにする（写真 7-2）．また，ウソチェ村周辺には，モンバ川の旧河川跡に残された小さな沼地が点在しているが，ここは乾季の中期には涸れてしまう．こうした季節沼池は，スワヒリ語でブワワと呼ばれている．

(3) 生業と食生活

　ワンダは，かつては焼畑でシコクビエを栽培する農業を主要な生業としていた．現在は，モロコシ・トウモロコシ・シコクビエの主食用穀物の栽培に加え，換金作物として水稲やゴマを栽培している．その他，ウシ・ヤギ・ニワトリ・アヒルの飼養や漁撈，野生植物の採集，昆虫・蜂蜜の採取など多彩な生業を営んでいる．ウシはワンダにとって貴重な財産であるとともに農耕にも重要な家畜である．村のほぼ100％の世帯が牛耕[1]をおこなっており，

表 7-1　村のワンダ (237 世帯) における農地・ウシ・犂の保有状態
(2005 年の悉皆調査に基づく)

水田	畑地	ウシ所有		犂所有	
(エーカー)	(エーカー)	世帯数	頭数	世帯数	台数
1.5	2.4	91	649	129	174

ウシがこの地域の農業を支えているといっても過言ではない．ヤギや家禽はほとんどの世帯が飼養しているが，ウシを所有するワンダ世帯は 237 世帯の 38％にあたる 91 世帯にすぎない (表 7-1)．

食事は基本的に昼と夕の 1 日 2 食である．主食はモロコシのシマ (固練り粥：スワヒリ語ではウガリ) が中心で，2005 年度のモロコシ収量は約 560 キログラム / エーカーであった．ここの食生活では，5 人家族が 1 日に消費するモロコシは約 2 キログラムであり，各世帯がモロコシを 1.5 エーカー作付ければ自給できることになる．この値は彼らが自給の目安としている作付け面積と一致している．ワンダの 237 世帯の平均畑地面積は 2.4 エーカーであり，平年作であればウソチェ村においては主食が自給できているといえる．それでも年によっては，収穫を間近に控えた 2 月から 5 月にモロコシが不足することもある．そうしたときは早生のシコクビエやトウモロコシをシマの材料として使う．複数の主食用穀物を栽培することで，食料は年間を通じて安定している．コメは貴重な換金作物であるため，普段は積極的に食べることはないが，モロコシよりも収穫期が早いため，収穫期の 5 月，6 月には主食の 20〜30％を占めるようになる．副食の材料は，多少の季節的な変動はあるが，40〜60％が魚で，雨季はそのほとんどが村周辺で獲れた魚であった．残りは葉菜類と肉類である．葉菜類の約 30％はカボチャの葉で，50％以上は野草である．

(4) マサイやスクマの移住

カムサンバ郡の畜産行政官によると，1970 年代の後半にムベヤ州チュニャ県から牧畜民マサイ，農牧民のスクマとニャトゥールが移住してきたという．その後，ウソチェ村にも少数のマサイがはじめに移住し，1982 年には

スクマも移住してきた．マサイやスクマは村評議会の許可を得て，村の中心地から離れ，ワンダが農耕に利用していなかった，幹線道路の東側にひろがるアカシア林に居を構えた．その後，村の南側に位置するンゴイ川流域や村の北西部のモンバ河畔の川辺林帯，その東側にひろがるアカシア林帯，村の東側に流れるムコンコ川の氾濫原に居住域をひろげていった（図7-2）．そして，スクマはこの移住先で水田稲作を始めたのである．スクマやマサイはワンダと同化することなく，それぞれが独立しながら，共住関係を保ってきた．

1-3. 自然環境と土地利用

ルクワ地溝帯の底部平原はシクンシ科（Combretaceae）の *Combretum* 属や *Terminalia* 属の樹種と，「ソマリア―マサイ地方区」の季節湿地植生で代表的な，マメ科アカシア属の *Acacia tanganyikensis*（写真7-3），同じくアカシア属の *A. tortilis*，アルビジア属の *Albizia amara*, *A. harveyi*，ウルシ科の *Lannea humilis*, *Sclerocarya birrea* などの樹種が混在する植生である．この平原には沖積土が厚く堆積していて，米国の土壌分類体系ではエンティソルに分類されているが [Hathout 1972]，微地形によって表層土壌は複雑に変化している．住民は，土壌や植生を見ながら土地を巧みに使い分けている．本項では，特に植生と土壌特性に焦点をあてながら，土地利用との関連性を農業生態学的に解析する．

(1) 植生分類

ウソチェ村周辺の植生は，樹種の構成から1) シクンシ林と2) アカシア林（アカシア・タンガニィケンシス林），3) アカシア・シケット混合林，4) シケット，5) 川辺林の五つの類型に分けることができるが，ここではワンダの土地利用と関連の深い1) シクンシ林と2) アカシア林（アカシア・タンガニィケンシス林）の特徴について説明する．

調査地域ではこれらの植生がモザイク状に分布している．前にも述べたように，この地域の地形はきわめて平坦であるが，しばしば起こる河川の氾濫が地表にわずかな凹凸をつくり，表流水はその凹地を流れ，また一時的に滞

写真7-3 アカシア・タンガニィケンシスの花．このアカシアがタンザニア南部に分布していることが，今回の調査で初めて確認された．

水することもある．シクンシ林は滞水地を避けるように，わずかに盛り上がった場所（凸地）に分布している．一方，アカシア林は，雨季になると表流水が一時的に滞留するような地形（凹地）に形成される．

1) シクンシ林

　植生調査[2]の結果，この類型の胸高断面積による相対優占度は，シクンシ科の樹木が64%を占めていた．林は2層構造をしていて，林冠はシクンシ科の *Combretum adenogonium*, *Terminalia sericea*, アカシア（*Acacia totilis*）などが占め，下層にはやはりアカシア属の *Acacia nilotica*, センダン科の *Turraea* sp., ノウゼンカズラ科の *Markhamia obtusifolia* などの低木が密生している．また，林床は *Digitaria milanjiana*, *Urochloa trichopus* などのイネ科草本によって覆われている．

2) アカシア林 (アカシア・タンガニィケンシス林)

この類型の胸高断面積による相対優占度は 66％をアカシア属の樹木が占めていた．この植生は，*Acacia tanganyikensis* を主な構成樹種とした 1 層構造の疎林（アカシア・タンガニィケンシス林）である．疎林の林床には *Digitaria abyssinica*, *Chloris virgata*, *Panicum massaiense*, *Dactyloctenium aeggyptium* などのイネ科草本が群落をつくり，家畜の放牧地として利用されている．この林を特徴づけているのが，ワンダ語でムサマと呼ばれている *A. tanganyikensis* である．東アフリカの植物相を網羅した "Flora of Tropical East Africa" [Brenan 1959]によると，*A. tanganyikensis* はタンザニアの固有種で，その分布域はタンザニア北部の乾燥地域とされているが，今回の調査でルクワ地溝帯でも局所的に大群落を形成していることが明らかになった（写真 7-3）．

(2) 土壌

ウソチェ村の土壌で注目されるのは粘土の性質で，粘土の活性度（CEC / 粘土比）[3]を測定した結果，ほとんど 100 以上の値を示した．これは粘土の塩基保持能力が非常に高いことを意味している．つまりこの地域の粘土には，高い養分保持力と水分保持力があることがわかる（表 7-2）．

もう 1 つの特徴は，ワンダ語でクワンクワと呼ばれる不透水層の存在である．クワンクワはきわめて高い保水力を示し，飽和状態を維持するクワンクワは地下への水の浸透を阻む．地表付近にクワンクワが分布している場所は，雨季には水が溜まりやすく，乾季には表層土壌が乾きやすくなる．そのため，クワンクワの深さによって土壌表層の水分環境は著しく異なってくる．クワンクワの組成は粘土約 30％，シルト約 5％，砂約 65％で（表 7-2），緻密な構造をしているが，砂を多く含んでいるため，湿ると比較的容易に削ることができる．反面，乾くとコンクリートのように堅くなる．表 7-2 には，土壌硬度計で測定した表層土壌とクワンクワの硬度を示したが，土壌の硬さには明らかな差がある．この堅くて緻密な性質のために，土壌断面を観察してみても，クワンクワには植物根がほとんど入っていない．クワンクワが浅い層に分布する場所では根系が浅くしか発達せず，そのため乾季の厳しい乾燥と雨季の湛水状態に耐えうる植物しか生育することができない．ワンダに

表7-2 各植生における土壌の層位別理化学性

植生	深度 (cm)	土層	土壌硬度 (kg/cm²)	TN (%)	OC (%)	pH H2O	pH KCl	EC mS/cm	SO4-2 ppm	Ext P Br1. ppm	粘土	粒径組成 (%) シルト	砂	Cu ppm	Zn ppm	Mn ppm	Fe ppm
水田 (2002年開墾)	0〜10	表層土	29.6	0.04	0.65	5.7	4.4	0.16	7.07	15.28	49	16	35	0.45	0.26	76.18	53.70
	30〜70	クワンクワ	35.7	0.03	0.41	8.1	6.0	0.14	7.75	4.32	25	17	58	0.34	0.04	33.79	7.30
アカシア林 (アカシア・タンガニイケンシス林)	0〜10	表層土	28.7	0.09	1.10	6.4	4.9	0.07	6.61	11.62	11	8	81	0.30	0.53	91.42	47.32
	30〜70	クワンクワ	33.5	0.04	0.30	8.2	6.2	0.23	7.90	3.05	33	7	60	0.47	0.09	30.52	4.38
アカシア林 (アカシア・シケット混合林)	0〜10	表層土	24.2	0.05	0.72	6.7	5.1	0.08	7.07	7.40	9	7	84	0.20	0.52	42.56	24.00
	30〜70	クワンクワ	35.4	0.01	0.09	9.6	7.4	0.53	7.29	2.74	30	3	67	0.83	0.16	14.61	4.64
シクシジ林	0〜10	表層土	31.6	0.18	4.26	6.7	5.4	0.11	9.58	77.48	28	28	44	0.68	4.35	194.12	57.36
	30〜70	下層土	31.4	0.03	0.87	6.7	5.1	0.10	8.36	31.93	15	7	78	0.89	0.96	192.59	52.54

植生	深度 (cm)	CEC m.e/100g	粘土 活性度	交換性陽イオン (m.e/100g) Ca	Mg	K	Na
水田 (2002年開墾)	0〜10	28.40	59.5	2.38	1.29	0.34	0.29
	30〜70	41.73	209.1	8.04	3.99	0.36	3.39
アカシア林 (アカシア・タンガニイケンシス林)	0〜10	22.50	204.0	9.20	8.96	0.34	0.36
	30〜70	40.03	122.5	10.59	4.28	0.74	4.62
アカシア林 (アカシア・シケット混合林)	0〜10	21.10	251.7	3.07	1.36	0.74	0.38
	30〜70	32.20	110.9	5.27	4.62	1.62	7.50
シクシジ林	0〜10	61.90	251.7	24.92	13.52	1.91	0.43
	30〜70	33.07	282.4	9.28	4.06	0.89	0.53

よれば，アカシア，特にムサマが生えている場所では，クワンクワが浅い位置に分布しているという．こうしたクワンクワの土壌特性は植生と密接に関わっていて，場所によるクワンクワの深さの差異あるいは有無と水系の分布が，アカシア林とシクンシ林の混ざり合ったモザイク状の植生を生み出す主な要因となっている．

アカシア林における，クワンクワと表層土壌の物理性を比較してみると，クワンクワは粘土を多く含み，乾燥した土壌の硬度は有意（1％水準）に高い．またクワンクワの化学性は，粘土含有が高いためにCECは高いが，有機物含有量，亜鉛・マンガン・鉄などの重金属の含有量は極端に低い．また多量必須元素でもカリウムだけが高い値を示したものの，カルシウムやマグネシウムには有意な差が認められず，窒素やリン酸は表層土壌よりも低く，土壌肥料学的にみれば痩せた土壌ということになろう．

(3) 農業生態学的にみた土地利用形態

農耕地は，モロコシ・トウモロコシ・シコクビエを栽培する畑地と稲作水田の2つに大別することができる．人々は表土と植生からその土地の特性を把握し，土地の土壌と水分条件によって畑を使い分けている．ここでは，それぞれの土地利用形態を，自然環境とワンダの植生認識の側面から検討する．

1) モロコシ畑

ワンダは，モロコシ栽培に適した土地を識別するのにシクンシ科の*Combretum adenogonium*, *Terminalia sericea*, マメ科の*Piliostigma thonningii*などの樹種を指標にしている．この3種は，前述した植生類型ではシクンシ林だけで特異的に見られる樹種である．つまり彼らはシクンシ林を開いて畑地としているのである．シクンシ林における土壌調査では，深さ70センチメートルまでにクワンクワは見出されなかった．植物根の貫入を許さないクワンクワが，深根性のモロコシの生育を阻害することは間違いない．ワンダは，「クワンクワは堅くて鍬では耕せないので，それが浅い層にあれば畑地としては利用できない」と語る．またシクンシ林は周囲よりもわずかに高い場所にあ

り，川が氾濫しても土地が水没することはなく，畑を開いても水害を受ける心配はない．表土の理化学性をアカシア林と比較してみると，シクンシ林の土壌には粘土やシルトが多く含まれていて，塩基置換容量が高く，すべての必須元素が明らかに高い値を示していた（表7-2）．これらのことから，シクンシ林の土壌は物理的にも化学的にも耕地に適していることがわかる．

2) 稲作水田

畑作とはまったく対照的なのが稲作で，ワンダにとって水田適地の指標植物は *Acacia tanganyikensis*, *Lannea humilis*, *Albizia amara*, *Combretum obovatum*, *Hymenodictyon parvifolium* などである．これらはいずれもクワンクワが浅い位置に分布する場所や，水の溜まりやすい場所で生育する植物である．つまり，川からあふれ出た水が流れ込み，しかも地下への浸透が少なくて水が溜まりやすい場所に畦畔をつくることで，半乾燥地域での水田稲作を可能にしているのである．クワンクワが浅い位置にあるアカシア・タンガニィケンシス林が水田稲作に最も適した場所とされているが，稲作が急速に波及し，同植生のほとんどが農地化されてしまったため，今ではアカシア・シケット混合林や，水の通り道であるシケットでも水田が造成されるようになった．

彼らは *Combretum molle* や *Grewia bicolor* を痩せた土地の指標としているが，アカシア林にはこの２つの樹種が非常に多い．前述したように，アカシア林の土壌はシクンシ林と比較しても，全般的に養分が少なく痩せている．一方，収穫後の水田表土の理化学性を，その前植生であるアカシア林の表土と比較してみると，水田土壌の表層で粘土の含有量が増加している（表7-2）．これは人間活動の所産であるが，それについては後に詳述する．

土地利用の観点から，畑作と水田稲作はまったく競合しないということができる．

(4) 水田稲作を支える諸条件

調査村に水田稲作が普及した背景には，それを支える様々な条件が存在していたが，本項では，その環境的・技術的な条件についてまとめる．

1) コメの収量性

ウソチェ村で栽培されているのは，ほとんどが「スーパー」と「キエラ」の長稈品種である．これらは古くからタンザニア全土で栽培されている人気の高い品種であり，市場での価格も高い．

ここでの稲作にとって最も深刻な問題は，穂ばらみ期（3月下旬から4月上旬）における不安定な降雨であり，この時期の水分条件は収量に直接影響する．降雨に恵まれた年であれば4月下旬まで雨が降り続くが，この時期の降雨量は年による変動が大きい．

2005年の作柄を見てみると，3月の洪水が村の南部地域に限られていたため，北部地域では出穂期に水田が干上がり，収量が著しく減少した．インフォーマント[4] 11世帯の2005年度における平均籾米収量は2,976キログラム/ヘクタールであったが，水分条件の違いから，世帯間で1,300～4,713キログラム/ヘクタール[5]と大きな差を生じた．農業省の統計データによると，1996/1997年から2000/2001年までの5年間のムベヤ州における平均収量は2,731キログラム，全国平均は1,555キログラムであった[Tanzania, MA & FS, SU 2002]．2005年度におけるウソチェ村での籾米収量は，無肥料・無農薬の栽培法にもかかわらず高い値を示し，地域差はあるものの豊作であったといえる．単位収量が最も高いムベヤ州と比べると平均的な値だが，全国平均と比較すると約2倍の収量である．また，ウソチェのコメはカムサンバ米として県の中心部で売られており，食味がよいことから市場では高い評価を受け，今ではブランド化している．

2) 水田の養分循環

水田土壌は，粘土の増加に伴ってCECの値も高くなっているが，作物の必須元素の含有量に差はなく，窒素や有機物はむしろ低い値を示している（表7-2）．もともと痩せたアカシア林から植生を取り除いて水田にすることで，土地の肥沃度はさらに低下しているのである．しかし，このような痩せた土壌であるにもかかわらず，無施肥でもイネが良好に生育している．脱穀後の稲藁は水田に放置され，そこにウシが放牧されるため，稲藁に含まれる養分の一部は牛糞として水田に還元されるが，出荷される籾とウシを介して

持ち出される稲藁を考えれば，イネの生育に必要な養分は毎年外部から供給されなければならない．

養分の供給源は，洪水によってもたらされる肥沃な土砂や有機物と，水田に残されたイネの地下部，それと牛糞である．しかし，これらの有機物の分解を促すような手だては特に講じられないまま，雨季になって水田に水が溜まると代かきをして苗を移植する．イネは有機物の分解と併行して生育することになるが，その分解に大きな役割を果たしているのが，ワンダ語でミャンボと呼ばれているアフリカミミズ科 (Eudrilidae)[6]のミミズである．このミミズは陸生の大型ミミズ類に分類される糞塊形成種 (casting species) である [渡辺 1995]．

調査地域に点在するブワワと呼ばれる沼には，湛水条件下で繁殖するミャンボが棲息している．ミャンボは土中に含まれる分解途上の有機物を土と一緒に摂食して濃縮し，その糞を地上に排出する．ブワワに棲息するミャンボも多量の糞を排出して，水の中に大きな糞の塚をつくる．ミャンボは塚のなかに気道を確保するため，糞の塚は沼の水面にまで達する．そのため，沼の水深にあわせて，高さ 50 センチメートル以上，直径も 50 センチメートル以上の巨大な糞塚が築かれることもある．ミャンボのこうした働きによって，粘土や濃縮された有機物が土壌表面に蓄積し，また糞塊の団粒構造や気道によって供給される酸素が土壌微生物を活性化し，表層に肥沃な土壌が堆積していくことになる．

水田においても，畦畔を造成して湛水状態をつくり出すことで，このミャンボが繁殖し，土壌表面に糞塊の小山が築かれていく．おそらく，ミャンボはブワワで産卵し，その卵包が洪水によって水田に流れ込むのであろう．ミャンボが水田で繁殖するようになるには造成してから数年かかり，年を経るごとに水田は熟成していくと考えられている．卵包から孵化したミャンボはイネの株もとに糞塊を形成していくため，水田には株の数だけ小山がつくられる（写真 7-4）．ワンダは，ミャンボがイネの株元に糞塊を積み上げていくことで，イネの分げつが促進され，生育も良好になると言い，ミャンボの肥培効果を強く意識して，表土の凹凸を熟成した水田の指標としている．

第 2 部　農村開発の実践

写真 7-4　水田におけるミミズの糞塊（上：収穫後の水田，下：イネの株もとに形成された糞塊）

3） 漏水の制御

　不透水層クワンクワと畦畔技術が組み合わさることで，水田における水の地下流亡が抑えられ，半乾燥地域における水田稲作を可能にしてきた．しかし，表層土壌を満たした水はクワンクワを伝って横方向に漏れ出てしまう恐れがあるが，その制御に牛耕が重要な役割を果たしている．水田とその前植生であるアカシア林の土壌の粒径分析の結果を見ると，0～10 センチメートルの表土における水田土壌の粘土含量は，林の状態よりも明らかに高くなっている（表 7-2）．氾濫水が水田を満たすと牛耕するが，このとき犂は表土を反転しつつ，湿って軟らかくなったクワンクワの表面を削っていき，クワンクワに含まれる粘土が湛水状態の作土に溶け込む．そうした湛水状態の水田を犂と蹄で撹拌することによって懸濁した泥状態がつくりだされ，やがて浮遊した粘土がゆっくりと沈降して土壌表面に粘土被膜を形成する．ワンダは，この粘土被膜をインティパと呼び，クワンクワに加え，このインティパによって水田の漏水が抑えられると説明する．湛水状態でなければ牛耕といえどもクワンクワを削剝することは難しかったわけだが，畦畔技術の導入によって作土の物理的な構造をも変えることができるようになった．そしてこの土壌撹拌に一役かっているミャンボも，湛水条件で繁殖しているのである．渡辺［1995］はミミズの土壌耕耘量を，ミミズが地表に出す糞塊生成量から推測している．これを参考にして，イネの株もとにできたマウンド状の糞塊を，比較的糞塊の一山が大きい水田と一山が小さい水田にそれぞれ 1 メートル四方の調査枠を 5 ヵ所設け，乾季の終わり頃に（11 月下旬），十分に表土が乾燥した状態の糞塊をツルハシで割り，その重さをバネ秤で測った．結果は平均 24.4 キログラム／平方メートル（20.2～27.2 キログラム）と平均 11.5 キログラム／平方メートル（9.4～13.8 キログラム）であった．これをヘクタールに換算すると 244 トン／ヘクタール，115 トン／ヘクタールとになり，莫大な量の糞塊をミャンボは生成していることがわかった．渡辺［1995］らが東北タイで発見した巨大なミミズの糞塊の調査結果は 133～225 トン／ヘクタールであった．この数値からみても，ウソチェ村におけるミャンボの糞塊生成量がどれだけ大きいものか推測できる．

4) 降雨パターンとイネの生育

　この地域では降雨のピークが年に2回ある．標準的な降雨パターンでは，12月から1月にかけて1回目のピークがあり，2月頃の2～3週間の小乾季をはさんで，3月に2回目の降雨ピークがきて，その後に雨は少しずつ減っていく．この降雨パターンと，農作業およびイネの生育過程とを対照させてみよう．まず11月の終わりから12月のはじめ頃に雨が降り始めると，苗床をつくって籾を播種する．1月になって水田に水が入ると牛耕が始まる（口絵8）．水田への給水は河川の氾濫に依存している．しとしと降るような雨では河川は氾濫しないが，この時期の雨は豪雨であり，河川は雨が降る度に氾濫する．水田の耕起と併行して，発芽後約1ヵ月の苗を移植していく．水田には十分な水があるため苗の活着と生育はよい．苗が活着する頃，季節は小乾季に入って水田の水深は徐々に下がっていくが，水深が浅くなることで水温が上昇し，また株元にまでよく光が当たるようになって分げつの発生が促される，とワンダは語る．3月に入ると再び豪雨に見舞われるようになり，河川が氾濫して，水田に再び水が入り，3月下旬の穂ばらみ期と出穂期を迎える．そして，4月に入ると徐々に雨が減り，イネは水田に溜まった水を使いながら登熟していく．収穫期を迎える頃には雨季はすっかり終期をすぎており，穂発芽の心配はなく，また水田も干上がっているので収穫や脱穀作業は容易である．このように，当地の降雨パターンは，イネの生育と実によく符合していて，こうした気象が稲作普及の基本的な条件であるといってよい．

5) 労働力の分散

　現行の水田稲作がこの同地域にもたらされたのは1980年代前半で，その後，貴重な現金収入源として徐々に地域内に広まっていった．調査地域では，わずかに米食は見られたものの，イネはあくまでも換金作物であり，主食であるモロコシの栽培に置き換わるものではなかった．すなわち，稲作への着手は，それにかかる労働量の純粋な増加を意味していた．それにもかかわらず，多大な労働力を必要とする水田稲作が既存の農耕体系に組み込まれた背景には，移植という新しい技術と在来技術としての牛耕の融合があった．

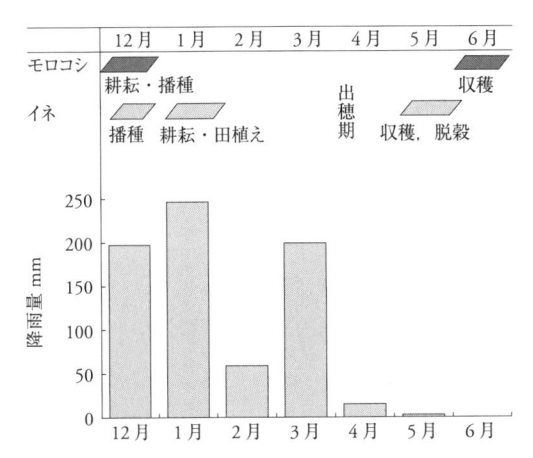

図7-3 モロコシ・イネの農事暦と2004/2005年度の降雨パターン

　図7-3に，モロコシ畑と水田における簡単な農事暦と，月別降雨量のグラフを併記した．12月に雨が降り始めると，まずモロコシ畑を牛耕し，同時に播種する．この時期にはまだ季節湿地に水が溜まっていないため，湿地はもとより，河川が氾濫することはない．水田にも水はないわけだから，この時期に水田を耕すことはない．その傍らに小さな苗床をつくって籾を播種するだけで，モロコシ畑の耕起が完了した後に水田を耕起する．このように，苗の移植という農業技術のおかげで，洪水が起こる前にイネの栽培を始めることができ，またモロコシ栽培との牛耕をめぐる競合も回避されているのである．

　1月中旬になると豪雨が頻繁に降るようになり，川が氾濫して水田に水が入り，牛耕による代かきを兼ねた耕起と田植えが始まる．当地域で高い収量を得るには，水田にまだ水がある4月初旬までに出穂させる必要があり，そのためには1月の中旬，遅くとも1月末までには田植えを終えていなければならない．また，労働力の面から見ても，小学校の新学期が1月中旬頃から始まるので，田植え作業の重要な担い手である小学生が学校に通い始める前までに田植えを終えたいという事情もある．しかし，洪水が起こらなければ，水田におけるすべての農作業がはじまらないので，1月はひたすら洪水を待ち続けることになる．通常は，年が明けると洪水が起こり始めるが，1

月中旬まで洪水が起こらないことも珍しくない．洪水が遅れた場合，短期間に水田の耕起を終えなければならないが，このことも「水田稲作にはウシが不可欠である」といわれる所以である．このように水田稲作ではウシと犂の利用が短期間に集中するため，ウシと犂をいかに調達できるかが，ここでの稲作の可否を握っているのである．

(5) 半乾燥地における水田稲作の特徴

ここまで述べてきた調査地の水田稲作の特徴について整理し，ワンダの生計戦略における水田稲作の意義について検討しておく．

スクマが移住してきて水田稲作を始め，その稲作技術をワンダが習得していく過程で，畑作には不適であったアカシア林の農業生態学的なポテンシャルが顕在化した．さらに，クワンクワ（不透水層）・ムサマ（*Acacia tanganyikensis*）・ミャンボ（ミミズ）・インティパ（粘土被膜）など，ワンダが育んできた自然環境に対する深い知識や牛耕という在来技術と，畦畔・貯水・移植などの外来技術とが相互に作用して，水田は経年的に熟田化するという農業的知識が蓄積されていった．

畦畔を造成した水田稲作は，在来の技術や知識と外来技術との融合によって成立した，高い生産性を秘めた農業といえる．しかし，コメ収量はその年の降雨に大きく左右されるため，年変動はきわめて大きく，唯一の現金収入源である稲作は，現状では非常に不安定な農業でもある．なぜこのような不安定な作物をウソチェ村のほぼ全世帯が農業システムの中に組み込んだのであろうか．

ワンダの水田稲作は近代化の影響を受けたものではなく，スクマから学んだ在来の水田稲作ともいえるものであり，化学肥料・農薬・農業機械などの外部からの購入投入材を一切使用しない．さらに，開田時の伐採や畦畔造成に多大な労力を必要とするが，水田が完成した後は，畑作と同様に，一連の農作業すべてにおいて家族労働が基本となっている．ウソチェ村の水田稲作は，低投入であることが大きなリスク回避になっているのである．一方，降雨に恵まれると高い生産性が発揮され，豊作につながり，大金を手にすることができる．豊作年やコメの価格が高値の年は，牛耕用の犂・去勢牛・自転

車などを購入する．最近では，屋根を稲藁からトタン葺きにかえる世帯も目立つようになってきた．余剰のお金があるときはウシやヤギなどの家畜を買い，「貯蓄」している．

また，ワンダにとっての稲作の意味は，市場経済化へ対応するための現金収入源といった一面だけではない．1998年のエルニーニョを誰もが覚えており，この年は大洪水で主食となる畑作物が全滅したが，稲作は洪水の被害を受けることなく収穫することができた．この教訓が土地利用や栽培作物の多様化へと向かわせる一因になっていることは間違いない．このように考えると水田稲作は，主食に代わる穀物生産ではないにしろ，食料自給戦略における危険分散の側面をもつ．つまり，多様な作物栽培の安定性に支えられた自給指向の農業体系に，稲作という新たな穀物生産が組み込まれたと考えられる．

ここまで，調査地で稲作を成立させている要因を農業生態学的な視点から検討してきた．これを踏まえて以下では，水田稲作がワンダ社会に受容されていく過程における前適応的な要因や外部要因など社会経済的な側面について分析する．

1-4．ワンダ・スクマの民族関係と水田稲作の伝播プロセス

(1) 水田稲作の普及の歴史的背景
1) 牛耕の歴史

牛耕技術はカトリック教会によってルクワ地溝帯にもたらされた．プラウが訛ってピラウと現地で呼ばれている鉄製の犂は，当時，教会の布教活動に便乗したインド商人が販売していたのである．ムクルウェ教会の現神父と，当時の様子を記憶していたムクルウェの古老から以下のような状況を聞き取ることができた．

1899年に，現ルクワ州スンバワンガの教区から派遣された宣教師がムクルウェに教会を開いた．宣教師たちは地域住民に対して，教育や医療のサービスをおこなうとともに，ウシ・ロバ・ブタを飼い，自分たちの農場で牛耕によるトウモロコシ栽培を始めた．その牛耕は，タイヤが2本付いた犂を4

頭立てのウシにひかせ，ウシを交代させながら1日に2エーカーも耕耘する画期的な農法であった．ロバは運搬用として利用されていた．当時の住民はシコクビエを石臼で搗いて粉にしていたが，教会は製粉機を導入した．また，いろいろな野菜やオレンジ・マンゴ・バナナなどの果樹も持ち込んだ．西洋の農業を一目見ようとして，教会があるムクルウェ村には大勢の人が訪れるようになり，クリスマスやイースターともなると，県内外から多くの人がやって来た．これをビジネスチャンスと捉えたインド商人のモロとファティは，1945年にムクルウェに移住し，地域の住民を相手に商売を始めた．当時の現金収入源は金鉱への出稼ぎなどの農業外就労によるものであったが，インド商人がもたらす様々な外国製品は人々の購買欲を駆り立て，同地に貨幣経済が浸透する契機となった．当初，商品の中心は生活日用品と衣類・装飾品などであったが，住民の要望に応えて，1956年にイギリス製のプラウ(犂)が商品として持ち込まれ，これが機縁となってルクワ地溝帯に牛耕が少しずつ広まっていった．

2) 主食と農法の変化

　牛耕は知られるようになったが，一般農民にとってウシと犂はまだ高嶺の花で，ごく一部の農家が所有していたにすぎなかった．タンザニアが独立した1961年以降も，ほとんどの人々は焼畑でシコクビエを栽培していた．モロコシはまったくなかったわけではなく，食味の良くない品種が，シコクビエとの混作または焼畑2年目の畑で栽培され，またトウモロコシもわずかではあるがシコクビエと混作されていた．1972年頃に近隣村から伝えられたモロコシ品種のマサカルウェンバは，以前のものとは比べものにならないほど味がよく，ウソチェ村での主食はシコクビエからモロコシへと変わっていった．

　しかし，基幹作物の転換をもたらしたのは単に味覚の問題だけではない．モロコシはシコクビエに比べて生育初期の乾燥に強く，高温・乾燥という当地の気候により適していた，と人々は言う．1974年は大干ばつのあった年だが，それは耐乾性に優れたモロコシ栽培の急速な普及を促したであろう．また，シコクビエは焼畑で栽培されるが，連作できないため，毎年新たに林

を切り開かなければならない．つまり，焼畑によるシコクビエ栽培には広大な林が必要であるが，他の地域で見られるように，人口増加などによって林が減少してシコクビエの生産性が落ちていたのかもしれない．一方，モロコシは焼畑ではなく，常畑あるいは半常畑で栽培されるため，林を必要としない．そして，常畑化という農法の転換に伴って，牛耕技術も普及・拡大していった．1974年は，ウジャマー村政策が実施された年でもあり，農業の近代化政策と同調するように，基幹作物が置換され，牛耕が普及していった可能性もある．

3）スクマの移住と水田稲作の始まり

ウソチェ村にスクマが移住してきたのは1982年である．その頃のワンダは，シクンシ林を利用した半常畑でのモロコシ栽培と焼畑によるシコクビエ栽培しかおこなっていなかったので，まったく畑地として利用していなかったアカシア林にスクマが入植することに対して特に異議は出なかったという．スクマが入植したのはムクルウェとカムサンバを結ぶ地方幹線道路の東側である．図7-4に示した1984年の衛星画像からもわかるように，当時の入植地は一面アカシアに覆われていた．ワンダにとってはただの放牧地が，様々な環境の中で生き抜いてきたスクマにとっては，非常に恵まれた土地であった．

移住してきたスクマは農牧複合型の生業を営むが，牧畜に高い価値をおき，1つの拡大家族で数百頭から数千頭ものウシを放牧飼養している．スクマの本拠地はヴィクトリア湖南部のシニャンガ州やムワンザ州である（図7-5）．そこはタンザニア屈指の稲作地帯であり，彼らは古くから，季節湿地や氾濫原で畦畔を造成し移植栽培する水田稲作の技術をもっていた．ウソチェ村に入植したスクマは，すぐに水稲栽培を試験的に始めた．最初は，ウシの蹄耕と沼を利用した小規模な稲作であったが，コメの収穫が確認されると，畦畔を伴った現行の水田を造成していった．彼らは水田とともにモロコシやトウモロコシ用の畑も開墾し，食料と生計の基盤を築いていった．

ウソチェ村に，スクマが入植する以前に水稲栽培がなかったわけではない．沼の外縁を利用したイネの直播栽培がおこなわれていたが，天然の沼地は少

第 2 部　農村開発の実践

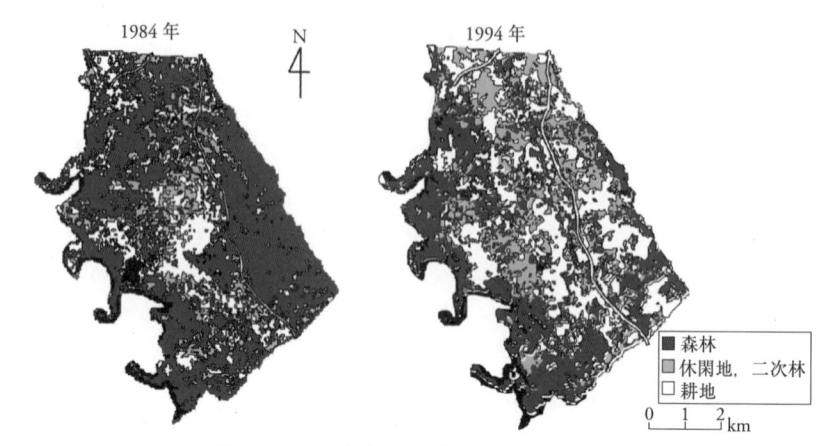

図 7-4　1984 年と 1994 年の植生と土地利用

注) Landsat TM データ (1984 年 9 月 26 日, 1994 年 9 月 22 日), 植生と土地利用に関する聞き取り調査および GPS データをもとに EARDAS IMAGINES8.5 と ArcGIS9.0 を使用して作成

なく, 栽培規模はきわめて小さく限られていた. やがて, スクマがアカシア林を水田に換えていく様子を見ていたワンダのなかに, それを模倣する者が現れた. ワンダは当初, 畦畔を造って水を貯める技術を知らなかったために失敗を繰り返していたが, 労働者としてスクマの水田で働くうちに, 畦畔の造成や移植技術を習得していった. こうした先駆者たちは, ウシや犂を自由に使用できる境遇にあったが, 彼らの成功によって, ウシと犂さえあればワンダでも水田稲作ができることが実証された. 1980 年代中頃になると, カムサンバ在住者や公務員がこれに目をつけ, スクマから土地を分譲してもらい, ウシや犂を借用し, 労働者を雇ってアカシア林を開墾した. そして, まったく同じ水田稲作を始めた. 図 7-4 に示した 1994 年の植生図を 1984 年と比較すると, 幹線道路の東側にひろがっていたアカシア林が水田に置き換わっている様子がうかがえる. ウソチェ村の住民はこの急激な変化を目の当たりにしながらも, その当時は水田稲作を始める者はまだわずかしかいなかった.

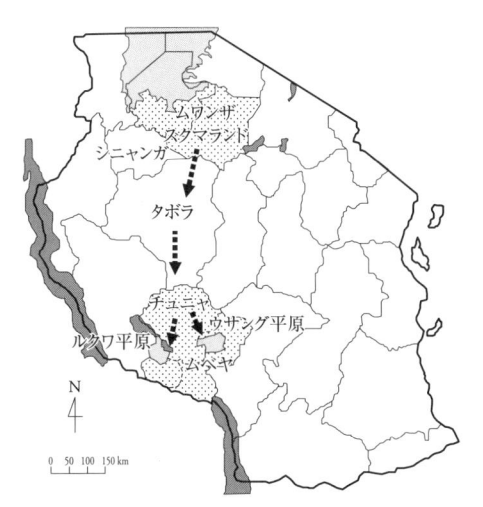

図7-5 スクマのムベヤ州への移動ルート

4) 経済自由化の影響

 タンザニア独立後の政策の動向については，本書の第1章2節で詳しく述べられている．ここでは，水田稲作の拡大・発展に関わる経済自由化の影響を中心に整理しておきたい．

 1975年に制定されたウジャマー村法では，従来の協同組合を解散し，行政の末端組織である村を単位協同組合として位置づけ，国家製粉公社（NMC）が解散した協同組合の資産を吸収し，買い付けを独占することになった．ウジャマー村政策は，1970年代後半には，あいつぐ干ばつやウガンダとの戦争などによって行き詰まり，タンザニア経済は混迷を深めていった．政府は1982年に独自の構造調整計画を発表した．その翌年から市場経済化へと向かう新農業政策を進め，1984年には国内農産物の流通規制を緩和した．1985年に新たに大統領に就任したムウィニは，1986年に世界銀行やIMFの勧告を受け入れて本格的な構造調整政策に取り組み，経済の自由化を進めた．そして，1987年には生産者価格の引き上げや農産物流通の改革を実施した．1991年には価格統制を撤廃し，穀物流通を独占していた国家製粉公社を解体した．これによって穀物流通は完全に自由化され，民間商人が流通市場に参入してきた．ウソチェ村でも，1992～1993年頃から少し

ずつ民間の買い付け業者のトラックが村まで来るようになった，と人々は語っていた．

5) 気候変動

　1974年の大干ばつのあと，1980年と1983年にもタンザニアは厳しい干ばつに見舞われた．干ばつは，農業転換の原因をつくり出すことはなかったが，起きつつある変化を一気に推し進めた．1974年の干ばつは，ウソチェ村においても基幹作物の転換を推進するように作用した．また1980年と83年の干ばつは，ウジャマー村政策の決定的な破綻につながり，新農業政策の制定と実施を促したに違いない．

　1997/1998年にはエルニーニョがタンザニア全土を襲い，カムサンバ一帯でも大洪水が頻発して，モロコシをはじめとする畑作物は壊滅的な被害を受けたという．この年，多くの人が食料を購入するため出稼ぎを余儀なくされた．一方，水田稲作は，洪水の被害で大きく減収したところもあるが，多くの水田では例年並に収穫できた．

　図7-6にウソチェ村で稲作に従事する世帯数の推移と，それに関わる外部の社会・経済的な諸条件の変化を示した．この図をみるとエルニーニョの翌シーズンに水田稲作を始める世帯が急増しており，ここでも異常気象が農業の転換を推し進めるように作用した可能性は高い．

(2) 農牧民スクマ

　スクマは，ウシを中心とした家畜の放牧に適した土地を求めて移住を繰り返し，多様な環境への適応力を身につけ，暮らしを立ててきた．ウソチェ村ではワンダの住む地域とは一線を画して居住し，同化することなく独自の文化と情報網によって生計基盤を築き上げてきた．このようなスクマの"民族性"が，結果的にワンダへの水田稲作技術の浸透に大きな役割を果たしたとも考えることができるのである．

　本項では，ワンダが自給自足的な生活体系の中に，水田稲作という商品作物栽培を取り入れていく過程において，多大な影響を与えたスクマの"民族性"に検討を加えておきたい．

図7-6 稲作世帯数の推移

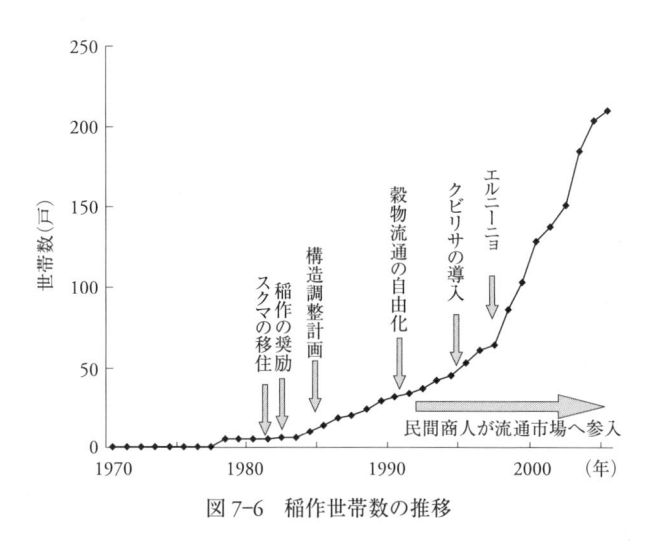

1) スクマの民族形成史

「スクマ」とは，スクマランドの南隣に住むニャムウェジの言葉で「北」を意味する．スクマ語とニャムウェジ語は，バントゥ語系の「スクマ―ニャムウェジ・グループ」に属し，スクマは，北方へ移動して狩猟活動をおこなっていたニャムウェジの一派であろうと考えられている［吉田 1997］．16世紀から19世紀にかけ，スクマランドでは人口の増加に伴って家族やクランの間で争議や揉め事が頻発するようになり，ウガンダ方面から移動してきた牧畜民ヒマがそれを調停したと伝えられている［Meertens *et al.* 1995］．その後，時代が進むにつれて先住民とヒマの間で通婚がおこなわれるようになり，バントゥ語系農耕民の文化と牧畜民ヒマの文化が融合し，双方の要素をもった民族集団スクマが形成されたといわれている．19世紀後半には，マサイとの戦闘に破れた牧畜民ダトーガの小集団がスクマランドに移住し，その一部がスクマに同化している［富川 2005］．このように，スクマは言語的にバントゥ語系の民族として分類されているが，隣接するナイロート語系の牧畜民ダトーガと密接な関係をもち，生業のみならず，文化的にも牧畜民の影響を強く受けた民族であるといえる．

1967年の国勢調査によれば，スクマはタンザニアの全人口の12.4％を占

め，当時からタンザニア最大の民族集団であった［吉田 1997］．イギリス委任統治領下の 1947 年から 1956 年に実施されたスクマランド農業開発計画によって，スクマランドにおける人口と家畜頭数は著しく増加した．例えば，1945 年と 1988 年の人口密度を比較すると，ムワンザ県で 51 人／平方キロメートルから 114 人／平方キロメートルに増加した［Meertens et al. 1996］．スクマランド中央部の家畜飼養頭数を見ると，1944 年から 1960 年代半ばまでの約 20 年間に 172 万 8,400 頭から 336 万頭へと約 2 倍に増加している［Charnley 1997］．このような人口と家畜頭数の増加を可能にしたのは，1931 年と 1935 年にイギリス委任統治領政府がシニャンガのマスワ地域の森林を伐採して，トリパノソーマ病を媒介するツエツエバエを撲滅したことが大きな要因である．また，1934 年に牛耕技術が導入され，世帯あたりの耕地面積の拡大と，手鍬では開墾できなかったバーティソル土壌の利用が可能になった．このような開発が進むにつれて，人々は生態環境の異なる辺境の地域へも進出し，土地利用は多様化していった．1945 年頃，スクマの主食穀物はモロコシとトウジンビエであった．モロコシは一時的な停滞水に耐え，トウジンビエは痩せた砂地でも栽培できたため，幅広い土地利用が可能であった．水稲栽培は，粘土質のバーティソル土壌が堆積する低地でおこなわれていたが，圃場管理に多大な労力を必要としたため，その栽培面積は制限されていた．スクマランドの主要な換金作物は綿花で，1950 年代以降，その栽培面積は年々拡大していった．1950 年代のスクマランドにおける綿花生産は，タンザニア総生産量の 90〜95％を占めていた．綿花畑は休閑地や放牧地に造成されたため，栽培面積の拡大に伴って放牧地が少なくなっていった．それにもかかわらず，スクマは綿花で得た利益で家畜を購入し続け，その結果，家畜の増加と放牧地の減少という大きな矛盾を抱えることになった．それが 1970 年代以降にはじまる，スクマの大規模な移住を引き起こした 1 つの要因であった．

　スクマはタボラ州からムベヤ州へと南下し，1 年を通して家畜が水を飲める水場と草を求めて，ムベヤ州のウサング盆地とルクワ湖畔に行き着いた（図 7-5）．

　スクマのウシの飼養頭数の多さは，農牧民という生業形態と密接に関係し

ている（口絵13）．一般的に牧畜民は，降雨量が少なく，農耕には不適な乾燥地域で生活している．一方，農牧民は，農耕も可能な半乾燥地域で牧畜をおこなっている．牧畜民が暮らす乾燥地域と比べると，明らかに自然草地のバイオマスが高く，また穀物の収穫跡地における作物残渣など，飼料源が豊富にある．農牧民は農耕にも従事し，主食の大半を穀物から得ており，畜産物は牛乳または酸乳を副食として利用する程度なので，飼養頭数の規模が大きくなればなるほど，子牛に十分なミルクを与えることが可能になる．このように農牧民であるスクマは，半乾燥地のサバンナを生活の場にして，家畜の飼養規模を拡大していった．富川［2005］は，半農半牧民という語を用いているが，彼らが営む農耕と牧畜の複合が，農耕適地であると同時に牧畜適地でもある東アフリカのサバンナの生態特性に支えられていることを指摘している．

２）　スクマの移動に伴う問題点

　スクマは定着性の高い水田稲作を営んでいるが，畜群の拡大に高い価値を置き，草地を求めて移住と定住を繰り返してきた．しかしながら，時には数千頭ものウシを移動させるため，農耕地と放牧地をめぐって，定住農耕民との対立が常態化している．ウソチェ村周辺でもスクマの移住に起因する大きな事件がおきている．以下で２つの事例を紹介する．

　１つは，ニャムワンガが居住する隣のムサンガーノ郡で1999年に起きた，スクマの排斥を狙った流血事件である．この事件については，ニャムワンガとスクマの双方から話を聞いた．ニャムワンガは，ワンダと違ってスクマの移住を拒絶していた．ある日，スクマが家畜を引き連れて郡境の川を渡ってムサンガーノ郡に入ってきた．その夜，武装したニャムワンガが太鼓の音とともにスクマのキャンプを襲い，スクマの２人の牧夫は，家畜を残したままカムサンバの警察署まで逃げた．放置した家畜はウシ約400頭，ヤギとヒツジが約50頭で，すべて殺されたという．この事件は，ニャムワンガ側では武勇伝のように語り継がれている．ムサンガーノ郡には今でも１世帯のスクマも居住していない．

　もう１つは，ルクワ湖畔のムトゥイサ村（ルクワ州）で起き，行政主導に

より和解した事例である．これは，すべてのステークホルダーを巻き込みながら，社会的な対立を解決するモデルとして，ムカパ前大統領も高く評価した．ムトゥイサ村では，フィパなどの農耕民とスクマの居住地が複雑に入り組んでいる．農耕民はスクマが家畜の大群を連れて農地を荒らしていると主張し，スクマは農耕民が牧草地を独占していると反論して，両者が真っ向から対立する中で衝突が頻発していた．ルクワ州政府は，州知事が議長になり，全ステークホルダーが参加する特別委員会を設立し，農耕民とスクマの2つの社会間における対立の原因を徹底的に調査して，具体的な解決策を盛り込んだ「ムトゥイサ宣言」を1998年10月に発表した．これが農耕民とスクマとの間で合意された，タンザニアでは非常に珍しい成功事例として称賛された．しかし現実には，スクマが一方的に妥協し，その代表者が家畜頭数を2,000頭から半数に減らして，それで獲た現金で多目的ホールを建設した事例が大々的に報じられた，というのが真相のようである［古澤 2002］．

これらは，ウソチェ村周辺で起きたスクマと農耕民の比較的大きな対立であるが，ウシが農作物に被害を与えたという日々の小さな苦情から，賠償請求を求める比較的規模の大きい紛争まで，スクマは移住する先々で先住農耕民とトラブルを起こしている．こうした対立の背景には，移住と定住を繰りかえす農牧民スクマの生業形態・生活様式・行動原理・価値観・慣習・言語などが他の定住農耕民とはかなり異質であり，また彼らは移住先で先住民族との文化的な交流を避け，自分たちの生き方を固持し続けるところに一因があるのかもしれない（口絵14）．しかしその一方で，スクマは移住先の環境に合わせて農耕形態を自在に変えるといった，非常にフレキシブルな側面ももち合わせている．

3) スクマの慣習

吉田［1997］は，スクマランドでは1950年代に1,000頭以上のウシを所有する家族が，30から40ほどあったと報告している．多くのウシを所有するスクマは，牛群の拡大に何よりも高い価値を置き，放牧地を求めて移動を繰り返している．移住に際しては，事前に立地を視察してから，その土地の配分を移住先の村長に願い出るのが一般的である．

銀行などの金融機関が発達していない農村部では，ウシは容易に換金できる資産であり，子牛・乳製品・堆肥などの「利子」を生み出す貯金のようなものである．したがって，牛群の拡大は経済的な豊かさを示すわけだが，スクマ社会では威信の象徴ともなり，農作物で得た利益をウシに投資して，牛群を際限なく拡大しようとする．

　スクマはウシ・ヒツジ・ヤギを相続，婚資，交換，売買，贈与などによって手に入れる．このうち相続と婚資による取得が最も重要で［吉田 1997］，特にスクマの婚資はウシ 40～50 頭と言われており，結婚によって大量のウシが授受される．スクマとワンダの間でも通婚がおこなわれているが，ワンダ男性がスクマの女性を嫁にすることは婚資の大きさからして難しく，ワンダ女性がスクマ男性のところに嫁ぐケースだけが見られる．

　また，スクマにはクビリサと呼ばれるウシの預託分散システムがある．吉田［1997］によると，これは，牧童や放牧地が不足しているときにウシを友達や隣人に貸し出す制度で，病気の蔓延を回避する意味ももっているという．借り手は，乳と牛糞を得ることができ，借りているウシが死ねば，その肉と皮は所有者のものとなる．ウシの病気の治療や予防にかかる費用は所有者が負担し，時にはウシが農作物を食害した賠償責任もウシの所有者が負うこともある．ウシの所有者にとって有利とは思えないシステムであるが，大きな牛群をもつ者にとって，ウシを分散飼養することはかなり切実な問題なのである．

(3) ワンダとスクマの共生関係

　1980 年代はじめ，スクマはウソチェ村に移住し，ワンダがほとんど利用しないアカシア林への居住を許され，そこを開墾して独自の生業を展開していった．スクマとワンダは幹線道路をはさんで西と東に住み分けていて，移住当初は，スクマのウシがワンダの農作物を食害するといったトラブルを除けば，ほとんど交流がなかった．やがて，クワンクワを利用した水田稲作に成功したスクマは，大規模な開墾に乗り出した．当時，安定した現金収入源をもたなかったワンダは，スクマに雇われてアカシア林の開墾を手伝い，また，その後の水田稲作にも労力を提供するなど，両者は少しずつ交流を深め

ていった．1980年代の後半になると，もはやイネは自給作物ではなく，換金作物として認識され始めた．カムサンバ在住者や役人たちも労働者を雇って広大な水田を開墾したため，水田に適したアカシア林は急激に減少していった．このような状況になっても，ウソチェ村在住のワンダは，雇われて稲作を手伝うばかりで，自ら水田稲作を始めようとする者は限られていた．

　タンザニアでは，経済の自由化以降，医療などの公共サービスが利用者負担となり，また工業製品が普及するにつれて，地域農村でも現金の重要性がますます増大していった．現金収入源のなかったカムサンバ郡では，ほとんど唯一の収入源として稲作が普及し，今では農村経済の基盤を支えている．一方，前述したように，ここでの稲作は河川の氾濫に依存しているため，耕耘・代かきの適期が短く，安定したイネ生産にはウシと犂の確保が不可欠である．

　ところが2005年の調査では，ワンダが飼養するウシの頭数は，ワンダ所有のウシ649頭とクビリサによって借りたウシ400頭を合わせて1,049頭であった．スクマとワンダの間でウシを受預託するクビリサは1995年頃から始まった．ワンダの牛所有状況を見てみると，水田稲作をおこなっている210世帯のうち，自らのウシを所有しているのは41％の86世帯である（図7-7）．ウシを所有していない124世帯の約4分の1にあたる31世帯が，クビリサによってスクマからウシを借りている．またウシを所有していても役牛が足りないためにスクマからウシを借りている世帯が18世帯あり，稲作世帯の23％，49世帯がクビリサに依存している．ウシは高価であり，誰もが容易に入手できるわけではない．その点で，ウシを受託できるクビリサは，ワンダにとって役牛が確保できる制度であり，犂さえ持っていれば計画的に稲作をおこなえるようになる．犂は約5万シリングで購入することができるが，去勢牛は1頭当たり15万シリングから20万シリングと非常に高価である．それに牛耕のためには2頭必要である．雌牛も同時にクビリサすると，副食材料として貴重な牛乳を得ることもできるのである．

　ウソチェ村でワンダにウシを貸しているスクマは3世帯で，その記録簿によると，ワンダ29世帯に対して400頭のウシを貸し出していた．一方，ワンダからの聞き取り調査では，クビリサで借りているウシの頭数は226頭

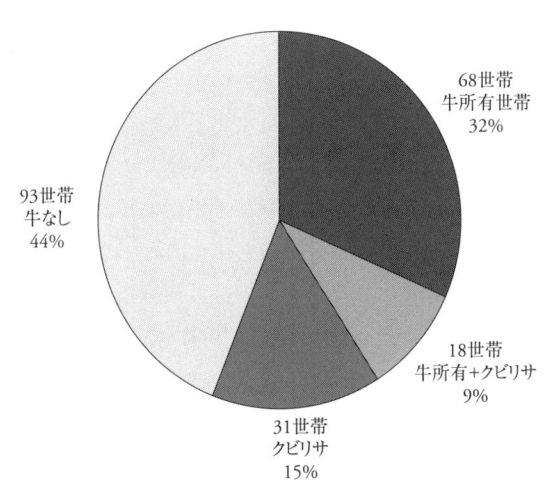

図7-7　水田稲作農家210世帯の牛飼養状況（2005年）

で，スクマの記録簿に記録された頭数よりもはるかに少なかった．この違いは，ワンダの多くが牛耕に使う去勢牛の頭数だけを回答したことによる．ところが，ウシを借りている世帯数については，スクマの記録簿では29世帯であるのに対し，ワンダの回答では52世帯であった．これは，ワンダの間でウシの又貸しがおこなわれていることを示している．ウシを所有しているワンダは他人に自分のウシを貸す余裕はなく，スクマと親交のある者がクビリサでウシを借り，それを又貸しすることで，より多くの人がウシを飼養できるようになっていたのである．また，クビリサによってウシの飼養頭数を増やしたワンダは，耕耘時期にウシを貸す余裕もでき，多くの人々が稲作を始めることができるようになっていった（図7-6）．

　スクマはウシの頭数を増やすことに執着し，頭数が増えるほど，放牧にかかる労力が大きくなる．特に農耕地と放牧地が隣接するような当地では，多頭数の放牧は困難であり，小さな群れに分けて放牧しなければならない．群れを分ければそれだけ牧童が多く必要になる．大きな牛群を一緒に放牧すれば，前方のウシは良い草を採食できる．しかし後方のウシには，踏みつけられた草や上部が採食された質の悪い草しか残っていないので，採食量は個体間で大きな差が生じる．このような問題は，牛群を小さく分けることで解消

される．つまり，スクマにとってみれば，クビリサには，牧童の不足や放牧地の狭小化を補い，また病気の蔓延などの危険を分散する飼養上の意義がある．マサイなどの牧畜民に対しては1世帯当たり数十頭から数百頭の牛群を預託するが，このような規模の大きいクビリサは，牛群の分散飼養という目的を十分に果たしている．しかし，ワンダ1世帯に預託するウシは数頭からせいぜい十数頭であり，多くの世帯に貸し出すことでようやく数百頭のウシを分散飼養できるが，貸し出したウシの把握は複雑になって多くの手間がかかる．ワンダに対しておこなわれるクビリサは，どちらかと言えば，ワンダとの社会的な関係性を意識した預託であるように思われる．スクマの牛群が拡大することで農作物への食害が多発し，また乾期の飼料不足が深刻化する中で，ワンダとの間に社会的な緊張関係が高まっていた．前項で述べたようなスクマと定着農耕民のトラブルが伝えられる中で，スクマには，ウシの預託を機縁にしてワンダとの緊張関係を解消し，親密な社会関係を構築しようという意図があったのであろう．クビリサの受託者には，預託主の水田または畑の耕耘を手伝う責務があり，通常，協力要請があれば3日程度牛耕に出向く．この要請を再三無視すると，ウシの返還を強制されるようである．クビリサの拡大は，広大なスクマの水田を維持するのに必要な労働力を得やすくしている側面もある．タンザニアではあまり例を見ない，スクマと先住農耕民との友好的な関係には，このクビリサの拡大が大きく寄与していると考えられる．

(4) ワンダ社会における水田稲作の拡大と多様な牛耕機会の創出

この地域では，大半の世帯が牛耕に依存しているにもかかわらず，依然としてウシをもたない世帯が44％ある．しかし，ほとんどの世帯が水田稲作に従事できるのは，ワンダ社会の内部に，以下のように牛耕にアクセスするための多様な方法が創出されたからである．

1つは親族内での相互扶助である．図7-8の家系図は，ある親族内でのウシと水田の所有状況を示している．黒い三角で示した世帯主2人はそれぞれウシを所有し，それらを共同で放牧している．彼らの子供たちは親の田畑を牛耕する代わりに，ウシと犂を親から借りて自分たちの田畑を牛耕すること

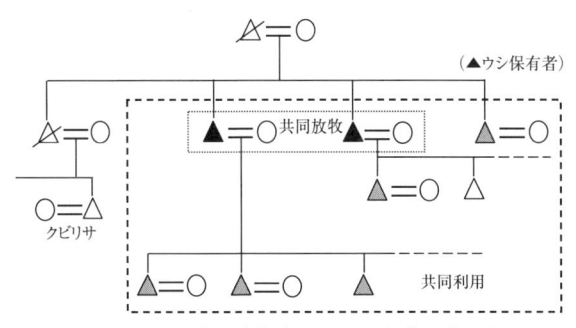

図7-8　1つの拡大家族内でのウシと犂の共同利用

ができる．親世帯は合わせて10頭の去勢牛と5台の犂を保有している．この5ペアのウシを親族内で共同利用し，7世帯の合計5.2ヘクタールの水田をおよそ12日間かけて耕耘，代かきした．子供たちには，結婚前にすでに親から水田が与えられていて，前述したように親のウシと犂を使うことで，若いうちに現金収入源を確保することができた．出稼ぎが減ったことで，親世代は若い労働力を確保するとともに，営農を取り仕切ることで親族内での威厳を保つことができた．

また，ワンダ社会にはウラリケという相互扶助システムがある．これは，酒や食事を振る舞って農作業を手伝ってもらう慣習であるが，このおかげで，ウシや犂を持たない者も酒を用意することで自分の畑や水田を牛耕してもらうことができる．畑の所有者と労働提供者のあいだに血縁や地縁関係は必要なく，一般的に1ホム[7]の耕地に対して約20リットルの酒を用意しさえすればよい．田植えなどで子供の労働力を必要とするときもウラリケが使われるが，その場合は，酒の代わりに鶏肉や大型の魚など，普段よりもご馳走が用意される．短期間で農作業を終えるために，ウシを持つ者と犂を持つ者が相互に手伝い合う光景もよく見られる．このときに用意される酒は労働への報酬というよりも，作業中や作業後の喉の渇きを癒すということのようだ．この共同労働は，主にモロコシ畑の耕起や除草作業で見られる．

ウラリケではなく，賃金を支払って牛耕を依頼することもある．ここではそれを賃耕と呼ぶ．賃耕は，畑地であれば1ホム（1/3エーカー）あたり1,500シリング[8]である．水田は1ホム（1/5エーカー）あたり2,000シリングで，

畑よりもかなり割高になっているが，交渉によって値段は変動する．耕賃は時期によっても変動し，耕起作業が集中する時期は高くなる．その他，スワヒリ語で日雇い労働(者)を意味するキバルアという雇用形態もある．普通は労働の報酬に現金を支払う．この地域では，ウシと犂の所有者の耕地を牛耕する対価としてウシと犂のセットを借りて，自分の耕地を耕すこともキバルアと呼んでいる．また，スクマのもつ大規模な牛群を利用して蹄耕することもある．これは両者の交渉で成立し，現金が支払われることもある．さらに，前述したクビリサや，その又貸しで牛耕を確保することができる．

こうした牛耕への多様なアクセスの方法が創出され，地域内すべての住民が稲作を始めることができる態勢が整備されていったのである．言い換えれば，牛耕へのアクセスを多様化することで世帯間のウシの偏りを是正し，村人のほぼすべてが水田稲作に従事できるようになり，村全体の経済を底上げするような変化が進行していったということができよう．

1-5. 水田稲作の浸透プロセス

これまでの論述を整理すると，ワンダ社会における水田稲作技術は，「発見」・「実証」・「実施条件の整備」の3段階の過程を経て，広く村内に普及し，地域に内在化していったと考えることができる．以下で，その詳細について検討したい．

(1) 「発見」の段階

スクマはアカシア林で水田稲作をひろげていったのだが，ワンダは，その畦畔を造成する技術と移植の技術を目の当たりにし，不透水層をもつアカシア林帯の新たな利用方法を知ることになる．これが「発見」の段階である．スクマはもともと不透水層を利用した水田技術を持っていたため，畑作には不向きなアカシア林帯でも暮らすことができた．ワンダとスクマは互いに同化することなく，住み分けることによってそれぞれ固有の文化に支えられた生活をおくっていた．そして，ワンダはスクマと接触を積み重ねていく過程で，アカシア林の不透水層を巧みに利用した水田稲作の技術を「発見」した

のである.

　ワンダ社会に水田稲作が浸透していく過程は，スクマとの住み分けを基本とする共住から，相互に依存・協力を深める共生へと変化していく過程であった.

(2) 「実証」の段階

　ワンダは，雇用労働を通してスクマから稲作技術を習得し，自ら水田稲作を実践することで，新しい外来技術の適応性を確認していった．それが「実証」の段階である．この段階で，育苗，田植え，畔畦をつくる技術，水田の形状や立地条件，自給を確保しながら稲作を実施するための労働配分など，スクマの稲作技術がワンダの環境や農耕体系に適する形へとつくり変えられていった．この創造的な模倣が，地域に新たな技術が浸透していくための重要なプロセスである．またワンダは，田植えという作業には体の小さな小学生が向いていることに気づき，面積に応じて小学生に田植え料を支払う雇用形態を確立した．さらに小学生の子供に水田を分け与え，親子の間で，牛耕と田植えの労働を交換することによって，田植えの労働力をしっかりと確保していった．これは，技術が社会に浸透していく過程で，新たな仕組みが生み出され，技術と一体となって広まっていったことを示している．小学生たちは，アルバイトで得た現金で教材やユニフォームを買い，定期市で買い物を楽しむことができるようになった．小学生が自分の水田を所有するという現象は，子供の自立心や経済観念を養うだけでなく，若者を農村に引き付ける要因ともなって，農村の活性化につながっているのである.

　ウソチェ村ではこの段階に併行して，稲作を取り巻く様々な外因も大きく変化していった．その中でも最も大きな変化は，経済の自由化に伴うコメ価格の上昇と販売機会の増加であった．スクマとコメの買い付け業者の間で頻繁に交わされる高額の取引を見聞する過程で，コメの経済的な有益性もまた「実証」されていったのである.

(3) 「実施条件の整備」の段階

　掛谷は本書の序章で，大きな社会的・経済的変化が村レベルで受け入れら

れるときには，平準化機構の機能は変化を抑制することから，変化を急速に広め，促進するように働く，と述べている．ウソチェ村の事例でも，水田稲作への憧憬はウシを持たない者に不平等感を抱かせ，それは同時に稲作をおこなう者に妬みの対象となることへの危惧の念を抱かせたに違いない．そうした不満や不安は，牛耕へのアクセス方法が多様化して，誰もが稲作を実施できる態勢を整えるように作用した．具体的には，スクマ社会の慣習的なウシの預託制度クビリサがワンダにも適用され，またワンダ社会内でウシの又貸しなどが公認され，広く牛耕を支えるシステムが創発した．これによって村内のすべての住民が稲作を実施できる態勢が整い，稲作が一気に普及していったのである．この「実施条件の整備」の段階を経て，大半の村人が等しく新たなイノベーションを享受できるようになり，地域全体の経済を底上げする形で平準化機構が顕在化していったのである．

(4) 新たな技術の地域社会への内在化

この事例では，水田稲作が浸透していく過程には，「発見」・「実証」・「実施条件の整備」の3段階があると結論したが，一般的な普及プロセスもこうした段階を経ているのではないだろうか．農村部においても「発見」は日常的にあり，その環境適応性や経済的有益性が「実証」されることもよくある．しかし，平等主義が潜在するアフリカ農村では，地域全体の底上げ的な発展を指向する傾向が見られ，すべての住民が実施できる条件が整うことによって，有益な技術が地域社会に深く根づき，内在化していくことを強調しておきたい．

この内在化の過程は，タンザニアで主流とされてきた，地域への新たな農耕技術の普及手法（T&V方式）の問題点を理解するためにおおいに役立つ（本書第6章1節を参照）．T&V方式では，普及員の指導によって，コンタクト・ファーマーが新たな技術を習得し，その技術の環境適応性が実証されれば，デモンストレーション効果によって技術は自然に波及していくと想定されている．実際には，たとえその技術の有用性が周囲に認められたとしても，多くの住民がこの新しい技術を実施できる条件が整っていなければ，その普及は期待できない．農業技術の普及事業では，多くの村人がその技術の

恩恵を享受できる条件や態勢を整えることがきわめて重要である．

また，農村開発では，事業の終了後も，住民が主体的に活動を継続することが基本的な課題である．そのためには，新たな技術が地域社会に根づき，内在化する過程への深い配慮が不可欠であろう．

1-6. ウソチェ村の事例と内発的発展との照応

　ウソチェ村における水田稲作の拡大・普及の事例は，鶴見［1996］の内発的発展論と照応しあう．鶴見は，内発的発展とは，社会および地域の人々が，直面している問題を解くカギを地域の伝統の中に発見し，旧いものを新しい環境に照らし合わせてつくりかえ，多様な発展の経路をきり拓くこと，と定義している．ウソチェ村の事例では，移住者スクマが導入した新たな水田技術を，ワンダの先駆的実践者がその環境適応性や経済的な有益性を発見・実証し，スクマとの共生関係を築きながら，村全体に広く波及するための突破口を開いた．そして，多くの村人が水田稲作に従事することができるシステムがつくり出されていった．このシステムには，牛耕へのアクセス機会が均等化するように，伝統的な相互扶助慣行のウラリケや，親族内での労働提供によるウシの共同利用，現代的な賃耕，クビリサによって借りたウシの又貸しなどが含まれている．これらは，平準化を促す対応であるといえるが，直面している問題を解くカギを地域の伝統のなかに見出し，旧いものを新しい環境に照らし合わせてつくりかえ，独自の発展の経路をきり拓いていった過程であり，内発的発展の展開と捉えてよいであろう．

　鶴見［1996］は，アジアにおける内発的発展の発現形態のなかにいくつかの共通点を見出したが，その１つとして地域内で発想的，もしくは実践的キー・パースンが活動していることを指摘している．発展の担い手は，地域内の強烈な個性を持った複数の個人であり，内発的発展には必ずそうしたキー・パースンが存在する，と述べている．ところが，ウソチェ村の事例では，アカシア林帯で水田稲作を始めたスクマがキー・パースンにあたるのかもしれないが，ワンダ社会のなかには鶴見のいうようなキー・パースンと呼べる人たちを見出すことはできない．あえて，このキー・パースンを拡大解

釈していうならば，1980年代初頭に水田稲作を始めた人たち，もしくはスクマと良好な関係を築くことでウシの受託を始めた人たちかもしれない．しかし，水田稲作やウシの受託を先駆的に始めた人たちが，水田稲作が浸透する過程でも積極的にリーダー的な役割を担ったわけではない．しかも，実施条件が整ったあとは，普及の担い手はあえて自分の功労を隠すかのように振る舞い，水田稲作が定着した現在，そうした先駆者たちを見つけ出して個人を特定することは難しい．キー・パースンの痕跡が残らない現象が何を意味するのかは不明であるが，この現象も平準化機構と関連しているのかもしれない．アフリカでの内発的発展の研究は，その新たな地平を切り拓いていく可能性を秘めている．

2……ウソチェ村における農村開発の構想と実践

［神田靖範・伊谷樹一・掛谷　誠］

2-1. 村での報告会 —— 調査から実践への転換点

　2006年8月27日（日曜日）にウソチェ村の学校の教室で，これまでの調査結果の報告会を開いた．出席者は，村評議会メンバー13人や，神田がインフォーマントとして調査に協力してもらった7人を含めて22人であった．報告会は，ほぼ正午に始まり午後2時20分に終わった．

　私たち3人は8月22日に村に到着し，4日間，夜遅くまで議論した．その結果を踏まえ，ポスター用紙10枚余りに図や表も含めてスワヒリ語で報告内容を書く作業が続いた．日本でも，約2年間に及ぶ調査を振り返り，何度も討議を重ねてきたのだが，やはり村に戻って集中的に議論すると，村での生活の心地よさと，ほどよい緊張感が議論に弾みをつけ，新たなアイデアや課題が話題にのぼる．夜には，ライムをしぼって入れたジンの水割りに酔い，議論も熱気の度合いを増す．3人とも，それぞれの考えや思いを述べ，主張し，議論は延々と続くことが多い．現場での，安易な妥協を許さない相互討論こそが，活動を確実に前へ進める原動力となってきたことを，私たち

第7章　タンザニア・ボジ県ウソチェ村

写真7-5　調査報告会．ポスター用紙10枚余りに記した調査結果を提示して住民に報告し，村の課題について協議した．

は強く自覚していたからである．しかし，今回もぎりぎりまで討議が続き，ポスターが完成したのは，報告会が始まる1時間前だった．この報告会の前日，ソコイネ農業大学（SUA）の地域開発センター（SCSRD）からも，ニンディ君とムハンド君が応援に駆けつけてくれた．2人とも京都大学の大学院で学んだ旧知の仲間である．ムハンド君は会の進行役を，ニンディ君は記録役を引き受けてくれた．

報告会では神田が，ポスターや別に用意した写真帳をフルに活用し，調査時のエピソードなどをまじえつつ熱意を込めて村人に語りかけた（写真7-5）．村人たちの真剣な表情と，時に身を乗り出し，うなずきながら聞き入っている様子が印象的だった．村人からもいろいろな質問や提案が出された．確かな手応えを感じる報告会だった．これから，「具体的な実践」に向けての活動が始まることの重みを強く感じつつ，私たちは学校を後にした．その夜は，ニンディ君やムハンド君とともに，おいしい酒を飲みながら語り合った．

この報告会は，序章で述べた NOW 型モデル（図 序-1）の中に位置づければ，実態把握からアクション・リサーチへの転換点であった．それは，実験的なフェーズであり，解決策の立案・計画の試行・評価を積み重ねる．そこで妥当性が認められた活動を中心にして，本格的な実践のフェーズを展開することになる．SCSRD プロジェクトでは，「実態把握を開発の構想・実践につなげるには，現実の様々な社会関係の中で苦闘し，深い洞察力をフルに発揮させること」が必要であるという「教訓」を学んだ［本書第6章1節］．報告会では確かな手応えを感じたが，私たちはそれぞれの心の内で SCSRD プロジェクトの教訓を思い出し，慎重に，また大胆に先へと進む覚悟を固めたのである．

前述した報告会の後，さらに 2 回の報告会をおこない，ウソチェ村が抱える問題の解決に向けた活動を私たちとともに進めていく村民グループが発足した．その後の経過と結果について，本節で詳細に記述・分析するが，やはりすべてスムーズに進んだとはいいがたい．しかし，「プロセスに学ぶ」「やりながら考える」という方針を貫き，問題が起こった時点でその原因と対処を熟考しつつ，すばやい対応を心がけた．以下では淡々と記述・分析するが，その行間に私たちが立ち向かわなければならなかった困難がにじみでてくるであろう．その意味で，この節は農村開発をめぐるドキュメントとしても読んでいただければと願っている．

2-2. 農村開発の実施モデル（改良 NOW 型モデル）

マテンゴ高地で実施した SCSRD プロジェクトでは，川喜田［1993］が提唱した W 型問題解決図式を参考にしながら，その実施に際しては NOW 型モデルを採用した［SCSRD 2004］（図 7-9）．ウソチェ村でも，この NOW 型モデルを参考にしながら実践活動を進めていった．その過程で，より現実に適合するようにフィードバックを重ね，それを改良 NOW 型モデルと名づけた（図 7-10）．

モデルの基本的な構造に変わりはないが，主な変更は，まず「アクション・リサーチ」を「解決策の試行・検討」と表現を変えた．「試行・検討」

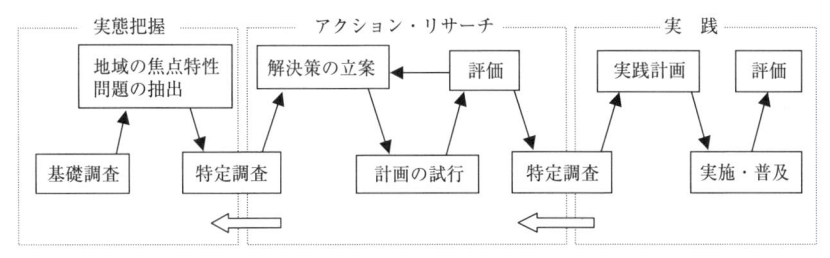

図7-9 JICAプロジェクトで考案された実施モデル（NOW型モデル）

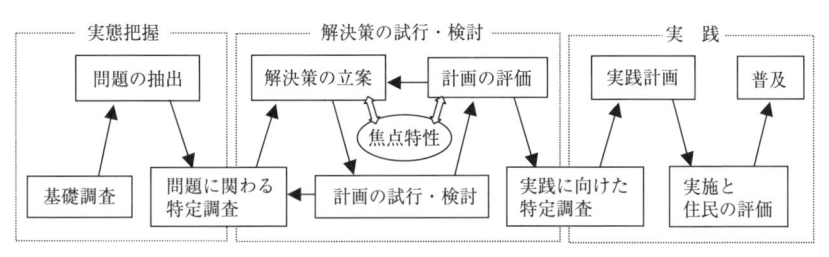

図7-10 改良NOW型モデル

の段階であると表現し位置づけることによって，計画自体が柔軟性をもち，この間の活動によって住民側に主体性が育まれ，研究者（外部支援者）の実践に対する感覚が磨かれることを，ウソチェ村での経験で強く実感したからである．

　別の変更点は，「焦点特性」を設定する時期の変更である．地域の焦点特性は，地域が抱える問題群と強い連関をもち，村落をベースとした発展計画の全体的なイメージを喚起するもので，活動が実践へと展開する際の基点となる．SCSRDプロジェクトで指針となったNOW型では，地域の問題が抽出される段階で焦点特性が設定されていた．しかし，地域によっては焦点特性を定めることが難しく，特に実践活動の方向性が明確になっていない段階では，具体的なイメージを喚起する表現を見出すことが困難であり，後に変更を余儀なくされる可能性がある．そこで，問題の抽出段階では暫定的な焦点特性を定めるにとどめ，「解決策の試行・検討」のプロセスで，「解決策の立案」や「計画の評価」と相互に関連させつつ，焦点特性を徐々に確定していくことにした．

最後の変更点は,「実践」フェーズで,「実施・普及」を「実施と住民の評価」に,「評価」を「普及」に変えたことである．これは「普及」の枠組みを「他地域への普及」に拡張したことによる変更である．マテンゴ高地では,「アクション・リサーチ」のフェーズで有用性が認められた活動は,「副次効果の増幅作用」を支援することで,地域全体に,いわば自然な形で波及していった［本書第6章3節］．この事例やウソチェ村での経験を踏まえ,改良モデルでは,活動の詳細な記録と結果,それに住民の評価を加えた活動報告書を作成・公開することで,他地域への普及を図ることにした．

ウソチェ村の実践活動によって「改良NOW型モデル」を構築したのだが,以下ではこの改良モデルの流れに沿い,「実態把握」と「解決策の試行・検討」のフェーズを中心にして,2008年6月までの活動の詳細を記述・分析したい．

2-3. 実態把握

(1) 基礎調査

神田は約1年間,ウソチェ村に住み込んで,村の実態を把握する調査を進めた．掛谷・伊谷や他のメンバーによる調査を含めると,約2年間をかけてウソチェ村をめぐる基礎調査をおこなったことになる．この調査により,地域の生態環境・生活様式・生業形態・経済状況・社会構造・民族構成など,それらの変遷を含めた全体像を把握することができた．特に,市場経済が村社会に深く浸透してきた近年の状況の中で,現金収入の獲得を目的として急速に普及してきた水田稲作に注目し,その実態について詳しく調査した．その詳細については,本章1節に記したので,ここでは実践に向けて重要な要点だけを簡潔に述べる．

ウソチェ村は,ルクワ地溝帯にできたトラフ（舟状盆地）を流れるモンバ川の河畔に位置し,シクンシ林,アカシア林の植生がモザイク状に分布している．クワンクワ（不透水層）のあるアカシア林は作物の栽培に適さないため,この地に暮らすワンダはシクンシ林を開墾して常畑耕作を営み,アカシア林はもっぱらウシの放牧地として利用してきた．

1980年代初頭，農牧民スクマがこのアカシア林に移住し，クワンクワのあるアカシア林で畦畔を造成して水田稲作を始めた．一方，ワンダの中にもスクマの水田稲作を模倣する者が現れたが，ウシの絶対的な数が不足していたため，水田稲作はなかなかワンダ社会に広まらなかった．

　ウシに高い社会的価値をおくスクマは，牧草地を求めて移住と定住を繰り返し，各地で地元の農耕民との衝突が常態化していて，ウソチェ村周辺でも，スクマのウシの食害などが原因で争いが増えていった．スクマはこうした事態に対し，彼らの社会的慣習であるクビリサ（ウシの預託システム）をワンダ社会にも拡大して，ワンダにもウシを貸与し，ウシを媒介とした友好的な共生関係を築いていった．その結果，牛耕による水田稲作がワンダ社会にも広く普及していった．

　安定した収入源をもたなかったワンダは，出稼ぎによって現金を得ていたが，稲作という収入源が確立されたことで，先を争ってアカシア林を開墾し，村内のアカシア林は急速に減っていった．ワンダやスクマにとってウシは水田耕作だけでなく，畑作にも欠かせない労働力であるが，水田が拡大したことで，雨季の飼料となっていたアカシア林の下草が減ることになってしまったのである．ウソチェ村は，水田の拡大に伴って，水田労働の担い手であるウシの飼料が不足する深刻な矛盾を抱えることになった．私たちは，この矛盾がウソチェ村の抱える諸問題の根本にあると考え，西田幾多郎の哲学用語を借用して，「絶対矛盾的自己同一」を暫定的な焦点特性とした．

(2) 問題の抽出（第1回報告会）

　2006年8月，暫定的な焦点特性を定めたところで，村で報告会を開き，調査結果を村民に報告するとともに，この「絶対矛盾的自己同一」をめぐる問題点を提起することにした．調査報告会は結果的に3回実施することになった．1回目（8月27日）は村評議会のメンバーとフィールドワークのインフォーマントを対象におこなった．ウソチェ村からの参加者は村評議会のメンバー13人（うち女性2人），インフォーマント7人，長老会1人，学生1人の計22人で，私たちとソコイネ農業大学の若手研究者2人が会の進行役と記録役を務めた．報告会では，ポスターを使いながら，調査の目的が

「タンザニアの農村における内発的発展の事例分析」であることを説明した．そして，この報告会が，①調査によって学んだこととその分析結果をフィードバックする会であり，②地域が抱える問題点とその解決策に関する意見交換を目的としていることを述べた．最初にカムサンバで計測した降雨量と気温の年間推移グラフを示して同地の気象について報告し，続いて地図を示しながら村区の境界・河川・道路の位置などを確認した．

　次に，ウソチェ村周辺の植生がシクンシ林，アカシア・タンガニィケンシス林，アカシア・シケット混合林，シケット，川辺林の5類型に分類できることと，それぞれの植生を構成する主要樹種およびワンダの土地利用を示し，私たちの植生分類と住民の認識との間に相違がないことを確認した．そして，当地の生業様式が生態環境と密接な関係をもっていることに言及した．さらに，1984年と1994年のランドサットによる衛星画像を提示し，1994年までの10年間に，幹線道路の東側のアカシア林植生が，水田の拡大によって大きく減っていることを客観的に示した（本章1節の図7-4）．このような状態を視覚的に提示したことで，参加者は放牧地が減少している深刻な実態を認識することになった．

　次に，ウソチェ村の水田稲作がアカシア林・クワンクワ・溢流水・牛耕・ミミズ・粘土の物理化学性などによって成り立っていることを説明し，ワンダの熟田化に関する認識が科学的な分析と一致することを述べた．そして，ワンダの在来の知識・技術が，畦畔造成や苗の移植という外来の稲作技術と接合し，1990年ごろからこの地域一帯にひろがってきたことを報告した．続いて，降雨にさえ恵まれれば，無施肥・無農薬で約3トン／ヘクタールという高い籾収量が得られ，またウソチェ米は味がよく，都市部の市場でブランド化してきていることなどを説明した．

　また，ウソチェ村の農耕システムにおける牛耕の重要性と水田稲作での移植の意味について，主食であるモロコシと商品作物のイネの農事暦，降雨パターンを図示しながら（本章1節の図7-3），以下の特長を指摘した．①畑作と稲作を両立させるためには，畜力を使って短期間に畑の耕起を終えなければならない．②ウソチェ村では1世帯あたり平均2.5エーカーの畑を保有しているので，1ペアのウシと犂を使っても牛耕には8日間かかる．③移植に

よって，雨季の初期における畜力の競合が避けられている．④3月以降になると雨が少なくなるため，遅くとも2月上旬までには移植を完了しなければならない．

　さらに，農耕システムの変遷にも触れ，シコクビエを中心とした焼畑耕作から牛耕によるモロコシの常畑耕作へと変化し，集村化に伴うトウモロコシの導入を経て，1980年代，畦畔を造成し，苗を移植する稲作技術がスクマによってもたらされ，定着したことを説明した．そして，この水田稲作が地域に波及した大きな要因のひとつとして，スクマによるウシの預託システムの導入があったことを述べた．ワンダ社会が保有するウシの約4割をスクマから借りていることをデータで示し，さらにそのウシをワンダの世帯間で又貸しすることで，ウシを保有しない世帯も牛耕へのアクセスが可能になり，水田稲作が村全域に普及したと報告した．そして，この水田稲作の底上げ的な展開に影響した外部の要因として，穀物流通の自由化・現金経済の浸透・エルニーニョによる水害などがあったことを，村内における稲作世帯数の推移を示すグラフと関連づけて説明した（本章1節の図7-6）．

　そして以下の3点を結論として報告した．①ワンダは，在来の技術・知識・経験を基盤としながら，外来の稲作技術を農耕システムのなかに取り込んでいった．②現金の獲得手段が村内で確立されたことで，若者の出稼ぎが減少して村が活性化した．③このような外部支援に頼らない住民主体の取り組みを内発的発展と理解し，この事例から多くのことを学んだ．最後に，生計の向上と環境保全の両立による持続可能な発展を期待することを，報告会のまとめとして述べた．

　その後，質疑応答に移り，ウソチェ村の環境保全と持続可能な開発に向けて，地域が抱える問題点とその解決策について議論した．参加者から出された問題点は，①食用，換金作物の栽培に関する新たな技術情報の欠如，②村外在住者による水田適地の占有，③森林・環境の保全と利用に関する情報の欠如，④世帯間の経済格差の拡大，⑤飼料不足，などであった．また，その解決策については，①換金作物の多様化，②荒廃地への植林，③イネの焼畑での育苗に代わる方法の開発と苗床周辺への植林，④コメ収益の貯蓄とウシの購入，⑤世帯あたりのウシ保有頭数の制限，などの意見が出された．

(3) 問題に関わる特定調査（村行政官への報告会）

　この報告会に出席できなかったウソチェ村の行政官は，この報告会に強い関心を示したので，第1回報告会から6日後の9月2日，村行政官と村長を相手にもう1度報告会を開いた．第1回報告会の参加者から出された問題点と解決策を受け，2005/2006年度の降雨データや家畜飼料の栄養分析のデータを付け加え，以下のように説明した．

　2004/2005年度と2005/2006年度の降雨量と降雨パターンを比較すると（図7-11），2004/2005年度は例年通りで，モロコシ・コメの収穫量は平年作であった．一方，2005/2006年度の降雨量は750ミリメートルと平年並みであったが，コメは不作だった．それは，雨季がはじまる12月から1月中旬までの降雨が不安定で，水田に水が溜まる前に苗床の苗が枯れてしまい，種籾を使い切った多くの農家がその年の稲作を断念したことによる．しかし，種籾に余裕があり，1月中旬以降に再び播種できた農家は平年並みの収量を得た．この説明が，村行政官や村長に種籾貯蔵の重要性を強く印象づけることになった．

　また，放牧地でウシが採食する飼料の季節的な変化とその栄養価を示し，乾物消化率や粗タンパンク質含量の意味を説明した．雨季のはじめ，イネ科野草のバイオマスがまだ低い時期に，ウシは表7-3にあげた木本の新葉をよく採食するが，ムコロラ（*Combretum obovatum*）を除くほとんどの樹種は若葉の乾物消化率が非常に低いことも述べた．村行政官や村長は若い頃に牧童をしていた経験があり，ウシの嗜好する植物をよく知っていて，ウシの嗜好性に関する彼らの見解とイネ科野草の栄養価は密接に関係していることがわかった．続いて，以下のウシの飼料についての調査結果を説明した．イネ科野草は成長に伴い栄養価が低下し，草地の減少により現存量も低下する．雨季の後半には，放牧地における飼料は質的にも量的にも低下する．乾季に入ると，ウシは畑の刈跡に放牧され，作物残渣が飼料の中心となり，収穫直後は量的に十分ではあるがその栄養価は低い．この低い栄養を補っているのがマメ科木本の果実（莢）である．ここでは，ムセンセと呼ばれるアカシア（*Acacia nilotica*）だけの分析結果を示したが，村行政官と村長は，他のマメ科ネムノキ亜科の樹種（*Acacia tortilis*, *Dichrostachys cinerea*, *Faidherbia albida*）の果

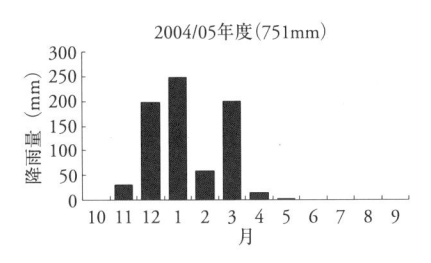

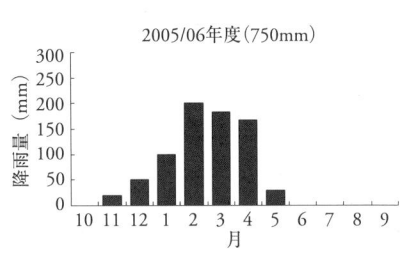

図7-11 カムサンバにおける2004/05年度と2005/06年度の降雨量と降雨パターン

表7-3 放牧地で牛が採食するイネ科草本と木本の栄養

月	木本/草本	方名	学名	乾物消化率(%)	粗蛋白質(%)
12	木本	ランバ	Markhamia puberula	40.68	10.17
	〃	ナクングェ	Combretum molle	25.26	13.79
	〃	ムコロラ	Combretum obovatum	58.32	18.01
	〃	ムトー	Azanza garckeana	29.89	18.92
	〃	ムペレ	Grewia bicolor	26.83	15.43
	〃	ナチフンベ	Piliostigma thonningii	25.67	14.63
	イネ科草本	ンダレ	Cynodon nlemfuensis	53.79	18.93
	〃	チルル	Digitaria milanjiana	62.08	11.96
	〃	ムワンザ	Urochloa trichopus	58.20	18.69
	〃	チテテレ	Echinochloa haploclada	53.62	19.69
	〃	ユンガ	Panicum maximum	60.41	12.03
	〃	チロンドウェ	Panicum massiense	52.12	7.46
	〃	サパ	Dactyloctenium aegyptium	58.17	7.57
3	イネ科草本	ムワンザ	Urochloa trichopus	54.54	11.06
	〃	不明	Digitaria abyssinica	56.40	10.28
	〃	不明	Chloris virgata	46.10	11.98
5	木本種子	ムセンセ（マチェレケセ）	Acacia nilotica	68.16	9.31
	イネ科草本	不明	Chloris virgata	44.61	5.70
7	イネ科作物	ムプンガ	Oryza sativa	37.00	4.00
	〃	チェケムペンベ	Sorghum bicolor	37.00	2.00
	イネ科草本	マテテ	Phragmites mauritianus	49.15	14.42

実もウシは好んで食するという，彼らの長年の経験による見解を述べてくれた．その見解は，科学的な分析結果と符合していた．そして，9月に入ると作物残渣も乏しくなり，ウシは草本の屑や木本の落ち葉などを探しまわる厳しい季節になり，河原に群生する葦のマテテ（*Phragmites* sp.）が貴重な飼料となるという説明を付け加えた．

このように飼料の分析結果をもとに，1年を通じた放牧地と飼料の関係について私たちの見解を述べた．村行政官は雨季のはじめ，まだ草本が出芽する前に，ウシは木本の新葉をよく採食していることを知っており，この木本の栄養分析の結果を見て，「近年，この季節に牛乳の出が悪くなったのは，一番栄養価の高いムコロラが減少したからではないだろうか」と語った．ムコロラは表流水の通り道に沿って分布し，水田の拡大によって顕著に減った樹種の1つである．また家畜が食べる木本の果実を総称して，ワンダ語で「マチェレケセ」というが，放牧時にウシが好んで採食する草本・木本に関するデータの提示で，マチェレケセも水田の拡大に伴って減少していることが指摘された．

村行政官は水田の拡大に伴う家畜飼料の減少を懸念しており，現在の村が抱えている問題への今後の対応について意見を求めてきた．ムビンガ県で実施したプロジェクトの経験から，問題の解決に向けた活動には，それを先導する住民グループの存在が有効であったことを説明し，グループの結成を提案した．村行政官は，住民主体で実施する活動の必要性を理解しており，私たちの提案に賛意を示してくれた．

2-4. 解決策の試行・検討

(1) 解決策の立案
1) 村民会議での報告

9月4日に村民会議（村の最高議決機関）が開かれた．他の議題についての討議が終わった後に，1回目の報告会と，村行政官と村長への報告に用いたポスターを提示して説明し，村が抱える課題について参加者と協議した．

今年度の水稲が不作であったのは，12月と1月の降雨量が少なかったた

めに，苗が苗床で枯れてしまったことが最大の原因であったというのが，参加者の共通した見解であった．そして，「もし種籾に余裕があり，播き直すことができたならばどうであったか」という村行政官の質問に対し，参加者は「その後の降雨は順調だったので収穫できたはずだ」と答えていた．また，家畜飼料の栄養価を説明したところでは，村行政官が，「最近，ウシの乳量が低下したという話をよく耳にするが，その理由がよくわかったと思う．水田の拡大に伴ってムコロラなどが減少しているのだ」と言ってアカシア林の保全の必要性を強調した．

村行政官は，問題解決に取り組むグループ活動の重要性について熱意をこめて説明した．これによって村民はグループ活動の意義を理解し，協議の結果，4つある村区から代表者を2人ずつ選出し，村民グループを組織することで合意した．自薦2人，他薦6人，計8人が村民会議によって選出された．他薦された中にはスクマも1人含まれていた．

村長は閉会の挨拶の中で，外部支援者とともに問題解決策の構想と実践を担うグループの活動に大きな期待がかかっていることを強調し，また，グループの活動はボランティア・ベースであることを付け加えた．

2) 村民グループとの協議（第1回会合）

村が抱える問題群について，今回結成された村民グループの中で認識を共有しておく必要があり，村民会議の翌日に会合を開くことになった．しかし，急な話であったため，村の中心部から離れた2つの村区には連絡が届かず，メンバー8人のうち4人しか出席できなかった．これまでと同じポスターを用いて簡潔に説明を繰り返した後，問題群の認識を共有し，その解決策について改めて協議した．これは村民グループにとって最初の会合であり，村の開発計画のイメージを共有する場でもあった．この会合では村長も議論に加わり，問題解決に関する具体的なトライアルと実践に向けての構想を練った．その内容は以下の通りである．

①水田適地の減少に伴って生じる世帯間の経済的な格差を補うために，コメに代わる商品作物（ゴマ・ヒマワリ・ラッカセイなど）の導入と栽培技術の確立によって商品作物の多様化を図る．

②イネの良苗育成とアカシア林の保全を目的として，焼畑の苗床に代わるイネの育苗技術を確立する（牛糞と木灰の施用）．
③降雨変動に対応しうる安定多収の稲作技術を確立する（早生種との組み合わせ）．
④村民グループが種子銀行を設立し，非常時用に種籾を保存しておく．
⑤モロコシ畑に，ほふく型ササゲなどのマメ科作物を混作し，刈跡放牧地のバイオマスの増加と飼料栄養価の改善を図る．
⑥乾季の重要な飼料として，マチェレケセ（飼料用果実）を産するマメ科ネムノキ亜科の樹木の保全と植林を試みる．

3) 調査報告会の意味

　結果的に調査報告会を3回おこなった．1回目の報告会では研究者として調査結果を報告し，地域の実態，特に水田の拡大に伴う放牧地の減少が村の土地利用をめぐる根本的な問題であることを提示した．村が直面している問題を示したことで，今までは研究者として開発には無縁の存在であった私たち，村行政官や村長を含む村民との関係が明らかに変化した．それは，村行政官からの積極的な働きかけにも表れているが，彼の要請を受ける形で，村行政官と村長を相手にして2回目の報告会をおこなった．この報告会では，第1回報告会で問題点と解決策が提起されていたため，それに向けて実施した特定調査の結果（年間の降雨量・降雨パターンや，ウシの飼料の栄養価分析表など）も示した．3回目の報告会は住民からの要請によるもので，村民会議の場で発表することになった．この時点では，その前におこなった2回の報告会のうわさがひろがって放牧地不足の問題が強く意識されていたため，報告会ではその対策に向けた議題が議論の中心となった．そして，マテンゴ高地で実施したプロジェクトの経験から，解決策を協議して実施するグループが必要であると考え，その結成を提案した．住民はこの提案を受け入れ，村民会議という公の場で，問題解決策の構想と活動の実践を担うグループが発足した．

　この調査報告会は，調査から実践への転換点として位置づけることができる．調査結果の報告を通して，住民とローカルな知識を共有し，研究者（外

部支援者）の視点から見えてきた問題点を提示した．信頼関係を基盤としつつ，住民は研究者（外部支援者）の視点を共有し，問題点の提示を真摯に受けとめ，その解決に向けて村民グループを結成した．調査結果のフィードバックが村民グループの結成につながり，問題の具体的な解決策を協議するフェーズにおいて，私たちは，外部情報も提供しうる「内部者」の役割を担い，住民の主体的な実践を支援するプロセスがはじまったのである．調査報告会は，フィールドワークによる調査結果を実践へとつなげていくための大きな契機であったといってよいであろう．

(2) 計画の試行・検討（初年度のトライアル）

　グループ結成後，私たちはメンバーと会合をもち，この地域が抱える問題群の認識を共有し，その解決に向けた具体的な計画を協議した．そして，先に提案された活動のうち，①コメに代わる商品作物（ゴマ・ヒマワリ・ラッカセイなど）の導入と栽培技術の確立，②焼畑の苗床に代わるイネの良苗育成技術の確立（牛糞と木灰の施用），③飼料用マメ科作物の導入，の3つのトライアルを実施することにして，2006年の雨季（12月頃）からの開始を目指し畑などの準備を進めた．私たちは，トライアルに向けた調査（牛糞やマチェレケセの成分分析用サンプルの採取など）をすませ，2006年9月のはじめにウソチェ村を後にして帰国の途についた．

　その後，同年12月に伊谷は，トライアルの支援（商品作物の種子提供など）と成分分析の結果を報告するためにウソチェ村を訪れた．ところが，インド洋上に巨大なサイクロンが発生してウソチェ村の田畑はすべて冠水し，牛糞も流されてしまったため，②の良苗育成試験はこの時点で断念せざるを得なかった．またこのとき，種籾を貯蔵しておく計画について改めて協議した．

　2007年2月には神田と勝俣昌也が同村を訪ねた．村民グループは，前回調査の後に会合を開き，議長・書記・会計の3役を決め，グループを「カトゥウェズィーエ」と名づけていた．「カトゥウェズィーエ」とはワンダ語で「失敗してもくじけない」を意味する．

　カトゥウェズィーエは週に2日の作業日を決めていたが，作業への参加率は決して高いとはいえず，やがて欠席者へ罰金を科すようになり，グループ

内の人間関係はぎくしゃくしていった．その後，辞退者が2人出たが，そのうちの1人は唯一のスクマであった．どちらも家の仕事が忙しく，グループ活動に参加する時間が作れないとのことであったが，罰金を科すようになったことが辞退の引き金であった．さらに，トライアルの準備の遅れや試験圃場の選定ミス，例年に比べ雨季の前半に雨が集中し，後半早くに雨が上がるという異常気象によって，トライアルの結果もはかばかしいものではなかった．しかし，トライアルはまったくの失敗ではなく，ゴマ・ヒマワリ・ラッカセイ・ササゲの品種試験は実施され，それぞれの作物に適した土壌・播種時期・品種特性・病虫害耐性など，わずか1年の結果ではあるものの，次につながる課題が明らかになった．そして，トライアルの実施を通して，試験圃場の耕耘に使用するウシや犂の調達方法など，共同活動に向けた合意が形になり始めていた．

2月のある日，神田はメンバーから「一目でカトゥウェズィーエとわかる，名前の入ったTシャツ（ユニフォーム）がほしい」との要望を聞いた．この要望には，グループへの求心力を高めたいという願いが込められているようにも感じられたのだが，この時点では彼らの要望を保留にした．

(3) 計画の評価
 1) 焦点特性

雨季が終わった2007年5月に掛谷・伊谷・神田の3人が村を訪れ，初年度のトライアルの結果やカトゥウェズィーエの活動状況を聞き，前述したような評価を踏まえ，グループの活動の立て直しを図る必要があると判断した．そして，次のトライアルに向けて様々な活動を積み上げていった．こうした立て直しを図る過程で私たちは多くのことを学び，カトゥウェズィーエとの連帯感も深まっていったように思う．それらの蓄積が，明確な焦点特性へと結晶化していった．

焦点特性は，村の生活に深く根ざし，地域が抱える問題群と強い関係を持ち，発展計画の全体像が具体的にイメージできる地域特性の表現であることが望ましい．私たちは議論を重ねた上で，焦点特性を「疎林・ウシ・水田稲作の複合」と「民族の共生」に定めた．そして，この焦点特性を中心に据え，

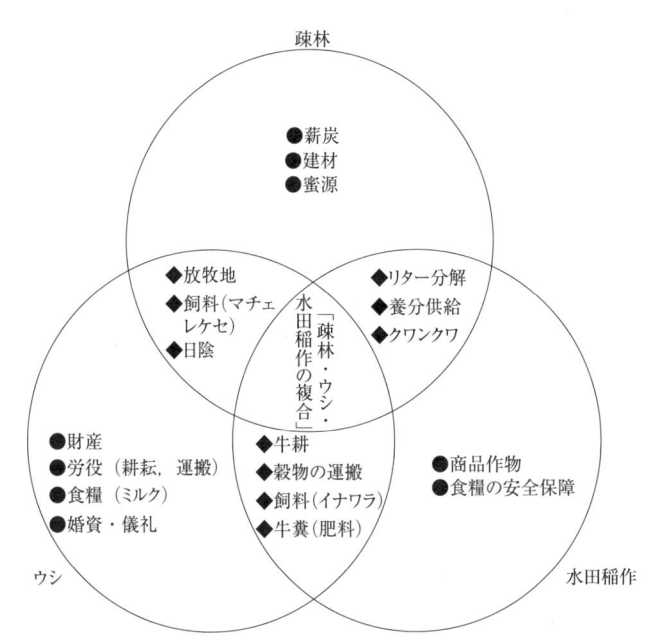

図7-12 焦点特性「疎林・ウシ・水田稲作の複合」を中心にすえた視座

外部情報との融合によって在来性のポテンシャルを活性化させうる活動を提案していくように心がけた．
① 「疎林・ウシ・水田稲作の複合」の視座
　図7-12は，「疎林・ウシ・水田稲作の複合」を中心に据えた視座を示している．その内容を簡潔に説明しておこう．疎林は，村人に薪炭・建材・蜂蜜をもたらし，ウシに飼料や日陰を，水田稲作には養分を供給する．水田稲作は，貴重な現金収入源であるとともに自給用の食糧も提供し，またその茎葉はウシの飼料となる．ウシは，それ自身が財産であり，婚資や儀礼に用いられ，また農業には耕耘や運搬の畜力を提供し，その糞は畑の養分となる．焦点特性は，このような疎林・ウシ・水田稲作の相互の関係を明示している．同時に，水田の急速な拡大によって，こうした3者のバランスが崩れてきたことのもつ意味も示唆している．そして，この循環系の維持（調和）と3要素の関係性の強化によって持続可能性を高め，土地利用の改善や技術革新

によって生産性の向上を図るという指針も示しているのである．

② 「民族の共生」の視座

　ウソチェ村では，地元民ワンダと移住民スクマは地区を住み分けて共住していた．この「共住」が，前節で述べたように両民族が依存・協力の関係を深めていき，「共生」へと変わっていった．そのプロセスが水田稲作の波及と連動していた．それゆえウソチェ村の在来性のポテンシャルとして「民族の共生」を重視し，それをもう1つの焦点特性として設定した．そして「民族の共生」の視座は，将来のウソチェ村の大きくステップアップした発展を支えることになるであろう，というのが私たちの考えであった．現段階では共住に至るプロセス，つまりスクマの移住がタンザニアの農村・都市の別なく広く見られる行動様式である「テンベア」と通底する特徴を備えていることに注目した．

　テンベアは，「特別あてもなくうろつくこと」や「行先の確定しない旅（放浪）」などを意味する．テンベアを介した民族の関係について，和崎［1968：212］は以下のように述べている．「スワヒリ農耕民諸部族に関していえば，部族とは外に開いた社会単位であって，それが，たがいに並列し触れあっている．そして，それらの触れあいは，テンベアで特徴づけられるものであって，これにより，各部族社会が混じりあい崩壊してゆくのではなくて，逆にこのようなテンベアを許すことによって，はじめて並列的部族社会が確立し安定しているのであると考えられる」．このようなテンベアという行動様式は「民族の共生」の視座を支える要素群の1つに挙げることができる．

　テンベアは，鶴見［1977：202］が以下に述べている「一時的な漂泊」とも通じるところがある．「定住民としての常民は，漂泊民とのであいによって覚醒され，活力を賦与される．また他方では，ひごろは定住している常民が，あるきっかけで，一時的に漂泊することによって，新しい視野がひらけ，活力をとりもどす．」後述する他地域への視察などは，「民族の共生」の視座に準拠した「一時的な漂泊」であり，外部情報との接触に重点を置いた活動と位置づけることができる．

　また，「漂泊者」と「定住民」は相互に賦活し合う関係である．テンベアに出かけた農民が旅先で様々な刺激を受け，帰村後に新たな活動を始めたと

いう事例は，私たちの調査の中でもよくみられた．テンベアを介したインターフェースについてはさらに深い研究が必要であるが，農民の交流の重要性を示唆しており，イノベーションの契機の1つになりうるように思える．この点を踏まえ，次年度のトライアルに先立って実施した特定調査は，他地域の農民との交流に重点をおいたものにした．

2) 次期トライアルに向けての計画立案

　こうして焦点特性も定まり，カトゥウェズィーエのメンバーとも議論して，発展計画のイメージの共有化を図った．そして，今後の具体的なトライアルについて協議し，2007年度には以下の試験を実施することになった．それまでの準備として，苗床に施用する木灰を各家庭のかまどから集めておくことなどを決めた．
①牛糞と木灰を利用したイネの育苗試験．②イネの正条植えと乱雑植え（慣行法）および栽培密度の比較試験．③商品作物（ゴマ・ヒマワリ・ラッカセイ）の品種試験（継続）．④ササゲの栽培試験．⑤種子銀行の設立（水稲の種籾，ゴマ・ヒマワリ・ラッカセイの優良品種の確保）．

3) 牛車の導入（賦活剤）

　前に，カトゥウェズィーエの名をプリントしたTシャツがほしいという要望があったことを記した．それは，たまたまメンバーの一員が神田に語り，神田も「なんだか気にかかる」要望だと感じていたのだが，その要望の意味については深く検討していなかった．私たちは議論を重ねる過程で，マテンゴ高地でのSCSRDプロジェクトの経験に思いが至った．マテンゴ高地の活動では，ハイドロミルや養魚池の導入が，農民グループの活動を賦活し，その後の開発実践の進展に大きく寄与した［本書第6章］．この経験が，「なんだか気にかかる」ことの根拠の1つであった．
　Tシャツの要望は，「賦活剤」の必要性を暗示しているのではないか．私たちは，カトゥウェズィーエの停滞状況を考慮し，その活性化を促す方策を考えた末に，「賦活剤」として牛車の導入というアイデアにいきついた．
　牛車は，焦点特性を中心に据えた視座と深く関連し，トライアルとも関係

する牛糞や収穫物の運搬に役立ち，グループの活動の財源確保にもつながると考えたのである．こうして，いくつかの「たまたま」や「偶然」が媒介する形で，牛車の供与を決めたのである．そして，次期トライアルの立案を練り上げる会合の席で，牛車の導入を提案した．

　ウソチェ村では，集村化の影響で居住区と畑・水田が数キロメートルも離れている世帯が多く，収穫物はウシに牽かせたソリや木製の荷車，自転車で運搬している．最近では，収穫物を出づくり小屋に置いておくと盗難の恐れも出てきているので，誰もができるだけ早く住居まで運びたいと考えており，寡婦世帯やウシを持たない世帯は輸送費を払って牛車で収穫物を運んでいる．大量の収穫物を短時間で運搬できる牛車は非常に役に立つが，1台50〜70万シリングと値段が高く，スクマの富裕層しかもっていないのが現状である．牛車寄贈の提案はおおいに歓迎された．しかし，この牛車は私物ではなく，ウソチェ村では数少ない村の公共物となるため，その管理と運用方法をグループ全員で決めるように提案した．牛車は，その後のメンテナンスも考慮して，地元のスクマの職人に発注することにした．

　カトゥウェズィーエのメンバーは，その管理と利用方法に関する細かな規則をつくった．その内容は以下の通りである．①牛車の保管場所はリーダーの家とし，カトゥウェズィーエの活動，メンバーの個人的な用務と村の公務に使用する以外は有料とする．②ウシは利用者が手配し，料金は荷物の量と距離から算定する．③収入はカトゥウェズィーエが管理・運用する．④牛車のメンテナンスはパンク修理を主対象として，空気入れポンプは当面メンバーの私物を借用し，ゴム糊は購入する．

　2007年8月上旬に完成した牛車は，このルールに則って運用されていった(本章扉写真)．表7-4は9月上旬から12月上旬までの牛車の使用状況で，穀物の運搬時期がすでに終わっているため使用頻度は高くはないが，レンガの運搬などで24,500シリングの収入があった．収穫したコメやモロコシの運搬が盛んになる4月から7月であれば，毎日使用の申し込みがあると思われ，多額の収入が期待できる．

第 7 章　タンザニア・ボジ県ウソツチェ村

表 7-4　牛車の利用記録（2007 年 9 月～12 月上旬）

月日	借用者	目的	区間	料金	備考
9 月上旬	Medardi Sichalwe	レンガ運搬	Iweta～Kijijini	単価 2,000/トリップ 5 トリップ 10,000.	現金の換わりにヤギで支払う
9 月上旬	Gervas Masnja	レンガ運搬	Iweta～Kijijini	1 トリップ	村民グループメンバー
9 月下旬	村政府	レンガ運搬	Bondeni～学校	無料	教員住宅建設（TASAF） Jastin Chiwanga のウシ
10 月上旬	Abeli Sikapa	レンガ運搬	Mchangani 内	単価 1,500/トリップ 7 トリップ 10,500.	メインボルトが運搬中折れる Abeli が交換（3,000.） 残金 7,500. 未払い（Pepekali）
10 月上旬	Simwiche	稲わら運搬	Iweta～Kijijini	1 トリップ	村長
10 月中旬	村政府	レンガ運搬	Bondeni～学校	無料	教員住宅建設（TASAF） Jastin Chiwanga のウシ
11 月 3 日	Kipali（米商人）	もみ米運搬	Kijijini～Muano	単価 1,000/袋 4 袋 4,000.	グリス代 500. 支出
11 月中旬	Simwiche	モロコシ運搬	Iweta～Kijijini	1 トリップ	村長
12 月 3 日	Benard Simfkwe	牛糞の運搬		無料	
12 月 5 日	教会	屋根材（板）の運搬	不明	無料	予約したが使わなかった

2-5. 問題に関わる特定調査（賦活行動）

　次の雨季には稲作と畑作に関するいくつかのトライアルを実施することになったが，その目標を明確にするとともに，技術や流通に関する情報を得ることを目的として，カトゥウェズィーエのメンバーと他地域を視察することにした．

　またウソチェ米の品質を確認するために，コメの食味会を試みることにした．ウソチェ村の住民は日頃からウソチェ米の味の良さを自負していた．しかし一方で，農薬や化学肥料を用いた稲作によって，高収量・高収入が得られるという噂がこの地域にも広まりつつあった．河川水を飲料水とし，また下流に内陸湖ルクワが控えるこの地域において，農薬の普及は避けたい事態であった．また，コメの買い付け業者からは，他の産地では化学肥料や農薬の多用によってコメの食味が著しく低下していることを聞かされていた．この試みでウソチェ米の品質を確かめることができれば，それが有機栽培に支えられていることを再確認する機会になり，無農薬による高品質米の生産意欲が高まると考えたのである．

(1)　ゴマ栽培地域の視察

　ウソチェ村と同じカムサンバ郡のイブナ区はゴマ栽培が盛んな地域であり，グループの全員とともに2つの村を視察した．それぞれの村役場で栽培農家を紹介してもらい，収穫後の圃場で栽培者からゴマ栽培の留意点を教わった．この視察により，ゴマ栽培に適した土壌，モロコシとの混作による病虫害防除，播種適期，収量，市場の状況など，多くの情報を得ることができた．また，早生品種の存在と特性を知り，その種子を入手した．

(2)　カムサンバ米の主要産地の視察

　OMEKIKA (*Okoa Mifugo Endeleza Kilimo Kamsamba*) という組合員数43人の協同組合がカムサンバ郡の中心地にある．この組合は，ウシのダニ熱を防除する薬浴槽の運営と，農作物のコメ・ゴマ・シコクビエの生産と販売を独自でおこなっている．農村開発を視野に入れながら，生産から流通までを担う総

合的な組合組織であるといってよい．組合のコメ生産量は2002年が75トンで，2005年には209トンと3倍近くに増加し，2006年には300トン以上を見込んでいた．籾は，組合がムベヤ市内に持つ精米所で白米にし，ダルエスサラームやアルーシャなどの大都市まで輸送して，「キエラ」品種を「カムサンバⅠ」，「スーパー」品種を「カムサンバⅡ」という銘柄で販売している．このOMEKIKAの活動内容に関する説明を事務所で受けた後，2人の組合員の水田を組合幹部の案内で視察した．1ヵ所はモンバ川の河口デルタ（ルクワ湖畔）に位置するカムサンバ最大のコメ生産地マゴフで，無畦畔の水田での直播栽培が中心であった．マゴフは氾濫原の肥沃な土壌によって高い収量を上げているとのことであったが，その一方では雑草防除と塩類の集積が問題になっていた．塩分の問題は参加者も噂を耳にしていたようで，それが品質にも悪影響をおよぼしていると指摘していた．もう1ヵ所は，モンバ川の対岸にあるスンバワンガ地方県カオゼ村のサンビャ地域を見学した．ここではウソチェ村同様，畦畔を造成して苗を移植する栽培方法がとられていた．サンビャの水田を見て，参加者の多くが粘土に富んだ良質な土壌だと評し，この土壌で造られた畦畔はウシが踏んでも崩れにくく，ウソチェの土壌はもう少し砂の割合が多いと語っていた．

(3) コメの食味会

アフリカの中でもタンザニアの人々は米飯の味や香りにこだわりをもち，炊飯専用の調理器具を備えている地域もある．ムベヤ州は国内有数のコメの産地で，特にニャサ湖北岸のキエラ地域のコメは香りがよいことで有名である．近年，町の市場ではカムサンバ産米の人気も高まり，ブランド化しつつある．仲買人や小売商人の多くは，カムサンバ米を，他の大産地ウサング米やキロンベロ米よりも高く評価している．ある仲買人は「ウサングのコメはおいしくなくなったが，それは農薬と化学肥料の施用により土が劣化してきたからだ．カムサンバのコメはオーガニックで，食味もよい」と言う．この風評を確認するため，他の主要産地であるウサングやキロンベロのコメとウソチェのコメの食味（味，香り）を比較する食味会を開いた．食味会では表7-5の通り10種類のコメを用意し，産地を伏せ，カトゥウェズィーエのメ

第 2 部　農村開発の実践

表 7-5　食味会で用いたコメの特性と食味試験の集計結果

No	産地	州	生産年	購入場所（市場）	価格シリング/kg	食味 ポイント	食味 順位	香り ポイント	香り 順位
1	ウサング	ムベヤ	2007	ダルスサラーム	1,100	23	3	-1	3
2	イファカラ	モロゴロ	2007	モロゴロ	800	4	4	-2	4
3	ムバラリ	ムベヤ	2006	ダルスサラーム	1,100	2	7	-9	8
4	インディア（高級輸入米）	不明		ダルスサラーム（スーパーマーケット）	>2,000	3	6	-6	6
5	ウソチェ	ムベヤ	2007	ウソチェ		40	1	24	1
6	イグルシ	ムベヤ	2007	イグルシ	600	-4	8	-12	10
7	キエラ	ムベヤ	2007	ダルスサラーム	1,200	4	4	-4	5
8	イファカラ	モロゴロ	2006	モロゴロ	700	-10	10	-8	7
9	トゥリアニ	モロゴロ	2006	モロゴロ	800	-6	9	-11	9
10	キエラ	ムベヤ	2006	ダルスサラーム	1,100	26	2	5	2

ンバーの夫人たちに同一の方法で炊飯してもらった．参加者は 32 人（うち女性 12 人）で，カトゥウェズィーエと村評議会のメンバー，小学校の教員とその夫人たちに集まってもらった．各人に，産地を伏せて番号だけをつけた 10 種類の米飯を少しずつ食べてもらい，それぞれの食味と香りを 4 段階（とても良い＝A，良い＝B，悪い＝C，とても悪い＝D）で表記してもらった．そして，A を 2 点，B を 1 点，C を－1 点，D を－2 点として集計した．結果は表 7-5 の通りで，順位はウソチェ産米が圧倒的な高得点で 1 位になり，ついでキエラ産米，ウサング産米と続き，ムベヤ州のコメが食味・香りともに上位を占めた．ウソチェ村在住の彼らが美味しいと評価したコメはいずれも，大都市の市場において高値で売られているムベヤ州産であった．このことは，参加者による米飯への評価がダルエスサラーム市場の評価と大きく変わらないということ，そして，ウソチェ米がダルエスサラームで売られれば他のムベヤ州産のコメ同様の高値がつくであろうことを示している．

　参加者の中から，域外との比較も大事だが，カムサンバ米のブランド化に大きく貢献しているのはウソチェ産であり，カムサンバ域内のコメの食味比較もする必要があるとの意見が出された．そこで，前述のマゴフ，サンビャ視察時にそれぞれの地でコメを入手し，ウソチェ米を加えてカムサンバ域内

表7-6 カムサンバ域内のコメ食味試験の集計結果

No	産地	生産年	品種	食味 ポイント	食味 順位	香り ポイント	香り 順位
1	マゴフ	2007	キエラー	−3	3	−8	3
2	サンビャ	2007	キエラ	2	2	5	2
3	ウソチェ	2007	スーパー	14	1	13	1

　3ヵ所のコメの食味を比較した．試験方法は前回と同様に産地を伏せて番号をつけ，それぞれの米飯の食味と香りを4段階で評価してもらった．今回は村長夫人1人に炊飯してもらい，食味評価はカトゥウェズィーエのメンバーと村長の9人がおこなった．結果は表7-6に示す通りで，カムサンバ域内の産地間でもウソチェ産が食味・香りともに高い評価点を得た．今回供試したウソチェ産のコメは，カトゥウェズィーエ内で「キエラ」品種が調達できなかったため，「スーパー」品種であった．一般的には「スーパー」品種よりも「キエラ」品種の方が食味が良いといわれているのだが，「スーパー」品種も高品質であることが確認されたことになる．ウソチェの住民がこの結果に満足し，それが大きな自信になったことはいうまでもない．

2-6．2年目のトライアル（計画の試行・検討）

　初年度のトライアルの反省を踏まえ，次期トライアルに向けて，2007年の乾季（7月）に，試験区の設定・圃場の選定・供試作物や品種の選抜・試験用資材の調達・メンバーの役割分担など，栽培試験に向けた準備を整えて雨季を待った．
　栽培試験の内容は以下の通りである．

(1) 焼畑に代わる育苗技術の確立
　この地域では毎年，焼畑を造成して苗床にしている．そのため，水田周辺の林は確実に減少している．また，水田近くの林がすでになくなってしまったところでは，良い苗がつくれないという問題が起きていた．そこで，焼畑

に代わる育苗技術の確立を目指して，苗床の元肥に牛糞と木灰を施用し，従来の焼畑（慣行法）と苗の発育状態を比較する試験をおこなった．試験区では，苗床に乾燥牛糞を1キログラム／平方メートル，2キログラム／平方メートル施用する区をつくり，そのそれぞれに乾季に貯めておいた，かまどの木灰を施用する区と無施用の区を設けた．試験は，チャゴンベ村区の水田で，「キエラ」品種を用いておこなった．

(2) イネの正条植えと乱雑植え（慣行法），および栽培密度の比較試験

現行の稲作に関する特定調査の結果，水田の除草には多大な労力が必要で，その良否が収量に大きく影響することがわかった．また，農家での聞き込み調査と収穫跡地の観察から，全般的に栽植密度が低く，そのため欠株は直接減収につながることも明らかになった．そこで，除草にかかる労働を軽減することを目的として，正条植えを試みた．また，現行の方法では平方メートル当たり，平均で13株しか植えていない．そこで，22株を植える密植区を設けて，生育・収量を比較した．植え方は，いずれも正条植えとし，苗には試験(1)で得た良苗を用いた．

(3) 商品作物（ゴマ・ヒマワリ・ラッカセイ）の品種試験

水田適地が少なくなっているなか，アカシア林のさらなる伐開を抑える意味でも，コメ以外の現金収入源を確立することは急務であった．昨年度の試験の結果から，この地域の環境に適した作物の品種を選抜し，さらに市場で入手した品種を加えて，品種の適正試験を継続した．

昨年度の試験で，ゴマの虫害が問題となった．2007年5月に訪ねたルクワ湖畔のゴマ産地（カムサンバ郡イヴナ区）の視察で，長年ゴマを栽培している農家から，ゴマは連作すると虫害が多発すること，播種期の調節と，モロコシやトウモロコシとの混作によって害虫の被害を軽減できるなどのアドバイスをもらい，同時にイブナ地域で広く栽培されている品種の種子を入手した．そこで今回は，ウソチェ村の在来種とイブナの品種を用いて，トウモロコシ（在来種）およびモロコシの早生種（品種名：Tegemeo）との混作試験を実施した．トウモロコシとの混作区は2008年1月9日に，モロコシ早生種と

の混作試験は 2 月 2 日に，イウェタ村区の試験圃場にそれぞれ散播した．

ラッカセイは，昨年度の試験で成績の良かった 4 品種を選抜し，慣行の栽培方法（株間 30 センチメートル，条間 70 センチメートル）で再度，品種比較をおこなった．試験はムチャンガニ村区で実施した．

ヒマワリも，昨年の成績が良かった 4 品種に，市場で購入した 1 品種を加え，同様の試験をイウェタ村区の圃場でおこなった．

(4) ササゲの栽培試験

ウソチェ村では，ササゲは乾季の葉菜としてモンバ川の中州で半立性タイプがわずかに栽培されているにすぎなかった．ササゲは，種子や若葉が食用になるとともに，根瘤や落ち葉が畑を肥やし，そして何よりも，成葉はタンパク質に富んだ貴重な家畜飼料となる．そこで，国営のキロサ種子生産農場から葉量の多いほふく性品種を 4 種類集め，環境適性と利用形態について調べた．

(5) 有用樹の植林

村内の林を増やす試みとして，カトゥウェズィーエが希望したインドセンダンノキ（*Azadiracta indica*）とマメ科ネムノキ亜科のムチェセ（*Faidherbia albida*）の種子をそれぞれ 100 グラムと 500 グラム提供した．インドセンダンノキ（ニーム）は多くの効用をもつ薬木としてタンザニア各地で栽植されているが，ここの品種は薬効が低いというので，モロゴロから種子を取り寄せた．ムチェセはアフリカ原産のマメ科植物で，乾季に葉をつけ，雨季に落葉するという，ほかの樹木では見られない特殊な季節性をもっていて，アグロフォレストリーの肥料木や乾季の飼料など，多目的に利用できる．アフリカ中に広く分布しており，ウソチェ村にも自生しているが，耕地の拡大に伴って数が減っている．この種子は硬実なので，約 80 度の熱湯で発芽処理をおこなった．苗木生産は村区単位で実施することとし，それぞれの村区の代表者が種子を管理することになった．

2-7. トライアルの結果（計画の評価）

2008年6～7月に私たちは村を訪れ，カトゥウェズィーエの活動成果を確認した．

2007/08年度の総降雨量は727ミリメートルで平年並みであったが，この年の降雨パターンは雨季前半（12月，1月，2月）に雨が集中する一山型であった．この年度のウソチェ村の作柄はモロコシが豊作で，コメは全般的に平年作であったが，村内でも場所によって雨の降り方に差があり，場所による収量の変異は大きかった．以下に各試験の結果を示す．

(1) 焼畑に代わる育苗技術の確立

表7-7にカトゥウェズィーエの観察記録をまとめた．それによると，牛糞と木灰を施用した苗床で育てた苗は，葉色がよく，生育も良好であり，焼畑の苗よりも優れていた．牛糞の投入量を増やしても，葉色や草丈には差がなく，苗床の元肥として乾燥牛糞を1キログラム/平方メートルほど施せば十分であることもわかった．また，木灰施用の効果も認められた．ただ，多量に余った灰を試験区以外の苗床に放棄したところ，苗ははじめ良好に発育したが，数日間の日照りで葉の先から枯れてくる現象が見られ，同様の症状は焼畑の苗床でも観察された．一般に，イネの稚苗はリン酸過剰障害を受けやすく，同様の症状が現れる．木灰の多量施用や焼畑によってリン酸が過剰に供給された可能性が高い．以上の結果から，木灰の施用量には注意が必要であるが，焼畑に代わる育苗方法として牛糞と木灰の施用が有効であることが確認された．

(2) イネの正条植えと乱雑植え（慣行法），および栽培密度の比較試験

この試験では，収穫後に密植区と疎植区の籾が混ざってしまったので，両区の収量を比較することができなかった．密植正条植え（15×30センチメートル，22株/平方メートル）では，収穫時の平方メートル当たりの茎数が242本（株数22×分げつ数11），疎植正条植え（25×30センチメートル，13株/平方メートル）の茎数が221（株数13×分げつ数17），慣行区（平均13株/平方メー

表 7-7　稲育苗試験の結果

育苗方法	幼苗期 色	移植期	
		色	草丈 (cm)
慣行法（焼畑）	緑	緑	17
牛糞 (1 kg) + 木灰	黄緑	緑	30
牛糞 (2 kg) + 木灰	黄緑	緑	30
牛糞 (1 kg)	黄	黄緑	—
牛糞 (2 kg)	黄	黄緑	—

表 7-8　移植方法（正条植えと乱雑植え）と栽植密度を異にしたときの茎数および収量の変化（「キエラ」品種）

	正条植え (本/m²)			乱雑植え (本/m²)		
	株数	分げつ数	茎数	株数	分げつ数	茎数
密植	22	11	242	13	14	182
疎植	13	17	221	—	—	—
収量 (kg/acre)		1,718			1,380	

トル）の茎数が 182 本（株数 13 × 分げつ数 14）であった（表 7-8）．正条植えによって分げつ数が増加し，密植によって茎数が増加した．正条植え区の籾収量は，密植区と疎植区の平均でエーカー当たり 1,718 キログラム（4,242 キログラム/ヘクタール），乱雑植え区で 1,380 キログラム（3,407 キログラム/ヘクタール）であった．この増収には，茎数の増加が強く影響していると考えられ，密植や正条植えによってかなりの増収が見込まれることが示唆された．それは試験圃場を常に観察し，収穫したカトゥウェズィーエのメンバーの見解とも一致した．また，はじめて正条植えを試みたカトゥウェズィーエのメンバーは，「正条植えは，紐を張って移植するのに大変な時間と労力を要するので，これを広めるのは難しい」と感想を述べていた．正条植えの利点は除草作業の労力を軽減するはずであったが，そのことについての言及はなかった．

(3) 商品作物（ゴマ，ヒマワリ，ラッカセイ）の品種試験

1) ゴマ

2007/2008 年は，全体的に虫害が少なかったため，混作処理の効果を確認することができなかった．ウソチェ村の在来種とイブナ種のエーカー当たりの収量は，ウソチェ種が 107 キログラム/エーカーでイブナ種が 400 キログラム/エーカーであり，イブナ品種が 4 倍近い高収量となった．この年の村での販売価格は 2 万シリング/バケツ（1 バケツは約 15 キログラム）だったので，1 エーカー当たり約 53 万シリングの粗収入を得る計算になる．これは籾米 2 トンに相当し，エーカー当たり 2 トン（5 トン/ヘクタール）の籾米収量は，よほど好条件が重ならなければ得られない収量である．2008 年のように虫害が少なく，高値で取り引きされれば，ゴマはコメに匹敵するか，あるいはそれ以上の高値の商品作物になる可能性がでてきた．

2) ラッカセイ

試験の結果，エーカー当たりの収量は 750～950 キログラムで，耐乾性や食味などの品種特性も明らかになった．ラッカセイは採れたてを生で食べ，茹でたり，炒ったりして間食としても好まれるほか，潰して葉菜と混ぜることも多く，家庭内での利用価値は高い．2008 年 7 月の販売価格（殻付 3,000 シリング/バケツ）から判断すると，単位面積当たりの収益はゴマやコメの 3 分の 1 程度であるが，トウモロコシとの混作も可能で，当地における重要な商品作物のひとつとなりうる．

3) ヒマワリ

収量は，エーカー当たり 240～800 キログラムと，品種によって大きな差がみられたが，当地の環境に適した多収品種を特定できた．多収品種を町の搾油所で搾った結果，種子 1 バケツ（約 11 キログラム）当たり 3.5 リットルの油が得られた．搾油代は 700 シリング/バケツで（2008 年 6 月），ブタ・ウシの飼料となる搾りかすを持ち帰る場合は，搾油代のほかに 700 シリングを支払う必要がある．多収品種の収益性を試算すると，1 エーカー当たり 255 リットルの油を搾ることができる．町では 1 リットル 2,000 シリングで

販売できるので，1エーカーからの収穫は51万シリングになり，8袋分の輸送費4万シリングと搾油代5万1,800シリングを差し引いても，41万8,200シリングの粗収益が得られる．多収品種であれば，コメを上回る収益が見込まれ，水田適地を持たない世帯にも現金収入の道を示すことができた．

(4) ササゲの栽培試験

　初年度は準備の遅れから雨季の中頃に播種したが，雨季が早く終わったので，ほとんど収穫できなかった．この経験から，2年目の試験では雨季の初期に播種し，その後は旺盛に生育した．しかし，雨季の内に開花が始まったために虫害がひどく，種子の収穫はほとんどできなかった．カトゥウェズィーエは2年間の結果から，ササゲを飼料用として栽培する場合は雨季のはじめに播種し，採種を目的とする場合は雨季の中頃に播種するという栽培上のコツをつかんだ．

　2年目のトライアルは，天候が比較的安定していたこともあって順調に進み，上で示したようにポジティブな結果を得ることができた．グループとしての仕事がひとまず完了し，収穫物も得て，各メンバーは達成感を味わった．

2-8．実践活動から見えてきたこと

　ここでは，実態把握のフェーズでは見えなかったこと，つまり実践に向けた活動において，村民グループと研究者（外部支援者）の相互作用の中で顕在化した内発的な動きについて考察する．

(1) トライアルの成果と賦活剤

　調査報告会は，農村調査で学んだことを住民にフィードバックする機会であり，新たな見解，つまり研究者（外部支援者）がもつ知識や情報を交えた分析結果を住民に提示する機会でもあった．一方，住民にとっては，私たちがどれだけ正確に地域のことを理解しているのか，また私たちの調査の目的が何であったのかを了解する機会でもあった．そして，これまで情報を提供していた住民は，この報告会が地域の抱える問題を客観的に捉え，研究者（外

部支援者）がもたらす見解や外部の情報に耳を傾けながら，問題解決に向けて歩み始める契機となった．調査報告会は，私たちにとっても，調査者から支援者へとスタンスを変える機会となった．「改良 NOW 型モデル」でいえば，「実態把握」のフェーズから「解決策の試行・検討」のフェーズへと移行する転換点である．

　問題解決に向けたトライアルのプロセスは，川喜田 [1993] のいう「ひと仕事やってのける能力」を養う機会であると考えられる．試行錯誤の蓄積や，「ひと仕事」による達成体験が自信を育み，自信はグループ活動の継続性を支えた．このトライアルでは，地域が抱える問題点の抽出，問題解決策の構想，トライアルの実施，収量調査，調査結果の分析，コメ・ゴマ・ラッカセイの販売，ヒマワリ種子の搾油，そして，村内でのヒマワリ油の販売など，一連のプロセスをメンバー全員が経験することで，多様な商品作物のもつ価値を学び，新たなトライアルの創造の原動力となった．ひと仕事をやってのけるという意味での「トライアル」は，その活動をおこなう個人とグループに活力を与えるものであった．

　村民グループが主体となって問題解決に向けた活動を継続するには，はじめにグループメンバーが，地域の直面する問題群とその解決策の連関を理解し，開発計画全体のイメージを共有しておく必要がある．カトゥウェズィーエの場合，グループ結成直後に開かれた 1 回目の会合が，開発計画全体のイメージを共有する機会であった．この会合では，問題解決策に関わる具体的なトライアルの内容も協議した．その後，グループ名・役員・活動日が決められ，トライアルに向けた準備が進められた．しかし，カトゥウェズィーエの活動状況を聞いて，その存続に不安を感じた私たちは，カトゥウェズィーエの活動を賦活するための提案をすることにした．

　最初の賦活剤は牛車の供与であった．牛車はトライアルに関する運搬業務の補助や個人の穀物運搬，公共事業，さらにはグループ活動の財源になるなど，その用途は多岐にわたる．牛車は中・長期的な視点にたったルールによって適切に管理・運営され，カトゥウェズィーエのシンボルとしてグループの結束に大きく貢献した．グループの財源を確保する活動は，グループの自立と持続性につながっていった．滞りなく牛車を使用するには，日常的な点検

が必要である．これらの日頃の点検や補修，さらに突発的な事故の修理には現金が必要となるため，カトゥウェズィーエは短期的な視点と中・長期的な視点をもって収入を適正に管理するようになり，運用ルールとは別の管理能力が向上してきている．現金はトラブルや不正の原因になりやすいので，取り扱いには十分な注意が必要であるが，それがカトゥウェズィーエの自立の原動力となっていることは間違いない．

その他の賦活剤として，他の地域の視察や他のグループとの会合をあげることができる．それは「テンベア」に類似した行動であり，人々との出会いによって視野をひろげ，新たなアイデアを得て，創造的な模倣が具体化する契機になる．そして，この試みは，実質的な有用情報を得ると同時に，グループの結束を高め，その後の活動に有益な効果をもたらしたのである．

農村で，ある目的を達成する計画を始めようとしたとき，その実施母体（ここでは村民グループ）が結束するために，何らかの賦活作用をもつ具体的な活動を起こすことは重要であり，それが農村開発のエントリー・ポイント［佐藤 2005］となる．ところが，実際に活動を始めてみると，様々な局面や偶然の障害によって活動が停滞し，推進力が減退して実施母体の活力が失われていくことがある．つまり，エントリー・ポイントでの賦活だけでは，活動を継続していくことは難しい．農民グループの活動が軌道に乗り自立していくまでの間，研究者（外部支援者）は何らかのフォローをして活動の賦活を支援する必要がある．どのような局面でどのような賦活行動が有効かは，支援者の判断に委ねられるが，それぞれの局面で適切な判断や助言をするためにも，支援者は地域の実態を十分に理解しておく必要があり，「実態把握」が重要な意味をもってくるのである．

(2) カトゥウェジィーエと新たな公共性

カトゥウェズィーエは，牛車を維持する上で収入は欠かせないとして，個人に貸す場合は有料としながら，村の行事や，村の公務で忙しい村長には，無料で貸し出すことを決めた．そして，カトゥウェズィーエのメンバーには，個人的な使用であっても無料で貸し出すことにした．ボランティア活動を求められていたカトゥウェズィーエであったが，このルールにより労働提

供への代償を得ることができるようになったのである．村への貢献とそれに対する個人への見返りは，農村におけるグループ活動には常に付随する問題であり，それはマテンゴ高地での事例においても見られた［本書第6章2節］．このルールは，公共の仕事を個人が継続的に担うための方策であり，メンバーは積極的に活動に参加するようになり，欠席者に対する罰金制度もほとんど適用されなくなった．

　彼らは，牛車を運用しながらトライアルの準備を計画通りに進め，このままメンバーシップが安定するかに思えた矢先，グループのリーダーによる牛車の流用事件がおこった．牛車を保管していたリーダーは，現金をもたない友人に頼まれて牛車でレンガを運び，その代価として自分の家を建てるための労働提供を求めたのである．この企ては，レンガの運搬中に牛車のボルトが破損したことで発覚し，リーダーは牛車の使用料をカトゥウェズィーエから請求されることになった．彼は牛車の使用料を支払うことができず，役職を解かれることになり，牛車の保管も書記の家に移された．そのことで彼はしだいに活動に参加しなくなり，結局，グループを辞めることになった．公共物の扱いについては誰も経験がなく，机上で作ったルールを実際に適用する過程での出来事であった．この事件は，アフリカの農村において，地域内の人間関係を維持しながら，公共物を管理することの難しさを物語っている．公共物の管理には，管理者（グループ）の意識はもとより，「公共性」に対して村人全員が適正な認識をもつ過程への配慮も必要であろう．

　リーダーの交代劇は，牛車の公共性を，村民グループのメンバーに強く知らしめることになったが，活動が軌道に乗ってくると，カトゥウェズィーエのメンバーだけが牛車を個人使用することへの不満や，その収入を村の資金に取り込もうとする動きが出てくるようになった．私たちは，村人全員に対して，グループ活動の公共性を再度強調しておく必要性を感じ，カトゥウェズィーエに対して，活動内容を公開し，活動の公共性を住民に説明してはどうかと助言した．彼らはすぐにその意味を理解し，村評議会のメンバーや学校の教員を集めて報告会を開き，それまでのトライアルの結果と歳入・歳出の詳細を報告した．情報公開と現金の使途に関する透明性を確保したことで，グループの位置づけが明確になり，村での主体的な活動を牽引する役割

を果たしていることが認知されていった.

 2006年の村民会議でカトゥウェズィーエのメンバーが自薦・他薦によって選ばれた際,個人の適性が重視されているのだと私たちは思いこんでいた.ところが,選ばれたメンバーの出自を見てみると,実に様々なクランから選出されていたことがわかった.村を構成する主要なクランからは必ずメンバーが選ばれていて,それはメンバー交代のときでも考慮されていたのである.後日,グループの1人にメンバーの選考方法について尋ねてみた.すると,メンバーの構成員の出身クランは村民会議の時点から暗黙のうちに意識されていて,利益・情報・負担などが特定のクランに偏らないようにしていたのだということであった.メンバーの中にスクマが1人選ばれていたのも偶然ではなかったのである.

 かつて,多くのアフリカの集落がそうであったように,この地域でもでも人々はクランを単位とした小集落をつくっていた.独立後,タンザニアはアフリカ型社会主義として知られる独自の集村化政策を進め,いくつかの集落を合併して行政村が形成され,異なるクランの人々が1つの村の中で一緒に暮らすようになった.この共住体制は,集村化政策が終わって30年を経た現在も継続されているが,クランの結束はいまだに強く,クラン内の問題はクラン単位で解決する習慣が今も残っている.村民会議でグループの結成が提案された際,参加者は一致して,クラン間の争いを回避すべく,瞬時にグループ内でのクランのバランスに配慮したのである.メンバー選考の事例は,現代のタンザニア行政村の中でもクラン間の平等性が強く意識されていることを示している.外部から村に何かが入ってきた際,その利害を平等に受けとめ,村内部での不公平やそれに伴う争いを回避しようとする機構は,タンザニアの多くの農村がもつ重要な在来性のポテンシャルといってよいであろう.農村開発においてグループ活動が一般化するなか,研究者や外部支援者はこうした機能と平等性にも配慮する必要がある.

 カトゥウェズィーエは,村民会議でメンバーが指名されて発足し,表向きは村区の代表者で構成されているので「公」的なグループであるが,その一方で各クランの代表者で構成されていることからすれば,"伝統的"な「共」の側面をもつグループでもある.しかし,前にも述べた通り,メンバーは完

全なボランティア・ベースで活動しているのではなく，メンバーの活動意欲の向上を意図して個人の利益にも配慮しており，その意味では「私」的な要素も備えている．このような「私」が集まって，「共」としてのグループ活動を展開してもいるのである．ただし，個人の利益が際だってくると，それを許さないのもアフリカの農村社会であり，大きな利益を得た者は社会からその還元を求められる．カトゥウェズィーエは，自分たちがそういう立場になりつつあることを自覚し始めていて，それは以下のような行動に現れている．

　異常気象への対処として種子銀行が設置されることになったが，協議の末，種子を無利息で貸す救済事業となった．また，グループの活動を手伝いに来た者はいつでも受け入れられ，そこで試行されている技術を習うことができる．労働提供の代償として新しい品種の種子も分け与えられた．新しい技術や品種に対して，誰もがアクセスできる態勢ができつつあった．ヒマワリ油の販売も，多くの住民にいきわたるように小口で販売し，価格を市販の半額に設定して村内では利益を得ないようにしていた．前にも述べたが，村の公共事業に対しては牛車を無料で提供し，さらに，新たなグループが結成された場合には，カトゥウェズィーエの培ってきた活動のノウハウを教えると公言するなど，いわば新たな公共性を意識し，それに配慮する行動や発言が見られるようになっていった．

　カトゥウェズィーエは，他の村人たちの視線を意識しつつ，社会に貢献しながら，新たな公共性ともいえる性格をもつ活動をも展開するようになってきたのである．

(3)　内発的発展への支援

　ウソチェ村における水田稲作の展開は，「発見」・「実証」・「実施条件の整備」という三段階のプロセスを経て，底上げ的に平準化した事例であった［本章1節］．この地域発展のプロセスは，研究者や外部支援者が関与する開発実践においても参考になる．今回の実践活動をこの三段階の展開プロセスを参照しながら検討してみよう．まず現地調査とその報告会は「発見」の段階であった．この段階で村の現状や問題を村民が再認識するとともに，それ

に対処するためのヒントになる新たな事実も見出されていった．そして，いくつかのトライアル，視察（テンベア），牛車の導入は，構想を実行するためのエントリー・ポイントとして，また活動を継続・活性化するための賦活剤として機能しながら，解決策を具体化し，その有益性が徐々に「実証」されていった．そこで確立された技術やシステムが地域社会に内在化していくためには，村民の誰もがそれにアクセスできる態勢が整っていなければならない．この開発実践では，カトウェズィーエが公務への牛車の無料提供，種子の分与や貸与，情報の公開や技術の伝授，収穫物の廉価販売など，個人やグループの利益を超えた公共的な活動を展開していった．こうすることで，活動の意図や有益性が周知され，「実施条件の整備」が進み，新たな活動が地域に受け入れられやすい状況が創出されつつあると考えることができる．

　ウソチェ村での実践を踏まえて提示した改良 NOW 型モデルには明示的に表現されていないが，そのすべての局面で配慮されるべき「偶然性」についても述べておきたい．この調査・実践では，プロセスそのものから学び，学んだことをフィードバックさせて活動計画や内容を変更・改良していく姿勢を貫いてきた．副次効果［本書第 6 章 3 節］として示されたように，偶然の必然化が，マテンゴ高地での開発実践の新たな展開や活性化につながったという経験が，この姿勢を支えている．村民グループの一員からたまたま聞いた T シャツの要望が牛車の導入につながり，牛車の導入は，グループが結束してトライアルに挑み，公共性にも配慮する契機になった．視察というテンベアでたまたま得た情報はその後の展開に大きく影響した．

　鶴見［2001：171］は対談の中で，「予測するのが科学の目的であるというけれども，予測不可能なことがたくさんある．偶然性を考慮に入れると予測不可能になるでしょう（中略）．必然なら非常にやさしい方程式で解けるものが，偶然を入れると非常にむずかしい式になる」と述べている．つまり偶然性は，固定的な計画やマニュアルでは捉えることができないのである．農村開発の現場では，こうした偶然が大きく活動の方向性に影響を与え，そうした偶然が必然化することで，住民が新たな活動を主導し，その活動が社会に内在化していくこともある．「改良 NOW 型モデル」の試行・検討のフェーズは偶然を必然に変える仕組みとしても機能するように設定されているので

ある.「改良NOW型モデル」は,住民主導の内発的な発展を支援するモデルであることを強調しておきたい.

　研究者や外部支援者によって持ち込まれた技術を受容するだけでは,さらなる発展を期待することはできない.持続可能な発展は,地域が抱える問題を住民自ら解決しようとする姿勢によって実現する.ウソチェ村で展開された民族の共生と水田稲作の浸透プロセスには,地域の潜在力を生かした内発的な展開が見られた.水田稲作の今後の開発をめぐっては,森林保全との調和の問題が重要な課題として表面化してきている.商品作物の導入に比べ環境保全に対する住民のインセンティブはまだ低いが,ウソチェ村の多くの人々は,林の減少に危機感をもち始めているように見える.林は,すべての村民の暮らしを支える「公共物」である.カトゥウェズィーエの活動を通して,新しい公共性への共通認識が培われ,それが環境保全への意欲が高まる契機になることを,私たちは期待している.行動をおこすためには,今はまだ研究者や外部支援者の力が必要なのかもしれない.一方で,水田稲作が村全体に内在化したことで,住民の1人1人が自信をもち始めたように見える.多くの若者も定着し,活力ある村になりつつある.現在のウソチェ村は,さらなる持続可能な発展に向けての構想があれば,前進させていくだけの力量を備えているように思えるのである.

注

1) ここでいう牛耕とは2頭のウシに鉄製のプラウ（犂）を牽かせておこなう耕耘,いわゆる犂耕を意味し,ウシの蹄で地表面や植生をかき乱すものは含まない.後者については蹄耕と表記する.
2) シクンシ林とアカシア林で20×20メートルのコドラートを3反復設け,すべての木本について胸高直径を測定した（毎木調査）.
3) CEC (Cation Exchange Capacity：塩基置換容量) は,その土壌が吸着できる陽イオン（塩基類）の総量を示す.この値は土壌が養分を保持できる能力の指標となる.また,粘土の活性度とは,CECの値を粘土比（土壌に占める粘土の割合）で割った値で,粘土自体の塩基保持力を指す.
4) 調査村を構成する4つの村区（村の下の行政区分）から,20, 30, 40歳代の世帯主をそれぞれ1人ずつ選び,計12人をインフォーマントとした.彼らが保有

する田畑の位置と面積を GPS で測量し，それぞれの栽培履歴を調べた．なお，そのうちの 1 世帯は 2005 年度には稲作をおこなわなかったため，平均籾米収量は 11 世帯のデータをもとに算出した．
5) この籾米の単収は，それぞれのインフォーマントから 2005 年度の収量を聞き取り，その後に水田の面積を測り算出した．単収は統計資料との比較のため，ヘクタール換算で示した．
6) アフリカミミズ科：ミミズは体長や，色，2 本 4 対の剛毛の配列および背孔がないことから *Eudrilus eugeniae* と推測される [Sims *et al.* 1985]．
7) ホムとは土地面積の単位で，畑の場合は約 3 分の 1 エーカー，水田の場合は約 5 分の 1 エーカーで，いずれも 1 ペアのウシが半日で耕耘可能な面積とされている．
8) シリングはタンザニアの通貨単位で，1 シリング＝約 0.096 円（2005 年 4 月現在）である．

引用文献

Brenan, J. P. M. 1959. *Flora of Tropical East Africa- Leguminosae: Subfamily Mimosoideae*. London: Crown Agents for Oversea governments and Administrations.

Charnley, S. 1997. Environmentally-Displaced People and the Cascade Effect: Lessons from Tanzania. *Human Ecology* 25(4): 593–614.

古澤紘造．2002．「岐路に立つ牧畜民と窮状打開への模索―タンザニアの事例―」草野孝久編『村落開発と国際協力―住民の目線で考える―』古今書院，89–10．

Hathout, S. A. 1972. *Soil Atlas of Tanzania*, Dar es Salaam: Tanzania Pub. House.

Kanyeka, Z. L, S. W. Msomba, A. N. Kihupi & M. S. Penza. 1994. Rice Ecosystems in Tanzania, Characterization and Classification. *Tanzania Agricultural Research & Training Newsletter* 9(1–2): 13–15.

川喜田二郎．1993．『創造と伝統』祥伝社．

Knight, C. G. 1974. *Ecology and Change*. NewYork: Academic Press.

Meertens, H. C. C., L. J. Ndege & H. J. Enserink. 1995. *Dynamics in Farming Systems: Changes in Time and Space in Sukumaland, Tanzania*. Amsterdam: Royal Tropical Institute.

Meertens, H. C. C., L. O. Fresco & W. A. Stoop. 1996. Farming Systems Dynamics: Impact of Increasing Population Density and the Availability of Land Resources on Changes in Agricultural Systems. The Case of Sukumaland, Tanzania. *Agriculture, Ecosystems and Environment* 56(3): 203–215.

佐藤　寛．2005．『開発援助の社会学』世界思想社．

Sims, R. W. & B. M. Gerard. 1985. *Earthworms*. London: The Linnean Society.

SUA Center for Sustainable Rural Development (SCSRD). 2004. *SUA Method Concept and Case Studies.* Morogoro: Sokoine University of Agriculture.

Tanzania, MA & FS, SU(Ministry of Agriculture and Food Security, Statistics Unit). 2002. *Basic Data Agriculture Sector 1994/95−2000/01.* Dar es Salaam.

Tanzania, NBS & MRCO (National Bureau of Statistics and Mbeya Regional Commissioner's Office). 2003. *Mbeya Region Socio-Economic Profile.*

富川盛道．2005.『ダトーガ民族誌―東アフリカ牧畜社会の地域人類学的研究―』弘文堂．

鶴見和子．1977.『漂泊と定住と　柳田国男の社会変動論』筑摩書房．

鶴見和子．1996.『内発的発展論の展開』筑摩書房．

鶴見和子．2001.『南方熊楠・萃点の思想』藤原書店．

USDA (United States Department of Agriculture). 2008. *United Republic of Tanzania USDA Supply and Demand Estimates.*
http://www.aragriculture.org/agfoodpolicy/countryrice/slides/Tanzania.pdf

渡辺弘之．1995.『ミミズのダンスが大地を潤す』研成社．

和崎洋一．1968.「マンゴーラ村の部族について」今西錦司・梅棹忠夫編『アフリカ社会の研究』西村書店，199−215.

吉田昌夫．1997.『東アフリカ社会経済論』古今書院．

第8章

タンザニアにおける農村開発活動の実践についての一考察
日本における農業研究成果の生産現場への普及と比較して

勝俣昌也

1 | 研究成果と実践
2 | SUAメソッドと日本における生産現場への普及の比較
3 | タンザニアにおける実践活動の一構図
4 | 日本における農業研究成果の生産現場への普及の一構図
5 | 「内と外をつなぐ者」の存在

扉写真
村の発展について協議する村民グループと研究者
ウソチェ村では調査結果の報告会を機に,研究者は村が抱える課題を村民グループと協議するようになっていった.地域の実態を深く知る研究者は,村社会に外部の知識をもたらすと同時に,住民の議論に内部者として参加し,現状を踏まえた客観的な助言を提起することもできる.こうした「内と外をつなぐ者」の存在は,これからの農村開発にとって重要な役割を果たすであろう.そうした人材の育成は,わが国においてもアフリカにおいても今後の重要な課題である.

第8章　タンザニアにおける農村開発活動の実践についての一考察

1 ……研究成果と実践

　今回の共同研究は，1994年からタンザニア南部において3年間実施された国際協力機構（JICA）の研究協力，同地域で1999年から5年間実施されたJICAのプロジェクト方式技術協力の流れを汲んでいる．これら先行の事業およびプロジェクトでは，地域研究を基盤とした実態把握に基づいて農村開発に関わる活動を試行し，さらに実践へと発展させる農村開発手法としてSUAメソッドが提唱されるに至った［SCSRD 2004；本書序章］．私は，上記のプロジェクトに2000年と2001年に短期専門家として参加し，SUAメソッドの理念が産声を上げるのに立ち会った．また同時に，タンザニア南部ルヴマ州ムビンガ県において，この理念に基づく調査をおこなった．この調査において，ミッション系NGOのカリタスが1990年代から同地域に導入しつつあった乳牛，農村で独自に飼養が広まりつつあるブタ，2つの集約的な家畜飼養における飼料基盤として，スワヒリ語でプンバと呼ばれるトウモロコシの胚と種皮の部分が重要であることが観察できるなど，興味深い結果を得ることができた．この頃は，実態把握のための調査を精力的に実施している時期であった．その後，ムビンガ県においては，養魚池などのグループ活動が住民とプロジェクトの関わりの中で始まり，村落開発に関わる活動の実践へと発展していった．

　今回の共同研究では，2005年7～8月ならびに2007年2～3月の調査に参加した．2005年と2007年の調査は，主にボジ県カムサンバ郡のウソチェ村において実施した（巻頭地図Ⅰ・Ⅱ）．ウソチェ村では，2004年8月から2005年7月までの1年間，神田が実態把握の調査をおこなった［本書第7章1節］．2005年8月，掛谷と伊谷とともに，私は2週間ウソチェ村に滞在し，地元の農耕民ワンダによるウシの放牧活動を調査するなど，実態把握のためのデータを採取した．少なくとも2005年8月の段階では，ウソチェ村における実践活動は始まっていなかったと認識している．ウソチェ村における活動が転機を迎えたのは，2006年8月だった．このとき，掛谷，伊谷，神田によって，それまでの実態把握の結果についてウソチェ村の村人に，3回に

451

わたって報告会が開催された．地域研究にあっては新機軸の取り組みである．一連の報告会を契機に，神田たちのサポートの下，ウソチェ村では村民グループの活動が始まった．私が2007年2月に神田とともにウソチェ村に滞在した時期は，村民グループのカトゥウェズィーエ（日本語訳：失敗してもくじけない）の活動が緒についたところだった．すなわち，ウソチェ村における実践活動の初期に，私は立ち会うことができたのである．

ところで，SUAメソッドの構築が2000年に企画されたとき，その場に立ち会った私には，プロジェクトの他の参加メンバーとは反対向きの思考のベクトルが生まれていた．SUAメソッドの基本的な目的は，アフリカにおける農村開発のあり方を提示することである．一方で，SUAメソッド構築という成果を，日本における農村開発に生かせないかと私は考えていた．農村開発という表現が適当でなければ，農村振興，あるいは農業研究成果の生産現場への普及と言い換えてもよい．研究成果を生産現場へ普及させることは常に求められるが，基礎研究から始まる一連の研究を，どのようにして生産現場へ持っていくのか．そのこと自体を日本国内の試験研究機関で研究し議論した例を，私は寡聞にして知らない．おそらく，アフリカ諸国をはじめとする発展途上国においては，SUAメソッド構築のような試みがほかにもなされているだろう．それらの成果を援用することがあってもよいのではないか．そんなことを考えていた．しかし，2000年当時の私は，生産者との交じわりも希薄であり，成果の普及についての経験もなかった．そのような状態では，たとえSUAメソッドが構築されても，それをどのように援用するのか，アフリカにおける実践活動と日本における研究成果の普及，両者のどこが同じで，どこが違うのか，理解できるはずもない．その後，2005年ごろより，生産現場に足を運ぶ機会や生産者とともに仕事をする機会が，私にも与えられるようになった．少ないながら，アフリカと日本での現場における経験が，重なり合う場面が出てきた．

本章では，アフリカにおける農村開発に関わる実践活動，日本における農業研究成果の生産現場への普及，両者の比較を通し，前者にとって重要な要素は何であるのか，抽出することを試みたい．

2 ……SUAメソッドと日本における生産現場への普及の比較

　SUAメソッドではNOW型のモデル（図8-1）が提唱されており，実態把握，アクション・リサーチ，実践の3つのフェーズからなっている［SCSRD 2004；本書序章］．その基本的理念は，「実態把握によって在来性のポテンシャルを見つけ出し，それに則って農村社会の開発計画を立案し実践する」と記述できる．実態把握を含めたすべてのプロセスに，研究者のほかに，農村社会の住民はもちろん，地域自治体，NGOなどから参加者を得る参加型のモデルとなっている．プロセス全体が参加者の学びの過程であること，評価にあたってはプロセス全体を評価することなどの特徴がある．また，実態把握に基づく活動であることが，主要な特徴だと私は考えていた．しかし，本章をまとめるにあたり，もう1度NOW型のモデルを吟味し，各フェーズの間に後ろ向きの矢印があることの意味を考えた．このことは，後で述べることにする．続いて，日本において農業研究成果を生産現場へ普及させるステップに，NOW型が適応可能か試みた（図8-2）．SUAメソッドで，実態把握，アクション・リサーチ，実践に相当する各フェーズを，こちらでは，試験場，現場実証，普及という3フェーズに分けた．試験場で新たに基礎研究が企画されるとき，生産現場で解決すべき問題点を取り上げることが多い．行政ニーズもここに含めてよいだろう（ただし，実際に研究を担当する研究者が，SUAメソッドの特徴である徹底した実態把握をおこなうことは，まれだと思われる）．また，飛躍的に生産性が向上できそうな新たな研究のアイデアを，例えば若手研究者が着想し，基礎研究を開始するケースもある．基礎研究で一定の成果が得られると，そこには新技術の萌芽がみられる．あるいは，生産現場へ適用するにあたって解決すべき問題点の抽出も可能となる．そこまで進めば，次に応用研究に進むことになる．依然試験場内ではあるが，現場実証の一歩手前で，具体的な条件検討のための実験が実施される．2番目のフェーズは現場実証である．試験場内での比較的規模の小さい実験とは異なり，生産現場の規模に近い実験を計画して実施する．このとき，生産現場の規模や環境

第 2 部 農村開発の実践

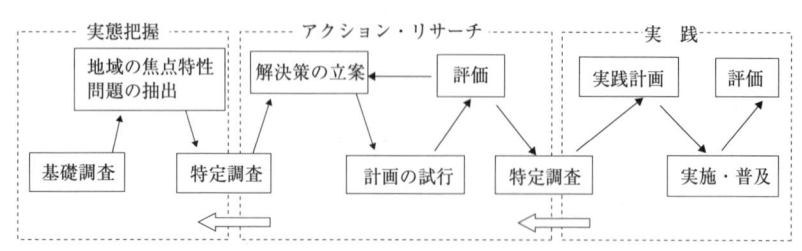

図 8-1 SUA メソッドにおける NOW 型モデル

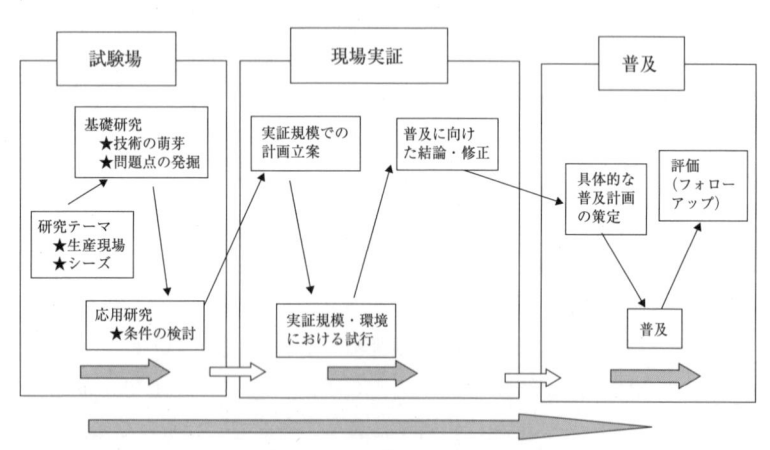

図 8-2 日本において農業研究成果を生産現場へ普及させるステップ

で実験を実施するのが望ましい．それは，実験の管理，精密さ，あるいは家畜飼養にあっては衛生面などで，試験場のそれは数段優れているからである．試験場で良い結果が得られても，現場実証では予定通りの結果が得られるとは限らない．現場実証のフェーズで，普及に向けて修正を図る必要に迫られることもあり，計画立案へフィードバックの矢印を設けておくべきだ．一度普及した成果が，時を経てどのように変化しているか（つまり，続けて生産現場で活用されているか），最終的に評価される．

　SUA メソッドにおける NOW 型モデルでは，各フェーズの間に後ろ向きの矢印がある．図 8-2 では，それぞれのフェーズに前向きの矢印，そして，フェーズの外側に大きい前向きの矢印を付けた．フェーズ間をまたぐ矢印は，

第8章　タンザニアにおける農村開発活動の実践についての一考察

サイズを小さくし，白抜きにした．個々の研究者が，基礎研究から始めて，普及後の評価まで立ち会うことは，残念ながら現状では少ないと思われる．これがフェーズ間の小さい矢印の意味である．他方，基礎研究を主に担当する研究者，応用から現場実証の場面を担当する研究者，普及を支援する研究者など，役割分担を図った方が効率的だとする考え方もある．日本の農業が多くの難問に直面している現在，農業研究はスピード感を持って実施することが強く求められている．外側の長い矢印は，スピード感の表れである．いずれにしても，フェーズ間に後ろ向きの矢印を用意しておくのは，今の日本の農業研究では難しい．

このようにみてくると，実態把握による在来性のポテンシャルの抽出もさることながら，大きな矢印がどこにあって，どちら側を向いているかも，NOW型モデルの特徴だと考える．この矢印を担保しておくことが，アフリカ型農村開発には重要ではないだろうか．例えば，ある活動でなかなか成果があがらないとき，この矢印は重要である．実際，すべての活動でよい成果がスピーディーに得られることを期待することに無理がある．これまでの議論には，必ずしもあてはまらないかもしれないが，次のような例を想定できる．Heifer Project International や SACCOs という NGO ドナーは，ムビンガ県で乳牛配布活動をおこなっている．村人との約束では，村人はドナーから妊娠した乳牛を配布され，雌子牛が生まれたらそれをドナーに返すことになっている．その後生まれた雌子牛や雄子牛は，村人の所有になる．また，ムビンガ県におけるグループ活動の成果として，村人が独自に植林を始めた現場を見せてもらった．これは素晴らしい活動であるが，植えた木が野火で燃えてしまったことを後に聞いた．こんなとき，モデルに後ろ向きの矢印が必要なのではないだろうか．ウソチェ村で始まった活動のグループ名の日本語訳が，「失敗してもくじけない」というのは，非常に興味深く，また愉快でもある．SUAメソッドは，プロセス全体が参加者の学びの過程である．何がよくなかったか考えるために，1つ前のステップに戻る．必要であれば，実態把握にまで戻ってじっくりやり直す．それを担保しておく意義は大きいと思われる．

第 2 部　農村開発の実践

3 ……タンザニアにおける実践活動の一構図

　2007 年 2 月，私は神田とともにウソチェ村に滞在した．前述したように，2006 年 8 月の村人への報告会を機に，ウソチェ村でも村民グループの活動が始まっていた．ウソチェ村のカトゥウェズィーエは当初 8 人でスタートした．メンバーのうち 1 人は農牧民スクマだった［本書第 7 章 2 節］．しかし，自分にはあわないからとスクマの参加者は脱退し，当時は 7 人で活動していた（本章扉写真）．2 箇所の畑でヒマワリ・ゴマ・ラッカセイが栽培されていた（写真 8-1）．また，教会の横に牛耕によって新たに約 10 アールの畑をつくり，神田と私が農業省原種子場（ムシンバ農場）で入手した 4 品種のササゲを播種する作業に立ち会った（写真 8-2）．グループ活動に対する熱心さに，7 人のメンバーの間で温度差を感じたが，神田や伊谷のサポートを受けながら，とにかく活動が始まったところだった．NOW 型モデルに照らし合わせると，アクション・リサーチの試行の段階が始まったところである．1 年間，実態把握の調査をウソチェ村で実施した神田の存在が，この活動開始には大きかった．1 年間の調査の期間は，神田が村人から十分に認知され，信用を得るのに必要な期間であったと思われる．さらに，ウソチェ村の人，生業，自然に関して，実態把握を通して神田が得た知識と経験の確かさを，2006 年 8 月に開催された報告会で村人が確認できたのだろう．この報告会は，いわば村人による入学試験のようなものであり，それに合格することによって，神田ならびに開発実践の姿勢そのものが，村人から信頼されるようになったと言えないだろうか．逆の方向から見れば，村民グループの活動へと村人の背中をポンと押したのが，この報告会であった．

　以上のことを踏まえて，これまでに私が観察・経験した，タンザニアにおける農村開発に関わる実践活動の構図を描いてみた（図 8-3）．実践活動の場は，「内の世界」と位置づけることができよう．具体的には農村ということになる．活動の主たる実践者は，当然村人であり，個人とグループが想定される．私たち日本人（研究者）は，「外の世界」に属する．タンザニア人であっても，大学の研究者は外の世界に属することにした．「外の世界」の機能は，

写真 8-1　カトゥウェズィーエのメンバーによる栽培試験

写真 8-2　試験圃場の耕起

第 2 部　農村開発の実践

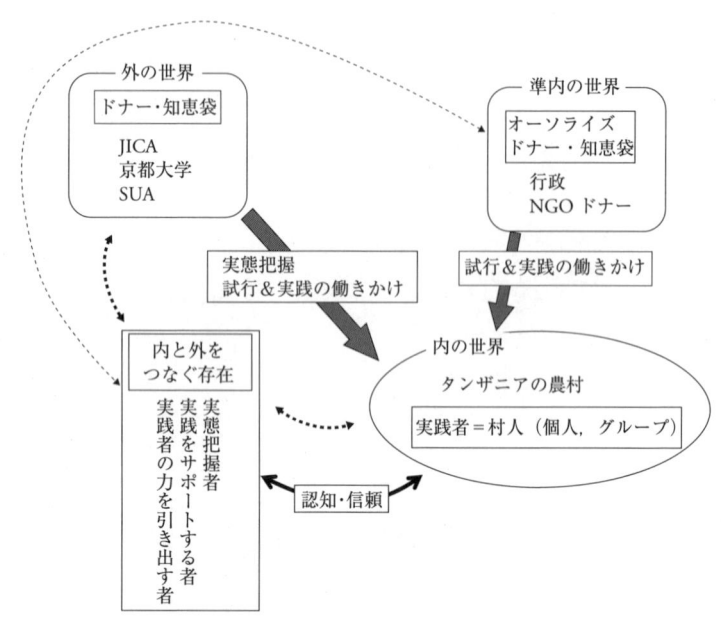

図 8-3　タンザニアにおける農村開発に関わる実践活動の構図

例えば JICA であれば財政面のドナーである．この共同研究の主体である京都大学，あるいはソコイネ農業大学（SUA）であれば，ドナーとしての側面もあるが，知恵袋としての役割が大きいと思われる．さらに，100％内側に属するわけではないが，外側でもなく，「内に準ずる」という意味で，「準内の世界」も想定できよう．農村からみれば地元の行政組織や NGO ドナーはここに属すると思われる．SUA メソッドに則って考えると，「外の世界」は「内の世界」の実態を把握しなければならない．その段階を経て，活動の試行・実践へと進むことができる．この段階になると試行や実践を働きかけることになるが，「外の世界」がそのままで「内の世界」に受け入れられるだろうか，という問題が立ち上がる．「外の世界」が受け入れられるための 1 つの答えは，ウソチェ村の村民グループの活動における神田の存在にあるのではないか．私はそう考えた．もう少し一般化するために，図 8-3 では，「内と外をつなぐ存在」を想定した．ウソチェ村の例では，この「内と外をつなぐ存在」は，実態把握者＝神田であった．実態把握の期間中，村人は神田を

十分に認知するに至った．村人への報告会を通して，実態把握者はさらに信頼を得るようになり，その仲間たちとともに活動の試行・実践をサポートしつつ，農民グループの力を引き出す役割を果たすようになった．このように，SUA メソッドに則って活動を試行・実践するとき，「内と外をつなぐ存在」が重要である．そして，ウソチェ村の例では，ていねいに実態把握をおこなったがゆえに，「外の世界」に属するものが「内と外をつなぐ存在」に成りえたということも重要である．私たち（「外の世界」の者）がアフリカ型農村開発を試みるとき，実態把握は必須だということも，再度確認できたのではないだろうか．

4 ……日本における農業研究成果の生産現場への普及の一構図

次に，日本における農業研究成果の生産現場への普及の構図を描写して，タンザニアにおける実践活動と比較してみよう．2005 年のセンサスによると，日本国内の耕作放棄地は 38 万 6,000 ヘクタールに達している［農林水産省 2006］．その多くが，いわゆる中山間地に存在している．東北地域の中山間地域に位置する I 県 D 町では，耕作放棄水田や遊休水田，生産調整水田の有効活用や農家の所得改善が最重課題として認識されていた．また，D 町に大規模な養豚場を持つ企業養豚生産者 F 社は，豚肉の安全・安心と付加価値の向上，資源循環型養豚による周辺の地域環境の保全，D 町経済活性化への貢献などを重要視していた．このように，D 町と F 社のニーズがある部分一致した．そして，両者をバックアップする意味から T 大学の参加も得て，2003 年から D 町飼料米プロジェクトが発足した［熊谷・大谷 2009］．プロジェクトの概要を言えば，次のようになる．D 町の水田で飼料用のコメを生産し，そのコメを D 町内の F 社養豚場でブタに給与する．そして，できた豚糞尿を堆肥として水田へ戻し，資源循環型の養豚を構築する．この場合，D 町が「内の世界」，F 社が「準内の世界」，T 大学が「外の世界」に属している．D 町飼料米プロジェクトでは，在野のプロジェクトとして

第 2 部　農村開発の実践

```
外の世界
  飼料自給率向上・存在意義              地域への貢献・付加価値
    ドナー（行政）                      準内の世界
    知恵袋（試験研究機関）                養豚生産者 F 社

        問題点
        ・耕作放棄水田，遊休水田
        ・生産調整施策への対応と所得改善

    品種育成
    栽培法構築           D 町飼料米プロジェクト（2003〜2006）
    給与体系構築         ・D 町（内の世界）
    品質評価             ・養豚生産者 F 社（準内の世界）
    経営評価             ・T 大学（外の世界・知恵袋）

        内と外をつなぐ存在：地元自治体の職員

                    内の世界
                      稲作農家
    実証試験の段取り                     飼料米の確保
    実証試験への参画        D 町            飼料米流通ルートの確保

    内側との信頼関係     水田とブタ
    内側の力を引き出す   生産調整への対応・農業所得の改善
```

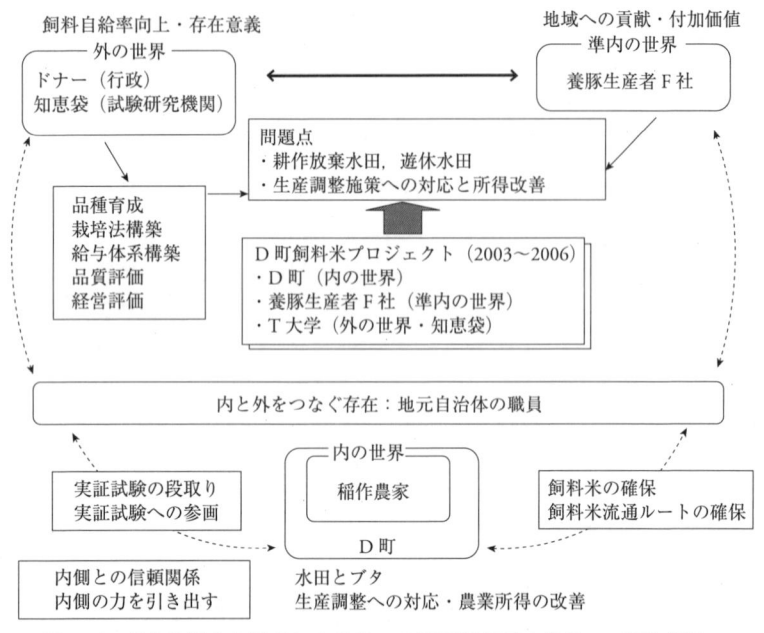

図 8-4　東北地域中山間地におけるコメ活用型養豚の普及への取り組み

機能する「実際的研究」が進められた．一方で，専門家集団のさらなる参画によるブレイクスルーが求められる場面が出てきた．ブタの飼料としてコメを生産するとき，コメの食味よりも収量が優先される．そのため，高収量に特化した品種の育成が必要となった．また，高収量品種の栽培方法も検討しなければならない．ブタへのコメの給与はどうすればよいか，生産された豚肉の評価をどうするのか．これらの問題を克服して，コメ活用型養豚を D 町に普及させるために，行政からの資金を得て 2006 年から研究プロジェクトが始まった．D 町飼料米プロジェクトと，この研究プロジェクトの概要を描写したのが図 8-4 である．

　ここでは，行政と試験研究機関が「外の世界」に属している．試験研究機関には知恵袋としての機能が期待されており，先にも触れたように，高収量品種の育成・その栽培法構築・ブタへのコメの給与体系構築・生産された豚肉の評価・コメ活用型養豚の経営評価を担当することになった．ちなみに私

第8章　タンザニアにおける農村開発活動の実践についての一考察

自身は，ブタへのコメの給与体系構築を担当した．この研究プロジェクトには，「準内の世界」からＦ社，「内の世界」からＤ町も参画した．そして，一番内側はＤ町の稲作農家になるだろう．前節で示したタンザニアにおける農村開発に関わる実践活動と同様に，ここでも「内と外をつなぐ存在」が重要だった．研究プロジェクトでは，Ｄ町の水田における高収量品種の実証試験を実施したが，「外の世界」に属する試験研究機関だけでは，その段取りはできなかった．また，コメ活用型養豚を普及していくためには，飼料用のコメの確保，流通ルートの確保など，「内の世界」と「準内の世界」との間を調整することも重要だった．図8-4に記述したように，「内と外をつなぐ存在」は，この研究プロジェクトに参加したＤ町の職員である．彼は自ら実証試験を担当し，稲作農家の助けも得ながら，水田の観察を継続した．内側と信頼関係にあり，内側の力を引き出すことができる，そのような存在が研究成果の普及にあっても不可欠だと私は実感している．この事例のほかにも，関東地域で１件，九州地域で１件，研究成果が普及（豚肉の生産販売）につながったプロジェクトに私は参加できた．これらの事例でも，「内と外をつなぐ存在」が不可欠だった．私が関係したこれらの事例では，「内と外をつなぐ存在」は，市役所や町役場の職員，普及所の職員，あるいは公設の試験研究機関の職員など，いずれも地元自治体の職員である．長い年月をかけて，地元の生産者と信頼関係を醸成してきたこれらの人材は，日本における農業研究成果を生産現場に普及する局面できわめて重要である．図8-4に代表される事例は，「外の世界」の者が実態把握をおこなうという，SUAメソッドの基本要件にはあてはまらないかもしれないが，「内と外の世界をつなぐ存在」が重要だという点で，共通する部分がある．

　得られた成果が，「外の世界」，「準内の世界」，「内の世界」，参画した者すべてにとって利をもたらすことが重要ということも図8-4の事例から学んだ．この場合の利は，必ずしも経済的な利益だけではない．「外の世界」の行政には，飼料自給率の向上という農政上の重要施策の推進に結びつくという利がある．試験研究機関にとって，成果が得られるかどうかは，それこそ存在意義を問われることにつながる．地域へ貢献でき，かつ，国産のコメを給与した豚肉生産による付加価値を得ることができた「準内の世界」のＦ

社にとっても，当初から求めていた成果が得られたことになる．そして，「内の世界」のD町とその稲作農家にとっては，コメの生産調整への対応が可能となり，農業所得も改善できるという利がある（ただし，稲作農家に経営上の利があるかどうかは，今後の課題として残されている部分がある）．よく言われることだが，どれだけ優れていても，理念だけでは現場ではうまくいかない．アフリカの農村においても，このことは同様だと思われる．活動への参画者，すべてに利がなければ，たとえ活動が始まっても持続可能性は低いだろう．「内の世界」にとっての利とは何であるか．そのことを見究めるため，「外の世界」の者にとっては，実態把握が必須事項だということが，ここでも確認できる．

5……「内と外をつなぐ者」の存在

本章では，NOW型モデルのフェーズをまたいだ後ろ向きの矢印，実践活動における「内と外をつなぐ者」，これらの存在がアフリカ型農村開発にとっては重要だと述べてきた．後ろ向きの矢印には，活動が停滞したときにじっとこらえるという意味があり，プロセス全体が学びの過程というSUAメソッドの理念が込められている．また，「昂揚―沈静」のプロセスなど，新しい概念がこの共同研究で明らかになった．このような時期にさしかかったときにも，1つ前に戻ってエネルギーを蓄えることが必要なのではないだろうか．そして，1つ前に戻ることが，実践活動の新たな展開への「賦活剤」・「賦活装置」として機能することも期待できる．

2008年12月に開かれた研究会では，この「賦活剤」・「賦活装置」の重要性も議論した．図8-3の実践活動の構図で，「賦活剤」・「賦活装置」になりうる候補の1つに，「外の世界」の知恵袋としての機能があげられる．活動が停滞し，技術的なブレイクスルーが必要なとき，「内の世界」が「外の世界」から情報を得られるかどうかは，アフリカであろうと日本であろうと，活動そのものの成否に関わるだろう．その意味で，知恵袋としての「外の世界」の参画は，アフリカ型農村開発にあっても必要条件だろう．

そのようにして,「外の世界」からの参画があったとき, 3節と4節でみてきたように,「内と外をつなぐ者」の存在が重要になる. 4節でみた日本の例では, 地元自治体の職員がこの役割を果たしていた. アフリカでは, 誰がこの役割を担うのだろうか. 3節でみたウソチェ村の例では,「外の世界」からの参画者の1人, 神田がこの役割を果たしていた. しかし, この方式が持続可能でないことは, 誰もがすぐに気づくだろう. 少なくとも「準内の世界」に属する者から, この役割を果たす人材を確保し, 育成していく必要がある. どのようにして「内と外をつなぐ者」を確保し, あるいは育成していくか. 今後に残された課題である.

　今回の共同研究の端緒は, 本章の最初に述べたように, 1994年までさかのぼることができる. おそらく当初は抽象的だったことが, この共同研究の成果も加えることによって, かなり具体的に述べることができるようになったのではないだろうか. 蓄積された成果を, 誤解されないようにうまく他者に発信していく時期にきている, と言ってよいかもしれない. これまでの研究で練り上げてきたことが, アフリカ型農村開発にとってきわめて有効だとしても, 一握りの者しか活用できないのであれば, それは不十分だろう.「内と外をつなぐ存在」の育成など, 今後に残された課題を克服していくことに加えて, これまでの成果を開発実践に関心をもつ人々に伝えていくことにも, 積極的に取り組んでいくべきであろう.

引用文献

熊谷　宏・大谷　忠編. 2009.『飼料米の生産と豚肉質の向上』農林統計出版.
農林水産省. 2006.『平成18年度食料・農業・農村白書』.
SUA Center for Sustainable Rural Development (SCSRD). 2004. *SUA Method Concept and Case Studies*. Morogoro: Sokoine University of Agriculture.

終章

アフリカ型農村開発の諸相
地域研究と開発実践の架橋

掛谷　誠・伊谷樹一

1 | 地域発展の諸特性
2 | アフリカ農村の開発実践をめぐる諸特性

扉写真
他村でゴマ栽培の調査をするウソチェ村の村民グループ
農村開発は，住民自身が村の問題点を見出し，その解決法を模索する努力の積み重ねによって持続可能となる．在来性のポテンシャルに根ざし，住民の自助・自立を基盤とした内発的発展を支援する開発実践こそが，「アフリカ型農村開発」につながる．

1……地域発展の諸特性

ここまで，第一部ではタンザニアの6村とザンビアの1村を対象として具体的な地域発展について記述・分析し，第2部ではタンザニア・マテンゴ高地の2村とウソチェ村で実践してきた農村開発の過程と成果を述べてきた．この終章の1節で，各村々での研究成果を踏まえて地域発展の諸特性について論じ，2節で，アフリカ農村の開発実践をめぐる諸特性をまとめ，地域研究と開発実践を架橋するアフリカ型農村開発の諸相を提示しつつ，総括を試みたい．

1-1. 創造的プロセスとしての地域発展

私たちは，ほぼ1970年前後から40年間の生活の変化を中心に据え，各地の農村が，どのように時代の動きに対処してきたかを解明し，地域発展の実態を明らかにするアプローチを柱の1つとして比較研究を進めてきた．主要な研究対象国となったタンザニアでは，1967年以降の社会主義政策が破綻し，1986年には世界銀行やIMFによる構造調整計画の勧告を受け入れて，経済の自由化・市場経済化を推し進めてきた．そして，東西冷戦が終焉し，政治・経済がグローバル化する中で，それへの対応を模索してきた．私たちが調査した村々では，総体的にみれば，激変する政治・経済状況のもとでの混乱期を経て，それぞれの地域発展の道をたどってきたといってよい．それは村々で，個性的な相貌をもつ創造的プロセスが展開したことを示していた．この項では，創造的プロセスの内実を詳細に検討しておきたい．

(1) 創発性

これまで主として焼畑農耕民の研究を続けてきた私たちにとって，タンザニア・ンジョンベ高原のキファニャ村で造林焼畑の展開を分析した近藤史の研究［本書第2章］はきわめて興味深く，アフリカの農村に秘められた「創発」性を示す格好の事例である．「創発」は，複雑系・自己組織化の科学などの

キー・コンセプトとして注目されているが，ここでは，「多くの要因や多様な主体が絡まり合いながら，相互に影響し合っているうちに，あるときにエネルギーの向き方が一定方向にそろって，当初は思いもよらなかった結果がポンと現出すること」［國領 2006：1］という定義に沿って考えたい．キファニャ村では，イギリスの民間企業が開設したタンニン抽出工場に素材を販売するために植樹してきた外来のモリシマアカシア林を，市場経済化後の化学肥料の高騰を背景として，新たに焼畑の対象とし，薪炭材としての利用も組み込んで造林焼畑のシステムを創発したのである．キファニャ村の多くの世帯が造林焼畑に従事するようになったのは，ムゴーウェという互助労働がうまく機能したことも大きな要因であるが，このムゴーウェのシステム自体も創発した制度であるといってよい．

　「ベンバ的イノベーション」に関する杉山祐子の記述・分析［本書第5章1節］は，本章で述べる総合考察の諸側面を補強し，深める，示唆に富んだ内容をもつ．ザンビアのベンバの村における現代のチテメネ・システムやファーム耕作の拡大が，以下で論じるような様々な契機が媒介し，長年にわたる多くの個別多発的なイノベーションが模倣の連鎖を経て創発的に融合した結果であることを論証したことは，その一例である．

　他の村々でも，この創発性が発揮された事例を見出すことができる．タンザニアのウソチェ村で，地元民のワンダの多くが水田稲作を始めることができたのは，農牧民のスクマ社会の慣習的な制度であったクビリサがワンダにも拡張され，またワンダ社会内で牛の又貸しなどが公認され，広く牛耕を支えるシステムが構築されていった結果であると神田靖範は分析しているが［本書第7章1節］，これも創発性の事例であるといえよう．また，マテンゴ高地で農民グループの協議会が結成されていった経緯，農民グループによる給水施設やミニ・ハイドロミルの建設などの新たな活動の展開［本書第6章］にも，この創発性が深く関わっていたといってよいであろう．

　創発性が，アフリカの村々における内発的な地域発展を支える重要な特性の1つであることを見出した意義は大きい．

(2) 創造的模倣

　後述するように，様々な契機で外来要素を取り入れ，その模倣，あるいは学習がイノベーションにつながることがある．特にここでは，創造的模倣と呼びうるプロセスが果たす役割を強調しておきたい．

　創造的模倣についてもキファニャ村における谷地耕作のイノベーションが，適切な事例を示してくれる［本書第2章］．キファニャ村では，伝統的に草地休閑による谷地耕作でインゲンマメなどを栽培していた．西欧人の農園で堆肥を用いた農法を経験した2人の農民が，1967年頃からウシやブタの堆肥を谷地に投入し，インゲンマメや葉菜類の連作を試みていた．他の村人は，この農法に関心はもったが，家畜堆肥の入手などが困難であったため，静観するだけだったという．しかし，1974年以降に実施された集村化の状況下で一部の村人は，政府の全国メイズ計画で廉価に供給され始めた化学肥料を谷地に投入し，インゲンマメの連作に成功した．それ以後，村の評議会による谷地の再配分などの対応もあり，この農法は村中にひろがっていった．堆肥の代わりに化学肥料を投入し，冠水する谷地では深く溝を掘って排水を促す工夫なども加えた創造的模倣が，谷地耕作のイノベーションの波及につながったのである．

　ンティンガ村における用水路の造成も，創造的模倣の良い例であろう．水田稲作の先進地である他の県に行商も兼ねて出かけた1人の村人が，その地で在来の小規模な灌漑用水路を観察し，後にンティンガ村の不透水層地帯に独力で用水路を造成した事例を，下村理恵は報告している［本書第4章3節］．この用水路は，多くの村人の新田開発に貢献したことも特記しておかなければならない．

　荒木美奈子が報告している，マテンゴ高地でのミニ・ハイドロミル建設の動きも，創造的模倣の事例である［本書第6章2節］．キンディンバ村では，JICAプロジェクト時に建設されたハイドロミルの恩恵を受けることが少なかった遠隔の村区に，セング委員会も積極的に関与して，他の村で建設されたミニ・ハイドロミルと同じタイプのものを導入することを決めた．このミニ・ハイドロミルは，ムビンガ県の学校に勤めていたタンザニア人教員が，シッション系のNGOが建設したハイドロミルを見て研究し，町場の鉄工所

と協力してつくり上げたものだった．あるいは，キンディンバ村の人々が，キタンダ村との農民交流集会で大きな刺激を受け，そこで学んだ養魚や養蜂についての技術を模倣し，新たな工夫も加えて，それらの技術を広め，また農民グループの活動内容に在来の共同労働や講のシステムを取り込んだ事例も，創造的模倣といってよい．

　外来の技術・知識を模倣し工夫を加えて，自らの村の自然や社会の状況に適応させる応用力，つまり創造的模倣が，多くのイノベーションの展開を推し進めていった役割に注目することは，内発的な地域発展や開発実践の深い考察につながる．

(3)　外来要素の取り入れ

　これまでの記述・分析で明らかなように，創発性や創造的模倣の展開には，外来要素の取り入れが様々な形で関与していることも注目しておく必要がある．村々の個性的な生態・社会・文化の諸条件と外来の要素が融合し，創造的な地域発展のプロセスが顕在化してきたのである．私たちの共同研究では，外来要素の取り入れの多様な契機が見出された．以下で，その主要な契機について考察しておきたい．

1)　テンベア

　村人の1人が行商も兼ねて水田稲作の先進地を訪れ，そこで在来の小規模な灌漑用水路を観察したことが，ンティンガ村での用水路の造成と水田の拡大に大きな役割を果たしたことを前に述べた．このように村人がぶらりと他地域に出かける行動を，スワヒリ語ではテンベアという語で表現することが多い．テンベアは，ちょっとした散歩から，遠隔地にすむ親族や知人を訪ねていく放浪の旅，時には訪問先で長期に滞在した後に帰村する行動まで，その意味内容は多彩である．タンザニアで調査した経験のある研究者なら，このテンベアが農村・都市の別なく広く見られる人々の行動様式であることに同意するであろう［和崎1977］．また，ザンビアのベンバ社会ではタンダラと呼ばれるなど，この行動様式は他のアフリカ諸地域でも一般的であるといってよい．人々は様々なテンベアを通して，新しい情報・知識・技術など

を見聞し，それらの外来の要素が村で取り入れられることになることが多い．
　前にエキステンシブな生活様式について触れたが，テンベアも，この生活様式を構成する重要な行動特性である．後に述べる，出稼ぎや農牧民スクマの移住も，テンベアとしての特性をもっているといってよい．広義のテンベアは，アフリカの村々に多くの外来要素を持ち込む"伝統的"な行動様式である．

2) 民族の共住

　ウソチェ村では，広い放牧地を求めて移住してきた農牧民スクマが未利用地のアカシア林帯に住み着き，水田稲作を始め，それを契機として次第に地元のワンダ社会にも水田稲作がひろがっていった．ワンダとスクマが同じ村で共住し，両民族の交流が深まり，相互に依存する民族共生へと変わっていく過程が，水田稲作の拡大の過程でもあった［本書第7章1節］．
　タンザニアのキロンベロ谷でもトラクタによる水田稲作に従事していたポゴロが，時代状況の変化を背景として，移住してきたスクマの牛耕を取り入れ始めていることを，加藤太が第3章で述べている．民族の移住・共住・共生は，外来要素の導入とイノベーションの展開につながる契機を秘めている．
　内陸アフリカは，エキステンシブな生活様式を基盤とした内的フロンティア世界として歴史を築き上げてきたことを序章で指摘したが，民族の共住・共生は，そのような地域特性の一側面である．アフリカにおける社会人類学的な地域研究を先導した富川［1971］は，伝統的なアフリカ社会を「部族本位制社会」として捉えた．「部族」は，その成員が言語や文化を共有し，親族のきずなを基礎としつつ地縁的なまとまりをもち，強い帰属意識によって結ばれた社会集団であるが，決して孤立した閉鎖集団ではなく，地域に対して開かれてもいる．他部族との間で，物々交換，商業，結婚，同化，そして対立・抗争を含む相互関係を保ってもいる．「部族は，対立と協同の二面を通して，他の部族と地域社会を形成している」［富川1971：119］．植民地体制下で，「部族社会のテリトリーが行政的な単位におきかえられることで，固有の意味が失われ」，「行政単位は，その後，たびたび再編成されて今日に及んでいるが，その間に個人レベルの移住は盛んとなり，集団的移住さえも，

しばしば，見られるようになった」．「こうして，部族集団や部族社会とは異なったレベルの地域社会が成熟してゆく過程で，部族共住という現象が，一般的になってきたのである」[富川 1971：118]．1960年代のタンザニアでの調査から導き出された部族社会と地域社会の関係の特性は，「部族」を「民族」という言葉に置きかえれば，私たちの研究で明らかになった現代的な民族の移住・共住・共生の実態と共通している．

民族間の関係が，時にイノベーションの契機となり，地域発展につながっていく現象は，"伝統アフリカ"の歴史に根ざしているのである．

3) 出稼ぎ

植民地時代から，村人がプランテーションや鉱山などに出稼ぎに行く労働形態が一般的になった．それは前に指摘したように，テンベアの特性も合わせもっている場合が多い．出稼ぎに行き，そこで経験したことや見聞したことが，外来の情報・知識・技術を取り入れる契機になる．タンザニアのウルグル山地では，コショウやシナモン，チョウジなどの香辛料が屋敷畑（ジャララ）で栽培され，貴重な現金収入源になっているが，これらの作物は独立期前後にザンジバルに出稼ぎに行った人々が種子を持ち帰り栽培を始めたのである［本書第1章］．ンティンガ村では，出稼ぎ先で畦畔の造成を伴った水田稲作を見聞した村人の存在が，村における初期の水田稲作の拡大に一定の役割を果たした［本書第4章3節］．

4) 植民地政策，西欧人の農園・工場，ミッションの活動

各調査村で外来要素が果たした役割を考えるとき，植民地期の政策，西欧人の農園での労働経験，ミッションの活動によって導入された作物や技術にも目を向けておく必要がある．

マテンゴ高地の現在の農耕システムは，植民地期に導入されたコーヒー栽培が不可欠のサブシステムを構成している．植民地期には，人頭税に対処するため人々は海岸部などの他地域への出稼ぎを余儀なくされたが，一部の人々はキリマンジャロ地域のコーヒー農園で働き，栽培技術を習得し，種子を持ち帰り栽培を試みたという．遠隔地への出稼ぎ状況を憂えていた首長の

1人が,1920年代の後半にコーヒー栽培の積極的な導入を図り,主としてミッション・スクールで学んだキリスト教徒の青年たちとともに,種苗の育成や配布にも力を注いだという [Iliffe 1979]．ボジ県のイテプーラ村でのコーヒー栽培 [本書第4章1節] も,土地利用の変容の核心的な要因であったが,このコーヒー栽培は,ほぼマテンゴ高地と同じ頃にボジ・ミッションが導入し,ミッションやその近辺に住む西欧人の農園からボジ高原の各地にひろがっていった [Knight 1974]．

ミッションやインド商人が犁を持ち込み,牛耕が次第に広まり,それが後にウソチェ村やンティンガ村での水田稲作の拡大に大きく寄与したことも注目しておかなければならない．ンティンガ村では,首長が他地域から犁を持ち帰り,モロコシ畑で牛耕を始めたことを契機として,牛耕が徐々に広まっていき,村人たちはインド人が経営する店で犁を購入したと語っている [本書第4章3節]．

キロンベロ谷では,1960年代にインド人がトラクタを持ち込んで綿花を栽培し始め,1970年代に教会がトラクタを導入し,村人の稲作地の耕起も請け負うようになった [本書第3章]．1970年代から1980年代にかけて,政府や援助機関がタンザニアの各地にトラクタを導入したが,その大半はトラクタの補修・維持ができず放棄された．しかしキロンベロ谷では,トラクタの賃耕による稲作に従事する農民が増えていき,イファカラの町を含めた地域内で,トラクタの補修・維持が可能になった．2000年までは主に教会・修道院・村行政府がトラクタを所有していたが,2000年以降は個人所有が急増している．教会・修道院が果たした役割の重要性を再確認するとともに,多くの小農世帯を含む地域全体でトラクタによる耕作を持続しうる条件を整えていった事例として注目しておきたい．

創発性の事例として取り上げたキファニャ村の造林焼畑の淵源は,植民地期に遡る [本書第2章]．1949年にイギリスの民間企業がンジョンベの町にモリシマアカシア造林地とタンニン抽出の工場を開設し,地域住民にモリシマアカシアの造林を奨励して樹皮の買い取りを始めた．一方で,1940年代に村人の1人が出稼ぎ先のアルーシャで成長の早いモリシマアカシアを目にして,その種子を持ち帰り,造林を手がけ,1950年代に焼畑造林を試みて

いたという．このような素地のもとで，1990年代半ばから造林焼畑が拡大・定着していったのである．また，谷地耕作のイノベーションのきっかけは，西欧人の農園で堆肥を用いた農業を経験した2人の村民が，1960年代にその農法を谷地で試みたことにある．

植民地期の出来事や経験も含めて，できる限り長期の歴史過程を視野に入れ，外来要素と内発的発展の関係について事例研究を積み上げ分析していくことは，開発実践にも多くの示唆を与えてくれる．

5） 国の政策・普及活動

タンザニアは（そして他のアフリカ諸国も）独立以降，激動の歴史をたどってきた．アフリカ型の社会主義として知られるウジャマー村政策の展開と挫折，市場経済化の推進や，グローバル化する政治・経済への対応など，激変する国の政策が村々の生活に様々な影響を与えてきたことはいうまでもない．ここでは，調査対象とした村々での内発的な発展に関係する側面に限定し，国の政策・普及活動について検討しておきたい．

多くの村々では，1974年前後の集村化政策が，その後の村の生活に大きな影響を与えた．例えばキファニャ村での事例である［本書第2章］．政府は，シコクビエの焼畑栽培から化学肥料を用いたトウモロコシの常畑栽培への転換を促すため，集住化した村に集団農場を設けてトウモロコシ生産を奨励した．その際，伝統的な互助労働（ムゴーウェ）システムを利用して，共同労働を義務づけるために，労役に参加しない者にデニと呼ばれる負債を課した．村人は，このデニの概念を読み替えて，相互扶助を促進する新たな互助システムを編成し，生活環境の変化に対応していった．それは例えば，谷地耕作のイノベーションとして展開していったのである．強制的な移住を伴った集住化，集団農場での化学肥料を用いたトウモロコシ栽培の奨励，廉価な化学肥料の供与，労役への不参加に対する負債の制度などトップダウンの政策に，村人はしたたかに対応し，村の生態・社会・文化の文脈に組み込み，独自の生活改善の道を歩んだのである．

1975年には「村およびウジャマー村法（Villages and Ujamaa Villages Act）」が制定され，「250世帯以上の規模をもつ村を経済単位として全農村が再編」［吉

田 1997：202] された．現在のタンザニアの村々は，集住化や法制化のもとで再編された行政村であり，それゆえ村としてのまとまりは地域によって多様である．キファニャ村では村の下位単位である村区が，かつての自然村を想起させるような共同体的な性格をもつが，それは前述したような経緯を背景として創発したシステムである．しかし多くの場合，村政府は行政システムの末端機構としての機能が強く，村人の総意を集約して上位の行政機関に働きかける力は弱い．私たちの研究会で黒崎龍悟は，マテンゴ高地のキタンダ村が村独自の開発案の支援を県に訴える努力を試みている事例を報告したが，注目すべき動向であろう．

ウソチェ村では，集住化が進められた頃に，焼畑によるシコクビエ生産から，牛耕によるモロコシの常畑耕作が広く波及した [本書第7章1節]．またンティンガ村では，実質的な水田稲作の普及員の役割を果たした獣医が県から派遣されており，生業システムの変容に行政が影響力をもっていた様子がうかがえる [本書第4章3節]．

移住を伴う集住化によって，土地保有システムはかつてのクランを基礎にした慣習的な側面と，行政村による管理・運用の側面とをもち，ウルグル山地 [本書第1章] やムフト村 [本書第4章2節] の事例に見られるように，土地利用の変容とも深く関わっている．イテプーラ村 [本書第4章1節] やウソチェ村 [本書第7章1節] では村有地（共有地）の利用動向が，季節湿地やアカシア林の保全を左右する状況にあることにも注目しておく必要がある．

キロンベロ谷で，近年，野生動物保護区の拡大と管理を強化する政策が打ち出され，この政策がポゴロとスクマの民族関係の変化を促す要因の1つになっている [本書第3章]．それは，トップダウンの環境保護政策がもつ問題点も浮き彫りにしている．

ザンビアのベンバの村で，土地制度の改正によって食糧自給の基盤が切り崩され，生活の困窮化に追い込まれている状況は，きわめて重大な問題を提起していることを，大山修一が報告している [本書第5章2節]．土地制度と村の生活との関係は，現代アフリカの諸国家が直面している大きな問題であり，開発実践の視座からも，その動向を注意深く見守っていかなければならない．同時に，村の開発をめぐって，上位の行政システムと有機的な連携を

構築していくことは重要な課題であり，この課題については，後に考察を加えたい．

6) 外国からの開発援助

序章で述べたように，マテンゴ高地などを対象としたJICAプロジェクトに積極的に参画してきた私たちは，その活動理念を引き継ぎ，アフリカ型の農村開発手法の構築を目指して研究を進めてきた．それは，当然のことながら，これまでの開発援助への批判に根ざしており，外来要素の導入についても慎重に検討することを前提としていた．そのアプローチは，端的にいって，ブループリントに従い大型の機械・装置，インフラストラクチャー，近代的な技術をトップダウン方式で地域に導入するような方式とは一線を画している．

キファニャ村では1980年代の前半に，外国からの援助計画の一環として，村の中心部を貫く幹線道路の舗装工事が進み，その完成が村の生活を大きく変え，その後の創発的なイノベーションの契機となった［本書第2章］．私たちの研究会で加藤太は，キロンベロ谷で過去に大規模な灌漑設備を建設する援助計画がたびたび持ち上がったが，氾濫原のコントロールの難しさゆえに実現することがなかった経緯を報告した．これらの事例からも学ぶ姿勢は確保しておくべきであろう．

1990年以降には，これまでのトップダウン型の開発への反省を踏まえ，住民参加型を取り入れた開発支援が主流になりつつある．黒崎龍悟は，それらの問題点の検討も含め，マテンゴ高地での開発プロジェクトと，それらに対する住民の対応を，住民と外部アクターとの相互関係に焦点をあてて調査・分析した［本書第6章3節］．荒木美奈子はJICAプロジェクトの中心メンバーの1人として開発実践に深く関わった経験と，その後の展開をモニタリングする開発研究を統合して，外部要素の導入についても考察を進めた［本書第6章2節］．私たちの共同研究では，外部者の開発援助そのものを，可能な限り村内部からの視点でも捉える実践的な研究を重視したことを，改めて強調しておきたい．

(4) 平準化機構・先駆者 (変わり者)・イノベーション

　タンザニアのトングウェ社会とザンビアのベンバ社会の研究から導き出された平準化機構 [掛谷 1994] は，この共同研究が対象とした多くの村々で見出され，その重要性が再確認されたといってよい．トングウェやベンバの村では，人々の生存に必要な量を大きく上回るような生産を指向せず，より多くを持つ者が他者に分与することを当然とする社会倫理を基礎として，差異の平準化を促し，あるいは富が個人に偏在することを抑える機構によって，安定した生活が維持されてきた．この平準化機構は，自然に強く依存しつつ，人々の共存を原則とする社会におけるセーフティネットの役割を果たしてきた．また平常時には人々の突出した経済的な行動を押しとどめ，結果的に変化を抑制することになる．このような生計経済は，「小農的生産様式」や「情の経済」[Hyden 1980, 1983] と通底する特質であり，「アフリカ的停滞」と結びつけられがちな特質であるといってよい．

　しかし，平準化機構を基底にもつ社会は，変化を常に拒絶する社会ではない．少数者が外部の要素をとりこみ，試行錯誤を続け，あるいは内部的にも新しい試みが生起する．村で生活した研究者なら，好奇心の旺盛な村人から多くの質問を受け，そのような村人から新しい作物や果実の種子を持ってくることを依頼された経験があるだろう．先駆者，あるいは「変わり者」と思われている村人が新しい活動を持ち込むこともある．そのような変化の萌芽は，小規模であるなら，むしろ村人たちは積極的に許容する．そして，人々は，日常の濃厚な付き合いの中で，その小さな試みや変化の萌芽を仔細に見聞し，その経過と結果に注目している．それが特定の個人のみに大きな利益をもたらすとき，平準化機構のチェックを受けることになる．しかし多くの村人がその有用性を認め，そして外部の諸条件が合致すれば，逆に平準化機構は変化を促進するようにはたらく．このようにしてイノベーションが広く波及していくことがある．そのプロセスについて，杉山祐子が詳細に分析したベンバ的イノベーションの事例研究 [本書第5章1節] は，モデル化も含め，多くの示唆を与えてくれる．

　キファニャ村での，化学肥料を用いた連作型の谷地耕作や，造林焼畑の波及も，そのプロセスの良い例である [本書第2章]．

ンティンガ村での用水路の造成は，この論点にとって，きわめて興味深い例である［本書第4章3節］．テンベアに出て，水田稲作の先進地で在来の潅漑用水路を見た村人が，後に村の不透水層地帯に独力で2年間をかけて5キロメートル以上の用水路を掘った．そして，この用水路の水を他の村人も利用して水田を開墾していったのである．後に検討するが，用水路を掘った村人は，人々から「変わり者」とみなされている．

村には多彩な個性の持ち主が多い．町で長く暮らした経験をもつ村人もいる．他の村や町を広くテンベアして，新しい情報や知識を蓄えている者もいる．中には「変わり者」とみなされている者もいる．このような多様な個性が，平準化機構を，変化を促進する機構に転換させ，村にイノベーションをもたらし，内発的な村の発展の契機となっていることに注目しておきたい．

(5) 内因の熟成と外因の同調

先駆者や変わり者が新しく持ち込んだ情報・知識・技術が，多くの村人に理解され，その有用性が認められたときに，つまり「内因の熟成」という条件が成立したときに，外部者によるインフラの整備や新しい政策の施行など，つまり外因が同調すると，平準化機構は変化を促進するようにはたらき，イノベーションが一気に波及することがある．このプロセスは，序章で述べたようにザンビアのベンバの村で見出したのだが，その後の調査の蓄積を踏まえ，杉山が本書の第5章1節でそのプロセスを生き生きと描いている．ここでは，さらにタンザニアのキファニャ村［本書第2章］とウソチェ村［本書第7章1節］の事例を取り上げて検討しておきたい．

キファニャ村で連作型の谷地耕作が波及するプロセスは，興味深い事例である．西洋人の農園で働いた経験をもつ2人の村人の試みによって，谷地に堆肥を入れてインゲンマメなどを連作する農法の意義を理解していた村人の一部が，1974年以降の集村化期に，廉価に供給された化学肥料を谷地に投入する創造的模倣によって谷地での連作に成功し，村政府が谷地を再配分したこともあって，この農法が村中にひろがっていった．肥料の投入と谷地での連作について村人が十分に理解していた素地のもとで，つまり「内因の熟成」という条件が成立していた頃に，集村化政策や全国メイズ計画の一環と

して化学肥料の廉価な供給という外因が同調し，創造的模倣を契機にして新しい谷地耕作の農法が波及していったのである．

この連作型の谷地耕作は，1986年以降に再び拡大していった．その頃，村の中を通る幹線道路が舗装され，構造調整計画の導入によって経済の自由化・市場経済化が急速に推し進められたのである．これらの外因の変化は，それまで主として副食用に栽培されていたインゲンマメの，市場での商品価値を高めることになった．キファニャ村でのインゲンマメは谷地耕作によって乾季に生産され，インゲンマメ市場の端境期に出荷されるためである．その谷地畑が遠隔地にまでひろがり，毎年多くの商人が買い付けにやってくるという．谷地の畑は「ママの畑」と呼ばれ，主として女性によって管理・維持されてきたのだが，そこから得られる収入は世帯の生計の基盤となり，また多くの女性世帯（世帯主が女性）の自立を支えているのである．新しい谷地畑の開墾は，深い排水溝を掘るなどの重労働を伴うが，その労働は，集住化期に再編され創発したムゴーウェ（互助労働）によって調達されたのである．

ウソチェ村での水田稲作の波及・拡大も，「内因の熟成と外因の同調」の典型的な事例であろう．牛耕によるモロコシ栽培を生業の基盤とするウソチェ村に，農牧民スクマがウシの放牧地を求めて1982年頃に移住してきた．そして，それまで未利用であったアカシア林帯に住み着き，そこで水田稲作を始めた．水田稲作は古くからスクマの生業の一部であった．ウソチェの地元民であるワンダの人々は，スクマの活動を見聞し，時には雇われて田植えなどの農作業に従事し，次第に水田稲作に慣れ，自ら水田を開墾する先駆的なワンダも現れた．こうして水田稲作が広まるための内因が熟成し始めた頃に，経済の自由化・市場経済化が急速に推し進められ，1991年には穀物流通も自由化され（外因が同調し），水田稲作を始めるワンダが増加していった．これらの先駆的なワンダは，容易に水田適地を確保でき，牛耕用の牛も持っている人々だった．これが，いわば第1期の水田拡大期である．

第2期は，1998年以降の水田稲作に従事する世帯の増大期である．穀物流通の自由化以後に多くの民間商人が村に買い付けに訪れるようになり，それまで水田やウシを持っていなかった村人たちも，何とか水田稲作を始めたいと熱望する状況になっていた．ほぼその頃にスクマは，他の人に牛を預け

る慣習（クビリサ）の対象をワンダにもひろげ，またワンダ内でもウシの又貸しなどが公認されるなど，牛耕を支えるシステムが創発していき，多くのワンダが水田稲作に従事するようになった．この第2期の水田稲作の拡大も，内因と外因の相互関係を示すよい事例である．

このように，内因の熟成と外因の同調は，多くの村々での大きな変化に伴う動的過程として認知してよいであろう．

(6) 外来要素の内在化

タンザニアのキファニャ村とウソチェ村での事例を取り上げ，2つの時期に分け，「内因の熟成と外因の同調」について検討したが，いずれの村の場合も，内因の動態は2つの時期で様相を異にしていることに注目しておかなければならない．両村の事例とも，後の方の時期に，より多くの村人たちが連作型の谷地耕作や水田稲作に従事するようになり，この段階で，連作型の谷地耕作や水田稲作がほぼ村全体に行き渡ったとみてよい．最初の時期は，両村とも，いわば平準化機構がイノベーションを促進した側面を示す時期であり，後の時期は，大半の村人が等しく新たなイノベーションを享受できるようになり，底上げする方向で平準化が機能した時期であったと分析できる．この後半の時期に，キファニャ村では創発したムゴーウェが重要な役割を果たし，ウソチェ村では牛耕を支えるシステムが創発して大半の村人が水田稲作に従事できるようになったことを強調しておきたい．

この2村の事例は，ザンビアのベンバの村におけるファーム耕作の展開過程を分析して杉山が提示した，イノベーション拡大のプロセスのモデルとも見事に照応しているといってよいであろう．そこでは，個別多発的イノベーションが模倣の連鎖につながり，その促進が一方で差異化や格差を生じさせたが，数年以上の年月をかけて，稀少な資源（財）にアクセスする仕組みが創発し，イノベーションは村全体に波及していったのである［本書第5章1節］．

このようなプロセスを経て，外来の要素が地域システムの内部に組み込まれ，全村民が利用でき，恩恵にあずかることができる技術あるいは制度となる．それを外来要素の内在化と位置づけたい．

1-2. 身体化された共同性

　これまで，平準化機構がイノベーションを促進し，また大半の村人がイノベーションの恩恵にあずかることができる方向に機能する側面について詳細に検討してきた．しかし一方で強調したように，平準化機構は，「多く持つ者」が「持たざる者」に分け与えるのが当然であるとする社会規範あるいは社会感覚に根ざしており，平常時には人々の突出した経済行動を押しとどめ，変化を抑制する機能をもつ．そして平準化機構は，妬みや恨みに起因する呪いへの恐れや，精霊や祖霊への畏れによって制御されている．特に呪いへの恐れは根深く存続しており，例えば成功して富者になった者は，邪悪な力（邪術）を使って富を手に入れたとの世評を恐れ，あるいは他者が妬んで呪いをかけることを恐れる．それは，いずれの村でも噂話としてささやかれ，日常の会話でも話題になる．例えばキロンベロ谷のポゴロ社会では，稲作で財をなして商店を構えるようになった人は，ビビと呼ばれる呪医のもとを訪れ，呪医の霊力によって邪術者ではないことを証明してもらい，その証として頭髪を剃ってもらうという［本書第3章］．ンジョンベ高原のキファニャ村でも，人々は常に呪いを恐れており，例えば畑の収穫物の多い世帯が，それを羨む世帯に収穫物の分配を断ることは難しいと，近藤史は私たちの研究会で報告した．そのような心性が，一方で柔軟性に富んだ互助労働（ムゴーウェ）のシステムを支えている．呪いは「制度化された妬み」［Foster 1965；掛谷 1987］の表現であり，身体化された共同性の表現である．それが互助や互酬性を裏面から支えていることを再確認しておきたい．

　この身体化された共同性は，他の表現形をとることもある．以下で，それらについて検討しておきたい．

(1) 記憶と互助精神

　キファニャ村での，互助労働（ムゴーウェ）におけるデニ（*deni*）という負債に関する事例であるが，このデニは記帳せず，それぞれの参加者の記憶に基づいて労役の負債を清算するのであり，その清算期間も定められていない［本書第2章］．親族内では，「デニを数えない関係」が広く認められており，

それは，近しい父系親族が集まって無償の労働力を提供し合う伝統的な慣行の変形である可能性がある．デニを記帳せず，参加者の記憶にゆだねる方式は，身体化した共同性を表現しているといってよいであろう．

(2) 功績者の非固有名詞化

これまでも何度か取り上げてきたが，ここでも，ンティンガ村で用水路を独力で掘った村人の事例に言及しておきたい［本書第4章3節］．現在では，この用水路から多くの村人が水を引き，水田を耕作している．他の村人たちは，この用水路によって不透水層地帯での水田稲作が可能になったことを十分に認識しているのだが，特に彼の功績について語ることはなく，むしろ彼の水田経営や金銭の使い方などについて才覚がないと噂している．彼は，時に人々の水の利用について不平を漏らすことはあるが，正面切って異議をとなえることはない．村人たちは，いわば彼の功績を黙殺しているのだが，それは特定の個人を，その突出した行為によって，表だって評価することを避けているようにもみえ，平準化機構の一側面，あるいは身体化された共同性の表現であると考えられる．

ザンビアのベンバの村でも，新しい作物や農法を導入した人の名前をあげて村人が語ることはなく，創始者や功労者の権威づけが避けられていると，杉山は述べている［本書第5章1節］．

タンザニアのキファニャ村［本書第2章］やウソチェ村［本書第7章1節］でも，ある技術や作物を導入した人について尋ねても，その人物を特定することが困難な場合が多いことが指摘されている．このような傾向性を，ここでは「功績者の非固有名詞化」と呼ぶことにしたい．ンティンガ村で用水路を掘った村人の事例は，その社会的な意味の一側面を示しているのであろう．

内発的発展におけるキー・パースンの役割［鶴見1996, 1999］と功績者の非固有名詞化との関係は，私たちの研究会での議論の中心的なテーマの1つであった．キファニャ村は，創発性や創造的模倣の展開について格好の事例を提供してくれたが，この展開の主体について考察した近藤史は，これまでの研究では［鶴見1999］キー・パースンが常に少数の固有名詞で語られる個人であったことと比較して，キファニャ村では，新しい農法を共同で試みる

実践的キー・パースンとしてムゴーウェ・グループが大きな役割を果たしたことを指摘している [本書第2章]．マテンゴ高地での開発実践とモニタリング調査に深く関わった荒木美奈子は，ハイドロミルを管理・運営するセング委員会を，キー・パースンとして位置づけている [本書第6章2節].

アフリカの村々における内発的発展とキー・パースンの関係については，さらに研究を深めていかなければならないが，「功績者の非固有名詞化」の視点も重要な論点である．

(3) 平準化機構と経済格差の併存

これまで平準化機構について詳細に論じてきたが，村内における経済的な格差については検討を加えてこなかった．現実の村々では，村人の間でかなりの経済的な格差がある．平準化機構と経済的な格差は併存しているのである．前にキロンベロ谷のポゴロ社会での成功者が邪術者として疑われないように，呪医の霊力に頼る事例について述べた．広くタンザニアでは，邪術者に呪われないようにダワ（呪薬）で身を守ることが知られているが，調査村の人々もダワに依存していることは十分に考えられる．また，農牧民のスクマはダワについて熟知した民族として有名である．こうした呪術的な対処法には，ここでは深入りせず，平準化機構と経済的な格差の併存の，現代的な意味について考察しておきたい．

私たちの研究会で報告された個別の事例ではあるが，キファニャ村で経済的に成功したある村人は，金貸し業も営んでいる．彼は村人それぞれの事情に応じて返済期限を延ばし，あるいは無利息で貸している場合もあるという．村人からの人望もあり，また新しい事業を始めて，その恩恵を他の村人にも与えてくれる先駆者となる可能性を秘めているという．村人は，このような成功者の存在を許容し，見守っていると，近藤史は語っていた．ボジ県のイテプーラ村で，山本佳奈の調査 [本書第4章1節] を支え，居室も提供してくれている村人は，成功者の1人で金貸し業を営んでいる．彼も，キファニャ村での成功者のように人望があり，新しい事業の先駆者となる可能性を秘めた人物だという．個別の事例のみであり，より説得力のある実証的な研究は今後の重要な課題であるが，成功者は地域の経済的な発展を先駆する限りに

おいて許容されていると考えることができる．このような村人の性向は，市場経済化が進む時代における，身体化された共同性の感覚を示しているのかもしれない．

　現段階では，平準化機構は村レベルでほどほどの生活を支える機能をもち，地域の経済発展を先導する機能をもつ範囲内で格差が許容されているというのが，暫定的な結論である．

1-3．自給性の確保

　タンザニアの調査村では，特に2000年代に入って，商品作物の栽培が大きく増大したが，各村とも自給用の食糧生産は維持し続けていることを強調しておかなければならない．

　ボジ県のンティンガ村では，アカシアの一種のアルビダ林に常畑を開墾し，トウモロコシやモロコシなどの主食用の作物を栽培している．アルビダは，乾季に葉を茂らせ，結実し，雨季に葉を落とす特異な季節性をもっている．アルビダ・ウシ・作物は互いに相利的な関係をもっており，土壌の肥沃度も高い．このアルビダ林での常畑耕作が，ンティンガ村の自給の基盤をしっかりと支えてきた．この基盤のもとで，水田稲作の安定した拡大が可能だったのである［本書第4章3節］．ウソチェ村では，シクンシ科の樹木が卓越する疎林を拓いて畑地とし，牛耕によって主としてモロコシを栽培し自給を確保している．そして，農地の対象としていなかったアカシア林に水田を開墾していったのである［本書第7章1節］．

　マテンゴ高地では，ンタンボ内にンゴロ畑とコーヒー園がある．ンゴロ畑では，自給用のトウモロコシとインゲンマメを耕作し，コーヒーが重要な換金作物である［本書第6章1節］．

　キロンベロ谷では，稲作への特化傾向を示しているが，コメを主食とし，トウモロコシも栽培して，主食食糧は自給している．しかし，副食用の野菜・魚・獣肉などは，米を売って得たお金で購入している［本書第3章］．

　こうして羅列的に数村の事例を概観しても明らかなように，タンザニアの村々では自給用の作物生産を確保した上で，商品作物の導入・拡大を図って

きたのである.

　ザンビアのベンバの村でも,シコクビエ・キャッサバを主作物とした焼畑耕作（チテメネ・システム）によって自給性を確保しつつ,商品作物を栽培する方途を模索してきたのだが,土地制度の改変によって,焼畑適地が得られず,自給の基盤が崩れ,困窮化に直面している現実を見据えておかなければならない［本書第5章2節］.市場経済化が進み,商品作物の栽培に注目が集まりがちであるが,アフリカの農村が自給性を確保し続けてきた特性に,改めて注目しておく必要がある.

1-4. 在来性のポテンシャルと内発的発展

　ここまで,私たちが調査対象とした村々での,創造的プロセスを内包した地域発展の特性を詳しく検討してきた.これらの諸特性を踏まえつつ,それぞれの村に即し,遡及が可能な時点から現在までの地域発展の軌跡をたどることによって,それは地域や村の「在来性のポテンシャル」が活性化・顕在化してきたプロセスであったと総括できる.

　代表的な事例として,タンザニア・ンジョンベ高原のキファニャ村を取り上げ［本書第2章］,地域発展のプロセスをたどってみたい.キファニャ村は標高1,700メートル前後の高地に位置し,起伏に富んだ地形と冷涼で湿潤な気候条件が特徴的な生態環境のもとで,雨季の斜面地耕作と乾季の谷地耕作を生業の基盤としてきた.斜面地耕作と谷地耕作は,ともに草地休閑型の焼畑耕作であった.谷地ではインゲンマメやカボチャを栽培し,斜面地でシコクビエの焼畑を耕作してきた.ウジャマー村政策による集村化期には,政府の全国メイズ計画で廉価に供給され始めた化学肥料を使って,谷地で連作栽培を始め,斜面地ではトウモロコシの常畑耕作に変わった.谷地での連作栽培は,創造的模倣の事例として検討したように,在来の農法と外来の農法を融合させた新たな農法であった.

　近年には斜面地で造林焼畑でのトウモロコシ栽培が始まった.この造林焼畑は,創発性の事例として紹介したが,その淵源は植民地期に遡るモリシマアカシアの造林であり,1950年代にはモリシマアカシア造林での焼畑耕作

を試みた村人もいた．また，1980年代半ばには，植栽密度を適正に管理した製材用パツラマツを植林し，現金収入源とする動きがあった．そして1990年代半ばから，市場経済化の大きな波の中で化学肥料が高騰し，施肥量が減り，常畑でのトウモロコシ収量が激減するという状況の中でモリシマアカシア林の造林焼畑が拡大し定着していった．この造林焼畑は，在来の焼畑技術と，外来のモリシマアカシアの造林，そして製材用パツラマツ林の育林技術が組み合わされて創出されていったのである．

　谷地での連作栽培や造林焼畑の拡大と定着を支えたのは，集住化期に創発した互助労働のシステムであるが，それは在来のムゴーウェと呼ばれる互助労働を基礎としている．

　地域や農村は生態・社会・文化の相互関係の歴史的な集積体であり，その集積体がもつ多面的な潜在力・可能性を「在来性のポテンシャル」と考えることができる．それは多くの場合，外部からの情報・知識・技術の流入や刺激によって活性化され，外部の社会的・経済的な環境の変化に応じて創発し顕在化する．キファニャ村の事例は，そのダイナミックなプロセスを見事に示している．また，他の村々の事例は，多彩な「在来性のポテンシャル」の存在形態があることを教えてくれる．そして，「在来性のポテンシャル」の活性化・顕在化のプロセスは，農民たちの創造性と主体性がもたらす内発的発展のプロセスでもあるということに思い至るのである．

2……アフリカ農村の開発実践をめぐる諸特性

　本節では，タンザニアのマテンゴ高地（キンディンバ村・キタンダ村）とウソチェ村を対象とした開発実践から学び得たことをまとめ，1節と合わせて，私たちの共同研究の総括としたい．

2-1．実践感覚と改良NOW型モデル

　マテンゴ高地でのJICAプロジェクトで，私たちは地域研究と開発実践を

つなぐ様々な困難を経験することになったのだが,特に基礎的な実態調査と,問題解決に向けた構想と実践の関係について深く考える必要に迫られた.それまで私たちは,徹底したフィールドワークを通して,アフリカの農民像を明らかにする努力を続けてきたつもりでいた.そして,この基礎的なフィールドワークを地道に積み上げていけば,おのずと地域や農村が抱える問題を把握でき,問題解決に向けた構想と実践につながると,いわば素朴に信じていた.JICAの研究協力を終えた時点では,充実した研究成果が得られたという満足感とともに,この素朴な感覚で新しい開発プロジェクトを構想し,実際に開発プロジェクトに参画した.しかし開発実践の場では,思いもかけなかった現実的な問題に直面することになった.例えば,ムビンガ県庁の役人やマテンゴの多くの住民にとって,日本の国際援助機関がマテンゴ高地に入るということは,灌漑施設や舗装道路の建造,水道や電気のインフラの整備がおこなわれることだというイメージに直結しており,私たちが考えてきたような開発実践の内容を理解してもらうことが困難な状況が続いた.そして,様々な関係者の思惑や利害がせめぎ合い,その渦中で具体的な問題解決策を構想し実践することの困難も想像を越えるものがあった.そのような状況の中で,懸命に努力し,徐々に私たちの考えを理解してもらい,開発実践に向かって活動を続けた.そして,本書で「実践感覚」と呼ぶ,いわば心の志向性が不可欠であると考えるに至った.それは,基礎的な実態調査を深める過程で,常に現実を見つめつつ,問題解決に向けた構想と実践への「こころざし」を深め,その具体化の可能性を問い続ける姿勢が必要だということである.繰り返すことになるが,「実践感覚」は基礎的な実態調査の積み重ねのみでは醸成されにくい「こころざし」「心の志向性」なのである.

いささか精神論に走りすぎたが,この「実践感覚」を磨き上げる1つのプロセスとして,実践のフェーズに移る前に,実験的な試行のフェーズを組み込み,NOW型モデルに従って活動を進めることにしたのである.この試行によって,いわば住民と私たち研究者(専門家)が共同して小規模ではあるが「ひと仕事」[川喜田 1993:212]を達成し,この経験を通して住民は開発実践の主体であることを自覚し始め,私たち外部者(研究者)には実践感覚が育まれていくと考えたのである.(ただし当時は,この実践感覚というコンセ

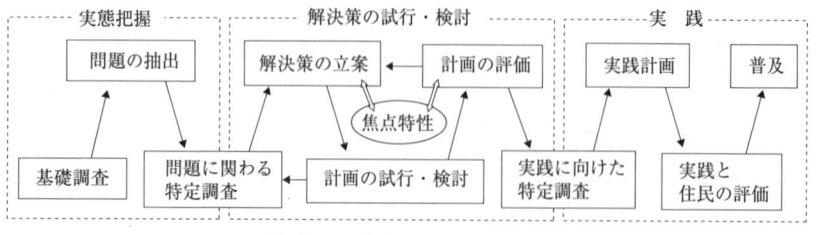

図 終-1　改良 NOW 型モデル

プトには思い至らず，住民のニーズと現実化の可能性，開発実践に対する住民の反応を知り，開発計画にフィードバックする過程であると位置づけていた．実践感覚というコンセプトは，今回の共同研究で見出したのであり，前述の説明は，後づけの再解釈である）．

　この共同研究では，ウソチェ村での開発実践で，NOW型モデルを意識して活動を進めたが，結果的には（図 終-1）に示した改良NOW型モデルに沿った開発実践の過程をたどった．

　解決策の試行・検討（図 終-1）のプロセスで，私たちはウソチェ村の焦点特性に思いをめぐらし，ウソチェの村民グループとともに計画を練った（2006年8月）．この当時は，水田開墾地の増大，アカシア林などの疎林の減少，牛の放牧域の減少が，ウソチェ村の大きな問題群であり，その根本には水田拡大と林地保全の矛盾が潜んでいると考えていた．そして，この状況を西田哲学の難解な用語ではあるが，「絶対矛盾的自己同一」の状況と捉え，それを仮の焦点特性と考えて解決策を模索していた．その状況への対処の一歩として，小規模な焼畑方式で造成されてきた苗床の代わりに，牛糞と木灰を混ぜて苗床をつくりイネの苗を育てる案や，未利用地を活用し，商品作物の多様化を図るために，ゴマ・ヒマワリ・ラッカセイの品種試験を試みる案を立てた．村民グループは11月以降の雨季に，計画案の実施を試みた．しかし，これらの計画案は，雨季前半が予想外の豪雨，後半は寡雨という異常気象のため，とり止めたり（苗床計画），十分な実験管理がいきとどかなかったり（作物の品種試験），また村民グループの結束に問題が生じたり，という結果になり，翌年に再度，一部の特定調査をおこない，立て直しを図らざるをえなかった（図中の「計画の試行・検討」から「問題に関わる特定調査」への

矢印は，このフィードバックの過程を示している）．この経験は，異常気象という思いがけない自然条件も考慮に入れることの重要性を知る契機となり，また，私たちの試行計画案が拙速で練り上げが不足していたことを思い知る契機にもなった．しかし，発育が思わしくなかった作物の品種試験区で，村民グループのメンバーと一緒に議論しながら収量を計り，計画を立て直し，新たな活動を進める過程で (2007年5月，7月)，村民グループのメンバーの自覚が育ち，また私たちの実践に対する感覚が磨かれたという実感をもった．この経験が，「実践感覚」というコンセプトの創発につながったのである．

「実践感覚」と改良 NOW 型モデルのもつ意義については，次節で，さらに突っ込んで考察を深めたい．

2-2. プロセスに学ぶ —— 偶然の必然化

JICA プロジェクトの重要な指針の1つは，プロセスそのものから学び，学んだことをフィードバックさせて改良していく姿勢を基本とすることであった．それは「内部者」と「外部者」との相互作用を重視する姿勢であるといってもよい．キンディンバ村を中心的な対象とした荒木美奈子も，主としてキンディンバ村を対象とした黒崎龍悟も，ともに村人（「内部者」）と開発プロジェクトに携わる「外部者」の相互作用を重視した活動・調査を進め，その過程を記述・分析している［本書第6章2節・3節］．ウソチェ村での開発実践も，この姿勢を基本としてきた．それは開発実践の全プロセスで堅持される指針であったが，特に NOW 型モデルのアクション・リサーチ，改良 NOW 型モデル（図 終-1）では解決策の試行・検討のプロセスに明示的に組み込まれている．それは前述したように，「実践感覚」を集中的に磨く機会でもあった．ここではキタンダ村での養魚池の導入と，ウソチェ村での牛車の供与をめぐる事例を取り上げ，プロセスに学ぶことの重要性について検討したい．

(1) 養魚池の導入 —— キタンダ村での経験

キタンダ村でのアクション・リサーチは，ンタンボの利用・保全の水準を

向上させるという目標を視野に入れ，谷地の集約的な利用，養蜂，植林をセットにして，農民グループと協議し活動を進めていった．このグループには，黒崎龍悟が青年海外協力隊員の活動の一環として加わり，行動をともにした[本書第6章3節]．

　活動を始めてから1ヵ月が過ぎた頃に，メンバーから，このグループの活動として養魚池を掘り，魚の養殖を試みたいとの要望が提案された．グループのリーダーたちとも相談し，黒崎がプロジェクト側にこの要望を伝えた．この要望を提案したメンバーの1人は，かつて在来種の魚の養殖を試みたが，様々な困難を克服できずに養殖を放棄した経験がある．彼はプロジェクトの姿勢や支援のキャパシティを読んで，ティラピア種の導入を要望したのである．プロジェクト側は，魚の自給が住民の長年の希望であることを確認し，またメンバーからの積極的な提案であることを評価し，すぐに養魚池の造成と稚魚の搬入に協力した（2002年11月）．ティラピアの成長は早く，数ヶ月後には産卵して稚魚が増えていった．そしてメンバーたちはティラピアを収穫し，活動の成果を実感したのである．この活動を見聞して関心をもった村人たちは，グループから稚魚を購入し養殖を始めた．グループへの参加希望者も増えていき，ある時点から新たなグループを立ち上げる動きに変わっていった．当初のグループは，養魚・養蜂・植林をセットで進めていくよう他のグループに助言し，技術的な指導もおこなった．その結果，短期間に多くのグループが発足し活動がひろがり，プロジェクト側もこの動きを支援した．そして，このグループ群は相互交流を深め，新たな活動を展開し，農民グループ協議会を結成するに至った．グループ・メンバーの提案から始まった養魚活動は，村中にひろがり，プロジェクト終了後も養魚池の数は増し，2005年6月にはキタンダ村で210池にまで達し，また他の村にも波及していった[本書第6章4節]．

　黒崎は，開発実施側が意図しない形やタイミングであらわれる効果などを「副次効果」と捉え，それが住民主導の開発実践へと展開していく契機となることを，キタンダ村における養魚活動の展開過程の詳細な分析から明らかにした．キタンダ村における養魚活動は，グループ・メンバーの提案に端を発し，いわば偶然が必然化するプロセスをたどり，「副次効果の増幅作用」

も加わって村全体を巻き込む住民主導の開発実践へと転換していったのである．プロセスに学ぶというプロジェクトの基本的な指針や，プロジェクトの一員でもある協力隊員がグループの活動に参加していたことが，養魚活動の展開を支援できた大きな要因であるが，より一般化するなら，偶然を必然に変える仕組みをプロジェクトは備え，その契機を捉える「実践感覚」を，外部者（研究者・専門家）は磨き上げておかなければならないことを示唆しているといえよう．

(2) Tシャツから牛車へ —— ウソチェ村での経験

　実践感覚と改良 NOW 型モデルについて検討した際に，ウソチェ村での解決策の試行・検討の概要を記したが，この試行・検討と，後の活動を村民グループと共同して進める過程で (2007年5月, 7月)，実践感覚の重要性とともに，偶然を必然に転化することの意味と重要性を確認することができた．

　この期間に，ウソチェ産の米とタンザニア各地から集めた米を並べ，米の食味テストを試みた．村民グループとともに，ゴマ栽培の先進地域や，近隣の水田稲作地域の視察も試みた．その間，村民グループとの討議も深め，ウソチェ村の焦点特性は，「疎林・ウシ・水田稲作の複合」と「民族の共生」であると判断し，その特性を主軸に据え，村が抱える問題の解決に向けて計画を練り上げた．牛糞と木灰を混ぜた苗床の造成，ゴマ・ヒマワリ・ラッカセイの品種試験，食用・飼料用のマメ科作物の栽培試験，水田で苗の密植効果を確かめる栽培試験など，土地の選定も含めて綿密に計画を立てた．

　また，掛谷・伊谷と神田靖範は，実践活動の経過や計画をめぐって，夜ごと議論を重ねた．その中心的な話題の1つは，活動支援と調査のために2007年2月に神田が村を訪れ，帰国後に報告した内容であった．活動に参加する村民グループのメンバーには偏りがあることや，グループのメンバーは村民会議で選ばれ活動しているのであり，そのことを示すために，グループ名をプリントしたTシャツがほしいという要望があることなどの報告であった．議論は，マテンゴ高地での経験との比較検討に発展し，キンディンバ村でのハイドロミル設置や，キタンダ村での養魚活動の経緯や意義など

に及び，Tシャツへの要望は，ハイドロミルや養魚池のような，グループの活動を象徴する物や装置が必要であることを示唆しているのではないかという結論に達した．そして「疎林・ウシ・水田稲作の複合」と「民族の共生」という焦点特性や，それまでに考えてきた活動計画との関係について討議は進み，牛糞を苗床まで運ぶ具体的な方法などに思いをめぐらし，牛車を供与する案が浮上した．タイヤ車輪の牛車は，スクマの中には持つ者もいるが，ワンダには持つ者はいない．開発実践を本格的に始めるに当たって，開発関係の専門用語でいえばエントリー・ポイント［佐藤 2005］で，賦活剤のもつ意義は大きい．それもマテンゴ高地での活動経験の教えである．こうして牛車を供与することに決めた．牛車は，職人の優れた技術をもち，私たちの親しい友人でもあるスクマに頼み，造ってもらうことになった．それは，牛糞の利用も含めれば，スクマとワンダの「民族の共生」を象徴することにもなる．何よりも「疎林・ウシ・水田稲作の複合」の要の象徴になる．賦活剤としての牛車の供与は，私たちの実践感覚が促した判断であり，開発計画の全体像の把握や，将来に向けての実践課題についてイメージをふくらませてくれる判断となった．少数のグループ・メンバーの要望を，たまたま神田が聞いたことの意味は大きい．ここでも，偶然の必然化が創発したのである．

　こうして，焦点特性を踏まえた試行の計画が定まり賦活剤としての牛車もできあがり，その年の雨季に計画を実施した．2008 年の 6 月に私たちは村を訪れ，村民グループの活動がかなりの成果を上げたことを確認した．ヒマワリの種子は，ある程度の量を収穫できたので，町場まで運びディーゼルの搾油機で油をとり，村に持ち帰った．メンバーは油の一部を分けてもらって料理に使い，その味の良さを知った．残りのヒマワリ油は，村の希望者に廉価で分売した．牛糞と木灰を混ぜて造成した苗床では，丈夫な苗が育ち，この苗床の有効性も確認できた．稲の密植効果を確かめる栽培試験では，狭い株間で稲を育てた方が，収量が高いこともわかった．村民グループは，各村区の長や小学校の先生たちに集まってもらい，これらの試行の結果を報告した．参加者は熱心に聞き，例えば牛糞と木灰を混ぜて造成した苗床実験への評価は高く，混合の比率などの質問もあり，また実験に用いたヒマワリやゴマの種子を分売してもらえるかと問う出席者もいた．村民グループのメン

バーも，手応えを感じたようだった．この報告会の後に，しばしばグループの会合を持ち，新たに始める河辺での乾季の野菜栽培について議論し，その畑の候補地を視察し，灌水の方法なども検討した．前年の試行は，規模を大きくして再び実施することも決めた．この村民グループに入会を希望する若者も多くいたが，規模のむやみな拡大はグループの結束を弱めるとして，新たに1人の入会のみを許可してグループを運営していくことになった．村民グループのメンバーは自信をもち，活動を積極的に進める意欲を見せていた．2008年の11月には伊谷が村を訪れ，雨季に向けての活動をともに進めた．改良NOW型モデル（図 終-1）の流れでいえば，実践の最後の過程が進みつつある段階である．

この共同研究は2009年3月で一応は終了したが，今後も住民の活動をフォローアップし，またできれば，県などの行政サイドの協力を得ながら，他地域の住民との交流会を開催し，カトゥウェズィーエの活動を紹介して情報を交換する機会を持ちたい．こうして改良NOW型モデルの実践フェーズの最終過程である普及への足がかりにしたいと考えている．

実践感覚，焦点特性の設定，プロセスに学ぶこと，偶然の必然化，賦活剤の選定と活用などは，相互に深く連関しつつ改良NOW型モデルを支えており，試行錯誤の過程も含みつつ私たちは開発実践を進めてきた．

これまでの検討で幾度も登場した「焦点特性」の設定は，開発実践の要となるポイントであり，次にその内容と意義について考察しておきたい．

2-3. 「焦点特性」の内容と意義

序章で述べたように，マテンゴ高地での開発実践を推し進める指針となったのは，開発の対象とする地域の焦点となる特性，つまり焦点特性を見出し，それを中心に据えた視座（ンタンボの視座）から，地域が抱える問題群の解決策を構想計画するアプローチであった．序章で農村開発の3段階の枠組みを示す図を提示したが，その図に依りながら，説明を加えておきたい（図終-2）．図中のDとEをつなぐ線は，川喜田が提唱するW型の問題解決図式［川喜田 1993：241］（図 序-4）では，構想計画のプロセスを示しているが，

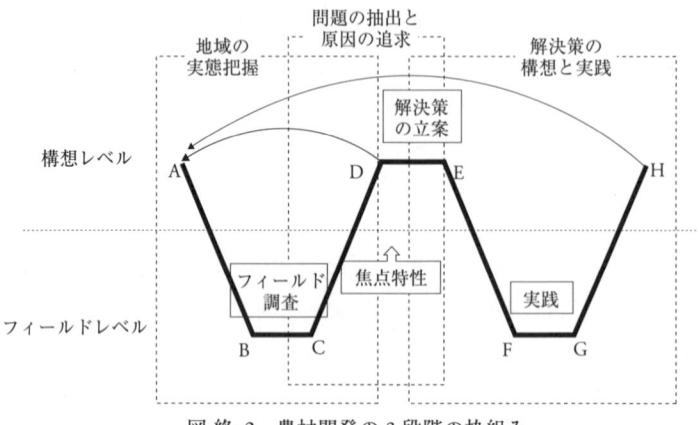

図 終-2　農村開発の3段階の枠組み

このプロセスで「焦点特性」が重要な役割を果たす．図 終-2 では，ほぼそのプロセスに対応する部分に「解決策の立案」と記されている．このD―Eのプロセスで，基礎的な実態調査の積み重ねでは醸成されにくい「こころざし」「心の志向性」である実践感覚が特に必要となるのである．その要請に対応するために，私たちは改良NOW型モデルを考え（図 終-1），解決策の試行・検討のフェーズ（マテンゴ高地でのプロジェクト時には，アクション・リサーチに相当）を設定したのである．

マテンゴ高地では，開発プロジェクトの前に，研究協力が先行し，その調査・研究でンタンボという社会生態的な単位を見出していたのだが，それを焦点特性と考え，「ンタンボの視座」を設定したのは，現実的な開発実践の場で苦闘した結果であった．この経験も，実践感覚についての詳細な検討を促したのである．

序章では，焦点特性を視座に設定することの意義を，「在来性のポテンシャル」を支える要素群と関係を明確にし，学際的なアプローチの準拠枠となり，村人と共有する開発計画の全体的なイメージを喚起することと，さらりと列記したが，それらは苦闘して「ンタンボの視座」を見出すことによって，明らかになったのである．そしてマテンゴ高地では，この「ンタンボの視座」が，開発実践の展開を支えたのである．このような経験を総括すれば，焦点

特性の意義の1つとして，それを見出す努力は，実践感覚を磨くことにつながることも強調しておくべきであろう．

以下ではウソチェ村での開発実践の過程で，焦点特性を設定した経緯を総括して，その意義について検討し，焦点特性と内発的発展論［鶴見 1999, 2001］における「萃点」との共通性について簡潔に述べた後に，焦点特性の設定の仕方に言及しておきたい．

(1) ウソチェ村での開発実践と焦点特性の設定

ウソチェ村での開発実践のプロセスについては，その概要を序章で紹介し，要所については，この総合考察で記述・分析してきた．その流れは，改良 NOW 型モデル（図 終-1）に示してある．ウソチェ村での活動の大きな転換点の1つは，神田の1年間に及ぶ住み込み調査の結果を村人に説明するため，2006年8月に村で調査報告会を開いたことである．その報告会の後に，村民会議で村民グループの設置と，そのメンバーが決定された．そして，メンバーとともに村が抱える問題群と，その解決策について討議した．この時点では，前述したように，村の生業システムと自然環境はクリティカルな状況に直面しており，それは水田拡大と林地保全の「絶対矛盾的自己同一」の状況として捉えることができると考え，「絶対矛盾的自己同一」を仮の焦点特性とした．村民グループのメンバーと協議し，それへの対処の一歩として，いくつかの活動計画を立てた．「解決策の試行・検討」のプロセスである．しかしこの活動計画は，雨季の異常気象のため，うまく実施できなかった．

翌年の5月に，この事態を確認し，私たちは再度，一部の特定調査を加え，立て直しを図らざるをえなかった．この時点での粘り強い調査と議論が，第2の転換点の契機になったのだが，それは「疎林・ウシ・水田稲作の複合」（図 終-3）と「民族の共生」を焦点特性と定めたことから始まる．マテンゴ高地での経験から，焦点特性は1つと思いこんでいたのだが，私たちの実践感覚は，焦点特性が2つでもよいという判断を促した．「民族の共生」は，「疎林・ウシ・水田稲作の複合」という焦点特性を補完し，ウソチェ村の過去の歴史を未来につなぐ大局的な焦点特性として位置づけた．同時に，焦点特性はプロセスに学ぶ過程で変わってもよいとも判断したのである．

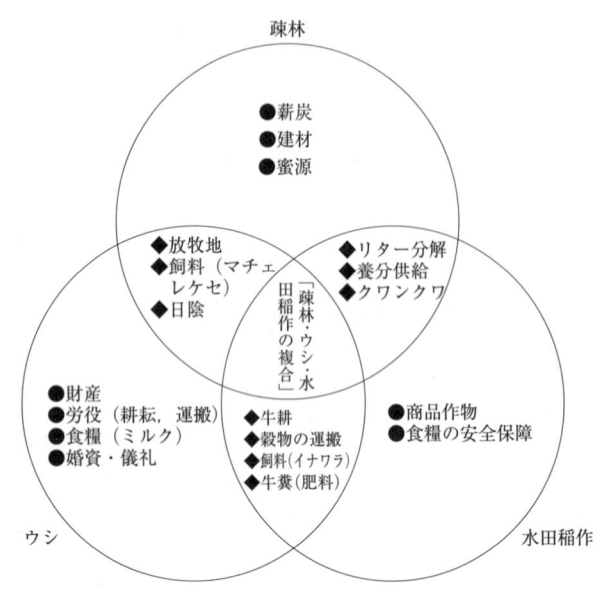

図 終-3　焦点特性「疎林・ウシ・水田稲作の複合」の視座

　「疎林・ウシ・水田稲作の複合」という焦点特性を，図 終-3 に即して簡単に解説しておきたい．図は，地域が抱える問題点との強い連関に視点をおきつつ，「在来性のポテンシャル」を構成する要素群と，それらの相互関係に着目して描いてある．私たちは，この図を念頭におきながら，問題の解決策について考え，計画を練ったのである．計画の詳細は，第 7 章 2 節で述べている．ここではいくつかの例で，焦点特性と問題の解決策のつながりについて説明しておきたい．

　商品作物の多様化は，降雨によって収穫が左右される水田稲作を補完し，食糧の安全保障を確保することにつながる．また，水田にするために疎林を切り拓いたが，未利用地となっている土地で，異なった種類の商品作物を栽培することによって，疎林を伐採して水田を拡大する傾向に歯止めをかける狙いもある．

　焼畑方式で造成されてきた苗床の代わりに，牛糞と木灰を混ぜて苗床をつくる試みは，牛糞の有効利用，有機肥料によって丈夫な苗を育てること，そ

して何よりも焼畑方式で造成される苗床のために樹木が伐採されることを避けることが狙いである．

そして，牛車は3つの円の重なるところに位置することになる．牛車は，疎林・ウシ・水田稲作と直接的あるいは間接的につながり，焦点特性の象徴になる．「公」と「共」の役割を担うことになる村民グループの象徴としてもふさわしい．「民族の共生」の象徴ともなる．賦活剤として牛車を供与する案は，焦点特性の設定と深く連関しているのである．

こうして図に表現した「疎林・ウシ・水田稲作の複合」という焦点特性を眺めながら，将来的には牛糞の積極的な利用の拡大を媒介として，ステップアップした農・林・牧の複合の生成によって，「絶対矛盾的自己同一」の問題点を克服する道を思い描いたりもする．

(2) 焦点特性と萃点

アフリカでの地域発展や開発実践についての研究を進める過程は，私たちの関心や志向性が，鶴見和子による内発的発展論と多くの点で共通することを自覚する過程でもあった．それは，本書の多くの論考が，鶴見の著書を引用して議論を深め，位置づけていることで，すでに表明されてきたといってよい．私たちは，開発実践における焦点特性の意義と位置づけについて検討しているときも，それが鶴見による「萃点」をめぐる考察と通ずることに，ある種の感動とともに，気がついた．それは，「ンタンボの視座」を見出した経験を思い起こさせるからでもあろう．

鶴見は，南方熊楠の研究から，萃点の思想の重要性と，それが内発的発展論の核心部に位置しうることを指摘した．その考察は多面にわたるため，ここでは開発実践の経験と関わる部分のみに限定して，簡潔に焦点特性と萃点の共通点について述べておきたい．

「南方曼荼羅」の図 [鶴見 2001：102] を提示して，鶴見は「萃点」について説明している．「萃はあつめるっていう字です．真言密教曼荼羅図では大日如来にあたるところなんです．つまり，さまざまな因果系列，必然と偶然の交わりが一番多く通過する地点，それが一番黒くなる．それがまん中です．そこから調べていくと，ものごとの筋道は分かりやすい．すべてのものはす

べてのものにつながっている．みんな関係があるとすればどこからものごとの謎解きを始めていいかわからない．この萃点を押さえて，そこから始めるとよくわかるのである」［鶴見 2001：105］．この萃点を焦点特性に置き換えれば，マテンゴ高地での開発実践の経験によく対応すると私たちは思うのである．

　萃点はいつでも移動できる．それは視点の移動である．鶴見はそう語っている［鶴見 2001：153］．焦点特性はプロセスに学びながら変わることもあると，私たちは述べたが，それは「萃点移動」という見方と通じる．

　「南方のやり方には自分が入っているんです」［鶴見 1999：307］．「研究をやっていくプロセスの中で，研究者自身が変わっていく．相手と私との関係の構造の中で，調査をしているんです」［鶴見 1999：310］．鶴見が語る内容は，実践感覚や焦点特性をめぐる私たちの思いと重なってくる．

　萃点の思想は奥が深く，焦点特性をめぐる私たちの考えとの詳細な比較検討は今後の課題としたい．

(3)　妙手・手筋・定石 —— 焦点特性の設定の仕方

　「焦点特性の設定は，名人芸でしかやれないのではないか」．私たちの研究会で討議している時に，研究メンバーの1人が語った言葉である．実践感覚が発動して焦点特性の設定が可能になるという意味で，またマニュアルに従えば設定できるものではないという意味で，この発言には，ある種の説得力があるようにみえる．

　前に，住民とともに「ひと仕事」を達成することを通して，住民には主体性が，私たち研究者（外部者）には実践感覚が育まれることを指摘した．「相手と私との関係の構造の中で」，実践感覚は磨かれていくのである．相手の中には，自然を含めてもよい．「萃点」について学ぶことは，焦点特性の設定についても多くの示唆を与えてくれる．

　しかし，焦点特性の設定にも，ある種の筋道はある．知覚心理学，認知神経科学の専門家である下條［2008］が，創造的な思考について，オセロや囲碁のゲームに喩え，妙手・手筋・定石という用語で説明している．「どこか一点急所のポイントを押さえる妙手を放つと，ゲシュタルト＝全体の状況が

変わる」. そして「一挙に戦況は好転」する.「局所的な状況だけを好転させる常套手段は手筋」と呼ばれる.「そういう手筋は, たいてい意識や注意の中心部, 局面のいわゆる争点の部分に位置することが多い」[下條 2008: 275]. 飛び抜けた妙手も,「定石 (定跡)」の一部にたちまち組み込まれて『手筋』のひとつに数えられたりするという形で, 常識化する」[下條 2008: 277]. 妙手・手筋・定石の喩えは, 焦点特性の設定の仕方にも, そして後に検討する賦活剤の選定にも当てはまる. 急所を押さえる妙手のように, 焦点特性が設定されることもあろう. それこそ, 名人芸として. しかし, 定石や手筋を学び, 勝負勘 (実践感覚) をきたえれば, 妙手とまではいかなくても, 適切な手を打つことはできる.

「ンタンボの視座」でいえば, 水・土・緑の3本の特性軸は, 焦点特性の設定における定石の1つになりうるであろう. ウソチェ村の例でも, 疎林・ウシ・水田稲作が生業を支える基本要素であることを考えれば, それは定石あるいは手筋の1つとなりうる. そして, 焦点特性の設定に関するケース・スタディを多く読めば, 設定のコツを学ぶことになろう. 焦点特性を設定する研究を積み重ね, アフリカ農村の開発実践についての妙手・手筋・定石の事例集をつくることも今後の課題である. そこに, 村々での地域発展の事例も盛り込むことで, より多くのヒントを与えてくれる事例集になるであろう.

2-4. 立ち上がり―昂揚―沈静の過程

マテンゴ高地でのJICAプロジェクトと, その後のフォローアップ協力に専門家として長く携わった田村賢治は本書第6章4節で, 地域開発・農村開発が, 立ち上がり―昂揚―沈静の経過をたどることを, キタンダ村・キンディンバ村における農民グループ (キクンディ) の活動の分析によって鮮やかに描き出している. 昂揚期に, 村人は主体的に多彩な活動を展開し,「自らができることは自らがするという自立性をもった地域開発」へと歩み始めたのである. しかし, この昂揚期の後に, 村人の動きに, "飽き" あるいは "マンネリ" のような雰囲気を感じたという. それは昂揚期から沈静期に入ったことを示しているといってよいであろうが, この沈静期は,「内発的発展が

成熟し地域に内在化する過程」として捉えることができると，田村は結論づけている．この田村の考察を基礎におき，外部者が関わるプロジェクトの展開の軌跡について検討を加えておきたい．

(1) 「立ち上がり」と賦活剤 ── その効用と影響

本格的に開発実践を始めるとき，マテンゴ高地のキンディンバ村ではハイドロミルの設置［本書第6章2節］，キタンダ村では養魚池での養殖活動の支援［本書第6章3節］，そしてウソチェ村では牛車の供与［本書第7章2節］が，いわばエントリー・ポイントでの賦活剤の役割を果たした．それは，「立ち上がり」を支援し，その後の活動に"はずみ"をつけ，村人の意欲を盛り上げことにつながった．

キンディンバ村でのハイドロミル設置の事例［本書第6章2節］を取り上げ，賦活剤の効果とその後の開発プロセスに与える影響について考察しておこう．当初，ハイドロミルの建設・運営・管理の方針をめぐって，対象地域の住民，プロジェクト側，ムビンガ県庁，ミッション系NGOの思惑がぶつかり合い，多難な交渉が続けられたが，住民が主体となり，他の関係者は側面から支援していくことが合意されたことの意味は大きい．そして，住民が選んだメンバーがセング委員会を構成し，この委員会が中心になってハイドロミルの建設を進めた．かつて，人々が共食しながら集落の様々な問題について語り，その解決策などを相談する慣習をセングと呼んでいたのだが，その呼び名が，ハイドロミル建設を主導する村人の委員会の名前に採用されたのである．セング委員会の指揮のもとで，380メートルの水路の溝掘り，レンガづくり，ミル小屋建設などの作業を，村人総出でおこなった．女性の労働力軽減，ディーゼル製粉機に比べ安価な製粉化などの誘因とともに，委員会にセングの名前を与えた社会的な雰囲気が，村人の主体的かつ積極的参加につながったことを荒木美奈子は示唆している．そして，前述したように，セング委員会が「キー・パースン」の役割を果たし，住民主導の開発実践が展開していった．

賦活剤としてのハイドロミルは，村人の「共」の結びつきを「象徴」する公共物となり，ハイドロミルをつくり上げたことは，次の活動への原動力と

なった.また外部支援を獲得する際の「物的証拠」,つまり村人の実行能力を具体的に証明する「物」として位置づけられると,荒木は指摘する.キタンダ村での養魚池も,同様の意味合いをもつといってよいであろう.ウソチェ村での牛車は,村民会議で選ばれ,「共」の活動をおこなうグループの存在を象徴することとなった.

　賦活剤は,単に「立ち上がり」時の効果を越えて,以後の開発プロセスに大きな影響を与えることになる.焦点特性の設定とともに,賦活剤として何を選ぶかは,実践感覚を磨きながら進める基礎的な実態把握,解決策の試行・検討の積み重ねによる判断にかかっている.そして賦活剤の選定に関しても,妙手・手筋・定石について学ぶことが重要である.

(2) 「昂揚期」から「沈静期」へ ── 顕在知から潜在知へ

　創造的プロセスとしての地域発展の,いわば総括として,「外来要素の内在化」を論じた.外来の要素が村に入り,外部条件と同調すれば,新たなイノベーションが促進され,その後に村全体を底上げする方向で平準化が機能し,外来要素が内在化する.それは,「内発的発展が成熟し地域に内在化する過程」として田村が位置づける「沈静期」への移行と呼応しあう.地域発展をめぐる基礎的な研究成果と,長期にわたる開発実践から導き出された洞察に富む見解とが,ほぼ同様のことを指摘していることは注目に値する.

　立ち上がり―昂揚―沈静の過程は,例えばマテンゴ高地のキンディンバ村やキタンダ村でも,幾度かの波として繰り返されてきた.また,ンジョンベ高原のキファニャ村でも,谷地での連作栽培や造林焼畑の創発は,大きなイノベーションの波が繰り返し起こる過程であった.しかし,いずれの村でも,それは単なる繰り返しではなく,活動の経験が累積効果をもち,村人の問題解決能力(キャパシティ)が蓄積・内在化され,次の内発的な活動へとつながっていく過程であった.

　前にも,創造的な思考について論じた下條［2008］の見解を引用したが,「沈静期」の過程の意味づけについても,下條の見解は,社会的レベルでの現象の比喩的な理解と洞察にとって示唆的である.独創性を培う秘訣の1つは,「顕在知から潜在知に貯蔵し直すこと」「さまざまな視点からの分析や知見

を，潜在知の領域に貯め込んでいく」[下條 2008：291-292]ことであると，下條は述べている．「昂揚期」には様々な潜在知が顕在化して外来の要素と融合し，新たなイノベーションや変化が促進していく．そして「沈静期」は「顕在知から潜在知に貯蔵し直す」時期であり，新しく取り入れた情報・知識・技術・制度などを在来化しつつ貯め込み，問題解決能力（キャパシティ）が内在化する時期として位置づけることができる．「在来性のポテンシャル」は，立ち上がり―昂揚―沈静の過程で累積されていく情報・知識・技術・制度，そしてキャパシティの蓄積の総体である．そして，「在来性のポテンシャル」の活性化・顕在化が，内発的発展につながるのである．

2-5．事後のモニタリングの重要性

　この共同研究の大きな特色の1つは，マテンゴ高地でのJICAプロジェクト（1999年5月～2004年4月）の終了後に，フォローアップ協力に当たった田村賢治と，村づくりの活動に従事した2人の青年海外協力隊員と緊密な連携をとり，村人たちの活動を支援しつつ，荒木美奈子と黒崎龍悟がプロセス・モニタリングを進めた点にある．それは，ポスト・プロジェクト期のプロセス・ドキュメンテーションを通して，村人による内発的で持続可能な地域開発への道を探るとともに，プロジェクト時の諸活動や出来事の意味を検証しなおし，その「本質」について考え，またプロジェクトの評価について再考する調査・研究でもあった．

(1)　後づけ（跡づけ）の発見的機能
　JICA専門家として合計3年余りプロジェクトに積極的に参画してきた荒木は，プロジェクト時の様々な出来事や現象が，その時点では意味が了解できなかったが，その後の住民活動の展開をモニタリングすることによって，はじめてその意味が理解できることも多々あると述べている[本書第6章2節]．それは，プロジェクト時から蓄積してきたプロセスの「記述の継続」と「複数時における暫定的な解釈の更新」を繰り返していくことによって，地域開発のダイナミズムを深く捉えることの重要性を提起している．キン

ディンバ村で，ハイドロミル建設や農民グループ活動を通して蓄積された力（キャパシティ）が，その後に新たな活動として発現（創発）していった経緯を，ある村区での給水施設建設やミニ・ハイドロミル建設の動きを分析することによって描き出している．その記述を読めば，「前に進む動きはハイドロミルから始まった」という村人の語りを，リアリティーを伴って了解することができる．

ハイドロミル設置はセング委員会の目覚ましい活躍によって実現していったのだが，建設後の管理・運営をめぐって，セング委員会をリコールする動きが出てきた．そしてセング委員会に代わって村政府がハイドロミルの管理・運営することになったのだが，村政府にはその能力がなく，結局セング委員会が復活した．これは外部支援による開発プロジェクトにみられがちな，既存の力関係の変化による内紛・葛藤であったのだが，一方で，村社会における，力の突出と力の均衡を保つ機能の相互作用の表現でもあったと考えることができる．

事後のモニタリングは，後づけ（跡づけ）によって，開発のプロセスに伴う多くの問題の意味の再解釈が可能になり，それが新たな問題点や着眼点の発見につながり，今後の開発に多くの示唆や教訓を与えてくれる．

(2) プロジェクト評価への問題提起

農村開発における「副次効果」と「副次効果の増幅作用」の研究［本書第6章3節］は，プロセスに学ぶことや，偶然の必然化について，多くの知見を提示したが，開発プロジェクトなどの評価についても，重要な問題を提起した．従来のプロジェクト方式の開発における評価は，開発実施側のタイムフレームに沿い，直接的な効果を中心とした量的評価に重点をおいて実施されてきた．しかしこの手法では，地域の特性や住民の主体的な対応が反映した活動を評価することは難しい．このような評価手法の定着が，「副次効果」として現れる住民の主体的な意欲や活動をプロジェクト内に取り入れることを躊躇させてしまう可能性がある．また効果の質的側面や，長期的視点，間接的な効果や当初は意図していなかった効果を評価する枠組を備えていないこととも相まって，住民主導の開発実践の展開を阻害することにもなってし

まう．

　荒木も，限定されたタイムスパンの中で「目に見える成果」を求める傾向が，長期的な時間軸で展開していく地域開発のダイナミズムを視野に入れた実践を困難にしていることを指摘している［本書第6章2節］．プロジェクト期間に蓄えられた住民のキャパシティが，プロジェクト期間を超えて新たな活動を創発していった事例を記述・分析することで，従来の評価手法に問題を提起している．

　住民参加，住民主導の開発が，内実を伴ったものになるために，プロジェクトの評価手法の見直しと，新たな視点からの再構築が必要である．

2-6. 公と共と私，官と民，波及と普及

　マテンゴ高地では「農民グループ」「住民グループ」［本書第6章］，ウソチェ村では「村民グループ」［本書第7章］の諸活動をめぐって開発実践の過程を分析してきたが，農民・住民・村民という言葉は，ほぼ同義で使っている場合と，ニュアンスの違いを意識している場合がある．荒木は，キンディンバ村でのセング委員会を住民グループと呼び，黒崎はキタンダ村で養魚活動を担った人々の集まりを農民グループと呼んだ．黒崎と田村は，開発の担い手となる農民グループがスワヒリ語で「キクンディ」と呼ばれていることから，論文中では主としてキクンディという語を使っている．キクンディは，自発的に結成されることが基本である．荒木も，セング委員会以外のグループには，農民グループあるいはキクンディの語で記述している．

　荒木がセング委員会を住民グループと呼んでいるのは，そのメンバーが村民全体の中から選ばれ，より公共性の高い役割をもち，村全体を巻き込むリーダーシップを発揮し，またそうすることを期待されている側面に注目しているからである．キクンディも「共」の結びつきではあるが，セング委員会は「公」としての側面ももっている．一時期，セング委員会に代わってハイドロミルを管理・運営した村政府は「公」であり，また「官」の末端機構でもある．ハイドロミルの管理・運営をめぐる内紛・葛藤は，公・共・私と官・民の立場の微妙な関係の現れである．

ウソチェ村では，私たちと共同して村が抱える問題の解決に挑む人々を，村民グループと呼んだが，それはメンバーが村民会議で選出され，グループが「公」の側面をもつことを期待されていたからである．カトゥウェズィーエと命名された村民グループは，「私」の集合体としての「共」の機能・役割と，「公」としての機能・役割の間で揺れ動いているようにみえる．村民グループの象徴となった牛車は，メンバーなら必要に応じて無料で使うことができ，村の事業，例えば学校の建設時などに使うときは無料である．他の村人は定められた料金を支払えば，この牛車を借りることができる．村民グループは，2007～2008年に共同で多種類の作物を栽培し，それらを売って，ある程度のお金を得たが，その用途についても揺らぎが見られた．他の村人たちの中には，彼らは村民会議で選ばれたのだから，そのお金は村のために使うべきだと言う人もいる．村民グループのメンバーは，慰労の意味でお酒などを買って飲むこともあったが，大半のお金は牛車の修理工具などを買う費用に使い，あるいは牛車を引く牛を買うために貯蓄している．これらの事例は，村民グループと公・共・私の関係を微妙に反映しているのである．

　農民グループや村民グループは，「公」と「私」をつなぐインターフェイスの側面をもつ．「公」としての村政府は，「官」としての側面が強く，トップダウンの行政システムの末端機構として機能する．この脈絡でいえば，村での「共」は，「官」と「民」とのインターフェイスとなることもあり，ボトムアップとトップダウンのインターフェイスの位置で，一定の役割を果たすことにもなる．

　マテンゴ高地のキンディンバ村やキタンダ村では，ボトムアップの動きとして形成された住民グループや農民グループが，村や県などの「官」に自らの要求を訴える行動をとり始めたが，このような動きはまだ一般的とはいえない．ウソチェ村の隣村で郡庁があるカムサンバ村では，富裕農が周辺にもメンバーを求めてNGOを組織し，県などからの援助も得て活動している．しかし，ウソチェ村の農民グループは，このNGOを地方行政の機構と癒着した集団とみなし，連携の推進には懐疑的である．

　これまで村内でのイノベーションの受容と展開については，自然に「波及」していくプロセスとして記述・分析してきた．しかし，村を越えて広域にイ

ノベーションなどが拡大していくためには，村から県にいたる行政機構も関わり，意識的に「普及」をひろげていくためのシステムづくりが必要となる．2000年前後からの地方分権化や貧困削減政策の趨勢も踏まえ，ボトムアップの動きと，良きトップダウンとが連携できる可能性も検討しなければならない．

　タンザニアと日本での農村開発（あるいは農村振興）の試みを比較した勝俣昌也は，内部者（村民）と外部者（日本の場合には行政と試験研究機関）との関係に言及し，「内と外とをつなぐ存在」が重要であることを強調している［本書第8章］．日本の場合は，地元自治体の職員が，この「つなぐ存在」として大きな役割を担っている．ウソチェ村では，長期にわたって村に住み，住民との信頼関係を丁寧に築き上げてきた神田靖範が，「つなぐ存在」としての役割を果たしてきた．しかし，この方式は勝俣が指摘しているように，持続可能とはいえない．タンザニアでは，各地の農業普及員が，それに近い存在であり，彼らを「つなぐ存在」として育成していくことが望ましいが，近年の経済自由化の潮流は，そのような人材を減らしていく傾向を助長している．ボトムアップとトップダウンの良き連携も視野に入れ，「つなぐ存在」を確保・育成し，あるいはそれを可能にする制度の構築を考えることは，今後の重要な課題である．

2-7. 内発的発展を支援する開発実践

　本章では，ここまで地域発展の諸特性と，アフリカ農村の開発実践をめぐる諸特性について検討してきた．

　地域発展の諸特性の考察では，創造的プロセスとしての地域発展の視点から，創発性，創造的模倣，外来要素の取り入れ，平準化機構・先駆者（変わり者）・イノベーション，内因の熟成と外因の同調，外来要素の内在化について論じた．また身体化した共同性や自給性の確保も，地域発展を支える重要な条件であることを強調した．そして，これらの諸要素・諸条件を考慮に入れ，農村が生態・社会・文化の相互関係の歴史的な累積体であり，その集積体がもつ多面的な潜在力・可能性が「在来性のポテンシャル」であると総

括し,多彩な「在来性のポテンシャル」と地域発展の関係に言及した.「在来性のポテンシャル」は,外部からの情報・知識・技術の流入や刺激によって活性化され,外部の社会的・経済的な環境の変化に応じて顕在化する.その活性化・顕在化のプロセスは,農民たちの創造性と主体性がもたらす内発的発展のプロセスでもあると結論した.

アフリカ農村の開発実践をめぐる諸特性では,マテンゴ高地での開発実践で深く学ぶことになった実践感覚について,その重要性を強調することから論を起こした.農村開発の3段階の枠組み(図 終-2)を前提にしつつ,問題解決に向けた構想と実践への「こころざし」「心の志向性」,つまり実践感覚を磨きながら活動することが,住民参加・住民主体の開発実践を進める核心的な要件であることを述べた.それを実のあるものにするため,実践のフェーズの前に試行のフェーズを組み込んだ改良 NOW 型モデル(図 終-1)に従って活動を進めることが私たちのアプローチであることを提示した.ウソチェ村での開発実践の過程で改良 NOW 型モデルを採用した経緯にも触れつつ,プロセスに学び,地域の焦点特性を設定し,試行を含めた活動を展開した過程を検討し,私たちのアプローチの具体例を提示して考察を深めた.そして焦点特性が,内発的発展論での萃点と共通することを論じ,その上で焦点特性の設定の仕方に言及した.また,プロジェクトが,立ち上がり—昂揚—沈静の過程を繰り返すことを,経験から導き出した考察を基礎におき検討した.そして,立ち上がり期における賦活剤の効用と,その後の開発プロセスへの影響を論じ,昂揚期から沈静期への移行が,内発的発展が促進する時期から,それが成熟し地域に内在化する過程に向かうプロセスであることを明らかにした.そして「在来性のポテンシャル」は,立ち上がり—昂揚—沈静の過程で累積されていく情報・知識・技術・制度,そして問題を解決するキャパシティの蓄積の総体であることを論じ,地域発展の諸特性の総括とした「在来性のポテンシャル」と内発的発展の関係に再び言及した.プロジェクト評価への問題提起も含め,ポスト・プロジェクトのモニタリングが開発実践に関する新たな問題点や着眼点の発見をもたらすことを指摘した.そして,村をベースとした公・共・私,官と民,の関係を検討し,村内でのイノベーションの受容と展開を「波及」の動きとして捉えた上で,ボトムアップ

とトップダウンの良き連携を視野に入れ,「普及」を支えるシステムの構築が重要であることを論じた.

こうして多面的に考察を進めてきたが,アフリカ型農村開発をめぐる共同研究で私たちが模索してきたのは,地域や農村の「在来性のポテンシャル」に根ざした,内発的発展を支援する開発実践の手法を構築することであったと結論づけることができる.このような開発実践を積み重ね,「アフリカ的発展」の内実をより深く追求し,「アフリカ型農村開発」の理念と手法をさらに磨き上げていくことが,今後の大きな課題である.

引用文献

Foster, G. M. 1965. Peasant Society and the Image of Limited Good, *American Anthropologist* 67: 293–315.

Hyden, G. 1980. *Beyond Ujamaa in Tanzania: Underdevelopment and Uncaptured Peasantry*. Berkeley and Los Angeles: University of California Press.

Hyden, G. 1983. *No Shortcuts to Progress: African Development Management in Perspective*. Berkeley and Los Angeles: University of California Press.

Iliffe, J. 1979. *A Modern History of Tanganyika*. London: Cambridge University Press.

掛谷　誠.1987.「妬みの生態人類学—アフリカの事例を中心に—」大塚柳太郎編『現代の人類学Ⅰ　生態人類学』至文堂,229–241.

掛谷　誠.1994.「焼畑農耕と平準化機構」大塚柳太郎編『講座　地球に生きる3　環境の社会化』雄山閣,121–145.

川喜田二郎.1993.『創造と伝統』祥伝社.

Knight, C. G. 1974. *Ecology and Change: Rural Modernization in an African Community*. New York: Academic Press.

國領二郎編著.2006.『創発する社会—慶應SFC～DNP創発プロジェクトからのメッセージ—』日経BP出版センター.

佐藤　寛.2005.『開発援助の社会学』世界思想社.

下條伸輔.2008.『サブリミナル・インパクト—情動と潜在認知の現代—』筑摩書房.

富川盛道.1971.「部族社会」小堀巌・矢内原勝・浦野起央・富川盛道編『アフリカ』(現代の世界7)ダイヤモンド社,96–124.

鶴見和子.1996.『内発的発展論の展開』筑摩書房.

鶴見和子.1999.『鶴見和子曼荼羅Ⅸ:環の巻—内発的発展論によるパラダイム転換—』藤原書店.

鶴見和子.2001.『南方熊楠・萃点の思想—未来のパラダイム転換に向けて—』藤原

書店.
和崎洋一. 1977.『スワヒリの世界にて』日本放送出版協会.
吉田昌夫. 1997.『東アフリカ社会経済論―タンザニアを中心として―』古今書院.

あとがき

　本書執筆の契機となったのは,「地域研究を基盤としたアフリカ型農村開発に関する総合的研究」というテーマで科学研究費補助金(基盤研究(S),研究代表者:掛谷誠)の支援を受け,2004年度から2008年度まで続けてきた共同研究である.この共同研究では,1999年から5年計画で進められた国際協力事業団(JICA,現在の国際協力機構)のプロジェクト方式技術協力「ソコイネ農業大学・地域開発センター・プロジェクト(SCSRDプロジェクト)」に積極的に参画した経験を踏まえ,地域研究と開発実践を架橋する「アフリカ型農村開発」に挑んだのである.その意味では,本書は,ここ10年間の私たちの研究・実践のエッセンスを集大成した成果である.

　本書の内容を根底で支えているのは,タンザニアとザンビアの村々での徹底したフィールドワークによる調査・実践であり,現場からのボトムアップを重視する姿勢は,論理の構築においても一貫させてきた.キーワードとして「アフリカ的発展」「アフリカ型農村開発」を用いたのは,この姿勢を強調したかったからである.これらのキーワードは,方法としての概念であり,アフリカのもつ可能性を発見するための発展途上の概念装置である.それゆえ,今後の課題となる問題も多い.タンザニアとザンビアの2ヵ国以外にも調査対象を広げ,サハラ以南のアフリカにおける地域間比較を多面的に展開し,本書で検討した諸特性のアフリカ内での位置づけを明確にすることは重要な課題である.また終章での論点が,どの程度「アフリカ的」「アフリカ型」に固有であるのかをめぐって,より深く考えることは,アフリカ地域研究と農村開発にとって本質的な課題である.

　21世紀に入ってサハラ以南のアフリカ諸国は,グローバル化の新たな潮流の中で,再び進むべき道を模索している.金・ダイアモンド・銅・レアーメタル・石油・天然ガスなどの資源の国際的な争奪戦が激化し,特に中国のアフリカ諸国への積極的な政治的・経済的な支援・進出が際だっているが,他の新興国や先進国の動きも目立つ.多くのNGOやNPOの活動,そして

BOPビジネス（貧困層ビジネス）やCSR（企業の社会的責任）の新しい動きも目につく．それらの動向は，2008年の国際的な金融危機や，それに続く世界的な経済の混迷と連動し，アフリカ諸国にどのような影響を及ぼすのであろうか．アフリカ諸国が直面する経済・政治の状況は，大きな地殻変動のただ中にあるようにみえる．

本書の中で，「ボトムアップとトップダウンの良き連携」を視野に入れることの必要性を論じたが，国際レベルや国レベルでのマクロな政治・経済の動向と「内発的発展を支援する開発実践」との関係を常に問い続けながら，新たな研究・実践に挑む「こころざし」が求められていることに，私たちは自覚的でありたいと思う．

本書の執筆に至るフィールド調査，資料の整理と分析には，以下の研究助成金の支援を受けている．日本学術振興会・科学研究費補助金（基盤研究（S）課題番号：16101009，基盤研究（B）：課題番号：20320131），21世紀COEプログラム「世界を先導する総合的地域研究拠点の形成（フィールド・ステーションを活用した臨地教育・研究体制の推進）」（2004年度），グローバルCOEプログラム「生存基盤持続型の発展を目指す地域研究拠点（フィールド・ステーション等派遣経費支援）」（2007年度），グローバルCOEプログラム「生存基盤持続型の発展を目指す地域研究拠点（次世代研究イニシアティブ研究助成）」（2008年度），松下国際財団研究助成（研究番号07-048），笹川科学研究助成（研究番号20-105），農林水産省「新たな農林水産政策を推進する実用技術開発事業」（課題番号18064），トヨタ財団研究助成A（助成番号D01-A-417），JICA研究所「アフリカ村落給水組織と協調的地域社会形成に関する研究」．現地での調査に対しては，以下の諸機関にご協力いただいた．タンザニア・ソコイネ農業大学，タンザニア科学技術委員会，在タンザニア日本大使館，JICAタンザニア事務所，JICAザンビア事務所，ザンビア大学．また，前述したように国際協力事業団（JICA，現在の国際協力機構）には，研究協力やプロジェクト方式技術協力などで全面的な支援と協力をいただいた．

タンザニア・ザンビアでの調査村では，各執筆者を暖かく受け入れ，調査と日々の生活の諸側面で協力いただいた．住民の方々との深いおつきあいから，多くのことを学ばせていただいた．根本利通・金山麻美の御夫妻には，

各執筆者のタンザニアでの調査をさりげなく，しかし万全なお心遣いで支えていただいた．また，個々のお名前をあげられないことをお詫びしなければならないが，JICAプロジェクトに共に参画した方々をはじめ，それぞれの研究過程で多くの人々の支援・協力をいただいた．

　本書の出版に際しては，京都大学学術出版会の鈴木哲也さんにお世話になった．鈴木さんの的確な助言と，編集作業のタイミングへの絶妙な配慮によって，本書を刊行することができた．

　本書は，日本学術振興会・科学研究費補助金（研究成果公開促進費：課題番号225253）の支援を受けて出版することができた．

　以上の方々と諸機関に対して，心より感謝の意を表したい．ありがとうございました．

2011年2月

掛谷　誠・伊谷樹一

索　引

■事項索引

JICA プロジェクト　16, 22, 37, 287, 476, 489
　→プロジェクト
MBICU　290, 319, 328, 360　→ムビンガ協同
　組合
NOW 型モデル　22, 295, 412, 454, 462, 487,
　488　→開発手法
SCSRD　287, 304, 353, 411　→地域開発セン
　ター
SCSRD プロジェクト　15, 37, 295, 287, 299-
　300, 302, 304, 324, 326, 328, 348, 353, 412,
　427　→プロジェクト
SUA　13, 285-287, 295-296, 307, 324, 327, 349,
　411, 458　→ソコイネ農業大学
　SUA メソッド　15, 295, 323, 346, 360, 451,
　　452, 453, 462　→開発手法, ソコイネ農
　　業大学
T & V　293, 408　→トレーニング・アンド・
　ビジット
W 型問題解決図式　20, 412, 493　→開発手法

アカシア　23, 371, 378, 484
　アカシア・タンガニィケンシス（*Acasia
　　tanganyikensis*）380, 416
　アカシア林　15, 23, 177, 372, 380, 414, 421,
　　471, 475
　モリシマアカシア（*Acasia mearnsii*）19, 65,
　　71, 81, 172, 473, 485
アフリカ
　アフリカ型社会主義　35, 162, 207, 443
　　→社会主義
　アフリカ型農村開発　3, 18, 25, 300, 455,
　　459, 462, 467, 508
　アフリカ的停滞　11, 12, 477
　アフリカ的発展　3, 15
アルビダ（*Faidherbia albida*）20, 181, 183, 484
移植　104, 186, 197, 372, 389, 416, 437　→水
　田稲作

稲作　93, 100, 104, 188, 371, 383, 391, 416,
　430, 473, 481　→水田稲作
イノベーション　7, 20, 84, 215, 235, 408, 427,
　468, 477
イホンベ　19, 131　→在来農業
ウシ　14, 104, 106, 166, 180, 198, 200, 364,
　372, 376, 393, 418, 425, 451, 479, 497
　牛飼養　14, 116, 175, 180
　役牛　129, 165, 167, 198, 200, 402
　雄牛　131, 190, 196
　去勢牛　131, 184, 198, 403, 405
　乳牛　292, 327, 355, 358, 451, 455
　雌牛　131, 179, 198, 402
ウジャマー・キクンディ　328, 350, 358
ウジャマー村　35, 73, 79
　ウジャマー村政策　12, 23, 66, 82, 191, 393,
　　395, 474, 485
　集住化　12, 19, 474
　集村化　23, 35, 41, 55, 66, 68, 83, 163, 166,
　　169, 173, 326, 417, 428, 469
役牛　129, 165, 167, 198, 200, 402　→ウシ
エトゥンバ　152, 155, 164, 172　→在来農業
エルニーニョ　165, 391, 396, 417
エントリー・ポイント　441, 445, 492, 500
エンパワーメント　22
雄牛　131, 190, 196　→ウシ

外因　7, 407
　外因の同調　207, 478
　外因の変化　479
開発手法
　改良 NOW 型モデル　412, 446, 48
　SUA メソッド　15, 295, 323, 346, 360, 451,
　　452, 453, 462　→ソコイネ農業大学
　W 型問題解決図式　20, 412, 493
　トレーニング&ビジット（T & V）293, 408
　NOW 型モデル　22, 295, 412, 454, 462, 487,
　　488
外部投入材　266　→農業投入材
改良 NOW 型モデル　412, 446, 48　→開発手

515

法
カトゥウェズィーエ　24, 423, 452, 456, 493, 505
変わり者　7, 205, 208, 232, 233, 477
灌漑　193, 371, 469
環境
　環境破壊　108, 110, 148
　環境保護政策　95, 109, 117, 172, 475
　環境保全　95, 117, 139, 149, 162, 163, 286, 296, 305, 308, 328, 330, 417, 446
　　森林破壊　3
　野生動物保護区　19, 108, 115, 475
換金作物　36, 128, 175, 181, 194, 233, 267, 276, 292, 335, 376, 402, 417, 484　→作物
慣習地　249, 250, 274　→土地
慣習法　35, 57, 249　→土地
乾燥疎開林　3
干ばつ　3, 36, 159, 160, 229, 392, 396
キー・パースン　84-85, 87, 143, 321, 322, 409, 482, 500
キクンディ　294, 308, 324, 327, 350, 355, 362, 499, 504　→グループ
　キクンディ協議会　342, 358　→グループ
技術革新　208, 217, 244, 425
擬制共同体　361　→共同体
季節湿地　19, 125, 131, 132, 159, 183, 192, 375, 393, 475　→湿地
キャパシティ　318, 319, 501, 504
　キャパシティ・ビルディング　16, 22, 295, 325, 346
牛耕　23, 104, 112, 129, 164, 166, 173, 180, 185, 198, 376, 415, 416, 456, 468, 473
牛車　25, 187, 427, 441, 491, 500
共　319, 443, 500, 504
教会　75, 81, 136, 166, 179, 321, 322, 391, 473
共住　14, 116, 378, 407, 426, 471　→民族
共食　239, 500
共生　24, 116, 371, 401, 407, 426, 446, 471, 491　→民族
共同性　227, 245, 481
共同体　11, 206, 208, 475
　共　319, 443, 500, 504
　共同体的　11, 475
　擬制共同体　361
　地域共同体　174, 200
共同農場　35, 73, 79

共同労働　73, 78, 81, 197, 226, 309, 327, 361, 405, 470, 474
共有地　58, 123, 173, 475　→土地
去勢牛　131, 184, 198, 403, 405　→ウシ
漁撈　5, 8, 376
キリスト教　128, 139, 143, 225, 350, 473
偶然の必然化　445, 489, 492
クビリサ　401, 402, 415, 468
クラン　8, 20, 80, 128, 158, 169, 173, 176, 200, 329, 337, 347, 397, 443, 475
　クランの土地　55, 169, 173　→土地
グループ
　グループ協議会　490
　キクンディ　294, 308, 324, 327, 350, 355, 362, 499, 504
　　キクンディ協議会　342, 358
　住民グループ　504
　村民グループ　24, 421, 440, 452, 456, 488, 504
　農民グループ　18, 292, 294, 308, 313, 324, 350, 490, 504
グローバル化　11, 467, 474
経済の自由化　11, 35-36, 76, 93, 114, 133, 164, 166, 185, 247, 250, 296, 319, 328, 407, 479
市場経済化　20, 34, 148, 250, 266, 311, 319, 391, 484, 485
穀物流通　36, 93, 194, 395, 417, 479
コーヒー流通　133, 291, 365
畦畔　23, 104, 188, 193, 372, 385, 390, 415, 416　→水田稲作
研究協力　13, 15, 286, 302, 487, 494　→プロジェクト
公共　296, 307, 322, 402, 442
　公共性　441, 504
　公共物　320, 428, 442, 500
構造調整
　構造調整計画　12, 23, 36, 133, 194, 395, 467, 479
　構造調整政策　36, 68, 233, 261, 291, 293, 372
購入投入材　390　→農業投入材
昂揚　362, 462, 499, 501　→地域開発の経過
コーヒー　13, 14, 16, 19, 50, 128, 133, 285, 289, 290, 309, 316, 327, 335, 345, 360, 472, 484

516

索　引

コーヒー流通　133, 291, 365　→経済の自由化
穀物流通　36, 93, 194, 395, 417, 479　→経済
　　の自由化
互酬性　11
互助　63, 186, 197, 468, 481
ゴマ　24, 155, 175, 376, 421, 430, 456, 488, 491
雇用労働　226, 407
混作　7, 14, 68, 71, 184, 392, 422, 430
婚資　87, 151, 166, 180, 401, 425

最小生計努力　4
在来性のポテンシャル　15-16, 295, 360, 364,
　　425, 443, 453, 485, 506
在来農業　18, 19, 68
　イホンベ　19, 131
　エトゥンバ　152, 155, 164, 172
　チテメネ　7, 152, 153, 229, 246, 256
　ビリンビカ　131
　フィユング　19, 66, 70, 75, 78
　ミグンダ　66, 70
　ンゴロ　13, 286, 287, 309, 330, 349, 484
　ンテメレ　152, 163
作物
　換金作物　36, 128, 175, 181, 194, 233, 267,
　　276, 292, 335, 376, 402, 417, 484
　自給作物　181, 184, 402
　商品作物　7, 23, 33, 34, 41, 49, 50, 93, 165,
　　184, 396, 416, 421, 440, 484, 488
ササゲ　7, 71, 150, 157, 252, 435, 439, 456
サブシステンス　11, 12, 33, 43, 56, 309, 311
　　→生存維持
参加　15, 295, 298, 301, 311
参加型開発　301, 325, 348
自給　5, 8, 43, 66, 76, 104, 163, 183, 269, 273,
　　329, 377, 425, 484
　自給指向　7, 227, 239, 391
　自給的作物　181, 184, 402　→作物
シクンシ科（Combretaceae）　23, 378, 382, 484
資源　124, 145, 149, 159, 161, 238, 240, 250,
　　293, 295, 330, 480
シコクビエ　6, 13, 23, 66, 70, 83, 131, 150, 157,
　　163, 173, 181, 184, 219, 223, 226, 252, 277,
　　376, 392, 417, 475, 485
　シコクビエ酒　7, 234, 273
市場経済化　20, 34, 148, 250, 266, 311, 319,
　　391, 484, 485　→経済の自由化

自然堤防　98, 183
実践感覚　486, 498
実態把握　15, 20, 295, 299, 302, 346, 412, 414,
　　451, 459, 462, 501
湿地　66, 93, 114, 123, 129, 371
　季節湿地　19, 125, 131, 132, 159, 183, 192,
　　375, 393, 475
　氾濫原　19, 98, 114, 378, 393, 431, 476
　谷地　16, 19, 66, 68, 76, 298, 469, 479
社会主義　68
　社会主義政策　12, 35, 178, 467
　アフリカ型社会主義　35, 162, 207, 443
ジャケツイバラ亜科　4, 100, 126, 146
ジャララ　43, 45, 53, 55, 57, 472
呪医　6, 104, 134, 481, 483
私有化　274　→土地
集住化　12, 19, 474　→ウジャマー村
集村化　23, 35, 41, 55, 66, 68, 83, 163, 166,
　　169, 173, 326, 417, 428, 469　→ウジャ
　　マー村
集団農場　73, 79, 81, 474
私有地化　58, 123, 173　→土地
住民
　住民グループ　504
　住民参加　117, 293, 325, 350, 476, 504
　住民主体　325, 347, 348, 417, 420, 507
　住民主導　295-296, 299-300, 327, 331, 337-
　　338, 350, 373, 446, 490, 500
集約　85, 349, 490
　集約化　12, 15
　集約性　86, 221
　集約農業　8, 13
首長　472
　首長制　176
　チーフ　127, 137, 158, 166, 176, 180, 225
　パラマウント・チーフ　6, 158, 252
主導　296, 299, 327, 350
焦点特性　16, 24, 295, 299, 413, 424, 493, 497
情の経済　10, 12, 477
常畑　42, 82, 123, 133, 163, 165, 166, 173, 181,
　　183, 220, 225, 393, 417, 474, 484
商品作物　7, 23, 33, 34, 41, 49, 50, 93, 165,
　　184, 396, 416, 421, 440, 484, 488　→作物
食物の平均化　5
植林　65, 81, 172, 296, 308, 328, 350, 359, 417,
　　435, 455, 486, 490

517

女性世帯　7, 78, 83, 188, 234, 255, 272-273, 479
薪炭　71, 82, 425
　薪炭材　83, 468
　薪　82, 295, 298, 359
　木炭　264, 270
新土地法　246, 258, 274　→土地
森林休閑　219
森林破壊　3　→環境
萃点　497
水田稲作　19, 20, 23, 104, 174, 185, 371, 383, 414, 424, 446, 471, 491
　水田　23, 93, 106, 177, 192, 200, 384, 389, 459, 470, 496
　移植　104, 186, 197, 372, 389, 416, 437
　稲作　93, 100, 104, 188, 371, 383, 391, 416, 430, 473, 481
　畦畔　23, 104, 188, 193, 372, 385, 390, 415, 416
　田植え　186, 198, 389, 407, 479
　棚田　192, 205
　苗床　185, 194, 388, 433, 488, 492
犂　129, 164, 166, 180, 195, 390-391, 416, 473
生存維持　11, 12
　サブシステンス　11, 12, 33, 43, 56, 309, 311
青年海外協力隊　22, 296, 302, 323, 324, 336, 363, 490, 502
精霊　6, 20, 158, 160, 162, 173, 481
絶対矛盾的自己同一　415, 488, 497
セング　296, 305, 310, 311, 338, 350, 359, 361, 500, 504
先駆者　7, 174, 205, 394, 410, 477, 483
扇状地　98, 371
相互扶助　5, 19, 73, 86, 199, 206, 310, 311, 361, 404, 409, 474
創造的模倣　469
草地休閑　13, 68, 82, 163, 172, 469, 485　→焼畑
創発　408, 467
造林焼畑　19, 71, 81, 467, 485　→焼畑
ソコイネ農業大学（SUA）　13, 15, 37, 285-287, 295-296, 307, 324, 327, 349, 411, 458
　地域開発センター（SCSRD）　15, 37, 287, 304, 353, 411
　SUAメソッド　15, 295, 323, 346, 360, 451, 452, 453, 462　→開発手法

祖霊　6, 20, 128, 137, 151, 158, 162, 173, 481
村民会議　24, 420, 443, 495, 505
村民グループ　24, 421, 440, 452, 456, 488, 504
　→グループ
村有地　475　→土地
田植え　186, 198, 389, 407, 479　→水田稲作
薪　82, 295, 298, 359　→薪炭
立ち上がり　499　→地域開発の経過
棚田　192, 205　→水田稲作
地域開発センター（SCSRD）　15, 37, 287, 304, 353, 411　→ソコイネ農業大学
地域開発の経過
　昂揚　362, 462, 499, 501
　立ち上がり　499
　沈静　362, 499, 501
地域共同体　174, 200　→共同体
チーフ　127, 137, 158, 166, 176, 180, 225
　→首長
地縁　11, 73, 200, 338, 405, 471
地溝帯　174, 285, 371, 374, 414
　リフトバレー　23, 177, 285
チテメネ　7, 152, 153, 229, 246, 256　→在来農業
チテメネ耕作　7, 20, 221, 227, 247, 252
チテメネ・システム　6, 215, 218, 468, 485
地方分権化　36, 506
賃金労働　128, 129, 186, 204, 273
賃耕　103, 199, 405, 409, 473
沈静　362, 499, 501　→地域開発の過程
妻方居住　7, 53
定期市　39, 45, 53, 199, 407
ティラピア　159, 298, 299, 328, 350, 490
出稼ぎ　49, 73, 78, 81, 166, 190, 392, 396, 415, 472
デニ　78, 79, 80, 474, 481
テンベア　426, 445, 470, 478
登記　57, 173, 208, 276　→土地
土壌浸食　13
土地
　土地使用権　248, 251
　土地制度　20, 35, 57, 248, 250, 475, 485
　土地法　57, 174, 247
　土地保有権　34, 35, 79, 258, 264
　慣習地　249, 250, 274
　慣習法　35, 57, 249

索引

共有地　58, 123, 173, 475
クランの土地　55, 169, 173　→クラン
私有化　274
私有化　58, 123, 173
新土地法　246, 258, 274
村有地　475
登記　57, 173, 208, 276
村の土地　169
トップダウン　476, 506
トラクタ　19, 102, 111, 140, 471, 473
トラフ（舟状盆地）　23, 176, 414
トレーニング・アンド・ビジット（T&V）
　293, 408　→開発手法

内因　194, 480
　内因の熟成　207, 478
内発
　内発性　16, 319, 365
　内発的発展　84, 207, 300, 301, 346, 363, 409, 416, 444, 485, 497, 506
苗床　185, 194, 388, 433, 488, 492　→水田稲作
乳牛　292, 327, 355, 358, 451, 455　→ウシ
妬み　6, 8, 244, 408, 481
農業資材　36, 163, 291, 292, 316　→農業投入材
農業投入材　290
　外部投入材　266
　購入投入材　390
　農業資材　36, 163, 291, 292, 316
農牧民　23, 415, 468, 471
農民グループ　18, 292, 294, 308, 313, 324, 350, 490, 504　→グループ
呪い　6, 481

ハイドロミル（水力製粉機）　17, 20, 296, 302, 350, 359, 469, 500
波及　24, 63, 238, 346, 347, 352, 358, 383, 409, 417, 426, 504
バナナ　14, 34, 44, 50, 53, 172
パラマウント・チーフ　6, 158, 252　→首長
氾濫原　19, 98, 114, 378, 393, 431, 476　→湿地
ヒマワリ　71, 421, 438, 456, 488, 492
評価　293, 301, 312, 323, 325, 414, 436, 453
ビリンビカ　131　→在来農業

貧困　3
貧困削減政策　35, 506
ファーム耕作　7, 220, 240, 276, 468, 480
フィードバック　16, 22, 295, 328, 346, 412, 423, 488, 489
フィユング　19, 66, 70, 75, 78　→在来農業
賦活　25, 427, 439, 462, 492, 500
普及　7, 19, 174, 206, 293, 328, 331, 352, 383, 391, 414, 452, 453, 474, 504
プクアンテロープ　93
副次効果　299, 326, 346, 347, 414, 445, 490, 503
父系制　6, 53
負債　80, 474, 481
ブタ　178, 197, 296, 391, 438, 459-460, 469
不透水層　23, 192, 380, 406, 414, 469
フラッドサバンナ　99
プロジェクト
　プロジェクト評価　503
　プロジェクト方式技術協力　15, 299, 451
　SCSRD　プロジェクト
　研究協力　13, 15, 286, 302, 487, 494
　JICA プロジェクト　16, 22, 37, 287, 476, 489
プロセス・ドキュメンテーション　301, 323, 502
平準化　24, 73, 86, 244, 409, 444, 480, 501
　平準化機構　6, 8, 206, 217, 234, 239, 268, 408, 410, 477, 483
放牧地　23, 107, 123, 129, 132, 145, 372, 416, 418, 471
母系制　6, 53, 58, 151
ボトムアップ　505

マイクロ・ファイナンス　336, 358
マウンド　87, 131, 152, 155, 163
ミオンボ林　3, 6, 19, 100, 126, 146, 177, 218, 246, 247, 252, 273, 371
ミグンダ　66, 70　→在来農業
ミニ・ハイドロミル　313, 355, 468, 503
ミミズ　385, 416
民族
　民族関係　94, 117, 391, 475
　共住　14, 116, 378, 407, 426, 471
　共生　24, 116, 371, 401, 407, 426, 446, 471, 491
ムゴーウェ　63, 79, 468, 483

519

ムトゥイサ宣言　400
ムビンガ協同組合 (MBICU)　290, 319, 328, 360
村の土地　169　→土地
雌牛　131, 179, 198, 402　→ウシ
木炭　264, 270　→薪炭
モニタリング　22, 287, 301, 323, 502
モラル・エコノミー　10
モリシマアカシア　19, 65, 71, 81, 172, 473, 485　→アカシア
モロコシ　15, 23, 44, 104, 155, 179, 196, 392, 416, 475, 484

焼畑　6, 13, 63, 68, 82, 181, 376, 433, 475, 496
　焼畑耕作　6, 18, 23, 123, 131, 148, 181, 417, 485
　焼畑農耕民　3, 6, 218, 467
　草地休閑　13, 68, 82, 163, 172, 469, 485
　造林焼畑　19, 71, 81, 467, 485
屋敷畑　19, 43, 472
野生動物保護区　19, 108, 115, 475　→環境
谷地　16, 19, 66, 68, 76, 298, 469, 479　→湿地
融資　35, 291, 294
養魚　298, 308, 331, 333, 351, 359, 361, 470, 490
養魚池　17, 310, 312, 329, 333, 352, 355, 451, 489, 500
用水路　16, 193, 205, 469, 482
養蜂　18, 298, 308, 312, 328, 352, 359, 470, 490

ラッカセイ　7, 128, 150, 184, 421, 438, 456, 488
リフトバレー　23, 177, 285　→地溝帯
連作　70, 73, 75, 392, 434, 469, 479

ンゴロ　13, 286, 287, 309, 330, 349, 484　→在来農業
ンタンボ　14, 289, 295, 299, 319, 338, 350, 484, 489
　ンタンボの視座　16, 305, 320, 493, 497
ンテメレ　152, 163　→在来農業

■民族名索引

コンソ (Konso)　15
スクマ (Sukuma)　19, 23, 94, 97, 104, 106, 174,

207, 371-372, 415, 456, 468, 475
ダトーガ (Datoga)　397
トングウェ (Tongwe)　4
ニイハ (Nyiha)　126, 174
ニャキューサ (Nyakyusa)　126
ニャトゥール (Nyaturu)　377
ニャムウェジ (Nyamwezi)　397
ニャムワンガ (Nyamwanga)　148, 176, 399
ハヤ (Haya)　14
バンガンドゥ (Bangandou)　172
ビサ (Bisa)　224, 261
ヒマ (Hima)　397
フィパ (Fipa)　153, 163, 223
ベナ (Bena)　64, 97, 172
ヘヘ (Hehe)　97
ベンバ (Bemba)　6, 8, 20, 150, 215, 220, 246, 252, 468
ポゴロ (Pogoro)　97, 100, 106, 471, 481
ボラーナ (Borana)　15
マサイ (Masai)　377
マテンゴ (Matengo)　13, 285, 305, 318, 330, 338, 345, 349, 487
マンブウェ (Mambwe)　153
ルグル (Luguru)　33
ルバ (Luba)　8
ルング (Rungu)　223
ワンダ (Wanda)　23, 207, 371, 372, 415, 451, 468
ンギンドゥ (Ngindo)　97
ンゴニ (Ngoni)　9, 13, 97, 285
ンダリ (Ndali)　126, 136
ンダンバ (Ndamba)　97

■人名索引

市井三郎　87
川喜田二郎　20, 148, 412, 440, 493
シュムペーター，ヨーゼフ・A　87, 217
スコット，ジェームズ・C　11
鶴見和子　85, 207, 301, 409, 426, 445, 497
富川盛道　9, 399, 471
ハイデン，ゴラン　10
ボズラップ，エスター　86
南方熊楠　497
リチャーズ，オードリー・I　221, 226
和崎洋一　426

[執筆者紹介]

荒木美奈子（あらき　みなこ）
お茶の水女子大学大学院人間文化創成科学研究科准教授
1963年生まれ，イースト・アングリア大学大学院開発研究研究科博士課程修了，Ph.D（開発研究学）．
主な著作に，『開発援助と人類学』（明石書店，共著），『グローバル文化学の視点』（法律文化社，共著），Local Notions of Participation and Diversification of Group Activities in Southern Tanzania. *African Study Monograhphs, Supplementary Issue* 36: 59-70.

伊谷樹一（いたに　じゅいち）
京都大学アフリカ地域研究資料センター准教授
1961年生まれ，京都大学大学院農学研究科博士後期課程単位取得退学，農学博士．
主な著書に『国際農業協力論』（古今書院，共著），『酒づくりの民族誌』（八坂書房，共著），『アフリカと熱帯圏の農耕文化』（大明堂，共著）．

大山修一（おおやま　しゅういち）
京都大学大学院アジア・アフリカ地域研究科准教授
1971年生まれ，京都大学大学院人間・環境学研究科博士課程修了，博士（人間・環境学）．
主な著書に，『生態人類学講座　第3巻　アフリカ農耕民の世界—その在来性と変容』（京都大学学術出版会，共著），『世界地誌　アフリカⅠ　総説，イスラムアフリカ，エチオピア』（朝倉書店，共著）．

掛谷　誠（かけや　まこと）
京都大学名誉教授
1945年生まれ，京都大学大学院理学研究科博士課程単位取得退学，理学博士．
主な著作に，『ヒトの自然誌』（平凡社，共編著），『講座地球に生きる2　環境の社会化』（雄山閣，編著），『生態人類学講座　第3巻　アフリカ農耕民の世界—その在来性と変容』（京都大学学術出版会，編著）．

勝俣昌也（かつまた　まさや）
（独）農研機構畜産草地研究所分子栄養研究チーム長
1962年生まれ，京都大学大学院農学研究科後期博士課程単位取得退学，農学博士．
主な著作に，Nutrition, Hormone Receptor Expression and Gene Interactions: Implications for Development and Disease. *Muscle Development of Livestock Animals Physiology, Genetics and Meat*

Quality (CABI Publishing, 共著), Reduced Intake of dietary lysine promotes accumulation of intramuscular fat in the Longissimus dorsi muscles of finishing gilts. *Animal Science Journal* 76 (3): 237-244.

加藤　太（かとう　ふとし）
信州大学農学部研究員
1978年生まれ，京都大学大学院アジア・アフリカ地域研究研究科博士課程修了，博士（地域研究）．
主な著作に，『氾濫原における土地利用の多元性と在来稲作の展開』（京都大学大学院アジア・アフリカ地域研究研究科博士論文），「タンザニア・キロンベロ谷における在来稲作の展開」『熱帯農業研究』3 (1)：13-21.

神田靖範（かんだ　やすのり）
（株）シー・ディー・シー・インターナショナル　環境・農業事業部
1957年生まれ，京都大学大学院アジア・アフリカ地域研究研究科研究指導認定退学，博士（地域研究）．
主な著作に，『タンザニア半乾燥地における水田稲作の浸透プロセスと民族間（ワンダとスクマ）の共生―ボジ県ウソチェ村の事例―』（京都大学大学院アジア・アフリカ地域研究研究科博士予備論文），『タンザニア半乾燥地における農耕体系の変容と開発実践―ボジ県ウソチェ村での水田稲作の拡大をめぐって―』（京都大学大学院アジア・アフリカ地域研究研究科博士論文）．

黒崎龍悟（くろさき　りゅうご）
福岡教育大学講師
1977年生まれ，京都大学大学院アジア・アフリカ地域研究研究科博士課程終了，博士（地域研究）．
主な著作に「経済自由化後の10年とコーヒー栽培農民：タンザニア・マテンゴ高地におけるコーヒー生産と販売の現在」『アフリカ・レポート』45：15-19, Endogenous Movements for Water Supply Works and Their Relationships to Rural Development Assistance: The Case of the Matengo Highlands in Southern Tanzania. *African Study Monographs* 31 (1): 31-55.

近藤　史（こんどう　ふみ）
神戸大学大学院農学研究科地域連携研究員
1977年生まれ，京都大学大学院アジア・アフリカ地域研究研究科博士課程修了，博士（地域研究）．
主な著作に『タンザニア南部高地における在来農業の創造的展開と互助労働システム―谷

地耕作と造林焼畑をめぐって―』(京都大学大学院アジア・アフリカ地域研究研究科博士論文),「タンザニア南部高地における造林焼畑の展開」『アジア・アフリカ地域研究』6 (2): 215-235.

下村理恵(しもむら　りえ)
Webディレクター
1982年生まれ,京都大学大学院アジア・アフリカ地域研究研究科修士課程修了,修士(地域研究).
主な著作に,『タンザニア南西部のムサンガーノ・トラフにおける水田稲作の発展プロセス―ボジ県ンティンガ村の事例―』(京都大学大学院アジア・アフリカ地域研究研究科博士予備論文).

杉山祐子(すぎやま　ゆうこ)
弘前大学人文学部教授
1958年生まれ,筑波大学大学院歴史・人類学研究科単位取得退学,博士(地域研究).
主な著書に,『貨幣と資源』(弘文堂,共著),『津軽,近代化のダイナミズム』(御茶の水書房,共編著),『集団―人類社会の進化』(京都大学学術出版会,共著).

田村賢治(たむら　けんじ)
㈱地域計画連合　シニアプランナー
1943年生まれ,北海道大学農学部農学科卒業.
主な著書に,『わが町わが産業』(清文社,共著),『バイテク農業』(家の光協会,共著).

樋口浩和(ひぐち　ひろかず)
京都大学大学院農学研究科准教授
1965年生まれ,京都大学大学院農学研究科博士課程単位取得退学,農学博士.
主な著作に, The Sap Flow in the Peduncle of the Mango (Mangifera indica L.) Inflorescence as Measured by the Stem Heat Balance Method. *J. Japan. Soc. Hort. Sci.* 74 (2): 109-114, Water Dynamics in Mango (Mangifera indica L.) Fruit during the Young and Mature Fruit Seasons as Measured by the Stem Heat Balance Method. *J. Japan. Soc. Hort. Sci.* 75: 11-19.

山根裕子(やまね　ゆうこ)
名古屋大学農学国際教育協力研究センター研究機関研究員
1970年生まれ,京都大学大学院農学研究科博士後期課程修了,博士(農学).
主な著作に,『タンザニア山地農業における耕作地分布の変遷と農業の変容―ウルグル山塊北側斜面の事例―』(京都大学大学院農学研究科博士論文),「タンザニアの山地農業に

おける作付様式の成立要因―ウルグル山塊北側斜面の事例―」『熱帯農業』49 (1)：84-97,「タンザニアの山地における耕作地の拡がりと農業の変容―ウルグル山塊北側斜面の事例―」『熱帯農業』49 (2)：169-180.

山本佳奈（やまもと　かな）
京都大学大学院アジア・アフリカ地域研究研究科博士課程
1981年生まれ，京都大学大学院農学研究科修士課程修了，修士（農学）.
主な著作に「タンザニア高原地帯における季節湿地の農業利用―ムボジ高原の事例―」『熱帯農業』51 (3)：129-137（共著），「季節湿地における農地拡大とその背景―タンザニア・ボジ県の事例―」『アジア・アフリカ地域研究』8 (2)：125-146.

アフリカ地域研究と農村開発	©M. Kakeya, J. Itani 2011

2011年2月28日　初版第一刷発行

編者	掛谷　誠	
	伊谷樹一	
発行人	檜山爲次郎	
発行所	京都大学学術出版会	

京都市左京区吉田近衛町69番地
京都大学吉田南構内(〒606-8315)
電話（075）761-6182
FAX（075）761-6190
URL http://www.kyoto-up.or.jp
振替 01000-8-64677

ISBN978-4-87698-989-8　　印刷・製本　㈱クイックス
Printed in Japan　　　　　　定価はカバーに表示してあります

本書のコピー，スキャン，デジタル化等の無断複製は著作権法上での例外を除き禁じられています。本書を代行業者等の第三者に依頼してスキャンやデジタル化することは，たとえ個人や家庭内での利用でも著作権法違反です。